FC 精细化工品生产工艺与技术

农用化学品生产工艺与技术

宋小平　韩长日　主编

科学技术文献出版社
SCIENTIFIC AND TECHNICAL DOCUMENTATION PRESS

·北京·

图书在版编目（CIP）数据

农用化学品生产工艺与技术 / 宋小平，韩长日主编. —北京：科学技术文献出版社，2019.4（2019.12重印）

ISBN 978-7-5189-4837-6

Ⅰ.①农… Ⅱ.①宋… ②韩… Ⅲ.①农业—化工产品—生产工艺 Ⅳ.①TQ072

中国版本图书馆 CIP 数据核字（2018）第 223807 号

农用化学品生产工艺与技术

策划编辑：孙江莉　　　责任编辑：李　鑫　　　责任校对：文　浩　　　责任出版：张志平

出　版　者	科学技术文献出版社
地　　　址	北京市复兴路15号　邮编　100038
编　务　部	（010）58882938，58882087（传真）
发　行　部	（010）58882868，58882870（传真）
邮　购　部	（010）58882873
官方网址	www.stdp.com.cn
发　行　者	科学技术文献出版社发行　全国各地新华书店经销
印　刷　者	北京虎彩文化传播有限公司
版　　　次	2019 年 4 月第 1 版　2019 年 12 月第 2 次印刷
开　　　本	787×1092　1/16
字　　　数	622千
印　　　张	27
书　　　号	ISBN 978-7-5189-4837-6
定　　　价	98.00元

前　　言

精细化工品的种类繁多，生产应用技术比较复杂，全面系统地介绍各类精细化工品的产品性能、生产方法、工艺流程、技术配方（原料）、生产设备、生产工艺、产品标准、产品用途、安全与贮运，将对促进我国精细化工的技术发展、推动精细化工产品技术进步，以及满足国内工业生产的应用需求和适应消费者需要都具有重要意义。在科学技术文献出版社的策划和支持下，我们组织编写了这套《精细化工品生产工艺与技术》丛书。《精细化工品生产工艺与技术》是一部有关精细化工品生产工艺与技术的技术性系列丛书。将按照橡塑助剂、纺织染整助剂、胶粘剂、皮革用化学品、造纸用化学品、电子与信息工业用化学品、农用化学品、表面活性剂、化妆品、涂料、洗涤剂、建筑用化学品、石油工业助剂、饲料添加剂、染料、颜料等分册出版。旨在进一步促进和发展我国的精细化工产业。

本书为农用化学品生产工艺与技术分册，介绍了植物生长调节剂、杀虫剂、杀菌剂、除草剂、化学肥料和其他农用化学品的生产工艺与技术。对各种农用化学品的产品性能、生产方法、工艺流程、技术配方、生产工艺、产品标准、产品用途和安全与贮运都做了全面而系统的阐述。本书对于从事农用化学品研究与开发、精细化学品研制与开发的科技人员、生产人员，以及高等学校应用化学、精细化工等相关专业的师生都具有参考价值。全书在编写过程中参阅和引用了大量国内外专利及技术资料，书末列出了主要参考文献，大部分产品中还列出了相应的原始研究文献，以便读者进一步查阅。

值得指出的是，在进行农用化学品产品的开发生产中，应当遵循先小试、再中试，然后进行工业性试产的原则，以便掌握足够的工业规模的生产经验。同时，要特别注意生产过程中的防火、防爆、防毒、防腐蚀及环境保护等有关问题，并采取有效的措施，以确保安全顺利地生产。

　　本书由宋小平、韩长日主编，参加本书编写的有宋小平、韩长日、惠阳、农旭华、郑超等。

　　本书在选题、策划和组稿过程中，得到了海口科技学院、海南师范大学、科学技术文献出版社、国家自然科学基金（21362009、81360478）、国家国际科技合作专项（2014DFA40850）、海南省高等学校科研项目（Hnky2017-87）、海南省重点研发计划项目（ZDYF2018164）的支持，孙江莉同志对全书的组稿进行了精心策划，许多高等院校、科研院所和同仁提供了大量的国内外专利和技术资料，在此，一并表示衷心的感谢。

　　由于我们水平所限，错漏和不妥之处在所难免，欢迎广大同仁和读者提出意见和建议。

编　者

目　　录

第一章　植物生长调节剂

1.1　三十烷醇

三十烷醇（1-Triacontanol）又称蜂花醇（Myricylalcohol）、1-三十碳烷醇。其分子式 $C_{30}H_{62}O$，相对分子质量 438.83，结构式：

$$CH_3(CH_2)_{28}CH_2—OH。$$

1. 产品性能

三十烷醇的纯品外观为白色有光泽的鳞片状或针状结晶，密度 0.7770 g/cm^3，熔点 85.5～86.5 ℃，沸点 244 ℃（0.5×133.322 Pa），溶于氯仿、己烷、乙醚、二氯甲烷、热苯、热乙醇和热丙酮中，不溶于水。三十烷醇先与磺酰氯反应，再与碱作用，可生成三十烷醇硫酸酯钠盐（一种乳化剂）。三十烷醇若与三氯氧磷作用，然后水解，可得酸性磷酸酯。三十烷醇在吡啶存在下与醋酐作用，可得三十烷醇酯（熔点 68～69 ℃）。三十烷醇具有高级脂肪醇的通性，与羧酸发生酯化反应生成酯。酯化反应是可逆的，酯化产物遇水可以发生水解反应。三十烷醇遇到氧化剂可以被氧化成醛或酸。

2. 生产方法

三十烷醇的生产方法有化学合成法、天然物中萃取法和实验室制法 3 种，主要采用化学合成法和从动植物蜡中萃取法制得。

（1）化学合成法

①由烷基锌氯化物与酰氯酸酯（$ClCO(CH_2)_nCOOEt$）通过缩合反应制得相应的酮酸酯，酮酸酯再与碱性条件下用肼还原得高级脂肪酸酯，最后用 $LiAlH_4$ 还原，制得三十烷醇。

$$R—ZnCl+ Cl—\overset{O}{\overset{\|}{C}}(CH_2)_nCOOCH_2CH_3 \xrightarrow[-ZnCl]{缩合反应} R—\overset{O}{\overset{\|}{C}}(CH_2)_nCOOCH_2CH_3 ,$$

$$R—\overset{O}{\overset{\|}{C}}(CH_2)_nCOOCH_2CH_3 \xrightarrow[二缩乙二醇]{H_2NNH_2,NaOH} R—CH_2(CH_2)_nCOOCH_2CH_3 ,$$

$$R—CH_2(CH_2)_nCOOCH_2CH_3 \xrightarrow{LiAlH_4} CH_3(CH_2)_{4\sim8}CH_2—OH。$$

②由烯胺法合成三十烷醇，具体合成路线如下。

$$CH_3(CH_2)_{22}COOH+SOCl \longrightarrow CH_3(CH_2)_{22}COCl,$$

$$CH_3(CH_2)_{22}\overset{O}{\underset{O}{C}}\text{(环己酮)} \xrightarrow[H_2O]{KOH} CH_3(CH_2)_{22}\overset{O}{C}-(CH_2)_5COOK \quad,$$

$$CH_3(CH_2)_{22}\overset{O}{C}-(CH_2)_5COOK \xrightarrow[\text{二缩乙二醇}]{H_2NNH_2,NaOH} CH_3(CH_2)_{22}CH_2-(CH_2)_5COONa \quad,$$

$$CH_3(CH_2)_{22}CH_2-(CH_2)_5COONa \xrightarrow{H^+} CH_3(CH_2)_{22}\overset{O}{C}-(CH_2)_5COOH \quad,$$

$$CH_3(CH_2)_{22}CH_2-(CH_2)_5COOH \xrightarrow{LiAlH_4} CH_3(CH_2)_{28}CH_2OH。$$

③将十六碳烯-1 在三氯乙烯-乙腈混合溶剂中，用 WCl_6-Bu_4Sn 作催化剂，于 80 ℃下反应 5 h，制得 40%～60% 的三十碳烯-15。再将三十碳烯-15 在二甘醇二甲醚和四氢呋喃中于氩气下进行硼氢化，然后于 70 ℃异构化 3 h，则得到 1-三十烷基硼烷或 2-三十烷基硼烷，再用过量的 H_2O_2-$NaOH$ 溶液进行氧化，即制得 1-三十烷醇（47%以上）和 2-三十烷醇（32%）。

$$n\text{-}C_{14}H_{29}CH=CH_2 \xrightarrow[C_2HCl_3-CH_2CN]{WCl_6-Bu_4Sn,80\,℃} n\text{-}C_{14}H_{29}CH=CHC_{14}H_{29}+CH_2=CH_2 \quad,$$

$$n\text{-}C_{14}H_{29}CH=CHC_{14}H_{29}+BH_3\text{-}THF \xrightarrow[Ar室温,1\,h]{O(CH_2CH_2OCH_3)_2} n\text{-}C_{14}H_{29}\underset{BH_2}{CH}-CH_2C_{14}H_{29} \quad,$$

$$n\text{-}C_{14}H_{29}\underset{BH_2}{CH}-CH_2C_{14}H_{29} \xrightarrow{70\,℃} n\text{-}C_{30}H_{61}BH_2+n\text{-}C_{28}H_{57}\underset{BH_2}{CHCH_3} \quad,$$

$$n\text{-}C_{30}H_{61}BH_2+n\text{-}C_{28}H_{57}\underset{BH_2}{CHCH_3} \xrightarrow[\text{过量}]{H_2O_2\text{-}NaOH} \begin{array}{l} w(1\text{-}三十烷醇)>47\% \\ w(2\text{-}三十烷醇)>32\% \end{array}。$$

④以十二碳二元酸为原料，通过酯化，部分酸化，酰氯化，与有机锌试剂缩合；碱性条件还原；再经酯化、还原制得三十烷醇。

$$HOOC(CH_2)_{10}COOH \xrightarrow[CH_3CH_2OH]{29\%} EtOOC(CH_2)_{10}COOEt,$$

$$EtOOC(CH_2)_{10}COOEt \xrightarrow[H^+,H_2O]{69\%} EtOOC(CH_2)_{10}COOH,$$

$$EtOOC(CH_2)_{10}COOH \xrightarrow[SOCl_2]{82\%} EtOOC(CH_2)_{10}COCl,$$

$$EtOOC(CH_2)_{10}COCl \xrightarrow[62\%]{CH_3(CH_2)_{17}ZnCl} CH_3(CH_2)_{17}\underset{O}{C}(CH_2)_{10}COOEt \quad,$$

$$CH_3(CH_2)_{17}\underset{O}{C}(CH_2)_{10}COOEt \xrightarrow[\text{二缩乙二醇}]{H_2NNH_2,NaOH} CH_3(CH_2)_{28}COOH,$$

$$CH_3(CH_2)_{28}COOH \xrightarrow{EtOH} CH_3(CH_2)_{28}COOEt,$$

$$CH_3(CH_2)_{28}COOEt \xrightarrow{LiAlH_4} CH_3(CH_2)_{28}CH_2OH。$$

通过化学合成法制备三十烷醇可得到纯度高的成品，但其工艺较复杂，原料难得，成本高。

（2）天然物中萃取法

三十烷醇在天然植物中不以游离的形式存在。它常与各种高级脂肪酸结合形成酯类化合物，普遍存在于动植物蜡中，如蜂蜡、糖蜡、蔗蜡、棉油蜡、虫白蜡、苜蓿蜡、苹果皮蜡、茉莉花蜡、葵花籽蜡、亚麻蜡、竹叶蜡、茶叶蜡和褐煤蜡等。这些蜡经皂化分离、提纯均可获得三十烷醇。米糠蜡是提取三十烷醇原料之一。因为米糠蜡来源广，其中高碳脂肪醇含量在 50％以上，高碳脂肪醇中三十烷醇的含量在 20％～30％，若以米糠蜡油计三十烷醇含量约占 10％，因而人们常用米糠蜡提取三十烷醇。另外，蜂蜡也是提取三十烷醇的重要原料。

（3）实验室制法

实验室合成法制得的三十烷醇纯度高，但成本昂贵；从动植物蜡中分离得到的虽纯度略低，但原料来源丰富、成本低。这里介绍由蜂蜡提取三十烷醇的实验室制法。

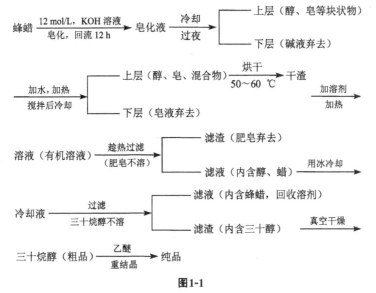

图1-1

①取蜂蜡 100 g 和 12 mol/L 1000 mL 的氢氧化钾溶液加入反应锅中，然后加热皂化回流 12 h。静置过夜，弃去下层碱液，保留上层蜡、醇、皂等块状混合物。

②将上述块状混合物用大量热水洗涤并充分搅拌。倾出洗液，用热水如此反复洗 5～6 次，即可除去块状物中夹杂的大部分皂料。抽滤残渣，并烘干。

③烘干的滤渣加入有机溶剂进行加热，趁热过滤，弃去滤渣，保留滤液，即可除去剩余的皂料。

④滤液用冰冷却，然后抽滤，保留滤渣，即可除去未皂化完全的蜂蜡。

⑤滤渣进行真空干燥，得三十烷醇粗品，经乙醚重结晶得无色针状三十烷醇精品，其熔点 86 ℃。

注：皂化时，蜂蜡与碱液用量以 1 g 比 10 mL 为好，且碱浓度不应低于 8 mol/L。若碱液量过少，则皂化后体系不分层，后处理困难。

3. 原料规格

（1）蜂蜡

蜂蜡是由工蜂腹部的蜡腺分泌的物质，蜂蜡有多种，如黄蜂蜡、印度蜂蜡、日本蜂蜡、中国蜂蜡等。蜂蜡的成分很复杂，常因蜂种、地区气候所致。蜂蜡中的三十烷醇是与棕榈酸形成酯的形式存在。由高级脂肪酸与高级脂肪醇所形成的酯占蜂蜡的70％左右，其中主要是棕榈酸三十烷醇酯。例如，黄蜂蜡中蜡酸酯类的含量为71％，其中棕榈酸三十烷醇酯含量为23％，蜡酸三十烷醇酯含量为12％，花生油酸三十烷醇酯含量为12％。另外还含有高级脂肪烃、游离酸、游离醇、色素、糖分、水分和矿物质。

蜂蜡在提取三十烷醇的过程中，除得到产物三十烷醇外，还可得到高级脂肪酸、高级脂肪醇、高级脂肪烃等重要的化工原料。

（2）植物蜡

植物蜡存在于植物的茎、叶、花瓣和果实中，其部位不同，所含蜡的成分不同；植物品种不同，其蜡质也不同。植物蜡中三十烷醇的含量比蜂蜡少得多。例如，小烛树蜡中三十烷醇和其他高级醇类约占5％；玫瑰花瓣蜡中三十烷醇和其他高级醇类约占12％；檀香叶蜡中三十烷醇和其他高级醇类脂肪酸、烃类约占50％。另外，虫漆蜡、棕榈蜡、香蕉蜡、苹果蜡、仙人掌、叶苣蓿等植物中均含有三十烷醇，为制取三十烷醇提供了广泛的原料来源。

（3）蚕粪

随着蚕桑业的发展，蚕粪日益增多，它是一种具有多种用途的农副产品。蚕粪的成分复杂，含蛋白质、糖、微量元素，以及丰富的叶绿素、氮、磷、钾肥和植物蜡。蚕粪的植物蜡中也含有三十烷醇，可用适当的溶剂进行萃取，此外，蚕粪中还含有蜕皮激素、吲哚乙酸类似物等激素。

（4）米糠蜡

三十烷醇在米糠蜡中主要与二十六烷酸结合成酯，是米糠蜡的主要成分之一，含量为43％～44％。米糠蜡在毛米糠油中的含量为1.0％～1.5％，每吨净米糠油蜡经过水解、萃取、溶剂精制、真空蒸馏，可制取三十烷醇约100 kg。

4. 工艺流程

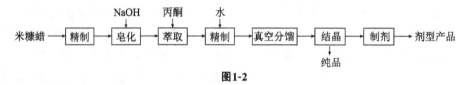

图1-2

5. 生产配方

米糠蜡	石油醚沸点（70～90 ℃）
氢氧化钠（1.161 g/cm³）	氯化钙
丙酮	浓盐酸（工业品）
乳化剂（吐温-80或平平加）	

6. 生产设备

精制锅	皂化釜
蒸发罐	真空蒸馏釜

配制锅过滤器	萃取罐
洗涤精制锅	真空干燥箱
贮槽	

7. 生产工艺

这里主要介绍从天然原料中萃取、精制三十烷醇。

（1）以蜂蜡为原料制取三十烷醇

蜂蜡主要是高级脂肪酸与高级脂肪醇形成的酯类混合物，其中富含三十烷醇酯。可通过萃取、皂化、分离和精制等步骤制取三十烷醇。

1）蜂蜡的净化、皂化及三十烷醇的分离

蜂蜡在皂化之前用乙醇溶解，除去树脂等杂质物，对蜂蜡进行净化。其具体生产工艺是：在 20～24 L 的乙醇中加入 8 kg 蜂蜡，加热搅拌回流 1 h，边搅拌边冷却至析出固体。抽滤，将滤饼用冷乙醇洗涤 2 次，再将滤饼晾干或于 60 ℃ 下烘干，得到净化后的蜂蜡。

将 6 kg 净化过的蜂蜡投入皂化反应釜，再加入 15 L 氢氧化钠-乙醇溶液、30 L 苯，将物料加热至回流，搅拌反应 4 h，进行皂化反应。皂化完成后，将反应物趁热移入分液漏斗中，加入 9～12 L 50～60 ℃ 的热水。用力振摇，静分层，除去水层。有机层再用热水洗涤 2～3 次，若不易分层，可加入适量的食盐促使其分层。洗涤后，将有机层转入结晶锅中，让其自然冷却结晶。过滤抽干，再用苯重结晶 1～2 次（每次用苯 12～15 L），制得 0.15～0.18 kg 粗品三十烷醇。

2）三十烷醇的提纯精制

三十烷醇的提纯精制选择仲辛醇作溶剂，效果良好。由于仲辛醇是一种长碳链的醇，它对粗品中的主要杂质二十八醇有较强的溶解能力，因此采用分步结晶的方法，将粗品进行精制，其结果较为理想。具体生产工艺是用仲辛醇作溶剂，固液比为 1 : 16，经 6 次重结晶，可制得含量为 94.22% 的三十烷醇。若用四氯化碳作溶剂，采用上述相同的生产工艺，可制得含量为 90.96% 的三十烷醇。另外，若用仲辛醇作溶剂，固液比为 1 : 8，经 6 次重结晶，可制得含量为 92.92% 的三十烷醇；固液比仍为 1 : 8，经 8 次重结晶，可制得含量为 94.07% 的三十烷醇。由上述数据可见溶剂用量增加 1 倍，所得产品纯度只提高 1.30%，因此，在一定范围内，固液比并不是越高越好。

结晶次数对提取纯度有相应的影响，若溶质相同，溶剂用量一样，所得结果是：用仲辛醇结晶 4 次时，三十烷醇含量的增加较快，再随着结晶次数的增加，三十烷醇的含量也会增加，但较前 4 次增加得慢。尽管如此，要得到高纯度的产品，必须经过多次结晶处理。如用四氯化碳作三十烷醇提纯制晶的溶剂也行，但其结晶速度比仲辛醇慢得多。另外，仲辛醇对二十八醇的溶解能力比四氯化碳强得多，所以，用仲辛醇作溶剂所得产品纯度较高，提取效率也较好。

重结晶温度对产品纯度也有相应影响，在不同温度下重结晶，所得产品的纯度有所不同。如以 1 g 含有三十烷醇（82.68%）、二十八烷醇（11.11%）、三十二烷醇（6.21%）的粗品，用 50 mL 仲辛醇作溶剂在水溶锅中加热溶解至透明，然后放在不同温度下结晶，其结果是结晶温度为 20 ℃ 时，三十烷醇的含量为 89.42%；结晶温度为 25 ℃时，三十烷醇的含量为 90.33%。可见适当升高结晶温度，可使三十烷醇的含量增加。因此，在一定温度范围内进行重结晶，可增加产品的纯度。

双溶剂交替重结晶对纯度也有一定影响。实验证明，单独使用仲辛醇作溶剂，虽然提纯效果较好，但需多次处理。若以仲辛醇为主、苯为辅两种溶剂交替使用，效果更好。若先用仲辛醇连续结晶 6 次，再用苯重结晶 2 次，三十烷醇的含量可增加到 95.54%；若先用仲辛醇重结晶 3 次，再用苯重结晶 2 次，最后用仲辛醇重结晶 2 次，三十烷醇含量已达 100%。上述结果说明，采用双溶剂交替重结晶比单溶剂连续多次处理的效果好。一般以仲辛醇为主要溶剂，先进行适当次数的纯化，主要目的是除去二十八烷醇，到适当程度后，使用第二种溶剂苯，再进行纯化，主要目的在于除去非极性部分较大的三十二烷醇，两种溶剂互相配合使用，比单用仲辛醇连续多次重结晶效果更好。

综上所述，以仲辛醇为主要溶剂，从蜂蜡中提取高纯的三十烷醇，具有工艺简单、设备简易、操作要求不高、溶剂来源丰富、成本低廉、产品纯度高等优点。

（2）由米糠蜡提取三十烷醇

1）生产工艺一

①米糠蜡精制。由于米糠蜡一般均含有较多的中性油及少量的磷脂、游离脂肪酸、不饱和烃、甾醇酯等杂质，有的还含有较多的水分和机械杂质，需要进行精制，才能皂化水解。精制方法是首先将米糠蜡油在 105～110 ℃下加热除去水分，冷至 85～90 ℃时趁热过滤除去机械杂质；然后用蜡油 4～6 倍量的石油醚（沸点为 70～90 ℃），在 70～80 ℃下回流 3～4 h，冷却至 10 ℃左右，压滤（滤液中即是要除去的中性油及低熔点蜡等），滤渣经脱除溶剂后即为精米糠蜡。其皂化价不超过 82，酸价不大于 3，丙酮不溶物不低于 95%，熔点在 78 ℃以上，碘价在 15 以下。

②皂化。称取 140 kg 精米糠蜡，加入 390 L 的水，加热至 85 ℃，待完全溶化后在搅拌下缓慢加入密度为 1.161 g/cm³ 氢氧化钠水溶液，碱超量 1 倍，煮沸 8～12 h，保温放置 36 h，再加水升温搅成稀糊状。加入与皂化用碱量物质的量 1/2 的氯化钙饱和溶液，在 80 ℃以下反应 2～3 h，过滤。滤渣用 90 ℃的热水洗至中性，在 60～90 ℃下烘干，得到灰白色或淡黄色粉粒钙皂（脂肪醇与脂肪酸钙的混合物）。如烘干温度超过 105 ℃，便得到硬而脆的块状固体，需粉碎过筛。

③萃取。水解产物即脂肪醇和脂肪酸钙的混合物。在由溶剂蒸发罐和萃取罐组成的备有回流冷凝器的特制不锈钢萃取装置中，用 6～8 倍量的丙酮循环萃取 12～20 h。萃取温度为 45～50 ℃。萃取完后让其自然冷却至 10～15 ℃，过滤，滤渣为脂肪酸钙。滤液在室温下放置一定时间让脂肪醇结晶出来，再过滤和脱除溶剂，即得脂肪醇。总萃取率为 40%～50%。

萃取时，精制米糠蜡中中性油含量高，则萃取率低。钙皂粉水分含量对萃取率影响极大。例如，当钙皂粉含水量为 17.46% 时，萃取率只有 34.15%；当含水量降低到 0.59% 时，萃取率提高至 46.3%。萃取率的高低还与萃取温度、萃取时间及溶剂对脂肪醇的溶解能力等因素有关。

④精制。水洗萃取所得的粗脂肪醇，还会混有烃、甾醇、色素、脂肪酸、蜡、皂及钠盐、钙盐等杂质。需先将粗脂肪醇加热至 100 ℃熔化，然后用浓盐酸酸化 pH 至 2～3，在此条件下保持 2 h，用沸水洗至中性，冷至 10 ℃左右，使脂肪醇结晶出

来，滤出脂肪醇在 110~120 ℃下干燥。

⑤分馏。在真空度为 13.33 Pa 时，三十烷醇的沸点为 225~230 ℃。通过真空分馏将三十烷醇与其他脂肪醇分开。将各次收集的三十烷醇馏分合并，用石油醚或苯在 60~70 ℃下溶解，让其自然冷却至 10 ℃以下，过滤。滤液为溶剂、不饱和化合物及低熔点脂肪醇；滤出的结晶经 60 ℃的真空干燥箱干燥后，即为三十烷醇成品。该成品中三十烷醇的含量为 75.00%~98.48%。

⑥制剂的配制。三十烷醇不溶于水，为便于农田使用，必须配制成与冷水任意混溶，且稳定性好的水剂。因此，需要使用乳化剂，如平平加（脂肪醇聚氧乙烯醚）、吐温-80 等。先将三十烷醇用水浴加热使其溶于吐温-80 中，再在其中加入等温热水，使其变透明，冷却后用冷水稀释至 1000 mg/kg 的水剂（即 1 g 三十烷醇/1 kg 水）。在农业中应用时，再配制成所需的浓度，一般为 0.1~1.0 mg/kg，且要及时使用。也可先用乙醇溶解三十烷醇 [V（乙醇）∶V（三十烷醇）=（50~100）∶1]，再加吐温-80 和热水，最后用冷水稀释至所需浓度。

常用法：将 1 g 三十烷醇溶于 50 mL 氯仿中，然后加 100 mL 吐温-80（亲水性乳化剂）搅拌至混浊，再加水至 1000 mL，继续高速搅拌至乳白色，即得 0.1% 的三十烷醇乳液。

超声波法：在输出功率为 250 W 的超声波发生器的暴露室中加入 1 L 水。开机后加入 200 mg 三十烷醇研碎的粉末或溶液，待形成均匀乳浊状后加入 20 mL 吐温-80。30 min 后倒出冷却，即得 0.02%（200 mg/kg）的三十烷醇乳液。

复方制剂：水稻喷洒三十烷醇后，一般可增产 6%~8%。若加入磷酸二氢钾（每亩 100 g），增产可达 10%~20%。再加 0.05% 的氧化锌，可增产 20%；加氯化钾、硫酸锌和硼砂等，增产可高达 33.8%。三十烷醇与乙烯利、防落素、生长素（2AA）、赤霉素等混合使用，效果更佳。复方制剂：2.5 g 三十烷醇、251 g 尿素、75 g 磷酸二氢钾、100 g 硼砂、吐温-80 适量、适量氯化钙混合成膏状物，即得到复方制剂。使用时加入水稀释至所需浓度。

2) 生产工艺二

①粗米糠蜡精制为精米糠蜡。米糠蜡精炼的方法有 2 种。皂化法，将粗米糠蜡装入布袋，榨去液体后，将袋内固体蜡在 80~90 ℃用稀碱水部分皂化，除去残留的中性油脂，得到熔点为 80 ℃左右的精米糠蜡。溶剂萃取法，将粗米糠蜡用适当的有机溶剂溶解，经冷却析出精米糠蜡，过滤回收溶剂得熔点为 80 ℃左右的精米糠蜡。将精米糠蜡经皂化、分离、结晶和精制等步骤，制取三十烷醇。

②皂化。精米糠蜡 1 kg 中加 5 kg 95% 的乙醇、0.1 kg NaOH，在 90 ℃的水溶液上回流 8 h，进行皂化反应，水解后制得相应的高碳脂肪酸钠盐和高碳脂肪醇。

③分离。将皂化完成的物料中加入 2 kg 乙醇和 0.12 kg 氯化钙的溶液，使高碳脂肪酸盐形成不溶于乙醇的高碳脂肪酸钙盐，经沉淀后过滤分离，其热滤液中均为游离的高碳脂肪醇，趁热过滤后，再将滤饼用 10 kg 热乙醇分两次洗涤，将洗涤液与滤液合并，冷却后析出固体，过滤得蜡状固体，用热水煮洗固体物，即得混合的高碳脂肪醇。

④分步结晶。将固体高碳混合醇用热乙醇以 1∶20 的固液比溶解，除去沉淀，加热到 45 ℃时过滤，所得固体物为三十烷醇粗品。

⑤精制。将粗三十烷醇 0.1 kg 用异戊醇 2 L 加热溶解，在 80 ℃ 时用盐酸滴加至临界饱和点，加活性炭脱色并热过滤，滤液冷却后得结晶物，再用固液比 1∶150 的石油醚溶解结晶，冷却后析出结晶，经过滤即得精制三十烷醇。

从米糠蜡中提取三十烷醇的另一种方法与上述方法基本相同，仅在分离步骤上有差别。此法在分离时改用丙酮或异丙醇提取混合高碳脂肪醇，利用高真空分馏技术，先将二十六烷醇和二十八烷醇馏分分出，然后再收集三十烷醇的馏分，将此馏分用苯重结晶，即制得熔点为 85.5～86.5 ℃ 的较纯产品三十烷醇，精糠蜡含量为 15％。

（3）由蚕粪提取三十烷醇

蚕粪中除富含叶绿素外，还含有一定量以蜡为主的脂质物，通常用丙酮提取叶绿素后，再用苯或乙醚提取蜡，所得蜡一般为黄色。将该蜡状物用 98％ 的酒精溶解，加入盐酸共沸，分出高级烃类，然后加入苯使之分层，有机层用水洗去余酸，冷却、过滤，得三十烷醇粗品。将粗品在苯-乙醇的混合溶剂中重结晶，制得较纯的三十烷醇。

（4）由苜蓿中提取三十烷醇

1）方法一

用 106 kg 苜蓿干草经有机溶剂萃取，得 98 g 苜蓿蜡，将苜蓿蜡通过皂化及乙醇乙醚的反复抽提，得约 15.6 g 三十烷醇粗品，再用苯-乙醇的混合溶剂重结晶，制得约 10 g 三十烷醇，熔点为 85.6～85.8 ℃。

2）方法二

用 pH 为 9.0 的磷酸盐缓冲溶液将苜蓿植株制成匀浆，再用氯仿萃取，得粗抽提物。将粗抽提物经过葡萄糖凝胶柱层析（Sephadex LH$_{20}$ 型），柱长 85 cm、直径 0.8 cm，用含 1％乙醇的苯洗脱。收集洗脱液，经气-液色谱分离，在 200 ℃ 氮中（40 m^3/min）进行制备，分离物用氯仿-乙醇溶剂重结晶，得精制三十烷醇。

（5）三十烷醇的剂型配制

1）乳剂的配制

①配制方法一。把 250 mg 三十烷醇热溶于 50 mL 乙醇中，趁热加入 50 mL 吐温-20 或吐温-80，搅拌至完全混溶后，再加入温纯水（蒸馏水，最高温度不得超过 80 ℃）至 500 mL，待完全溶解后迅速冷却，即得 0.05％的三十烷醇乳液（500 mg/kg），这种乳液不易发生乳析现象。若配制时温度过高或时间过长，都会加速乳液的破坏，使乳液黏度降低，出现聚结。因此，要控制好配制时的温度，保证乳液的稳定性。其他浓度的乳液也可用类似的方法配制，使用时根据需要对水至所需浓度。

②配制方法二。在 1 mL 三十烷醇中，加 5 mL 平平加，加热溶解，再分次加水稀释至 1 L，即得 0.01％的三十烷醇乳剂。

③配制方法三。在 90 ℃ 左右的温度条件下，使三十烷醇首先在水中呈熔融状态，然后用 3000 Hz 频率和输入 25 W/0.5 h 的声波，使三十烷醇粉碎至胶体分散系的颗粒范围。制成的胶体放置 3 d 后过滤，其状态可保持半年不变化。胶体试剂在无菌条件下保存，不能冰冻，制备好后封存，并用高压灭菌器消毒，临用前开启。若受微生物感染，三十烷醇胶体活性会降低。

2）粉剂的配制

三十烷醇的粉剂除含有三十烷醇外，还添加一定量的微量元素，以及氮、磷、钾等植物需要的营养元素，表面活性剂和其他添加剂。其加工过程简单、生产安全、成体低，便于使用和运输。具体工艺流程如下。

原料 → 粉碎 → 过筛 → 加入其他添加剂 → 滚动搅拌混合均匀 → 包装 → 成品

图1-3

3）粉剂和乳剂配成使用所需浓度的方法

①由粉剂配成所需浓度的溶液，见表1-1。

表 1-1　由粉剂配成水剂的加水量　　　　　　　　　　单位：kg

	0.05/(μg/g)	0.10/(μg/g)	0.20/(μg/g)	0.25/(μg/g)	0.40/(μg/g)	0.50/(μg/g)
4 g/包，每包含三十烷醇 5 mg	100.0	50.0	25.0	20.0	12.5	10.0
10 g/包，每包含三十烷醇 12.5 mg	250.00	125.00	62.50	50.00	31.00	25.00

②由乳剂加水稀释成所需浓度的溶液，见表1-2。

表 1-2　乳剂加水稀释成所需浓度的加水量　　　　　　单位：kg

规格	1/(μg/g)	0.5/(μg/g)	0.1/(μg/g)	0.05/(μg/g)
0.5 kg	500	1000	5000	10 000
0.05 kg	50	100	500	1000
5 g	5	10	50	100
1 g	1	2	10	20

8. 产品标准（纯品）

外观	白色片状或针状结晶，熔化后成透明液体
碘值/(g I_2/100 g)	≤1.0
酸值/(mg KOH/g)	40.5
含量	≥90%
皂化值/(mg KOH/g)	≤1.0
二十八醇含量	45%
灰分	40.1%
熔点范围/℃	85～88
水分	40.1%

9. 质量检验

（1）含量测定

采用气相色谱法分析三十烷醇的纯度是一种有效而可靠的方法。可分为间接法和直接法。直接法色谱柱采用 1.5% OV-1 及 1.5% OV-17 Chromosorb W 80～100 目，柱温 160～280 ℃（每分钟 8 ℃），用 N_2（99.99%）作载气（每分钟 50 mL）用 FID 作鉴定器。本法可准确分析碳数 $C_{18\sim34}$ 的脂肪醇，其最低检测极限为 0.02%，标准偏差为 0.1%。精密度高，且手续简单，分析速度快。间接法一般是将高级醇转化成烷烃（用 HI 处理后还原）或将其转变成乙酸酯，再用气相色谱分析。

（2）碘值测定

准确称取试样，置于 250 mL 碘量瓶中，加 10 mL 氯仿使之溶解。加入溴化碘试液 25 mL，塞好后在遮光处放置 30 min。加 30 mL KI 试液、100 mL 水，用 0.1 mol/L 硫代硫酸钠滴定所释出的碘。当碘色完全变淡后，加淀粉试液 1 mL，继续滴至蓝色消退为止。同时做空白试验。

$$W = \frac{12.69 \times c \times (V_1 - V_2)}{G} \times 100\%$$

式中，W 为试样中的碘值，用每 100 g 样品吸取碘的克数表示 g/100 g；V_1、V_2 分别为空白试验和样品所耗的硫代硫酸钠标准液的体积，mL；c 为硫代硫酸钠溶液的摩尔浓度，mol/L；G 为样品质量，g。

（3）熔点

纯三十烷醇的熔点为 85～86 ℃，但根据检测结果表明，当其中含少量的二十八烷醇和三十二烷醇时，其熔点也能达到 85 ℃。因此，熔点不能作检验纯度的主要指标。尽管如此，纯度低的三十烷醇产品其熔点也相应较低，如熔点低于 85 ℃ 的产品，其含量也低于 85%。因此产品的熔点可作为纯度的参考指标。

（4）红外光谱和质谱

红外光谱可以证明产品是含饱和直链的伯醇，但其同系物三十二烷醇或二十八烷醇也有类似的吸收峰。因此，还需要质谱分析配合检测，分析产品的分子离子峰，及主要碎片离子峰，以确定其分子量，光谱法检测时，可利用标准物的谱图对照分析。其红外谱图中应具有下列相应结构的强吸收峰：

结构单元	波数/cm		结构单元	波数/cm	
—OH	3315	1065	—CH$_2$—	2851	1487
—CH$_3$	2925	1386	—(CH$_2$)$_n$—	724	713

10. 产品用途

三十烷醇对大多数农作物都有不同程度的增产效果，其增产原因主要：①促进发根、植株生长健壮。用适当浓度的三十烷酸溶液浸种或处理插枝、插条，都有促进发根和使根系发达的作用。②促进对矿质元素的吸收，为植株生长发育提供良好的物质基础，提高农作物吸收养分的能力。③提高叶绿素含量，增强光合作用。④防止落花落果，提高坐果率，获得增产。⑤促进花芽分化，提高开花率。⑥促进愈伤组织的生长与分化，提高抗逆能力，提高 ATP 和还原态辅酶 Ⅱ 的含量，使光合作用增强，单位时间内光合产物增加，从而达到增产效果。三十烷醇对玉米、杂交稻、小麦等幼苗的硝酸还原酶活力有促进作用。硝酸还原酶是氮素同化途径中的限速酶，酶活力的提高，使转化能力加强。

三十烷醇是一种无毒、高效、快速及适用范围广泛的天然存在的植物生长促进剂。其性质与已知的五大类植物激素不同。它对植物的生长和发育具有特殊的调节和控制作用，并具有来源广、用量少、作用大、无公害等优点。用 0.01～0.10 mg/kg 三十烷醇溶液（相当于 1 亩地用 1 mg）喷洒农作物，根据农作物的不同，增产幅度达 8%～63%，平均产量增加 12%。经过三十烷醇处理的农作物，可提高种子发芽率、出苗率和秧苗成活率，促进光合作用，增加物质积累和提高抗寒能力，促进分蘖和增加新根系。三十烷醇有强的生理活性，对花生、红薯、大豆、水稻、玉米、番茄、白菜等有明显的增产效果。

11. 安全与贮运

①本品无公害，属天然的植物生长激素。

②真空分馏是生产的关键环节，必须控制真空度达到规定要求，截取馏分温度不宜过宽，否则产品不纯，影响使用效果。

③应注意三十烷醇稀释液的 pH 能决定其作用的发挥，要保证稀释液的 pH 小于8。配好的粉剂在使用时若加入少量草木灰或澄清的石灰水，拌匀后再喷施，即可使pH 加大，又能增加钙离子。微生物污染能使三十烷醇的效价显著降低，污染物主要来自配制时的器皿和蒸馏水，故装载容器一定要高压灭菌，并在制剂中掺加一定量的抑菌剂。另外，长链碳醇、吗啉、酯类、塑料增塑剂邻苯二甲酸酯类等对三十烷醇的效用有抑制作用。贮运和使用时应注意到上述影响三十烷醇使用效果的诸因素。

12. 参考文献

[1] 李明，张勇，王秋艳，曹文婷，等. 1-三十烷醇的合成工艺改进 [J]. 河北师范大学学报（自然科学版），2017，41（4）：334-338.

[2] 庄文明，尤洪星，朱孔杰，等. 5-硝基愈创木酚钠的合成与应用综述 [J]. 科技经济导刊，2016（30）：162-163.

[3] 徐韵扬. 米糠蜡中二十八烷醇和三十烷醇的制备研究 [D]. 武汉：武汉轻工大学，2014.

[4] 闫玉玲，黄玮，丛玉凤. 氧化蜡替代天然蜂蜡分离提纯三十烷醇 [J]. 精细石油化工，2008，25（5）：23-26.

1.2　对氯苯氧乙酸钠

对氯苯氧乙酸钠（Sodium-p-chlorophenoxyacetate）又称 4-氯苯氧乙酸钠。其分子式 $C_8H_6O_3ClNa$，相对分子质量 208.6，结构式：

$$Cl\!-\!\!\bigcirc\!\!-\!O\!-\!CH_2COONa \quad 。$$

1. 产品性能

白色针状或棱柱状结晶，熔点 154～156 ℃，易溶于水；对人畜安全，对鱼类无害。

2. 生产方法

4-氯苯酚与氯乙酸缩合成盐得到对氯苯氧乙酸钠。

$$Cl\!-\!\!\bigcirc\!\!-\!OH + ClCH_2COOH \xrightarrow{\text{NaOH}} Cl\!-\!\!\bigcirc\!\!-\!O\!-\!CH_2COONa \quad 。$$

3. 工艺流程

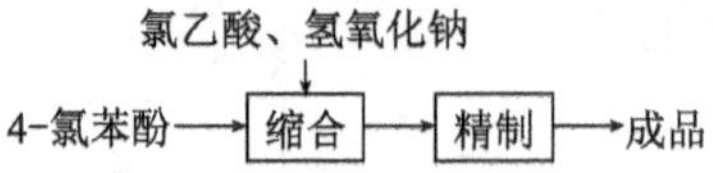

图1-4

4. 技术配方

4-氯苯酚（95%）	1286
氯乙酸（95%）	1040
氢氧化钠（40%）	5000

5. 生产工艺

在缩合反应锅中，加入 128.6 kg 4-氯苯酚、104 kg 氯乙酸，加热至 45～50 ℃，熔化后滴加 500 kg 40% 的氢氧化钠，同时激烈搅拌，滴加完毕，继续保温反应 1 h，得到对氯苯氧乙酸钠，然后用 90 ℃ 左右热水使其溶解，再向溶液中滴加盐酸酸化至 pH 为 1.0。析晶，抽滤得到对氯苯氧乙酸。

将对氯苯氧乙酸与液碱作用成盐，浓缩析晶、抽滤、洗涤、干燥得对氯苯氧乙酸钠。

6. 产品标准

含量	≥98.5%
熔点/℃	154～156
干燥失重	≤0.5%
水不溶物	≤0.10%
砷（以 As 计）	≤0.000 05%

7. 产品用途

广泛用于小麦、水稻、蔬菜、果树等，能促进植物发芽生长，防止落花、落果，可促使植物提前成熟。

8. 参考文献

[1] 张付舜. 4-氯苯氧乙酸钠合成工艺改进 [J]. 农药，1986（6）：13-14.

1.3　异戊烯基氨基嘌呤

异戊烯基氨基嘌呤 [6-(δ^2-Isopentenylamino) purine] 简称 Zip，是从植物体内分离出来的天然植物细胞激素。其分子式 $C_{10}H_{13}N_5$，相对分子质量 203.25，结构式：

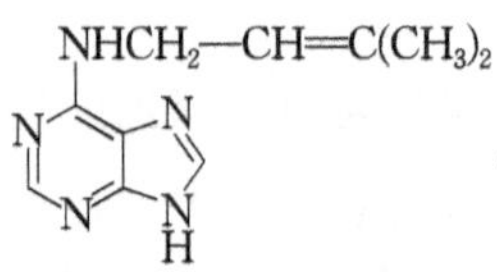

。

1. 产品性能

白色粉状固体，熔点 208～209 ℃。可诱导植物愈伤组织中细胞分裂素氧化酶的活性，有效地促进愈伤组织的生长。

2. 生产方法

异戊二烯与溴化氢加成后经 Gabriel 反应制备伯胺（1-氨基-3-甲基-2-丁烯），然后与腺嘌呤缩合即得异戊烯基氨基嘌呤。

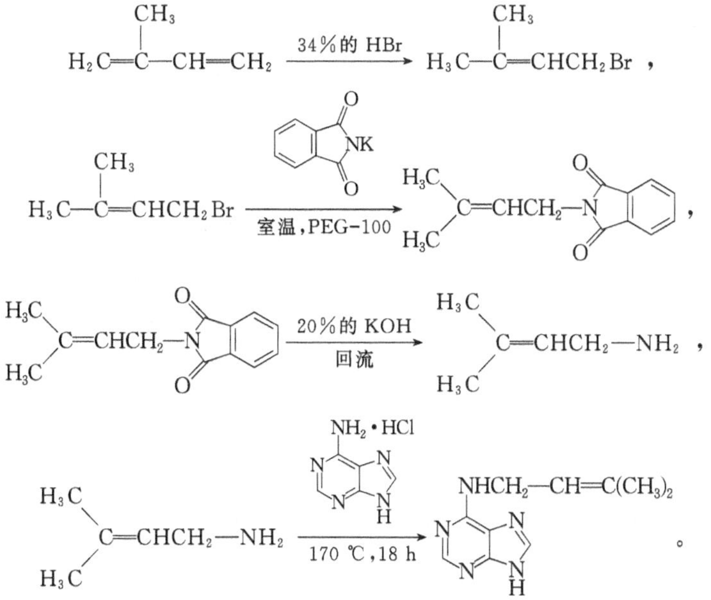

3. 工艺流程

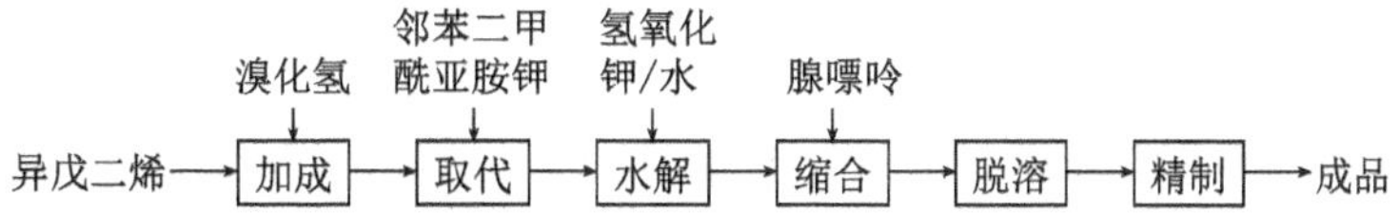

图1-5

4. 生产工艺

（1）加溴

将 132 g 干燥的 HBr 溶解在 252 g 冰醋酸中，得 34％的 HBr-醋酸溶液。在冰浴冷却下，滴加到 110 g 的异戊二烯中，不断地搅拌，滴加过程保持内温为 −4～0 ℃，反应时间约 1 h。滴加完毕后，将反应物密封于冷处（0 ℃ 左右），放置 2 d，将反应液倾入 2200 mL 冰水及 220 mL 氯仿溶液中，立即分出有机层，用无水氯化钙干燥过夜，蒸出氯仿，减压蒸馏，收集 64～66 ℃、60×133.3 Pa 馏分，得刺激性黄色油状物溴化物 120 g，收率为 50.3％。溴化物在乙醇中与硫脲和苦味酸作用，得黄色针状晶体，熔点 182～183 ℃。

（2）取代

将 60 g 3-甲基-1-溴-2-丁烯和 3.0 g 聚乙二醇（PEG-100）溶于 900 mL 二甲

基甲酰胺（DMF）中，在剧烈搅拌下缓慢加入 74 g 细粉状邻苯二甲酰亚胺钾，约 3 h 加毕。加完后继续搅拌 2 h。将反应混合物加入 1000 mL 的冰水混合物中，立即析出白色固体，抽滤，收集，用冷水洗涤 3 次，然后用正乙烷洗涤，真空干燥得 80 g 3-甲基-1-邻苯二甲酰亚胺-2-丁烯，收率 96%。用乙醇重结晶，得白色针状晶体，熔点 98~99 ℃。

（3）水解

将 63 g 3-甲基-1-邻苯二甲酰亚胺-2-丁烯加入到 560 mL 20% 的氢氧化钾溶液中，搅拌加热回流 3 h。接着反应混合物用 4 mol/L HCl 中和 pH 至 10，用乙醚萃取，无水硫酸镁干燥，蒸去溶剂，收集沸点 107~110 ℃ 馏分，得 20.0 g 1-氨基-3-甲基-2-丁烯，收率 79%。

（4）缩合

将 3.44 g 腺嘌呤盐酸盐与 3.36 g 1-氨基-3-甲基-2-丁烯放入安瓿瓶中密封，在 170 ℃ 下保温 18 h，冷却后过滤，用少量无水乙醇洗涤沉淀，收集滤液，减压除去溶剂，加入 0.2 mol/L HCl 溶解残留物，活性炭脱色并过滤。在滤液中加入固体醋酸钠，调节 pH 至 6，立即析出白色沉淀。收集沉淀以 V（乙醇）：V（水）=1：25 洗涤，再加入水洗数次，烘干，得产品 1.0 g，收率 24%。乙醇重结晶，得白色粉状固体，熔点 208~209 ℃。

5. 产品用途

异戊烯基氨基嘌呤是天然植物细胞激素，可诱导植物愈伤组织中细胞分裂素氧化酶的活性，有效地促进愈伤组织的生长。它作为植物生长调节剂，主要用于粮食作物、经济作物和名贵花卉的花药培养和单倍体育种。

6. 参考文献

[1] 王植材，林电伟，郑其煌，等. 固-液相转移催化法合成细胞分裂素类化合物 [J]. 中山大学学报（自然科学版），1994，33（4）：53-59.

[2] 何笃，修丁槛. 异戊烯基氨基嘌呤的合成及其生物活性测定 [J]. 北京大学学报（自然科学版），1981（1）：79-83.

1.4　6-苄基腺嘌呤

6-苄基腺嘌呤（6-Benzylaminopurine）又称 6-苄氨基嘌呤，N-苄基腺苷（N-Benzyladenine）。其分子式 $C_{12}H_{11}N_5$，相对分子质量 225.25，结构式：

$$C_6H_5CH_2-NH$$

1. 产品性能

白色结晶性粉末，熔点 230~233 ℃。能溶于稀碱和稀酸溶液，不溶于乙醇。是植物细胞分裂因子。

2. 生产方法

（1）生产方法一

腺嘌呤与苄胺或苄醇直接反应制得 6-苄基腺嘌呤。

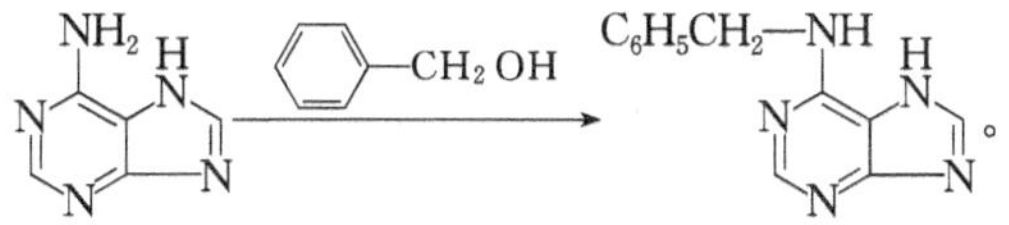

（2）生产方法二

次黄嘌呤经氯化后与苄胺反应得 6-苄基腺嘌呤。

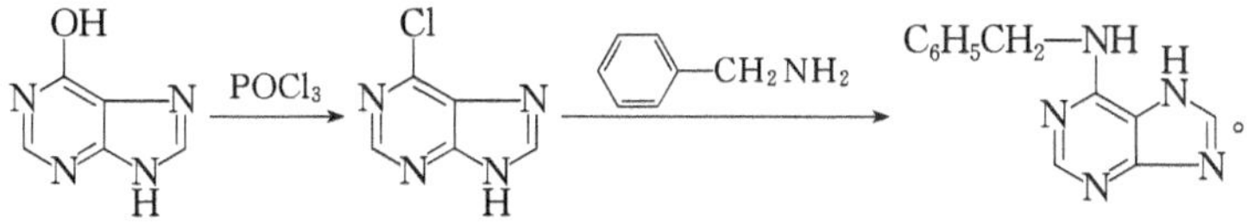

另外，以尿酸为原料先氯化再氨解得 6-苄基-2，8-二氯嘌呤，经氢化后可以制得；也可以以腺嘌呤为原料与苯甲酰氯反应制得 6-苯甲酰腺嘌呤，再还原也可得到 6-苄基腺嘌呤。

3. 工艺流程

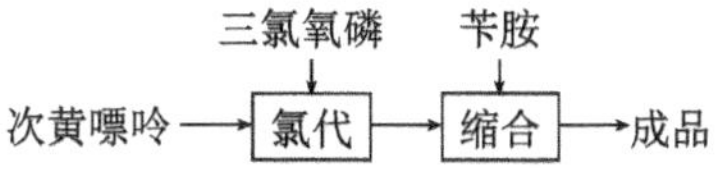

图1-6

4. 生产工艺

（1）氯化

在 500 mL 的反应瓶中依次加入 50 g 次黄嘌呤，100 mL N，N-二甲基苯胺，250 mL 三氯氧化磷，搅拌下回流反应 15 min，80 ℃ 以下减压浓缩回收未反应的三氯氧化磷，残余物加 400 g 碎冰水解后，以 40% 的氢氧化钠溶液调 pH 至 11～12，滤除不溶物，滤液用甲苯提取 3 次，每次 120 mL，水相用浓盐酸酸化 pH 至 1.5，0 ℃ 放置过夜析出结晶，抽滤得粗产品，每克粗品用 20 mL 的水及适量活性炭重结晶后得 41.0 g 精品 6-氯嘌呤，收率 72.2%，产品为白色结晶，熔点＞300 ℃。其水溶液的最大紫外吸收峰在 265 nm 处。

（2）缩合

在 500 mL 的反应瓶中依次投入 50 g 6-氯嘌呤，125 mL 苄胺，搅拌下于 120～130 ℃ 反应 6 h，减压浓缩回收未反应的苄胺至干燥，残余物冷却到室温后加入 200 mL 丙酮，充分搅拌 0.5 h 后过滤，得 6-苄基腺嘌呤粗品。每克粗品以 25 mL 乙醇及适量活性炭重结晶后得 54.0 g 精品，收率 74.2%，产品为白色粉末状结晶。

5. 产品用途

此产品为细胞激动素类植物生长调节剂，用于水稻、果蔬、茶叶等作物以提高其产量及品质；亦可用于果蔬类、茶叶等的保鲜贮藏，以及生产无根芽、植物组织培养等方面。

6．参考文献

[1] 王植材. N-苄基腺嘌呤的合成 [J]. 广东化工，1982 (4)：11-15.

1.5　抗倒胺

抗倒胺（Inabenfide）化学名称为 4-氯-2-（α-羟基苄基）异烟酰替苯胺。其分子式 $C_{19}H_{15}ClNO_2$，相对分子质量 324.79，结构式：

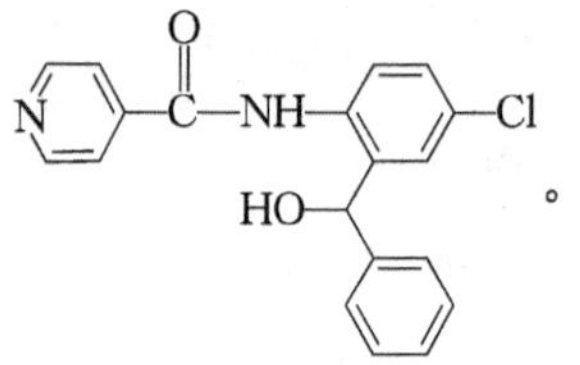

1．产品性能

纯品为白色晶体，熔点 210～212 ℃，是日本中外制药公司 1983 年开发的植物生长调节剂，具有抗倒伏作用。

2．生产方法

（1）异烟酸甲酯法

2-氨基-5-氯-二苯甲醇在异烟酸甲酯中胺解制得抗倒胺，产率为 96.6%。

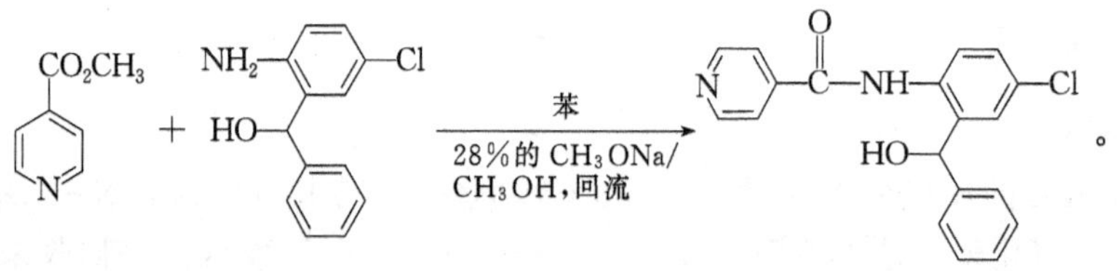

（2）异烟酰氯法

异烟酸先与亚硫酰氯作用制得异烟酰氯，然后异烟酰氯与 2-氨基-5-氯二苯酮缩合，再还原得抗倒胺。

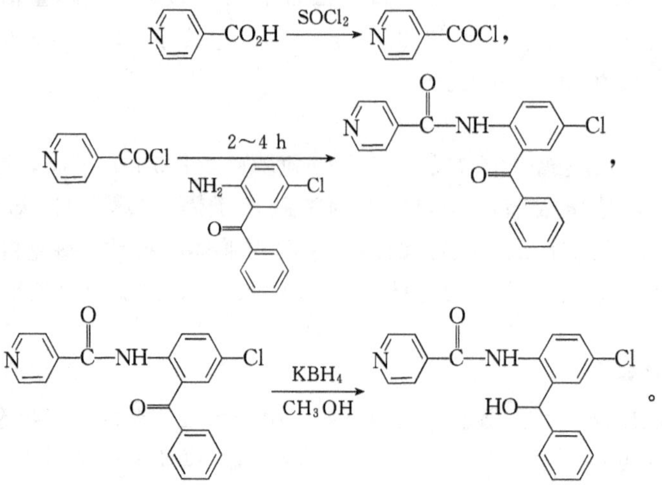

（3）异烟酸法

首先由对氯苯胺和苯甲醛制得 2-氨基-5-氯二苯甲醇，然后在亚硫酰氯存在下，异烟酸与 2-氨基-5-氯二苯甲醇缩合得抗倒胺。

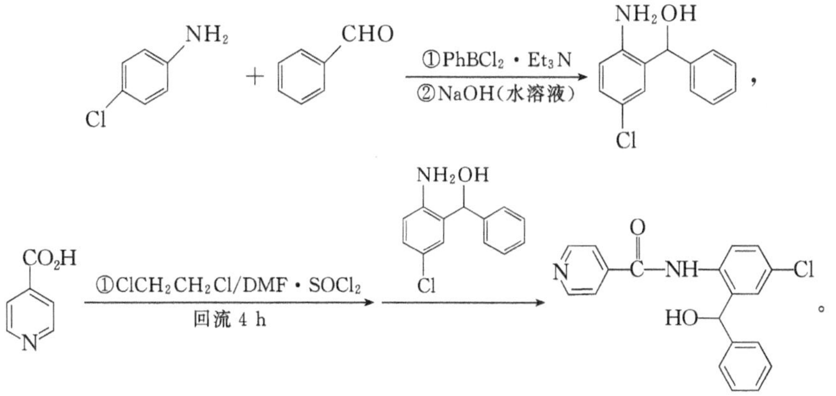

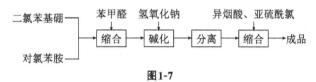

3. 工艺流程

图1-7

4. 生产工艺

（1）2-氨基-5-氯二苯甲醇的制备

在装有搅拌器、温度计和滴液漏斗的三颈瓶内加入 47.6 g 二氯苯基硼 300 mL 二氯甲烷，冷却至 $-20 \sim -15 \ ℃$，在搅拌下滴加 38.0 g 对氯苯胺和 400 mL 二氯甲烷所组成的溶液，滴毕，再滴加 76.0 g 三乙胺和 200 mL 二氯甲烷所组成的溶液。在上述温度下搅拌 0.5 h，然后升温至室温，逐滴滴加 31.8 g 苯甲醛和 1200 mL 二氯甲烷所组成的溶液，继续搅拌 4 h。加入 600 mL 2 mol/L 氢氧化钠溶液，室温下搅拌 1 h。分出有机层，水洗，干燥，浓缩，残余物用 Al_2O_3 柱纯化，以三氯甲烷洗脱，得白色固体，熔点 105～107 ℃，产率 26％。

（2）抗倒胺的合成

在圆底烧瓶中，加入 24.6 g 异烟酸，300 mL 1，2-二氯乙烷和 DMF 的混合物，逐滴加入 23.8 g $SOCl_2$，回流 4 h，然后冷却至室温，缓慢加入 46.7 g 2-氨基-5-氯二苯甲醇，在室温下再搅拌 2 h，经分离纯化可得 65.7 g 抗倒胺，熔点 210～212 ℃，产率 97％。

5. 产品用途

此产品为植物生长调节剂，可用于多种作物，起多种功效。具有控制株型，防止倒伏，提高坐果率等作用。

6. 参考文献

[1] 叶向阳，郭奇珍. 抗倒胺的合成 [J]. 农药，1995（5）：18.

[2] 陈馥衡，李增民，陈光明，等. 新型水稻生育调节剂抗倒胺的研制 [J]. 农药，1990 (3)：16.

1.6 吲哚乙酸

吲哚乙酸（Indole-3-acetic acid）又称 3-吲哚乙酸、氮茚基乙酸。其分子式 $C_{10}H_9NO_2$，相对分子质量 175.19，结构式：

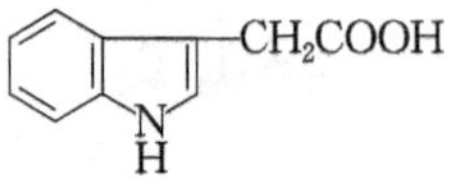

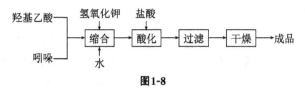

1. 产品性能

白色结晶性粉末，熔点 168～170 ℃。易溶于乙醇、溶于丙酮和乙醚，微溶于氯仿，不溶于水。其水溶液能被紫外光分解，但对可见光稳定。

2. 生产方法

在碱性条件下，羟乙酸与吲哚反应得到吲哚乙酸盐，用盐酸酸化后得到吲哚乙酸。

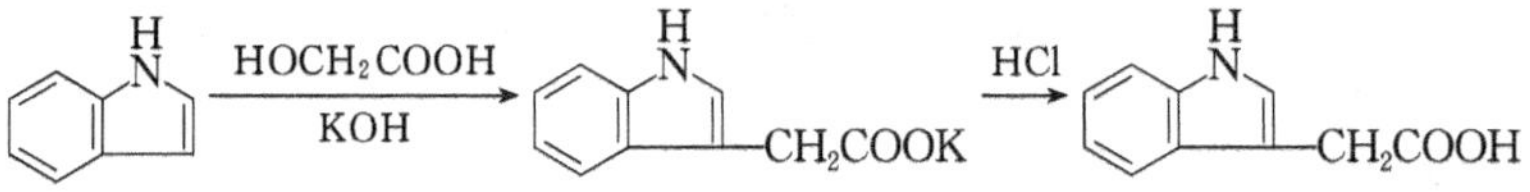

3. 工艺流程

图1-8

4. 技术配方（质量，份）

吲哚（100%计）	117
氢氧化钾（85%）	90
羟基乙酸（70%）	120

5. 生产设备

高压反应釜	分离锅
酸化锅	过滤器
贮罐	干燥箱

6. 生产工艺

在不锈钢高压反应釜中，加入 9 份 85% 的 KOH、11.7 份吲哚，然后缓慢加入 12 份 70% 的羟基乙酸水溶液密闭，于 250 ℃ 下反应 16～18 h。冷却至 50 ℃ 以下，加水使反应物料溶解，加水至总量为 100 份，用 12 份乙醚萃取未反应的有机物，分出水层，20～30 ℃ 下用盐酸酸化 pH 至 2。冷却至 10 ℃，析晶。吸滤，洗涤后避光干燥得产品。

7. 实验室制法

在 3 L 不锈钢高压釜中，加入 270 g 85% 的氢氧化钾、351 g 吲哚，然后缓慢加入 360 g 70% 的羟基乙酸水溶液。密闭加热至 250 ℃，搅拌 14～18 h。冷却至 50 ℃ 以下，加入 500 mL 水，再在 100 ℃ 搅拌 30 min 以溶解吲哚-3-乙酸钾。冷却至 25 ℃，将高压釜内物料倒入水中，加水至总体积为 3 L。用 500 mL 乙醚萃取，分取水层，在 20～30 ℃ 加 12 mol/L 盐酸酸化，析出吲哚-3-乙酸沉淀。过滤，冷水洗涤，避光干燥，得产品 455～490 g，产率 87%～93%。

取上述产品 60 g，用 2000 mL 水、20 g 活性炭进行重结晶脱色，趁热滤去炭渣，滤液冷却析晶，得到纯品。

8. 产品标准

含量	≥95%
熔点/℃	≥166
水分	≤2%

9. 质量检验

采用酸碱滴定法用氢氧化钾-乙醇标准溶液滴定，以酚酞为指示剂。

$$w(吲哚乙酸) = \frac{c \cdot V \times 0.1752}{G} \times 100\%$$

式中，c 为氢氧化钾-乙醇标准溶液摩尔浓度，mol/L；V 为试样耗用氢氧化钾-乙醇标准溶液体积，mL；G 为试样质量，g。

10. 产品用途

该产品用作植物生长激素。主要用作发根剂，对果树、花卉、草本植物的插条有促进发根作用，不仅能促进生长，而且具有抑制生长和器官建成的作用。它是自然界中天然存在的植物生长激素，在植物体内生物合成的前身是色氨酸。

11. 安全与贮运

①本反应在高压条件下缩合，设备必须符合耐压标准，操作人员必须严格执行操作规程，确保反应顺利进行。

②本产品正常使用无毒。小白鼠腹腔注射 LD_{50} 为 150 mg/kg。

③密封包装，避光贮存于阴凉、干燥处。

12. 参考文献

[1] 赵晓菊，胡敏，梁彦涛，等. 吲哚乙酸生物合成及其结合物水解的研究进展[J]. 中国农学通报，2014，30（6）：254-259.

[2] 古兆祥. 植物激素调节剂：1047431 [P]. 1990-12-05.

1.7 邻苯二甲酰替-3′-三氟甲基苯胺

邻苯二甲酰替-3′-三氟甲基苯胺（o-Phthalic acid-3′-trifluoromethyl anilide），分子式 $C_{15}H_{10}F_3NO_3$，相对分子质量 309.24，结构式：

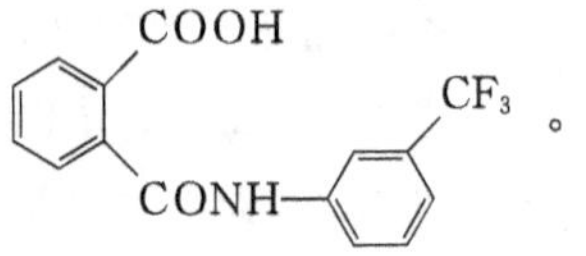

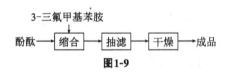

1. 产品性能

白色粉末状结晶，熔点 183～185 ℃。它是大豆植株生长调节剂，对大豆植株生长有控制调节作用。

2. 生产方法

酞酐（邻苯二甲酸酐）与 3-三氟甲基苯胺缩合即得。

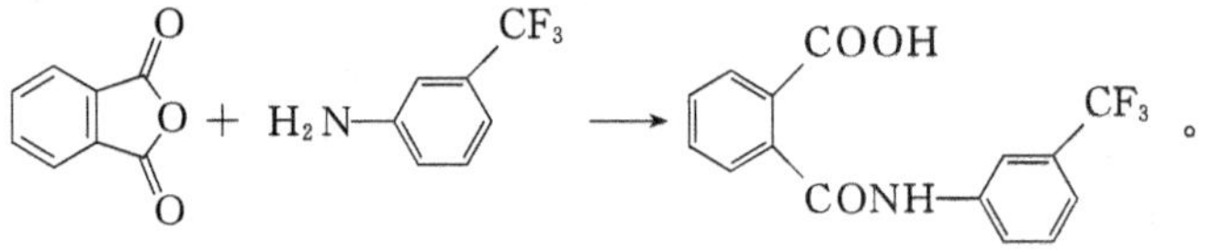

3. 工艺流程

3-三氟甲基苯胺

酞酐 → 缩合 → 抽滤 → 干燥 → 成品

图1-9

4. 生产配方（质量，kg）

邻苯二甲酸酐（99%）	149.5
3-三氟甲基苯胺（98%）	164.3

5. 生产工艺

在装有回流冷凝器及搅拌器的三口瓶中，先后加入 124 mL 3-三氟甲基苯胺、149.5 g 99%的邻苯二甲酸酐和 800 mL 溶剂，充分搅拌，过夜，反应液由褐色透明逐渐变成混浊，将反应混合物真空抽滤，通风晾干，烘干恒重，得 274 g 白色无味粉状产物，熔点 183～185 ℃。

6. 产品用途

邻苯二甲酰替-3′-三氟甲基苯胺主要用作大豆植物生长调节剂，对大豆植株生长有控制调节作用，可将有限的养分用到籽粒增多和饱满上，有利于抗倒伏，抗旱涝灾害等。

7. 参考文献

[1] 滕殿华. 大豆植物生长调节剂邻苯二甲酰替-3′-三氟甲基苯胺 [J]. 农药,1997 (3):14-15.

1.8 萘乙酸

萘乙酸(Naphthylacetic acid)又称 1-萘乙酸、α-萘乙酸。其分子式 $C_{12}H_{10}O_2$,相对分子质量 186.21,结构式:

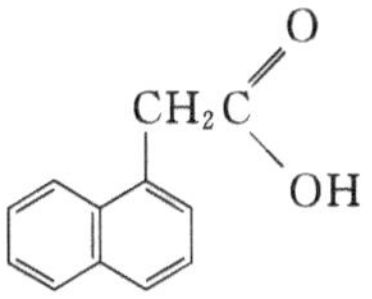

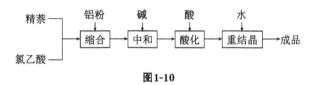

1. 产品性能

白色针状结晶或结晶性粉末,无味。溶于热水、乙醚、丙酮、氯仿和碱溶液,微溶于冷水。熔点 134.5～135.5 ℃,具有中等毒性。

2. 生产方法

精萘在铝粉催化下与氯乙酸缩合制得。

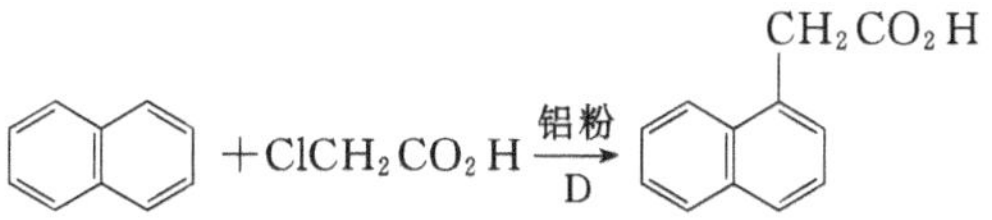

3. 工艺流程

图1-10

4. 生产配方(kg/t)

精萘(99%)	3600
氯乙酸(工业品)	1400

5. 生产设备

缩合反应釜	酸化锅
贮槽	重结晶锅
过滤器	干燥箱

6. 生产工艺

将氯乙酸和精萘投入缩合反应釜中，再加纯度为 99.8% 的铝粉，加热至 240～250 ℃，使反应呈沸腾状态约 9 h。反应放出的 HCl 用水吸收，制成盐酸作为副产品。冷却，加入 30% 的氢氧化钠溶液使其溶解，如仍有不溶物可通入蒸汽使其溶解。加氢氧化钠溶液调节 pH 至 10，再加水稀释通蒸汽搅拌。过滤除去未反应的萘和其他杂质。滤液用盐酸中和，得萘乙酸结晶，继续加酸使沉淀完全，过滤得萘乙酸粗品。粗品投入重结晶锅，加水加热至 100 ℃，使晶体全部溶解，滤去杂质。滤液冷却结晶过滤得纯萘乙酸。

7. 实验室制法

在三颈瓶中，加入 750 mL 甲醇、240 mL 水、175 g 氰化钠，混合均匀后，再加入 350 g α-氯甲基萘。先于常温搅 6 min，然后升温至回流状态反应 2 h。回收溶剂甲醇 650 mL 后冷却，水洗，得约 340 g 黑色油状 α-萘乙腈粗品。

在另一三颈瓶中，加入 750 mL 72% 的乙酸、48 mL 87% 的硫酸，加热至沸。将 340 g α-萘乙腈粗品用 750 mL 72% 的乙酸配成悬浊物，缓慢加入反应瓶中，保持温度高于 100 ℃。加完后，加热沸腾回收乙酸。大约 4 h，温度逐渐升至 113～119 ℃。将温度上升至 130 ℃，回收残留的乙酸（共回收 1250 mL）。冷至 100 ℃ 以下，加入 250 mL 水。于 80 ℃ 以下，加入苯 500 mL。静置，分去下层酸液，将上层苯液用水洗后，用氢氧化钠溶液中和。将黑色碱液分出用硫酸酸化，析出 α-萘乙酸。粗品用热水重结晶，得到约 250 g 产品，收率 65%。

8. 产品标准

指标名称	80% 的原粉	精制品
外观	浅黄色粉末	白色结晶
含量	≥80%	≥95%
熔点/℃	106～120	≥130
水分	≤5%	≤2.0%

9. 质量检验

含量测定。采用酸碱滴定法，用 0.5 mol/L 的 NaOH 溶液滴定。

10. 产品用途

该产品用于医药工业和有机合成。农业上用于催芽促长，也用于棉花保蕾。其钠盐为植物生长刺激剂。

11. 安全与贮运

①原料萘有毒，工作场所最大容许含量为 0.001%。氯乙酸毒性极强，大鼠口服 LD_{50} 为 76 mg/kg，具有强烈刺激性和腐蚀性。缩合设备应密闭，操作人员应穿戴劳保用具，车间内应加强通风。

②用内衬塑料袋的编织袋包装，贮存于阴凉干燥处。按有毒品规定贮运。

12. 参考文献

［1］李淑庆，庄文明，尤洪星，等. 萘乙酸钠的合成路线综述［J］. 广州化工，2016，44（1）：35-37.

［2］郭方玉. 萘乙酸钠和增产胺的合成工艺研究［D］. 青岛：青岛科技大学，2014.

1.9　增甘膦

增甘膦（Glyphosine）化学名称为 $N，N$-双（膦羧基甲基）甘氨酸。

1. 产品性能

外观是白色固体，对光稳定。在 20 ℃ 水中溶解度为 248 g/L。

2. 生产方法

将三氯化磷与甘氨酸、甲醛一起反应，经过滤、干燥，即得增甘膦。

3. 工艺流程

（1）亚磷酸工艺

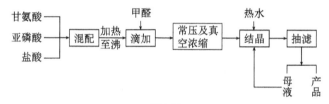

图1-11

（2）三氯化磷工艺

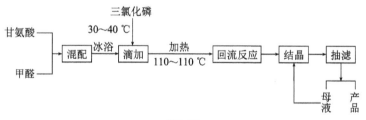

图1-12

4. 生产配方（kg/t）

三氯化磷	7.00
甘氨酸	6.85
甲醛	7.00

5. 生产工艺

在装有搅拌、回流冷凝器、滴液漏斗、温度计的四口瓶中，投入甘氨酸、38％甲

醛水溶液和水。搅拌至甘氨酸完全溶解成透明溶液。然后将混合液冰浴降温至 30 ℃
以下，维持在 30～40 ℃ 温度下缓慢滴加三氯化磷。加毕，改冰浴为油浴，将反应
液升温至 100～110 ℃，保持在此温度下沸腾回流反应 1 h。出料、冷却放置过夜，
析出白色结晶。真空抽滤得白色固体产品。含量 90％左右，产品收率 67％～70％。

6. 产品标准

原药白色至微黄色粉末，含量≥95.0％，干燥减重≤5.0％。

7. 产品用途

可用于甘蔗、西瓜的增糖、催熟、增产等。

8. 产品用途

本品不能和其他农药混用。在西瓜膨大期喷洒本剂，施用质量浓度 1000 $\mu g/L$，
每亩 30 kg 水溶液，可使西瓜含糖量增加 15％左右，增产 6％左右，成熟时间提前
4～5 d。

9. 参考文献

[1] 郭国瑞，朱如麟. 植物生长调节剂：增甘膦的合成 [J]. 赣南师范学院学报，1981 (S2)：32-43.

1.10 调节膦

调节膦（Krenito）又名蔓草膦，化学名称为氨基甲酰基膦酸乙酯铵盐。

1. 产品性能

调节膦是一种无色结晶，熔点 175 ℃，蒸气压 533.3 μPa（25 ℃），毒性 LD_{50}：
大白鼠急性经口 24 000 mg/kg。

2. 生产方法

采用氯甲酸甲酯与亚磷酸三乙酯为主要原料，制备甲氧甲酰基膦酸二乙酯，进而
氨化，水解反应合成调节膦。

$$(C_2H_5O)_3P + Cl-\overset{O}{\overset{\|}{C}}-O-CH_3 \longrightarrow (C_2H_5O)_2\overset{O}{\overset{\|}{P}}-\overset{O}{\overset{\|}{C}}-O-CH_3 + C_2H_5OCl \ ,$$

$$(C_2H_5O)_2\overset{O}{\overset{\|}{P}}-\overset{O}{\overset{\|}{C}}-O-CH_3 + NH_3 \longrightarrow (C_2H_5O)_2\overset{O}{\overset{\|}{P}}-\overset{O}{\overset{\|}{C}}-ONH_2 + CH_3OH \ ,$$

$$(C_2H_5O)_2\overset{O}{\overset{\|}{P}}-\overset{O}{\overset{\|}{C}}-NH_2 + NH_4OH \longrightarrow C_2H_5O-\underset{ONH_4}{\overset{O}{\overset{\|}{P}}}-\overset{O}{\overset{\|}{C}}-NH_2 + C_2H_5OH \ 。$$

3. 生产配方（质量，份）

甲氧甲酰膦酸二乙酯	14.5
氨水	2.6

4. 产品标准

40%水剂	琥珀色液体
有效成分含量	≥40.0%
亚磷酸乙酯铵盐	≤10.0%
pH	7～8

5. 产品用途

本品对植物有整枝、矮化、增糖、保鲜等多种作用。

本品可与草甘膦、萘乙酸、赤霉素混用，具有增效作用。使用时，将药液由植物顶端开始自上而下喷洒，施药剂量、时间视施药对象、施药环境而定。

6. 安全与贮运

调节膦是一种低毒多用途的新农药，无公害、无残留。调节膦对人畜、野生动物安全。

7. 参考文献

[1] 刘祎. 植物生长调节剂调节膦 [J]. 农药，2002 (2)：41-42.

1.11　增产醇

增产醇 [3-(α-Pyridyl)-propanol] 又名784-1，其化学名称为3-(α-吡啶基) 丙醇。

1. 产品性能

无色或浅黄色透明油状液体（原药为棕红色油状液体），沸点：260 ℃ (101.3 kPa)、98 ℃ (133.32 Pa)，折光率（n_D^{17}）1.5339。毒性 LD_{50}：雄大白鼠急性经口 111.5 mg/kg，雄小白鼠 154.9 mg/kg。积蓄毒性弱，对白鲢鱼属高毒。

2. 生产方法

在氯苯溶剂中，金属钠与 α-甲基吡啶反应，反应生成物与环氧乙烷反应得 3-(α-吡啶基) 丙醇钠，酸化即得增产醇。

3. 生产配方（质量，kg）

金属钠	7.3
氯苯	16.6
α-甲基吡啶	14.8
环氧乙烷	9.1

4. 生产工艺

在氮气保护下,将 150 mL 无水甲苯、29.2 g 钠置于 1000 mL 四口瓶中,加入少量油酸,加热至钠全部熔融后,搅拌,制得新鲜钠分散体。在冰水冷却下,于 25～40 ℃ 滴加少量氯苯和 0.5 mL 正丁醇,反应开始后,于 50 min 内滴加完全部 66.4 g 氯苯,继续反应 2 h,反应混合物呈墨绿色。

加热使反应混合物温度升至 70 ℃ 以上,加入 59.2 g α-甲基吡啶,温度控制在 60～80 ℃,继续反应 40 min 左右,然后用冰盐水冷却,使温度降至 10 ℃ 以下,滴加 39 mL 环氧乙烷和 39 mL 无水甲苯的混合液,1 h 内加毕,继续反应 2 h,反应混合物呈棕色。

在上述反应混合物中依次加入 10 mL 95% 的乙醇、225 mL 18% 的盐酸及 110 mL 水(使生成的氯化钠溶解),然后,用分液漏斗分出水层,40 mL 18% 的盐酸提取甲苯层 4 次,水层合并,用 40% 的氢氧化钠溶液调节 pH 至 10 左右,有棕色油状物析出。分出油层,水层用氯仿提取 3～4 次。将氯仿提取液同油状物合并,用无水硫酸镁干燥过夜。滤去硫酸镁,滤液蒸去溶剂,残留物经真空蒸馏,收集 108～114 ℃、40 Pa 馏分,得 56.79 g 油状液体(低温下固化)产品。产品折光率 (n_D^{17}) 1.5339。

5. 产品标准

80% 乳油	黄色至深棕色单相液体
有效成分含量	80.0%±1.0%
乳油稳定性	合格

6. 产品用途

本品可用于花生、大豆、西瓜等作物,能提高饱果率,促进早熟,增产。浸种处理质量浓度一般为 10～20 μg/L,花期施用质量浓度一般为 10 μg/L。

7. 参考文献

[1] 于治水,袁雪松. 新型植物生长调节剂"784-1"[J]. 吉林农业,1997 (11):16.

[2] 方建新,史延年,王立坤,等. 植物生长调节剂 3-(γ-吡啶基)丙醇的合成 [J]. 精细化工,1990 (3):24-25.

[3] 崔玉珍. 3-(2′-吡啶基)丙醇的制备 [J]. 精细化工信息,1986 (9):36-39.

1.12　5-硝基愈创木酚钠

5-硝基愈创木酚钠的化学名称 2-甲氧基-5-硝基苯酚钠,分子式 $C_7H_6NO_4Na$,相对分子质量 191.12,结构式:

1. 产品性能

橙红色片状结晶，熔点 104～106 ℃，是植物生长调节剂。

2. 生产方法

邻甲氧基苯酚（愈创木酚）与乙酐酰化，经硝化后水解得 5-硝基愈创木酚钠。

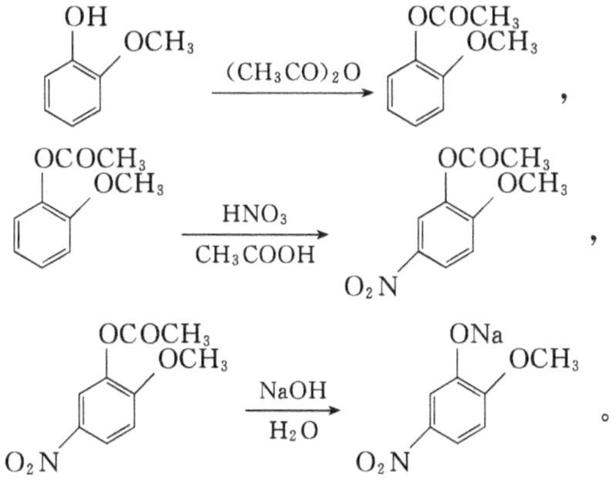

3. 工艺流程

愈创木酚 → [乙酰化] → [硝化] → [水解] → [结晶] → [抽滤] → [干燥] → 成品
（乙酐）　（硝酸）　（氢氧化钠/水）

图1-13

4. 生产配方（kg/t）

愈创木酚	124.0
乙酐	122.0
冰乙酸	396.0
硝酸（63%）	276.5
氢氧化钠	132.0

5. 生产工艺

（1）乙酰化

在 500 mL 三颈烧瓶中加入 124 g 愈创木酚，油浴加热至 120 ℃，搅拌下滴加 122 g 乙酐，滴完后于 120 ℃ 保温反应 2 h。冷却后用 80 mL 氯仿萃取，萃取液减压蒸馏，收集 135～140 ℃、1300 Pa 时的馏分，得淡黄色液体，乙酰愈创木酚，收率 91%。

（2）硝化

在 500 mL 四颈烧瓶中加入 80 g 乙酰愈创木酚 105 g（约 100 mL）冰乙酸及少许催化剂，水浴加热至 50 ℃，搅拌下缓慢滴加 120 mL 浓硝酸与 100 mL 冰乙酸配成的混酸。滴加过程使瓶内温度保持在 50 ℃ 左右，加完后于 50 ℃ 保温反应 2 h。充分搅拌下将反应物倾入一盛有 800 mL 冷水的烧杯中，冷却结晶，抽滤得橙黄色针状晶体 5-硝基乙酰愈创木酚，收率 81%。

（3）水解

在三颈烧瓶中加入 70 g 氢氧化钠及 400 mL 水，水浴加热至 60 ℃，搅拌下分批加入硝化所得 5-硝基乙酰愈创木酚。加完后于 60 ℃ 保温反应 2 h，经冷却、结晶、抽滤、干燥得 5-硝基愈创木酚钠，收率 86%。产品为橙红色片状结晶，熔点 104～106 ℃。

6. 产品用途

5-硝基愈创木酚钠是植物生长调节剂，能迅速渗进植物内，促进植物的萌芽、发根、生长和结果。

7. 参考文献

[1] 庄文明，尤洪星，朱孔杰，等. 5-硝基愈创木酚钠的合成与应用综述 [J]. 科技经济导刊，2016（30）：162-163.

[2] 尚遇青. 植物生长调节剂调吡脲和 5-硝基愈创木酚钠的合成工艺研究 [D]. 青岛：青岛科技大学，2008.

1.13 矮壮素

矮壮素（Chlormequat chloride）也称稻麦立、氯化氯代胆碱（Cycocel；CCC），化学名称 2-氯乙基三甲基氯化铵（2-Chloroethyltrimethylammonium chloride）。其分子式 $C_5H_{13}Cl_2N$，相对分子质量 158.07，结构式：

$$ClCH_2CH_2\overset{\oplus}{N}(CH_3)_3 \cdot \overset{\ominus}{Cl}。$$

1. 产品性能

白色结晶固体，有鱼腥味。熔点 240～241 ℃，在 245 ℃ 时分解，极易吸湿。易溶于水（20 ℃ 时水中溶解度为 74%），溶于低级醇和丙酮，不溶于乙醚和烃类。其水溶液对金属有腐蚀性，在中性和微酸性溶液中稳定。

2. 生产方法

由二氯乙烷吸收三甲胺，加热反应制得。

$$ClCH_2CH_2Cl + (CH_3)_3N \longrightarrow [ClCH_2CH_2\overset{\oplus}{N}(CH_3)_3]\overset{\ominus}{Cl}。$$

3. 工艺流程

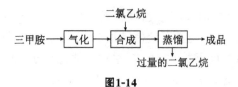

图1-14

4．生产配方（kg/t）

二氯乙烷	374
三甲胺	627

5．生产设备

气体发生器	吸收锅
合成锅	

6．生产工艺

将 200 kg 三甲胺盐酸盐从高位槽放入气体发生器内，搅拌加热至 70 ℃ 左右时，将 30％的氢氧化钠溶液由液碱高位槽加入发生器。控制碱液的加入速度，使发生器压力保持在 0.25 MPa 左右。于 6～8 h 加完 240 kg 后，将发生器温度升至 90 ℃。发生器发生的三甲胺气体流经串联的三台吸收锅，每锅盛有 400～450 kg 二氯乙烷，在常温下吸收三甲胺。当第 1 台吸收锅吸收的三甲胺含量达 15％时，即可将物料放入合成锅内进行合成反应。同时将第 2 台吸收锅的物料放入第 1 台，第 3 台的物料放入第 2 台，再将 400～450 kg 纯的二氯乙烷加入第 3 台，进行下一周期的吸收操作。

在合成锅内发生二氯乙烷和三甲胺进行合成反应，压力维持在 0.23 MPa 左右，搅拌反应 12 h，料液温度达 108～113 ℃ 时，反应达终点。用直接蒸汽回收过量的二氯乙烷（在生产过程中二氯乙烷也起溶剂作用），锅内的物料为含 60％～70％矮壮素的水溶液。冷却后可直接配制成 50％的水剂，即得矮壮素成品。

7．实验室制法

将二氯乙烷和三甲胺在加热条件下反应，即可制得矮壮素。

8．产品标准

外观	浅黄色至黄棕色，无沉淀，透明均匀液体
含量	≥50％
相对密度（d_4^{20}）	1.106～1.117
pH	4～7

9．含量测定

（1）游离氯的测定

吸取 25 mL 样品溶液于 250 mL 磨口锥形瓶中，加入 15 mL 蒸馏水，3 滴二氯荧光黄指示剂（0.2％的乙醇溶液）和 10 mL 淀粉溶液（1％的溶液），立即用 0.1 mol/L 硝酸银标准溶液滴定至粉红色刚出现为终点。

（2）总氯的测定

吸取 25 mL 样品溶液于 250 mL 磨口锥形瓶中，加入 15 mL 2 mol/L 氢氧化钠溶液，装上回流冷凝器，加热回流 15 min 后，用蒸馏水冲洗冷凝器及锥形瓶内壁。冷却至 20 ℃ 左右，加 1 滴酚酞指示剂（1％的乙醇溶液），用 V（硝酸）∶V（水）＝

1：3硝酸溶液和0.1 mol/L氢氧化钠调至中性或稍偏酸性，加3滴二氯荧光黄指示剂，10 mL淀粉溶液，立即用0.1 mol/L硝酸银标准溶液滴定至粉红色即为终点。

样品中矮壮素百分含量 [w（矮壮素）] 按下式计算：

$$w（矮壮素）=\frac{c(V_2-V_1)\times 0.158}{G\times 0.1}\times 100\%$$

式中，c为硝酸银标准溶液的浓度，mol/L；V_1为滴定游离氯时消耗硝酸银标准溶液的体积，mL；V_2为滴定总氯时消耗硝酸银标准溶液的体积，mL；G为样品质量，g。

10. 产品用途

植物生长调节剂。可抑制细密植株徒长，使茎和叶柄矮壮；还可增强植物对病虫害的抵抗力。可使水稻、小麦、棉花抗倒伏，小麦抗盐碱；使马铃薯块茎增大，棉铃增加。为赤霉素拮抗剂，可保护西红柿免受萎蔫病侵害，减少甘蓝蚜虫危害。

11. 安全与贮运

①生产中使用的原料二氯乙烷剧毒，三甲胺有毒，生产现场严防"跑、冒、滴、漏"，接触时应穿防护衣，戴防护面具、防护手套，注意防火。

②产品用玻璃瓶或高密度塑料瓶包装，外用木箱装。防冻、防热，不得与食物、种子、饲料混放。为有机有毒品，贮存期两年。

12. 参考文献

[1] 北京市农药二厂. 矮壮素的生产总结 [J]. 农药，1977 (2)：7-8.
[2] 南开大学元素有机化学研究所除草剂组. 矮健素的合成与药效试验 [J]. 化学通报，1974 (1)：39-42.

1.14 矮健素

矮健素化学名称为2-氯烯丙基三甲基氯化铵，结构式：

$$\left[H_2C=C-CH_2-\overset{\oplus}{\underset{}{N}}\begin{matrix}CH_3\\ -CH_3\\ CH_3\end{matrix} \right]Cl^{\ominus}$$

1. 产品性能

白色晶体，对棉花和小麦等农作物有显著的增产作用。

2. 生产方法

由1，2，3-三氯丙烷脱氯化氢制得2，3-二氯丙烯，然后与三甲胺反应成盐得矮健素。

$$CH_2-CH-CH_2 \xrightarrow{NaOH} H_2C=C-CH_2+HCl,$$

（其中 Cl Cl Cl 与 Cl Cl）

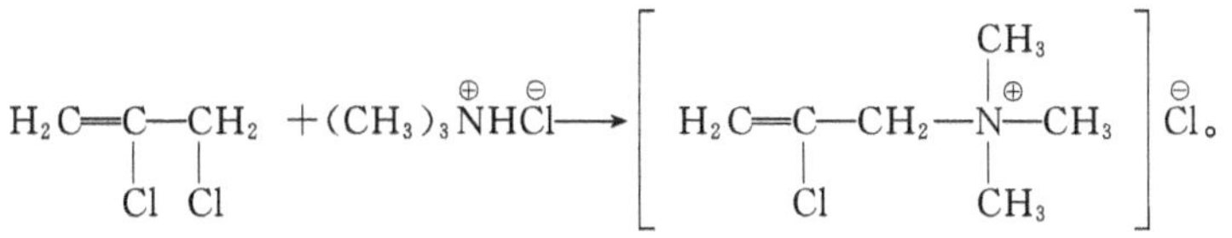

$$H_2C=C-CH_2 + (CH_3)_3\overset{\oplus}{N}H\overset{\ominus}{C}l \longrightarrow \left[H_2C=C-CH_2-\overset{\overset{\displaystyle CH_3}{|}}{\underset{\underset{\displaystyle CH_3}{|}}{\overset{\oplus}{N}}}-CH_3 \right] \overset{\ominus}{C}l。$$

3. 工艺流程

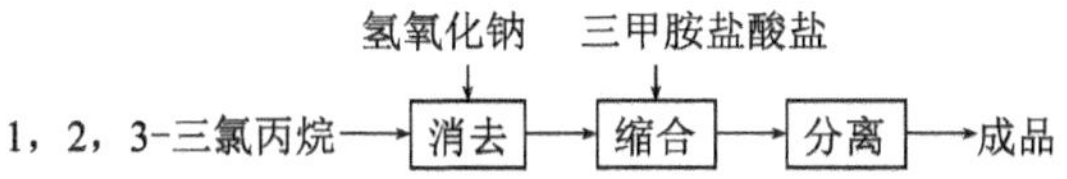

图1-15

4. 生产配方（质量，份）

1，2，3-三氯丙烷（>90%）	164.0
氢氧化钠（98%）	44.0
三甲胺盐酸盐（95%）	77.5

5. 生产工艺

将 1，2，3-三氯丙烷 164 份投入反应釜中，缓慢加入氢氧化钠，10 min 加完，搅拌，加热，升温至 95 ℃ 时，开始反应并放热，于 98～105 ℃ 下反应 1 h。将 34 份氢氧化钠用水配成 50% 的溶液，加入 70 份乙醇，混合后缓慢滴入反应器内，回流状态下 3～4 h 加完，再回流反应 6 h。加冷水至反应液中，静置，分层。油相蒸馏，收集 93～105 ℃ 馏分得 2，3-二氯丙烯，收率 70% 左右。

将 2，3-二氯丙烯和溶剂甲苯加入反应釜中，搅拌，加热升温至 60 ℃。在三甲胺气体发生器中加入 30% 的氢氧化溶液，缓慢滴入 5%～8% 的三甲胺盐酸盐溶液，将产生的三甲胺气体经过气体缓冲瓶通入反应釜中的 2，3-二氯丙烯溶液内，于 60～70 ℃ 下搅拌反应，生成矮健素晶体。当产生大量晶体时即可停止通入三甲胺气体，继续于 75～80 ℃ 下反应 5～6 h，分离出晶体得矮健素。也可加入水，搅拌溶解，静置，分出水层，得到矮健素水溶液产品。

6. 产品用途

本品具有抑制植物生长的作用。能使作物茎秆短粗、叶面宽厚，根系发达，提高产量。具有抗旱、抗倒伏能力。适用于棉花、小麦、花生等作物。

花生开花期喷洒本剂的水溶液，可提高花生产量，喷施百分含量为 0.004%～0.006%。

7. 参考文献

[1] 李玉珍. 矮健素生产新工艺 [J]. 天津化工，1991 (3)：35-37.
[2] 李玉珍. 矮健素的新工艺及工业化 [J]. 精细化工信息，1988 (10)：38-41.

1.15　增产灵

增产灵又称增产灵 1 号、肥猪灵，化学名称 4-碘苯氧乙酸或对碘苯氧乙酸（4-

Iodo phenoxyacetic acid）。分子式 $C_8H_7IO_3$，相对分子质量 278.04，结构式：

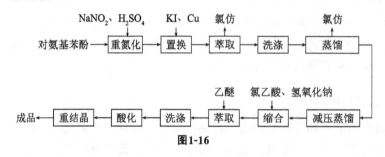

。

1. 产品性能

白色针状结晶或淡黄色结晶性粉末，溶于乙醇、乙醚、氯仿、苯和丙酮，微溶于热水，难溶于冷水。熔点 $154 \sim 156$ ℃，性质稳定。

2. 生产方法

由对氨基苯酚经重氮化，置换后得对碘酚，再与氯乙酸缩合制得 4-碘苯氧乙酸，即增产灵。

3. 工艺流程

图1-16

4. 生产配方（质量，份）

对碘苯酚（100%）	220
氯乙酸（95%）	100

5. 生产设备

重氮化反应锅	置换反应釜
缩合反应釜	蒸馏釜
结晶槽	过滤器
干燥箱	

6. 生产工艺

将对氨基苯酚加入重氮化反应锅，冷却至 0 ℃。再将 30％左右的硫酸水溶液冷至 0 ℃后加入反应锅内。于搅拌下滴加亚硝酸钠溶液，温度保持在 0～5 ℃，1 h 内滴加完毕。然后继续搅拌反应 20 min，再加入浓硫酸，得重氮化液。将重氮化液倒入 0 ℃左右的碘化钾溶液中，加入铜粉，然后加热升温，于 75～80 ℃搅拌下进行置换反应，反应至无氮气放出为终点。将物料冷至室温，用氯仿萃取 3 次。合并萃取液，用硫代硫酸钠稀溶液洗涤萃取液。蒸馏回收氯仿，剩余物料进行减压蒸馏，收集 135～140 ℃、460×133.3 Pa 馏分。馏出物冷却后，得对碘酚结晶粗品。将粗品用稀乙醇溶液重结晶得纯品。

将上述所得对碘酚、氯乙酸投入缩合反应釜，再加入氢氧化钠水溶液，搅拌，并加热升温至 100 ℃，进行缩合反应 3～6 h。反应完成后，将物料冷至室温，用盐酸调节 pH 至 3～5。用乙醚萃取，萃取液用水洗涤，然后加入 5％～10％的碳酸钠溶液，充分搅拌后静置分层，取出溶液层，用盐酸酸化后，析出结晶。过滤，将晶体用 50％的乙醇重结晶，即制得成品增产灵。

7. 产品标准

外观	淡黄色或白色针状结晶
含量（原药）	≥95％
熔点	≥145 ℃

8. 含量测定

称取样品 10.0 mg（准确至 0.1 mg），包在 2 cm×2 cm 的无灰滤纸上，滤纸上留有一条引火纸尾，夹在与燃烧瓶盖相连的铂金丝上。在燃烧瓶内放入 10 mL 2％的氢氧化钾溶液，并向燃烧瓶内充满氧气，引火点燃纸尾，迅速放入燃烧瓶内塞紧瓶盖，轻轻摇动燃烧瓶，使燃烧完全。然后再振摇 1 min，待烟雾消失后打开瓶盖，用水冲洗瓶盖、铂金丝及瓶壁。加入 20％的乙酸钠水溶液 5 mL，10％的乙酸钠乙酸溶液 5 mL，溴水 2～3 滴，放置 5 min。滴加 10 滴甲酸，除去过量的溴。再放置 5 min 后，加入 0.5 g 固体碘化钾及 1 mL 硫酸（4.5 mol/L H_2SO_4）。5 min 后，用硫代硫酸钠标准溶液（0.01 mol/L）滴定至淡黄色，加入 0.5％的淀粉指示剂 5 滴，继续滴定至蓝色消灭即为终点。

样品中增产灵百分含量［w（增产灵）］按下式计算：

$$w(\text{增产灵}) = \frac{V \times c \times 0.046\ 34}{m} \times 100\%$$

样品若是增产灵钠盐其百分含量（w_1）按下式计算：

$$w_1 = \frac{V \times c \times 0.050\ 01}{m} \times 100\%$$

式中，V 为硫代硫酸钠标准溶液体积，mL；c 为硫代硫酸钠标准溶液浓度，mol/L；m 为样品质量，g；0.046 34 为 1/6 增产灵分子摩尔质量，kg/mol；0.050 01 为 1/6 增产灵钠盐分子摩尔质量，kg/mol。

9. 产品用途

植物生长调节剂，能促进棉花生长发育，减少大豆落花、落荚，降低水稻秕谷率；还能促进生猪肌体的新陈代谢，催肥增膘。

10. 安全与贮运

①生产中使用的原料对氨基苯酚具有苯胺和苯酚的双重毒性，可经皮肤吸收引起中毒；氯乙酸毒性极强，具有强刺激性和腐蚀性，附着在皮肤上能引起烧伤和坏疽。生产时设备应密闭，严防泄漏，生产现场保持良好通风，操作人员要戴口罩、橡皮手套，穿高筒套鞋。

②产品密封包装。

11. 参考文献

[1] 李龙章，马美玲，谢明贵. 4-碘苯氧乙酸合成方法的改进 [J]. 四川大学学报（自然科学版），1995（6）：752-753.

[2] 黄代敏. 4-碘苯氧乙酸合成研究 [J]. 重庆师范学院学报（自然科学版），1990（2）：72-77.

1.16 乙烯利

乙烯利（Ethephon）又称乙烯磷，化学名称 2-氯乙基膦酸，分于式 $C_2H_6ClO_3P$，相对分子质量 144.5，结构式：

$$ClH_2CH_2C-\overset{\overset{\displaystyle O}{\|}}{\underset{\underset{\displaystyle OH}{|}}{P}}-OH 。$$

1. 产品性能

白色蜡状固体，熔点 74~75 ℃，易溶于水、乙醇、丙酮，难溶于苯，不溶于石油醚。在空气中极易潮解，水溶液呈强酸性，当 pH>3.5 逐渐分解释放乙烯；pH<3.0 溶液较稳定。

2. 生产方法

三氯化磷与环氧乙烷酯化得到的亚膦酸三（2-氯乙基）酯在加热条件下重排得 O,O-(2-氯乙基)-2-氯乙基膦酸酯，O,O-(2-氯乙基)-2-氯乙基膦酸酯再通 HCl 酸解得乙烯利。

$$H_2C\overset{\displaystyle\diagup\diagdown}{\underset{\displaystyle O}{\quad}}CH_2 \xrightarrow{PCl_3} (ClCH_2CH_2O)_3P ,$$

$$(ClCH_2CH_2O)_3P \xrightarrow[\text{重排}]{\triangle} ClCH_2CH_2\overset{\overset{\displaystyle O}{\|}}{P}(OCH_2CH_2Cl)_2 ,$$

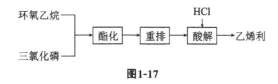

3. 工艺流程

环氧乙烷 ── 三氯化磷 ── → 酯化 → 重排 → 酸解 ──HCl──→ 乙烯利

图1-17

4. 生产配方（kg/t）

三氯化磷（工业品）	570
环氧乙烷（工业品）	570
氯化氢	适量

5. 生产设备

酯化反应釜	重排反应釜
酸解槽	减压蒸馏釜
贮槽	冷凝器

6. 生产工艺

①在搪玻璃反应釜内，先投入 57 kg 的三氯化磷，夹套通冷冻盐水进行冷却，使料温降至 0 ℃ 左右，随即通入气化的环氧乙烷。通气速度随反应温度变化而加以调节，控制在 30 ℃ 左右通完与三氯化磷等重量的环氧乙烷。继续搅拌 4～6 h 即完成酯化反应。游离氯控制在 0.1～0.2 mg/kg。

②把上述粗品加入到带有回流冷凝器和搅拌器的酯化反应釜内，同时加入等重量的溶剂邻二氯苯，搅拌混匀，快速升温至 180 ℃，于此温度下回流反应 3～4 h。然后，进行真空蒸馏，蒸出溶剂，留在反应釜内的物质为异构化产物，即 O,O-(2-氯乙基)-2-氯乙基膦酸酯粗品。

③把 O,O-(2-氯乙基)-2-氯乙基膦酸酯粗品投入反应釜内，加热升温至 170 ℃，搅拌，通入氯化氢气体进行反应。未反应的多余的氯化氢气体和反应过程中所生成的氯乙烷一道从反应器蒸出，经冷凝分出二氧乙烷，未被冷凝的氯化氢进入尾气吸收瓶吸收。于 175 ℃ 反应温度下，不断反应，不断蒸出二氯乙烷，当二氯乙烷的收集量达到 O,O-(2-氯乙基)-2-氯乙基膦酸酯粗品投料量的 2/3 左右时，即可停止反应，得到棕色酸性液体即为成品，其有效成分为 2-氯乙基膦酸。所得成品可直接销售，也可配成 30%～40% 的水剂销售，施用时一般用 0.05%～0.40% 的乙烯利。

7. 实验室制法

在三口瓶中，加入三氯化磷，冰冷却至 0 ℃，通入环氧乙烷，控制在 30 ℃ 左右，通入的环氧乙烷的量与三氯化磷的量相等，继续搅拌 3 h，得到亚膦酸-2-氯乙基三酯。将该三酯和等量邻二氯苯投入反应锅里油浴加热，于 150～200 ℃ 重排 15～20 min，然后减压蒸去邻二氯苯，得到的 O，O-(2-氯乙基)-2-氯乙基膦酸酯于 155～160 ℃ 维持 2～4 h，通入干燥 HCl 气体，温度控制在（175±5）℃，至低沸物逸出甚少时，停止通 HCl。通入空气赶尽 HCl，得到 65％ 左右的乙烯利原油。

8．产品标准

外观	白色蜡状固体
含量	≥40％

9．含量测定

称取样品 0.800～1.000 g（准确至 0.2 mg）置于广口瓶中，加水 5～6 mL，摇匀。将 12～15 粒氢氧化钠，放入瓶内盛碱盘上。再准确称量反应瓶重（准确至 0.2 mg）。然后小心倾侧反应瓶，使氢氧化钠颗粒落入溶液中，轻轻摇动，放气 30 min。再在电炉上微热，待小气泡完全消失、放入干燥器中，待反应瓶冷却至室温，再准确称量。

$$w[\text{ClH}_2\text{CCH}_2\text{PO(OH)}_2] = \frac{515.2(m_1 - m_2)}{m} \times 100\%$$

式中，m_1 为反应前的广口瓶质量，g；m_2 为反应后的广口瓶质量，g；m 为样品质量，g。

10．产品用途

乙烯利是植物生长调节剂，具有植物激素增进乳汁分泌，加速成熟、脱落、衰老，以及促进开花和控制生长的生理效应。在一定条件下，乙烯利不仅自身能释放出乙烯，而且还能诱导植株产生乙烯，增进同化物质向生殖器官运转。应用于天然橡胶、安息香、生漆生产中，有显著增产作用。乙烯利可用于棉花种植促进棉花早熟、集中吐絮、增收花絮、提高品级、有利于棉花耕作机械化；还可用于香蕉和番茄的催熟，早稻催熟，烟叶落黄，菠萝开花调节，茶叶除花，黄瓜等瓜类花的性别转化，苹果和柑橘的着色，以及蔷薇着花、升花和增加分枝。

11．安全与贮运

①毒性：大白鼠口服 LD_{50} 为 4229 mg/kg；能刺激皮肤和眼睛；二级有机酸性腐蚀品。

②生产中使用环氧乙烷、三氯化磷等有毒、腐蚀性化学物品，设备必须密闭，车间内保持良好的通风状态，工作人员应穿戴防护用品。

③密封保存（塑料瓶或玻璃瓶包装）。

12．参考文献

[1] 孙德群，安永生，赖鹏翔，等. 乙烯利加压法合成工艺改进 [J]. 现代农药，2008，7 (6)：19-21.

[2] 赵林涛. 乙烯利合成工艺研究 [D]. 上海：华东理工大学，2012.

[3] 刘斌，宋振，罗伟慧，等. 乙烯利合成技术进展 [J]. 上海化工，2010，35（12）：13-15.

1.17　苯乙酸

苯乙酸（Phenylaeetie acid）分子式 $C_8H_8O_2$，相对分子质量 136.15，结构式：

⟨benzene⟩—CH₂COOH 。

1. 产品性能

无色片状晶体，熔点 76.5 ℃，沸点 265.5 ℃，在 1.60 kPa 下的沸点 144.5 ℃。相对密度（d_4^{77}）1.091。易溶于热水，溶于醇、醚、氯仿、四氯化碳，微溶于水。天然品存在于玫瑰、橙花、日本薄荷等中。具有酸性，对皮肤有轻度刺激，低毒。

2. 生产方法

苯乙腈在酸性条件下水解得苯乙酸。

$$\text{⟨benzene⟩—CH}_2\text{CN} \xrightarrow[\text{H}_2\text{SO}_4]{\text{H}_2\text{O}} \text{⟨benzene⟩—CH}_2\text{COOH}$$ 。

3. 工艺流程

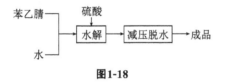

图1-18

4. 生产配方（kg/t）

苯乙腈	943
硫酸（98%）	708

5. 生产设备

水解反应釜	残液槽
脱水釜	贮槽

6. 生产工艺

将 496 kg 70% 的硫酸加入水解反应釜中，搅拌加热至 100 ℃。再缓慢地滴加苯乙腈，在 5 h 内滴完 472 kg 后升温至 130 ℃，继续保温反应 8 h。然后加入 18 kg 水，稀释反应生成的硫酸氢铵，静置分层，分去硫酸氢铵母液，在 125 ℃ 减压脱水 5 h，得纯度 96%～97% 的苯乙酸约 500 kg。再减压蒸馏，收集 142～144 ℃、12×133.3 Pa 馏分得纯品。

7. 实验室制法

在三颈圆底烧杯中，加入 59 g 苯乙腈、75 mL 水和 25 mL 乙酸，搅拌下加入 61 mL 浓硫酸，加热回流 2 h。搅拌下加入 340 mL 冷水稀释，冷至室温，析晶、抽滤、水洗滤饼。然后用热水洗涤，洗涤水含有一些苯乙酸，冷后析晶滤出，与上述产品合并。粗品减压蒸馏，收集 142～144 ℃、12×133.3 Pa 馏分，得纯品 51 g。

8. 产品标准（FCC 1981）

外观	白色片状结晶
砷/(mg/kg)	≤3
含量	≥99.0%
重金属（以 Pb 计）	≤0.004%
熔程/ ℃	76～78
铅/(mg/kg)	≤10

9. 含量测定

将苯乙酸试样在硫酸干燥器中干燥 3 h 后，准确称取 0.5 g，用 50% 的乙醇中性溶解，然后用酚酞作指示剂，用 0.1 mol NaOH 溶液滴定至粉红色。

$$w(C_6H_6CH_2COOH) = \frac{c \cdot V \times 0.1362}{m} \times 100$$

式中，c 为氢氧化钠标准溶液浓度，mol/L；V 为试样耗用氢氧化钠标准溶液的体积，mL；m 为试样质量，g。

10. 产品用途

用作药物、农药、香料的合成中间体，是香精、杀虫剂、植物生长调节剂的原料。

11. 安全与贮运

①原料苯乙腈有毒，刺激眼睛和皮肤，生产场所最高容许浓度为 0.008 mg/L。生产设备应密闭，车间内保持良好的通风状态，操作人员应穿戴防护用具。

②内衬塑料袋铁桶包装，贮于阴凉、干燥处。

12. 参考文献

[1] 周淑晶，李锦莲，栾芳. 苯乙酸合成新方法 [J]. 化学与生物工程，2005（2）：43-44.

[2] 陆军民. 苯乙酸生产方法综述 [J]. 应用化工，2001，30（2）：10-12.

[3] 程雪莲，宋香哲，张影，等. 苯乙酸的合成工艺优化 [J]. 精细与专用化学品，2017，25（7）：38-40.

1.18 番茄灵

番茄灵又名防落素，促生灵，P-51，4-CPA。其化学名称为对氯苯氧乙酸，白色结晶状晶体。

1. 生产配方（质量，份）

（一）生产配方一

苯酚	9.50
氯乙酸	9.45
氢氧化钠	适量
氯气	3.60

（二）生产配方二

对氯苯酚	12.86
氯乙酸	10.40
氢氧化钠溶液（40%）	50.00
盐酸	适量

2. 生产方法

（1）生产方法一

将氯乙酸和苯酚缩合得苯氧乙酸，用适量氢氧化钠中和未反应完全的氯乙酸，并用碱液吸收产生的氯化氢气体，再通入氯气发生氯化反应，产品经过滤，干燥得番茄灵。

（2）生产方法二

将对氯苯酚和氯乙酸加入反应器，加热至 $45\sim50\ ℃$ 使其熔化，缓慢滴加 40% 的氢氧化钠溶液，待碱液加完后，继续搅拌反应 1 h。再将反应物加入到 90 ℃ 左右的热水中，用盐酸调节酸度 pH 至 1，减压抽滤。然后用冷水洗涤沉淀，干燥，得对氯苯氧乙酸粗产品。用乙醇-水混合溶剂重结晶，得成品。

3. 产品用途与用法

本品是一种多功能植物生长调节剂，可广泛用于小麦、水稻、蔬菜、果树等，能促进植物发芽生长，防止落花落果，并有催熟作用。

将本品溶于适量乙醇中，然后用水稀释至适当浓度，喷施即可。

4. 参考文献

[1] 王嘉琳，周迎春，宋莹莹. 植物生长调节剂番茄灵的制备 [J]. 化工中间体，2015，11（3）：91-92.

1.19　植物苗期生长促进剂

1.产品性能

该促进剂由维生素 B_1、维生素 B_6 和烟酰胺复配而成，能促进各种植物的育苗及苗期生长。

2.生产配方（质量，份）

烟酰胺	1
维生素 B_1	1
维生素 B_6	1
水	10 000

3.生产工艺

将烟酰胺、维生素 B_1、维生素 B_6 充分混匀，得粉状产品。使用时用水溶解，制得各成分含量为 0.01% 的溶液喷施。

4.产品用途

适用于各种植物苗期促长，使之株高苗壮、叶大色绿。

5.参考文献

[1] 赵占周. 常见植物生长调节剂 [J]. 西北园艺（果树），2017（1）：6-8.
[2] 辛丰. 植物生长调节剂种类及应用 [J]. 农村新技术，2009（21）：7-8.

1.20　葡萄树芽休眠中断剂

1.产品性能

葡萄和果树栽培中，如遇到温暖和严寒，达不到中断休眠需要的低温，那么就会出现翌年春季发芽迟或发芽少等现象，致开花、结果减少。中断果树树芽的休眠的方法有物理法、化学法，本剂作为化学方法具有使用方便、效果显著的特点。

2.生产配方（质量，份）

氨基氰	2.50
润湿剂 JFC	0.07
水	97.43

3.生产工艺

将氨基氰、润湿剂 JFC 溶于水中，分散均匀即得成品。

4. 产品用途

用作葡萄树芽休眠中断剂，使之中断休眠，提早发芽、开花、结果。也适用于处理苹果树、梨树、桃树，同样具有提前开花之效果。当葡萄采摘后，将本剂喷施于葡萄休眠枝条，至完全润湿，喷洒量 $50\sim80$ L/km²。具有 3 年树龄的巨峰葡萄施用本剂，可使出芽时间提前 $7\sim15$ d，且开花期、成熟期也相应提前 10 d 左右。用本剂处理具有 3 年树龄的无籽葡萄，可使发芽时间提前约 2 周。

1.21　抑芽丹

抑芽丹又名青鲜素、木息、马拉酰肼，其化学名称为顺丁烯二酰撑肼，白色结晶。

1. 生产配方

顺丁烯二酸酐	118.0
肼	3.2
硫酸	适量

2. 生产方法

顺丁烯二酸酐和肼脱水缩合得粗产品，经碱中和其中的未反应物后，过滤，干燥即得产品。

3. 产品用途

本品是一种植物生长抑制剂，主要用于防止马铃薯、萝卜、大蒜、葱头等的发芽。

每亩马铃薯或葱头喷施本剂的水溶液 45 kg，喷施浓度为 10 g 30％的水剂/kg 水，可以抑制发芽，并具有保鲜作用。

4. 参考文献

[1] 殷蔚蕙，白克智. 抑芽丹在国外的研究与应用近况 [J]. 农药，1986（1）：56-58.

[2] 李钧. 几种常用植物生长激素 [J]. 新农业，1985（11）：33-35.

1.22　比久

比久又名丁酰肼，B₉，B₉₉₅，B-Nine。其化学名称为 N-二甲胺基丁二酰胺酸。

1. 生产配方（质量，份）

偏二甲基肼	18.2
丁二酸	33.0
乙腈	70.0

2. 生产方法

丁二酸在 180 ℃ 以上脱去一分子水制得丁二酸酐。将 50 份丁二酸酐和 90 份乙腈加入反应器内，搅拌，反应温度低于 30 ℃。再把 26 份偏二甲基肼和 15 份乙腈的混合物缓慢滴入反应器内，在室温下继续搅拌反应 1.5 h 左右，冷却，结晶，过滤，得固体结晶物，95 ℃ 左右烘干得白色粉末状成品。滤液经蒸馏回收溶剂，可重复使用。

3. 产品标准

外观	灰白色粉末
有效成分含量	80.0%±1.0%
乳油稳定性	合格

4. 产品用途

该品是一种生长抑制剂，能促使作物矮壮，提高作物耐寒、抗旱、抗病、增产能力。主要用于花生、大豆、黄瓜、胡萝卜、水稻、蔬菜和果树等作物。

药液随配随用，不同植物使用浓度不相同。本制剂不能与波尔多液、硫酸铜等含铜药剂混用，也不能用铜器盛装。本制剂不宜与酸性化合物混用，可与氮、磷肥混用。

5. 参考文献

[1] 胡瑶，宋明，魏萍. 多效唑、矮壮素和比久在园艺作物上的应用 [J]. 南方农业，2007（6）：65-67.

[2] 王香爱，王淑荣. 比久分析方法的研究 [J]. 氯碱工业，2005（9）：33-35.

1.23 甲哌啶

甲哌啶又名调节啶、缩节胺、助壮素。其化学名称为 1，1-二甲基哌啶氯化物。

1. 生产配方（质量，份）

哌啶（100%）	5.5
氯甲烷（100%）	7.6
氢氧化钠	适量

2. 生产方法

将哌啶与氯甲烷、氢氧化钠反应即得甲哌啶，经过滤，干燥得产品。

3. 产品标准

（1）纯甲哌啶

指标	优级品	一等品
外观	白色或微黄色晶体	

有效成分含量	≥98.0%	≥96.0%
N-甲基哌啶盐酸盐含量	≤0.5%	≤0.5%

（2）250 g/L 甲哌啶水剂

外观	淡黄色或黄色溶液
有效成分含量/(g/L)	≥250
氯化钠含量/(g/L)	≤110
有机氯化物含量（以 N-甲基哌啶盐酸盐计）/(g/L)	≤6.0
pH	6.5～7.5

4. 产品用途

本品可用于棉花、番茄、葡萄、小麦、苹果、柑橘、马铃薯等植物，能促进植物发育、提前开花、增产，防止脱落。

本品可与乐果等混用。施用质量浓度一般为 $100 \sim 1000 \mu g/L$。

5. 参考文献

[1] 韩碧文. 植物生长延缓剂：调节啶 [J]. 植物学通报，1985（3）：13-16.

[2] 王露萍. 植物生产调节剂：助壮素的使用 [J]. 农村经济与科技，2001，12（6）：38-40.

1.24　水稻种子发芽促进剂

1. 生产配方（质量，份）

（一）生产配方一

过磷酸钙	4
过氧化钙	10
活性碳酸钙	6

（二）生产配方二

过磷酸钙	4
过氧化钙	8
活性碳酸钙	4
白炭黑	4

2. 生产方法

（1）生产方法一

先将过磷酸钙与活性碳酸钙充分混合后，再加入过氧化钙混合均匀即得产品。

（2）生产方法二

先将活性碳酸钙与白炭黑充分混合，然后再加过磷酸钙充分混合，最后添加过氧化钙充分混合即可。

3. 生产工艺

在 200 g 过磷酸钙（含可溶性 P_2O_5 20%）中加入 300 g 碳酸钙粉末，充分混合后，再与 500 g 过氧化钙（含 CaO_2 72%）粉末混合，可得此促进剂 1 kg。

4. 产品用途

在本剂中加入体积为本剂体积 30% 的水，搅拌均匀后，再加入等量的稻种，充分搅拌混合，直到将稻种颗粒全部浸没，即可用来进行播种。此方法可使水稻幼芽成苗率显著提高。

1.25 壮穗宝

1. 生产配方（质量，份）

硝酸钾	12.0
尿素	2.5
元素硼	0.4
水	500.0

2. 生产方法

将各组分（水除外）按配方量溶于水混合均匀即得本剂。

3. 产品用途

在水稻、高粱和玉米的齐穗期使用本剂。使用剂量：每亩稻田使用 50 kg 壮穗宝水溶液。

1.26 水稻增产促进剂

1. 生产配方（质量，份）

磷酸氢二钾	2.6
硫酸钾	9.3
尿素	13.1
硫酸亚铁	10.0
蔗糖十二烷酸酯	15.0

2. 生产方法

将各组分按配方比例混合均匀即得本剂。

3. 产品用途

将本剂用适量水稀释，喷施在稻田中，能明显促进水稻的生长，增加谷粒的重量。施用剂量：每亩喷施 6.7 kg 本剂。

1.27 稻谷生长调节剂

这种稻谷生长调节的有效成分为 (E)-1-(4-氯苯基)-4，4-二甲基-2-(1，2，4-三唑-1-基)-1-戊烯-3-醇。对水稻的生长具有很好的调节、增产作用。日本公开专利 JP 91-271201（1991）。

1. 生产配方（质量，份）

1-戊烯-3-醇衍生物（调节剂）	0.2
木质素磺酸钠	35.0
改性松木木质素磺酸钠	4.8
碳酸氢钠	30.0
马来酸	30.0

2. 生产方法

将生产配方中的各物料混合均匀后，粉碎、造粒，得到扩散性好的稻谷生长调节剂。

3. 产品用途

稻谷生长调节剂。对水稻的生长具有很好的调节、增产作用。用水稀释后喷施。

4. 参考文献

[1] 曹国军，陈国徽，周微，等. 不同植物生长调节剂对再生稻产量及其构成因子的影响 [J]. 安徽农业科学，2017（24）：34-35.
[2] 陈馥衡，范浚深. 新型植物生长调节剂稻壮素十试合成成功 [J]. 北京农业大学学报，1987（4）：474.

1.28 水稻催芽剂

经水稻催芽剂处理的种子，发芽率可达 90%～100%。日本公开特许公报昭和 JP 62-41682。

1. 生产配方（质量，份）

过氧化钙（CaO_2 含量为 72%，工业品）	2.0
碳酸钙粉末（工业品）	1.2
过磷酸钙（工业品，含可溶性 P_2O_5，20 ℃）	0.8

2. 生产方法

先将过磷酸钙与碳酸钙粉末充分混合，然后再均匀混入过氧化钙，混匀后即得粉状催芽剂。

3. 产品用途

用时配制成水溶液，将种子浸于其中。

4. 参考文献

[1] 白克智，徐本美. 植物生长调节剂实用问答：种子播前预处理及催芽剂 [M]. 北京：化学工业出版社，1998.

1.29 蔬菜增产调节剂

1. 生产配方（质量，份）

（1）蔬菜增产调节剂 1 的生产配方

双氧水	30.00
木醋酸	75.00
8-羟基喹啉三聚磷酸钠盐	0.03

（2）蔬菜增产调节剂 2 的生产配方

尿素	1.0
蔗糖脂肪酸酯	0.1
水	200.0

2. 生产方法

（1）蔬菜增产调节剂 1 的生产方法

将适量 8-羟基喹啉三聚磷酸钠盐溶于双氧水和木醋酸的混合溶液中，搅拌均匀即得本剂。

（2）蔬菜增产调节剂 2 的生产方法

将尿素及蔗糖脂肪酸酯溶于适量水中，搅拌均匀即得本剂。

3. 产品用途

（1）蔬菜增产调节剂 1 的产品用途

将本剂用水稀释 30 倍，喷洒在蔬菜上，可使蔬菜明显增产。

（2）蔬菜增产调节剂 2 的产品用途

在收获前 30 d，用本剂喷洒蔬菜，可使蔬菜明显增产。

4. 参考文献

[1] 杨静. 植物生长调节剂在蔬菜生产中的应用 [J]. 西北园艺（综合），2017（3）：50-51.

[2] 周辉，刘茂财. 几种常用的蔬菜生长调节剂 [J]. 农民致富之友，2008（8）：30.

1.30　蔬菜用三唑类植物生长调节剂

1. 生产配方（质量，份）

烯效三唑	7.5
聚氧乙烯苯乙烯苯甲醚	15.0
环己酮	75.0
二甲苯	47.5

2. 生产方法

按配方比例将各组分混合均匀即得该剂。

3. 产品用途

将本剂加水稀释，喷洒在蔬菜的茎和叶上。喷施质量浓度为 100 μg/L。

4. 参考文献

[1] 白林，张应年，李生英. 三唑类化合物的杀菌活性和植物生长调节作用 [J]. 甘肃高师学报，2000 (2)：51-55.

[2] 王立平. 新型的植物生长调节剂：北农化控二号 [J]. 北京农业，1996 (1)：16.

1.31　甘蔗和甜菜生长促进剂

该甘蔗和甜菜生长促进剂对于提高甘蔗、甜菜的蔗糖产量有良好效果。

1. 生产配方（μg/L）

N-乙酰基噻唑烷-4-羧酸	65.0
叶酸	1.3
春雷霉素	100.0

2. 生产方法

将 3 种药品溶于水中配制成要求的浓度喷雾。

3. 产品用途

这种促进剂在收获前 35 d 施于甜菜上，可使其蔗糖量由对照组的 324.6 kg/亩提高到 408.67 kg/亩。

这种制剂也可用于柑橘的增甜。

1.32 植物生长调节剂通用型配方

1. 生产配方（质量，份）

（1）生产配方一

植物生长调节剂	53
环氧化豆油	1
烷基萘磺酸钠	1～6
多聚氧化乙烯醚	1～6
二甲苯	40

（2）生产配方二

植物生长调节剂	10
烷基萘磺酸钠和多聚氧化乙烯醚	4
二甲苯	86

（3）生产配方三

植物生长调节剂	20
木质素磺酸钠	10
膨润土	20

（4）生产配方四

植物生长调节剂	90.0
磺化丁二酸二辛酯钠盐	0.1
二氧化硅粉	9.9

（5）生产配方五

植物生长调节剂	25
木质素磺酸钠	15
水合硅铝酸镁	72
烷基萘磺酸钠	15

（6）生产配方六

植物生长调节剂	40.0
胶体硅铝酸镁	0.4
丙二醇	7.5
烷基萘磺酸钠	2.0
多聚甲醛	0.1
炔醇类消泡剂	2.5
呫吨（氧杂蒽类）衍生物	0.8
水	41.4

（7）生产配方七

植物生长调节剂	40.0
聚丙烯酸增稠剂	0.3
磷酸二氢钠	0.5

聚乙烯醇	1.0
十二烷基聚氧化乙烯醚	0.5
磷酸氢二钠	1.0
水	56.7

（8）生产配方八

植物生长调节剂	25
脂肪族高碳烃类	70
聚氧化乙烯山梨醇己酸酯	5

2. 生产方法

植物生长调节剂通常与表面活性剂、溶剂及各种分散剂、增稠剂等助剂配成浓缩液出售，在使用时可以加水稀释或加入乳剂乳化，然后喷洒在植物上。下面所列剂型配方可适用于各种植物生长调节。

3. 参考文献

[1] 裴海荣，李伟，张蕾，等. 植物生长调节剂的研究与应用 [J]. 山东农业科学，2015，47（7）：142-146.

[2] 傅华龙，何天久，吴巧玉. 植物生长调节剂的研究与应用 [J]. 生物加工过程，2008（4）：7-12.

1.33　水果催熟剂

1. 生产配方（体积，份）

二氧化碳（液，99.5%）	28.2
乙醇（95%）	59.2
乙烯（80%）	5.0

2. 生产方法

按配方量将其充填于高压钢瓶即可。

3. 产品用途

将本剂喷洒在水果上，可使水果尽快成熟。

1.34　刺枣坐果促进剂

1. 生产配方（质量，份）

矮壮素	1.00
萘乙酸	0.01
水	100.00

2. 生产方法

将矮壮素和萘乙酸溶于水中，搅拌混合均匀即得产品。

3. 产品用途

将本剂喷洒在刺枣树上，可使刺枣结果均匀，果实增多。

1.35　落果防治灵

果树上结的果实，在正常情况下应该是果（瓜）熟蒂落，然而有时因某些因素的影响，造成未熟或临近成熟时发生落果现象，影响果实产量。本剂对防治落果有明显效果，当用落果现象发生时，喷洒本剂 1～3 次即可，也可将适宜的杀虫杀菌剂与本剂混合使用。

1. 生产配方（质量，份）

2-（2，4-二氯苯氧基）丙酸乙酯	10.0
聚氧化乙烯烷基丙烯酸酯	1.0
水	36.5
二甲苯	1.5
十二烷基苯磺酸钙	1.0

2. 生产方法

把聚氧化乙烯烷基丙烯酸酯和十二烷基苯磺酸钙加入到 2-（2，4-二氯苯氧基）丙酸乙酯和二甲苯的混合物中，充分搅拌，混合均匀后，加水，继续搅拌，直至乳化混匀为止。

3. 产品用途

在果树开花结果时，用喷雾器喷洒本剂 1～3 次，可有效防治落果。

4. 参考文献

[1] 张曼. 葡萄落花落果防治技术 [J]. 农家参谋，2013（5）：16.
[2] 李普越. 苹果树高温落果防治技术 [J]. 烟台果树，2000（3）：42.

1.36　葡萄无核促大剂

1. 生产配方（质量，份）

（1）生产配方一

赤霉素	1.0
6-苄基腺嘌呤	1.0

| 白凡士林 | 10.0 |
| 精制羊毛脂 | 88.0 |

（2）生产配方二

赤霉素	0.5
白凡士林	10.0
精制羊毛脂	89.0

（3）生产配方三

对氯苯氧乙酸	20
赤霉素	25
水	适量

（4）生产配方四

番茄灵	0.15
赤霉素	0.05
水	1000.00

2. 生产方法

（1）生产配方一的生产方法

按配方量将赤霉素和6-苄基腺嘌呤混合粉碎，然后加入白凡士林搅拌成一膏状物。随后将精制羊毛脂逐渐加入，混合均匀即得产品。

（2）生产配方二的生产方法

将赤霉素粉碎后加到白凡士林和精制羊毛脂中，混合均匀即得。

（3）生产配方三的生产方法

将对氯苯氧乙酸配成 20 mg/L 的水溶液，得 A 组分；将赤霉素配成 25 mg/L 的水溶液，得 B 组分。

（4）生产配方四的生产方法

将番茄灵及赤霉素溶于适量水中，搅拌混合均匀即可。

3. 产品用途

（1）生产配方一所得产品的用途

于葡萄花盛开前约 20 d 至盛开期间，将本剂涂在葡萄花穗轴上，能使葡萄无核，且果实肥大。

（2）生产配方三所得产品的用途

于葡萄花开前喷施 A 组分，开花后 10 d 喷施 B 组分，可使葡萄无核、果实肥大。

（3）生产配方四所得产品的用途

同生产配方一。

4. 参考文献

[1] 张华. 葡萄应用无核剂栽培试验 [J]. 北方果树，2011（5）：15.

[2] 刘建国. 葡萄无核剂 [J]. 北方园艺，2002（4）：63.

1.37 葡萄落果防止剂

1. 生产配方（质量，份）

番茄灵	0.010
赤霉酸	0.050
2，4-D 钠盐	0.001
2，4，5-D（2，4-二氯苯氧乙酸）	0.001
水	100

2. 生产方法

按配方量将各组分加入适量水中，搅拌混合均匀即得。

3. 产品用途

用本剂喷施葡萄，可防止葡萄落果。

4. 参考文献

[1] 李贵深，孙大水. S-EA 落果防止剂应用的研究 [J]. 河北农业大学学报，1992
（4）：110-111.

1.38 葡萄坐果促进剂

1. 生产配方（质量，份）

DL-苹果酸	500.0
对羟基苯甘氨酸	125.0
七水合硫酸锌	43.9
甲醛（40%）/mL	12.5
吐温-80	5.0
水	5000.0

2. 生产方法

将各组分按配方量溶于水中，搅拌混合均匀即得。

3. 产品用途

用 20%的氢氧化钾水溶液将调 pH 至 5，再稀释 100～500 倍，用喷雾器将本剂喷洒，可有效地促进葡萄的每串平均重量及颗粒浆果重量。

4. 参考文献

[1] 刘洪章，王岸英，曹希俊，等."EF"植物生长促进剂对提高黑莲子葡萄座果率的研究 [J]. 吉林农业大学学报，1990（3）：110-112.

1.39 葡萄品质改良剂

这种品质改良剂涂在葡萄花穗轴上，能使葡萄无核，并且果实肥大。产品为膏剂型。日本公开特许公报昭和 JP 61-15044。

1. 生产配方（质量，份）

原料	一	二	三
赤霉素	2	2	4
精制羊毛脂	356	358	352
6-苄基腺嘌呤	2	一	4
白凡士林	40	40	40

2. 生产方法

将赤霉素和 6-苄基腺嘌呤粉碎后，加到白凡士林和精制羊毛脂的混合物中，混匀后得葡萄品质改良剂。

3. 产品用途

涂在葡萄花穗轴上，能使葡萄无核、果实肥大。

4. 参考文献

[1] 蔡俊卿. 一种果实品质改良剂的研制与应用 [D]. 西安：西北农林科技大学，2012.

1.40 果蔬催熟剂

1. 产品性能

该催熟剂以过氧化物为有效成分，可供多种果蔬催熟，主要是通过叶面吸收、分解，使局部形成富氧状态来促进果蔬成熟。

2. 生产配方（质量，份）

过氧化氢（35%）	12.000
枸橼酸（柠檬酸，98%）	1.000
十二烷基磺酸钠	0.004
水	1000

3. 生产工艺

将枸橼酸、十二烷基磺酸钠溶于水中，加入双氧水，搅拌均匀得果蔬催熟剂。使用时用水稀释 10 倍。

4. 产品用途

适用于喷洒柑橘、葡萄、苹果等各种水果，以及甜瓜、西瓜、草莓等的叶面。于开花期前 10 d 内喷洒 2～5 次。

1.41 柑橘着色促进剂

1. 产品性能

本剂以硫代硫酸盐为主要成分，能安全、有效地促进柑橘着色，提高柑橘品质和商品价值。

2. 生产配方（质量，份）

（1）配方一

硫代硫酸钠	55.700
十二烷基磺酸钠	0.003
水	250

（2）配方二

硫代硫酸铵	55.700
十二烷基磺酸钠	0.003
水	250

3. 生产工艺

将硫代硫酸盐、十二烷基磺酸钠溶于水，搅拌均匀即得柑橘着色促进剂。

4. 产品用途

用于蜜橘、柑、橙等柑橘类果树，喷洒于待成熟的柑橘类果树上，能促使柑、橘、橙着色，糖分提高。使用时用 100 倍水稀释，稀释剂喷洒量 500～1000 L/km²。使柑橘果实生长饱满，果实顶部开始着色时起喷洒 1 次，10 d 后再喷洒 1 次。红色着色率 95%～97%。

5. 参考文献

[1] 王贵元，陈双梅. 柑橘着色促进剂对脐橙果实品质的影响 [J]. 中国园艺文摘，2011，27（8）：5-6.

1.42　脐橙果实质量提高剂

1. 生产配方（质量，份）

赤霉素	0.01
2，4-D 钠盐	0.01
水	1000

2. 生产方法

将赤霉素及 2，4-D 钠盐溶于适量水中，搅拌混合均匀即得产品。

3. 产品用途

用本剂喷洒晚熟脐橙，可提高脐橙果实质量，延长成熟时间。

1.43　果实增甜剂

1. 生产配方（质量，份）

（1）生产配方一

硼酸	200
蔗糖	2400
氧化钙	0.7
水	50 000

（2）生产配方二

硼砂	200
蔗糖	2400
氯化钙	0.7
橙皮甙酶	70
水	50 000

2. 生产方法

将各物料混合均匀即得成品。

3. 产品用途

在西瓜等瓜类及苹果等水果的花期和青果期，将本剂喷洒在叶面上，可增加果实的甜度。

4. 参考文献

[1] 徐丽，邵战林，也尔那孜·玉山艾力，等. 增甜剂、膨大素对甜瓜产量和糖度的

影响 [J]. 天津农业科学，2016，22 (10)：111-115.

[2] 朱其翔. 果实类的增甜剂 [J]. 今日科技，1982 (7)：20.

1.44 落果防止剂

1. 生产配方（质量，份）

（1）生产配方一

2-(2，4-二氯苯氧基) 丙酸	10.0
黏土	35.0
白炭粉	2.5
高级醇磺酸酯	1.0
木质素磺酸盐	1.5

（2）生产配方二

2-甲基-4-苯氧基酪酸	10.0
黏土	35.0
超微粒硅	2.5
高级醇硫酸酯	1.0
木质素磺酸盐	1.5

（3）生产配方三

2-(2，4-二氯苯氧基) 丙酸乙酯	20
混合二甲苯	3
聚氧化乙烯烷基丙烯酸酯	2
十二烷基苯磺酸钙	2
水	77

2. 生产方法

（1）生产配方一、二的生产方法

将各组分按配方量混合粉碎即得产品。

（2）生产配方三的生产方法

将聚氧化乙烯烷基丙烯酸酯和十二烷基苯磺酸钙加入到 2-(2，4-二氯苯氧基) 丙酸乙酯和混合二甲苯的混合物中，充分搅拌，混合均匀后，加水继续搅拌，直到乳化、混合均匀为止。

3. 产品用途

（1）生产配方一、二所得产品的用途

用作水果落果防止剂。在水果收获前 10 d 左右喷洒本剂。施用的质量浓度 30 μg/L。本剂还可与各种杀菌、杀虫剂、植物生长调节剂等混用。

（2）生产配方三所得产品的用途

用作水果落果防止剂。

4. 参考文献

[1] 李贵深，胡槐，杨成，等. S-EA 落果防止剂应用的研究 [J]. 河北农业大学学报，1992 (4)：110-111.

[2] 吕恩雄. 落果防止剂的配方 [J]. 今日科技，1989 (10)：17.

1.45 柑橘促果剂

1. 生产配方（质量，份）

（1）生产配方一

赤霉素	0.30
2，4-D 钠盐	0.15
硼酸	15.00
磷酸二氢钾	20.00
水	10 000

（2）生产配方二

尿素	30.00
2，4-D 钠盐	0.15
硼砂	10.00
磷酸二氢钾	20.00
水	10 000

（3）生产配方三

2，4-D 钠盐	0.15
钼酸铵	3.00
硼砂	10.00
磷酸二氢钾	20.00
水	10 000

2. 生产方法

先将 2，4-D 钠盐溶于少量温水中，再与其他组分一同加入水中，搅拌混合均匀即得柑橘促果剂。

3. 产品用途

在每次落果前后分别喷花和成果 2 次，间隔期一般半个月。

1.46 防落素

1. 生产配方（质量，份）

高锰酸钾	50.0
磷酸二氢钾	50.0

硼酸	50.0
矮壮素	1.0
亚硫酸氢钠	2.5
水	25 000

2. 生产方法

将各组分按配方量混合均匀即得该防落素。

3. 产品用途

在棉花花期和现蕾期用本剂进行叶面喷洒，桃、梨、杏等果树的花期和青果期，可有效防止落铃、落果。

4. 参考文献

[1] 邹天俊，段远贵. 防落素对柑桔幼树的保果效应 [J]. 中国柑桔，1987 (1)：37.

1.47 果质改良剂

在水果的果实细胞分裂期到果实肥大期，喷洒这种改良药剂 3～5 次，可以促进水果的生长、改善品质、促进着色、增加甜度和硬度、提高贮存性能。

1. 生产配方

	一	二
碳酸钙粉	17	17
乳酸钙	2	—
醋酸钙	—	2
聚乙烯醇	1	1
水	1000	1000

2. 生产方法

将固体物料混合均匀，用前用水稀释即可。

3. 产品用途

促进水果的生长，改善品质，促进着色，增加甜度和硬度，提高贮存性能。

用于苹果时，于落花后 5 d、15 d、25 d 喷洒 3 次，最好与农药共用；用于柑橘时，在收获前 15 d 喷洒 3～5 次，与农药共用。

1.48 苹果果实生长促进剂

1. 生产配方（质量，份）

（1）生产配方一

比久	1

乙烯利	1
水	1000

（2）生产配方二

苄基嘌呤	4
赤霉素	7
水	100

2. 生产方法

（1）生产配方一的生产方法

按配方量将比久及乙烯利溶于水中，搅拌混合均匀即得产品。

（2）生产配方二的生产方法

按配方量将赤霉素及苄基嘌呤溶于水中，搅拌混合均匀即得产品。

3. 产品用途

将本剂喷施在苹果上，可促进苹果果实增长。

1.49 菊花插枝生根促进剂

1. 生产配方（质量，份）

比久	2.5
吲哚乙酸	0.5
水	100

2. 生产方法

按配方量将比久及吲哚乙酸溶于水中，搅拌混合均匀即得产品。

3. 产品用途

将菊花根部切面浸入本剂数分钟，可促进菊花插枝生根。

4. 参考文献

[1] 姚小苓. 广谱高效生根促进剂：ABT 生根粉 [J]. 天津农林科技，1990 (1)：12.

1.50 作物生长抑制剂

1. 生产配方（质量，份）

赤霉素	0.015
脱落酸	0.050
水	1000

2. 生产方法

按配方量将赤霉素及脱落酸溶于水中，搅拌混合均匀即得产品。

3. 产品用途

用本剂喷洒作物，可抑制作物生长。

4. 参考文献

[1] 张艳华. 植物生长调节剂在作物上的应用现状及前景 [J]. 中国农业信息，2015 (11)：100.

[2] 苏镜娱，李瑞声，方成初，等. 新植物生长抑制剂的合成 [J]. 中山大学学报（自然科学版），1979（3）：61-68.

1.51　花生种子发芽促进剂

1. 生产配方（质量，份）

赤霉素	0.10
细胞分裂素	0.05
水	100

2. 生产方法

按配方量将赤霉素及细胞分裂素溶于水中，搅拌混合均匀即得产品。

3. 产品用途

用本剂浸泡花生种子，可促进花生发芽，加速生长。

1.52　蘑菇增产剂

1. 生产配方（质量，份）

维生素 B_1	0.0004
比久	0.005
硫酸镁	0.400
硼酸	0.100
水	1000

2. 生产方法

将各组分按配方量溶于水中，搅拌混合均匀即得产品。

3. 产品用途

将本剂喷施在蘑菇床面上，可促进蘑菇生长。

4. 参考文献

[1] 王红岗. 蘑菇健壮剂的配制及使用 [J]. 食用菌，1989 (3)：14.

1.53　促根快

1. 生产配方（质量，份）

吲哚乙酸	2.00
萘乙酸	1.25
水	1000

2. 生产方法

按配方量将吲哚乙酸和萘乙酸溶于水中，搅拌混合均匀即可。

3. 产品用途

将本剂适当稀释，喷洒在作物上，可促进作物生根。

4. 参考文献

[1] 陈芬，覃宇，李建芬，等. 2-吲哚乙酸乙酯的合成工艺研究 [J]. 武汉轻工大学学报，2015，34 (3)：52-56.

1.54　胡椒插枝生根促进剂

1. 生产配方（质量，份）

萘乙酸	0.05
吲哚乙酸	0.10
甲基萘乙酸胺	0.02
滑石粉	适量
水	100

2. 生产方法

按配方量将各组分溶于水中，搅拌混合均匀即得产品。

3. 产品用途

将本剂适当稀释，处理胡椒插枝切面，可促进胡椒插枝生根。

4. 参考文献

[1] 施昌亚. 插条生根促进剂 [J]. 浙江化工, 1989 (1): 42.

1.55 花生增产灵

1. 生产配方（质量，份）

（1）生产配方一

萘乙酸	0.01
赤霉素	0.01
水	1000

（2）生产配方二

萘乙酸	0.01
2，4-D 钠盐	0.04
水	1000

2. 生产方法

（1）生产配方一的生产方法

按配方量将萘乙酸及赤霉素溶于水中，搅拌混合均匀即得产品。

（2）生产配方二的生产方法

按配方量将萘乙酸和 2，4-D 钠盐溶于水中，搅拌混合均匀即得产品。

3. 产品用途

（1）生产配方一所得产品的用途

用本剂喷洒花生，可提高花生荚重及含油量。

（2）生产配方二所得产品的用途

用本剂喷洒花生，可提高花生的出仁数。

4. 参考文献

[1] 黄云祥，朱通顺. 花生增产灵的研制与应用 [J]. 农村能源, 1996 (2): 30-31.

1.56 大麦防倒伏调节剂

1. 生产配方（质量，份）

矮壮素	3
二甲基氨基甲基双膦酸	1
2-氯乙基膦酸	1
水	100

2. 生产方法

按配方量将各组分加入水中，搅拌混合均匀即得产品。

3. 产品用途

将本剂适当稀释，用于大麦浸种，可防止大麦倒伏，促使籽粒饱满。

4. 参考文献

[1] 党爱华，吴明海，谢延彬. 麦壮灵防大麦倒伏效果研究 [J]. 大麦与谷类科学，2009 (3)：40.

[2] 王加新，陈真云，王安，等. 大麦倒伏因子及防止技术 [J]. 上海农业科技，2008 (2)：53-54.

1.57 小麦增产调节剂

1. 生产配方（质量，份）

矮壮素	1
氯代丙炔苯酮	3
水	100

2. 生产方法

按配方量将矮壮素及氯代丙炔苯酮溶于水中，搅拌均匀即得产品。

3. 产品用途

将本剂稀释 5 倍，用于小麦浸种，可防止小麦倒伏，促使小麦增产。

4. 参考文献

[1] 于文瑞. 新型植物生长调节剂壮丰安 [J]. 农村百事通，2000 (17)：24.

[2] 袁剑平，彭文博，刘华山，等. 烯效唑对小麦增产效应的研究 [J]. 河南农业科学，1993 (12)：1-3.

1.58 棉花脱铃防止剂

1. 生产配方（质量，份）

矮壮素	0.04
赤霉素	0.02
水	1000

2. 生产方法

按配方量将矮壮素及赤霉素溶于水中，搅拌混合均匀即得产品。

3. 产品用途

用本剂喷洒棉花，可促进幼铃生长发育，防止脱铃。

1.59　蘑菇生长促进剂

这种蘑菇生长促进剂的使用，可以使其生长速度加快（生长期由 22～23 d 的缩短到 18～19 d），产量提高 10%～14%，而且生产的蘑菇水分含量减小、伞小、呈白色。

1. 生产配方（质量，份）

米糠	5.5
锯屑	8.5
珊瑚化石石灰质	适量

2. 生产方法

将上述物料混合制成培养基，其中珊瑚化石石灰质作为生长促进剂。在上述培养基中，接种香菇菌种 500 g，于含水量 100%，温度 16～18 ℃ 条件下，放置 18 d，菌丝生长，然后在 5～6 ℃ 控制生长 4～5 d，可得香菇 8500 g。

3. 产品用途

蘑菇生长促进剂。

4. 参考文献

[1] 吴锦文，孙玉萍，郑雪萍. 蘑菇增产灵对蘑菇产量影响的研究 [J]. 中国食用菌，1989（6）：18-19.
[2] 丁李春，阮瑞国. 食用菌健生素对蘑菇产量的影响 [J]. 闽东农业科技，2009（2）：28-30.

1.60　木耳增产剂

1. 生产配方（质量，份）

硼酸	7.0
硫酸锌	10.0
硫酸镁	13.0
萘乙酸	0.5
淀粉	19.5

2. 生产方法

将各组分按配方量混合均匀，然后按一定份量装入小塑料袋中，密封贮存。

3. 产品用途

在木耳实体形成前后，喷施本剂的水溶液。喷施浓度为 1 g/L。本剂对香菇、蘑菇等食用菌亦有增产效果。

4. 参考文献

[1] 薛允连. 木耳增产剂的配制与使用 [J]. 食用菌，1994 (1)：35.

1.61　草坪健壮促进剂

草坪健壮促进剂又称草坪促茂剂。

1. 生产配方（质量，份）

烷基苯磺酸钠	10
月桂酸蔗糖单酯	10
尿素	35
硫酸亚铁	15
乙二胺四乙酸铁	50
水	50 000

2. 生产方法

先将一定量的尿素溶于 90 ℃ 的热水（适量）中，再按配方量加入硫酸亚铁、烷基苯磺酸钠、月桂酸蔗糖单酯，最后加入乙二胺四乙酸铁，充分搅拌，使其全部溶解，即得半成品。

3. 产品用途

草坪促茂剂。将半成品加入所需比例的水，配成水溶液，搅拌混合均匀后，喷洒草坪，可使草坪健壮、有光泽、耐践踏。

4. 参考文献

[1] 张训忠. 草坪植物生长调节剂研究进展 [C] // 草坪与地被科学进展. 北京：中国林业出版社，2006.

1.62　茶叶增产灵

这种茶叶增产灵可加速茶叶树的生长，对树龄 1 年的茶叶树促长效果显著，可使叶茎重量比未使用该药剂的对照组增加 20%～50%，树高增加 30%～50%，大幅提高茶叶产量。对 2 年龄以上的茶叶树也有明显效果。日本公开特许公报昭和 JP 62-275081。

1. 生产配方（质量，份）

（1）生产配方一

石膏（纯度 95%）	50.0
磷酸铝	4.5

（2）生产配方二

石膏（纯度 95%）	50
硫酸铝（含三氧化二铝，固含量 17%）	15

2. 生产方法

（1）生产配方一的生产方法

将配方中的各粉料混合均匀，制成粉剂。也可由 50 kg 石膏粉和 1.95 kg 氢氧化铝粉混合制得。

（2）生产配方二的生产方法

将以上组分混合粉碎，搅拌均匀制成粉剂。

3. 产品用途

（1）生产配方一所得产品的用途

与化肥掺合在一起使用，用量 120～150 kg/km²，促进茶叶增产。

（2）生产配方二所得产品的用途

用于加速茶叶树的生长。本剂一般需与肥料掺合在一起使用，用量一般为 120～150 kg/km²。

1.63 刺激植物开花制剂

1. 生产配方（质量，份）

6-苄基腺嘌呤	0.1
聚氧乙撑山梨糖醇酐月桂酸酯	0.6
水	1000

2. 生产方法

按配方量将 6-苄基腺嘌呤及聚氧乙撑山梨糖醇酐月桂酸酯溶于水中，搅拌均匀即得本剂。

3. 产品用途

将本剂喷施在仙客来属植物上，可使其开花数目明显增加。

1.64　灌木落叶防止剂

1. 生产配方（质量，份）

乙烯利	2
扑草净	1
水	1000

2. 生产方法

按配方量将乙烯利及扑草净溶于水中，搅拌混合均匀即可。

3. 产品用途

将本剂喷洒在灌木上，可防止灌木落叶。

1.65　石竹插枝生根促进剂

1. 生产配方（质量，份）

吲哚乙酸	0.05
萘乙酸	0.05
维生素 B_1	0.01
水	1000

2. 生产方法

按配方量将各组分溶于水中，搅拌混合均匀即得产品。

3. 产品用途

用本剂处理石竹插枝，可促进其生根。

1.66　毛白杨插枝生根促进剂

1. 生产配方（质量，份）

蔗糖	20.00
萘乙酸	0.08
维生素 B_1	0.15
水	1000

2. 生产方法

按配方量将各组分溶于水中，搅拌混合均匀即得产品。

3. 产品用途

用本剂处理毛白杨插枝，可促进其插枝生根。

1.67　氯酸镁

氯酸镁（Magnesium chlorate），分子式 $Mg(ClO_3)_2 \cdot 6H_2O$，相对分子质量 299.31。

1. 产品性能

属斜方晶系，长针状白色晶体，味苦。在 35 ℃ 时部分溶化，并转变为四水化合物，120 ℃ 时分解。不易产生爆炸或燃烧，对铁腐蚀性大。有强吸湿性，溶于水和丙酮，微溶于乙醇。

2. 生产方法

在离子交换树脂上通过离子交换和中和反应制得氯酸镁。

离子交换：　　　　　$KClO_3 + RSO_3H \longrightarrow HClO_3 + RSO_3K$，

中和反应：　　　　　$2HClO_3 + MgO \rightleftharpoons Mg(ClO_3)_2 + H_2O$。

3. 工艺流程

图1-19

4. 生产工艺

（1）方法一

将氯酸钾配成相对密度为 1.1 左右的溶液，用工业 732-钠型阳离子交换树脂柱进行交换，得到氯酸溶液。在搅拌条件下，缓慢把氧化镁加入氯酸溶液中发生中和反应，当氧化镁不溶解时则停止加入，此时 pH 为 7～8。中和反应完成后，将反应物料过滤，去渣。将滤液转入不锈钢蒸发锅内蒸发浓缩至相对密度为 1.48 左右。冷却，放置 10 h，过滤去渣，所得滤液为 80% 的氯酸镁溶液。

离子交换树脂可经再生后继续使用。再生式：将离子交换树脂用纯水浸润膨胀后，先用 15% 的盐酸溶液进行交换，再用清水洗至中性，装柱后，用去离子水淋洗至无氯离子，即完成树脂的再生。

（2）方法二

工业上生产氯酸镁常采用氯酸钠与镁盐进行复分解反应制得。生产时按规定计量氯酸钠和镁盐的加料量，加料温度 100 ℃，在复分解反应釜中搅拌 2～3 h，若有沉淀形成，加入由亚麻布和玻璃纤维组成的过滤器中过滤分离。滤液经自然冷却至 20～25 ℃，析出氯酸镁结晶，过滤后得氯酸镁成品。

若直接用生产氯酸钠的电解完成液来生产氯酸镁，应将溶液打到预热器，预热至

60～70 ℃，加 $BaCl_2$ 除去重铬酸钠后使用。

若需除去氯化镁中带入的硫酸盐和亚铁盐，在复分解反应液中加入 $BaCl_2$ 和高锰酸钾溶液，沉淀出杂质除去。

若用浓度较低的氯酸钠溶液做原料进行复分解反应，则生成的氯酸镁浓度也很低，且从母液中析出大量氯酸镁晶体，影响产品收率。应将复分解后的母液蒸发，116～123 ℃时母液浓缩，并析出氯化钠，趁热滤去氯化钠，滤液送入结晶器，在35 ℃左右分离出未反应的氯酸钠。所得氯酸镁精制液在 140～145 ℃下再次浓缩，使氯酸镁含量提高至 43% 以上，再次冷却结晶，析出氯酸镁成品。

采用氯酸钡与硫酸镁反应，可制得很纯的氯酸镁，并且副产物为硫酸钡。但作为棉花去叶剂用氯酸镁，希望成本费用低、价格便宜，纯度不要求太高，允许产品中有氯化物存在，因此只要将氯酸钠与六水合氯化镁熔融制得。生产过程为：将六水合氯化镁加热至 110～120 ℃熔融，加入固体氯酸钠，搅拌并送入用水冷却的转筒式结晶器（转筒里装 2 把刀，一个调节料层厚度，另一个剥下制出的鳞状产品），结晶出熔点大于 45 ℃的产品。反应生产配方为 n（$MgCl_2 \cdot 6H_2O$）:n（$NaClO_3$）= （1.3～1.4）:1.0，产品含氯酸镁 60% 每生产 1 t 58% Mg（ClO_3）$_2 \cdot 6H_2O$ 产品，消耗0.44 t 氯酸钠和 0.5616 t 水合氯化镁。该生产方法无废物排出，反应所用的原料能充分利用，运输和贮存不需特殊的防腐设备和容器。

若要得到较纯的氯酸镁，可在非水溶液中进行复分解反应，如在有机物碳酸二甲酯或丙酮中，氯化镁和氯酸钠进行复分解反应制得。由于氯酸镁在丙酮中的溶解度很大，复分解反应中生成的氯酸镁就溶解于丙酮中，而氯化钠等化合物为固相，过滤后即可分离。溶于氯酸镁的丙酮溶液经加热后蒸出丙酮，经冷凝后回收重复使用，析出的氯酸镁不含结晶水，纯度高。

5. 产品标准（采用离子交换树脂制得）

外观	浅黄色透明状溶液	
含量	采用离子交换树脂得	采用复分解反应得
氯酸镁	80%	≥43%
氯化镁		≤12%
氯酸钠		≤3%
水不溶物		<0.6%

6. 产品用途

氯酸镁溶液是一种效果良好的小麦催熟剂，小麦种子经氯酸镁溶液处理后，可明显缩短小麦成熟期，适于寒冷地带种植小麦使用。另可用作棉花收获前的脱叶剂、医药工业、除莠剂、干燥剂等。

7. 参考文献

[1] 刘启照. 电解氯化镁生产氯酸镁 [J]. 氯碱工业，1994（6）：23-26.
[2] 薛象蓉，邝光荣，黎星术. 氯酸镁的研制 [J]. 西南民族学院学报（自然科学版），1990（2）：87-90.

第二章 杀虫剂

2.1 二嗪磷

二嗪磷（Diazinon）又称地亚农、二嗪农，化学名称为 O,O-二乙基-O-(2-异丙基-4-甲基嘧啶-6-基）硫代膦酸酯。其分子式 $C_{12}H_{21}N_2PO_3S$，相对分子质量 304.16，结构式：

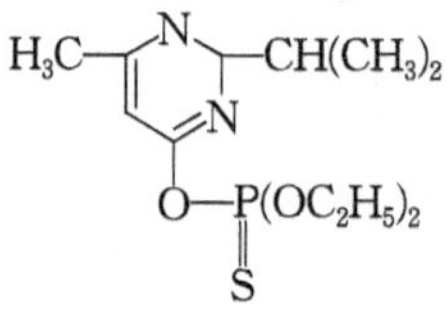

1. 产品性能

纯品为无色油状物。沸点 83～84 ℃；0.027 Pa、20 ℃ 时，蒸气压 18.7 MPa；折射率（n_D^{20}）1.497 8～1.498 1，相对密度（d_4^{20}）1.116～1.118。可与乙醇、丙酮、二甲苯混溶，可溶于甘油。原药（95％以上）为暗褐色液体，在 120 ℃ 以上分解，易氧化。在碱性介质中稳定，水和稀酸能使二嗪磷缓慢水解。贮存中，微量水能促进二嗪磷水解，变成高毒的四乙基硫代磷酸酯。可与大多数农药混用，但不宜与碱性农药、含铜杀菌剂混用。大白鼠急性经口毒性（LD_{50}）150～500 mg/kg。

2. 生产方法

在盐酸存在下，异丁腈与甲醇反应，然后通氨气，在氢氧化钠存在下氨化产物与乙酰乙酸乙酯反应，制得 2-异丙基-4-甲基-6-羟基嘧啶。最后在纯碱存在下，与 O,O-二乙基硫代磷酰氯反应，得二嗪磷。

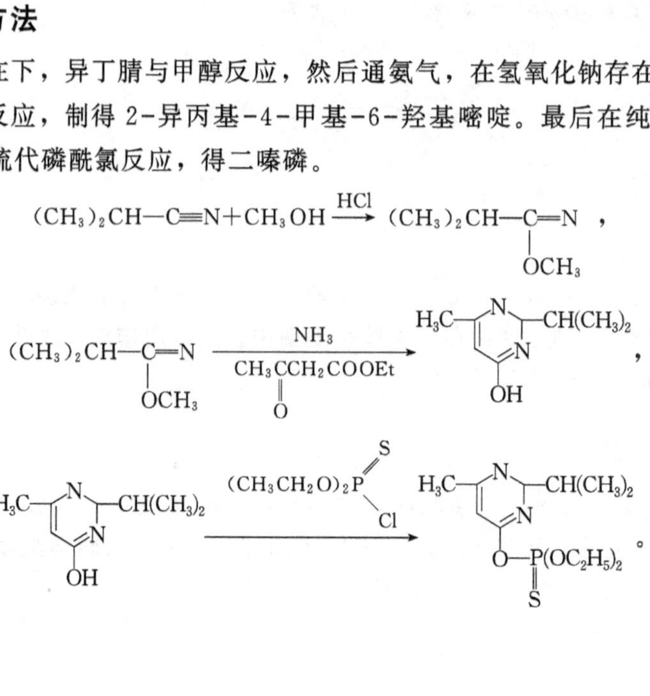

3. 工艺流程

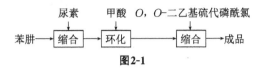

图2-1

4. 生产配方（kg/t）

异丁腈（98%）	300
氨（99%）	90
乙酰乙酸乙酯（80%）	680
O，O-二乙基硫代磷酰氯	730

5. 生产工艺

将 80 g 2-异丙基-4-甲基-6-羟基嘧啶、63 g 十八烷基甲苯磺酸钠（SMB）及 28.2 g 氢氧化钠投入反应烧瓶中，加入 500 mL 丁酮，室温搅拌 0.5 h，缓慢升温至 55 ℃，至物料澄清后加入 95 g O，O-二乙基硫代磷酰氯，并升温至 70 ℃ 搅拌 0.5 h，再回流 1 h，冷却，加入 500 mL 水搅拌，使析出的固体溶解。用 20% 的氢氧化钠调 pH 至 11，搅拌片刻，静置分层。水层用 300 mL 丁酮萃取一次，溶剂层合并，减压脱溶，残留物经碱洗、酸洗，再碱洗后，水洗至中性，减压加热脱水，得 140 g 浅红褐色透明液体。其折射率（n_D^{28}）1.4978～1.4981。

6. 产品标准

外观（50%乳油）	浅红褐色透明液体
有效成分	≥50.0%
水分	≤0.2%
乳液稳定性	合格

7. 产品用途

二嗪磷是非内吸性杀虫剂，具有一定杀螨活性。主要用于防治水稻、果树、甘蔗、葡萄、玉米、烟草和园艺植物上的食叶虫和刺吸式口器虫害，也可用于防治蝇类。

8. 参考文献

[1] 刘卫东，张海滨. 二嗪磷生产连续化工艺研究 [J]. 安徽化工，2006（5）：30-31.
[2] 陆亚平，张海滨. 杀虫剂二嗪磷的合成 [J]. 安徽化工，2005（4）：37-38.

2.2 丁硫克百威

1. 产品性能

丁硫克百威（Carbosulfan）分子式为 $C_{20}H_{32}N_2O_3S$，分子量 380.55。无色或淡黄色油状液体，沸点 114 ℃，常温下的蒸气压为 4.1×10^4 Pa。在水中的溶解度为 0.3 mg/L，易溶于多数有机溶剂。

2. 生产配方（kg/t）

乙醚	143
二氯化硫	25.7
二丁胺	67
呋喃丹	55

3. 生产工艺

将 25.7 g（0.25 mol）二氯化硫与 200 mL 乙醚混合，冷至 −10 ℃，在强烈搅拌下加 67 g（0.52 mol）二丁胺。反应结束后，过滤、滤饼为二丁胺盐酸盐，用乙醚洗涤，合并洗液和滤液，蒸去乙醚后，减压蒸馏得二丁氨基氯化硫。将其与 55 g（0.25 mol）呋喃丹一起加入 200 mL 吡啶中，在室温下静置 18 h，然后用氯仿萃取反应产物。萃取液经稀盐酸洗涤脱去溶剂，再进行减压蒸馏得丁硫克百威，收率 85%。

4. 产品用途

本品为呋喃丹的衍生物，具有与呋喃丹相当的杀虫活性，但毒性比呋喃丹低得多，是一种胃毒性杀虫剂。对马铃薯绿桃蚜、黑光天牛、高粱芒蝇、地老虎等害虫均有良好的防治效果。此外，对棉花红蜘蛛、谷象、粉纹夜蛾等也有较好的防治能力。

5. 参考文献

[1] 兰世林，刘源，徐健，等. 高品质丁硫克百威的合成研究 [J]. 精细化工中间体，2014，44（4）：32-34.

[2] 王亚廷，刘亚敏，李波，等. 20%丁硫克百威水乳剂的研制 [J]. 农药科学与管理，2008（1）：33-37.

2.3 三唑磷

三唑磷（Triazophos）化学名称为 O，O-二乙基-O-(1-苯基-1，2，4-三唑-3-基)硫代磷酸酯。分子式 $C_{12}H_{16}N_3O_3PS$，相对分子质量 313.20，结构式：

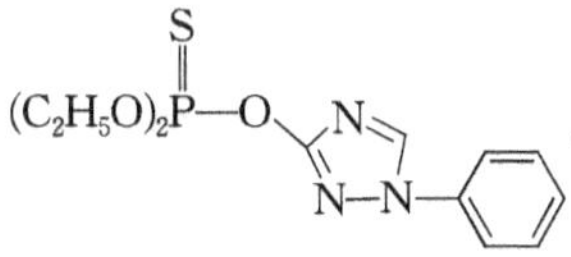

$$(C_2H_5O)_2\overset{\overset{\text{S}}{\|}}{P}-O$$

1. 产品性能

纯品为黄褐色液体，凝固点 0.5 ℃，30 ℃ 时蒸气压 0.39 MPa，相对密度 1.433。溶于大多数有机溶剂，23 ℃ 水中的溶解度 39 mg/L。原药对大白鼠急性经口毒性 LD_{50} 66 mg/kg，是广谱性杀虫、杀螨剂，兼有一定的杀线虫作用，属中毒农药。

2. 生产方法

苯肼与尿素、甲酸缩合环化得 1-苯基-3-羟基-1，2，4-三唑，然后 1-苯基-3-羟基-1，2，4-三唑与 O，O-二乙基硫代磷酰氯缩合得三唑磷。

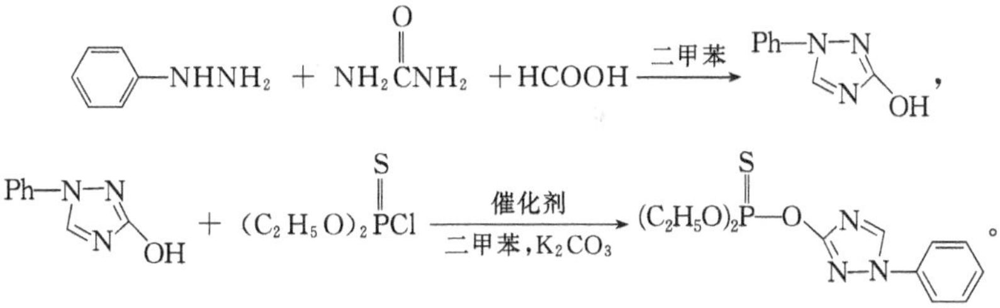

3. 工艺流程

氨，二硫化碳 → 加成 → 缩合（氯丙烯）→ 环化（浓盐酸）→ 缩合（O，O-二乙基磷酰氯）→ 成品

图2-2

4. 生产配方（kg/t 原油）

1-苯基-3-羟基-1，2，4-三唑	550.0
O，O-二乙基硫代磷酰氯	650.0
三乙胺	380.0

5. 生产设备

搪瓷反应釜	冷凝器
过滤器	

6. 生产工艺

（1）缩合、环化

在搅拌下，将 222 g 浓盐酸加到 206 g 苯肼和 120 g 尿素的 1000 mL 二甲苯悬浮液中，在 135 ℃ 加热反应 2.5 h，同时用水分离器分去水。冷却至 90 ℃，先加入 270.4 g 85%的甲酸，再加入 50 g 浓硫酸，继续在 90 ℃ 加热反应 6 h，冷却过滤得

产物，大量水洗至中性，于 100 ℃ 真空干燥，可得 295.2 g 1-苯基-3-羟基-1，2，4-三唑。含量 96%，熔点 278~285 ℃，收率 85%~88%。

（2）缩合

①TEBAB/DMAP 复合催化剂法。将 67.0 g 96% 的 1-苯基-3-羟基-1，2，4-三唑悬浮在 500 mL 二甲苯溶剂中，加入 0.16 g 复合催化剂、90.4 g 无水碳酸钾，搅拌 0.5 h，然后滴加 76.0 g O，O-二乙基硫代磷酰氯，保温反应。反应完毕，冷却，过滤，滤液经水洗，干燥，得三唑磷。

②三乙胺催化法。将 67.0 g 96% 的 1-苯基-3-羟基-1，2，4-三唑的 500 mL 丙酮悬浮液中，加入 76.0 g O，O-二乙基硫代磷酰氯，接着滴加 44 g 三乙胺，于 50 ℃ 下搅拌反应 6 h，冷却，过滤除去三乙胺盐酸盐，蒸除（回收）溶剂，得 120 g 三唑磷。

7. 产品用途

三唑磷为广谱有机磷杀虫、杀螨剂，具有触杀、胃毒作用，渗透性强。可防治粮、棉、果、蔬菜、大豆等多种作物的害虫和螨虫，还可防治地下害虫和线虫，对森林中松毛虫也有良好防治效果，持效期可达 2 周以上。

8. 参考文献

[1] 倪素美，王兴全，李同辉，等. 40% 三唑磷水乳剂的配方研究 [J]. 现代农药，2013，12 (2)：19-21，24.

[2] 杜丹，王海波，刘云龙，等. 三唑磷的合成 [J]. 江西化工，2013 (1)：72-73.

2.4 三硫磷

三硫磷（Carbophenothion Standard）化学名称为 S-[（4-氯苯基）硫代甲基] O，O-二乙基二硫代磷酸酯。分子式 $C_{11}H_{16}ClO_2PS_3$，相对分子质量 342.85，结构式：

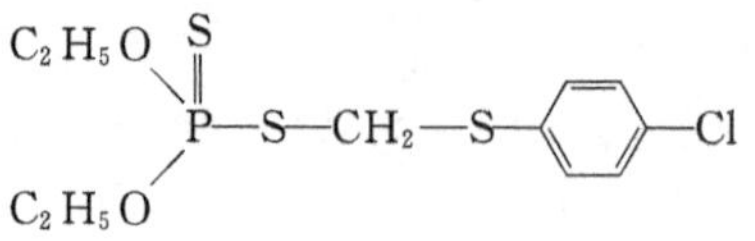

1. 产品性能

几乎为无色到浅琥珀色油状液体，带有硫醇味。沸点 82 ℃ （1.33 Pa），密度 1.29 g/cm³。蒸气压 4.0×10^{-5} Pa。折射率（n_D^{25}）1.597。对水比较稳定，溶于大多数有机溶剂。剧毒！

2. 生产方法

氯苯经氯磺酸氯磺化后，用铁粉还原得到对氯硫酚，再与盐酸、甲醛发生氯甲硫醚化，然后醚化产物与二硫代磷酸二乙酯钠反应得三硫磷。

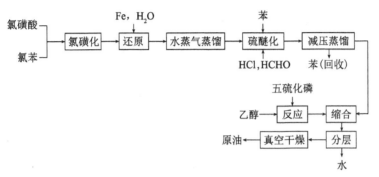

3．工艺流程

```
氯磺酸 ┐                    Fe，H₂O          苯
       ├→ 氯磺化 → 还原 → 水蒸气蒸馏 → 硫醚化 → 减压蒸馏 ┐
氯苯  ┘                              HCl,HCHO    苯(回收)   │
                                                          │
                              五硫化磷                     │
                                ↓                         │
                     乙醇 → 反应 → 缩合 ←──────────────────┘
                                    ↓
             原油 ← 真空干燥 ← 分层
                                ↓
                               水
```

图2-3

4．生产配方（kg/t）

氯苯（工业品）	150
盐酸（35％）	200
氯磺酸（工业品）	450
硫化磷（工业品）	200
铁粉（还原级）	350
无水乙醇（≥99％）	180
甲醛（30％）	30

5．生产设备

氯磺化反应釜	水蒸气蒸馏釜
减压蒸馏釜	硫代磷酸酯化反应锅
真空干燥箱	还原锅
硫醚化反应釜	缩合反应锅
贮槽	冷凝器

6．生产工艺

　　将450 kg氯磺酸加入搪玻璃反应釜，在搅拌下缓慢滴加氯苯，控制反应温度在25～35 ℃，在1.5～2.0 h内滴完150 kg，再保温反应2 h得氯磺化混合液。

　　在2000 L反应锅中加入450 kg水，用蒸气预热到回流，再加入铁粉350 kg，在搅拌下滴加上述氯磺化混合液进行还原反应。温度控制在 105~110 ℃，在 2.0~2.5 h 内滴加氯磺化液 540 kg。加完后加热回流 10 min，然后进行水蒸气蒸馏。每次操作约得对氯硫酚 100 kg，收率 80% 左右。

在 500 L 搪玻璃反应釜中，加入 35% 的浓盐酸 200 kg，在搅拌下缓慢加入 30% 的 30 kg 甲醛，约 20 min 加完。继续搅拌 15 min，加热到 40 ℃，滴加 50% 的对氯硫酚的苯溶液 85 kg。滴完后升温到 55~60 ℃ 并保温反应 2 h。冷却静置分层，取下层硫醚苯溶液，用水洗涤，减压蒸馏回收苯，即得对氯苯基氯甲基硫醚，收率约 90%。

向 200 kg 五硫化二磷中滴加无水乙醇 180 kg，滴加温度为 45~60 ℃。然后在 80~85 ℃ 保温反应 1 h，将反应物冷却至 45 ℃，滴加到碳酸氢钠溶液中，得到二硫代磷酸二乙酯钠。

将 240 kg 二硫代磷酸二乙酯钠溶液加入 500 L 搪玻璃反应釜中，在搅拌下滴加 100 kg 对氯苯基氯甲基硫醚。逐渐升温到 75~80 ℃，保温反应 2 h。冷却到 40 ℃ 以下，静置分层，取油层，用水洗，在 80 ℃、133.30 Pa 下真空干燥 1 h，即得三硫磷原油。美国专利 US 2793224。

7. 产品标准

外观	几乎无色至浅琥珀色油状液体
密度/(g/cm³)	1.590~1.597
纯度	≥95%

8. 质量检验

(1) 密度测定

按 GB 4472—2011《化工产品相对密度的测定》进行。

①仪器。

分析天平（精确度 0.000 1 g）	比重瓶（25~50 mL）
恒温水浴（20±0.1）℃	温度计（分度值 0.1 ℃）

②测定。用新煮沸并冷却至约 20 ℃ 蒸馏水注满洗净并干燥的（已称重的）比重瓶中，不得带入气泡。装好后立即浸入（20±0.1）℃ 的恒温水浴中，恒温 20 min 以上取出，用滤纸除去溢出毛细管的水，擦干后立即称量。将比重瓶里的水倾出，清洗、干燥后称量。以三硫磷试样代替水，同上操作，即得比重瓶中试样质量。

$$\rho/(g/cm^3)=\frac{m_1+A}{m_2+A}\times\rho_0$$

式中，m_1 为充满比重瓶所需试样的质量，g；m_2 为充满比重瓶所需水的质量，g；ρ_0 为 0 ℃ 时蒸馏水密度，g/cm³；A 为浮动校正值，$A=\rho_1\cdot V$，其中 ρ_1 为干燥空气在 20 ℃、760×133 Pa 的密度，V 是比重瓶体积。一般忽略不计。

(2) 纯度测定

采用气相色谱法测定。

9. 产品用途

杀虫剂、杀螨剂。对螨类、同翅目、双翅目、虱目和弹尾目等昆虫有高效，对半翅目有长效。广泛用于棉花、果树等防治红蜘蛛、蚜等多种害虫。具有强烈的触杀作用，并有较好的内吸性，为触杀性杀虫、杀螨剂。在高浓度下有很好的杀卵作用，但对作物叶子有杀伤作用。若使用质量分数超过 0.2%，则对作物有害。

10. 安全与贮运

①生产中使用氯磺酸、氯苯、甲醛、五硫化磷等有毒或腐蚀性物品，设备应密闭，防止跑漏。操作人员应穿戴防护用品，车间内保持良好的通风状态。

②三硫磷为有机磷农药，剧毒。大白鼠口服 LD_{50} 为 10 mg/kg，人口服致死最低量为 5 mg/kg。生产、运输、贮存中应注意安全。按剧毒农药规定贮运。

11. 参考文献

[1] 单颖，康汝洪，张生今. 三丁胺催化二硫代磷酸酯的研究 [J]. 河北化工，1981 (4)：87-93.

[2] 魏云亭，朱晨，唐除痴. 有机磷杀虫剂的研究：IX. O-乙基-S，S'-二烃基二硫代磷酸酯的合成 [J]. 化学学报，1984 (6)：570-575.

2.5　马拉硫磷

马拉硫磷（Malathion）又名马拉松，也叫 4049，化学名称为二硫代磷酸 O，O-二甲基-S-(1，2-二乙酯基乙基) 酯。分子式 $C_{10}H_{19}O_6PS_2$，相对分子质量 330.36，结构式：

$$CH_3O-P(S)-S-CHCOOC_2H_5$$
$$OCH_3 \quad CH_2COOC_2H_5$$

1. 产品性能

棕黄色液体，沸点 156~157 ℃（0.7×133.3 Pa），凝固点 2.85 ℃，有蒜味。相对密度（d_4^{20}）1.23，20 ℃ 时挥发性 2.26 mg/m³。易溶于有机溶剂，微溶于石油醚。20 ℃ 溶解度 145 mg/1 kg 水。pH＞7 或 pH＜5 时，在水溶液中易水解。pH 5.26 稳定。

2. 生产方法

在甲苯溶剂中，五硫化二磷与甲醇酯化反应，生成 O，O-二甲基二硫代磷酸。然后 O，O-二甲基二硫代磷酸与顺丁烯二酸二乙酯反应，生成马拉硫磷。

$$P_2S_5 + 4CH_3OH \xrightarrow{\text{甲苯}} 2(CH_3O)_2-P(S)-SH + H_2S,$$

$$(CH_3O)_2-P(S)-SH + \begin{matrix} CHCOOC_2H_5 \\ \| \\ CHCOOC_2H_5 \end{matrix} \xrightarrow{pH\ 5.5} CH_3O-P(S)-S-CHCOOC_2H_5$$
$$OCH_3 \quad CH_2COOC_2H_5$$

3. 工艺流程

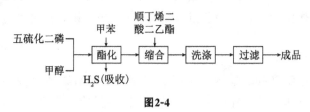

图2-4

4. 生产配方（kg/t）

五硫化二磷（熔点＞270 ℃）	530
甲醇（98%）	290
顺丁烯二酸二乙酯（95%）	360

5. 生产设备

酯化釜	洗涤锅
贮槽	缩合釜
过滤器	冷凝器

6. 生产工艺

在带有搅拌器的酯化反应釜中加入甲苯适量（为溶剂），再加入 106 kg 五硫化二磷和 60 kg 甲醇发生酯化反应。酯化反应生成的副产物硫化氢经过滤器放出，进入回收装置。生成的 O,O-二甲基二硫代磷酸经过滤器压入缩合反应釜中，加入 72 kg 顺丁烯二酸二乙酯进行缩合反应，控制反应液 pH 为 5.5。缩合产物压入洗涤锅中用碱洗涤。静置分层，上层碱洗液进入废水处理装置。油层经过滤器过滤，即得马拉硫磷原油。商品化处理可以制成 50% 的乳剂或 3% 的粉剂。

7. 产品标准（乳剂）

马拉硫磷含量	≥45%
水分含量	≤0.3%
乳油稳定性	合格
酸度（以 H_2SO_4 计）	≤0.3%

8. 质量检验

（1）含量测定

采用薄层铜盐比色法，也可用气液色谱法。

（2）乳油稳定性测定

于 250 mL 烧杯中，加 99 mL（30±1）℃蒸馏水及 1 mL 3.4% 的硬水母液配成标准硬水（硬度以碳酸钙质量分数计为 0.0342%）。用注射器或移液管吸取乳油试样，在不断搅拌下，缓慢加入硬水中（按 HG 2-1210—1979 规定的稀释浓度），使其成 100 mL 乳液。加完乳油后，继续以 2～3 rad/s 的速度搅拌 30 s，立即将乳液移至清洁的 100 mL 量筒，并将量筒置于（30±1）℃恒温水浴内，静置 1 h 后，取出观察。如量筒中没有乳油、沉油或沉淀析出，则稳定性合格。

9. 产品用途

杀虫剂和杀螨剂。具有触杀、胃毒和熏蒸作用。不仅用于稻、麦、棉等作物，而且也用于蔬菜、果树及仓贮、卫生等方面，如防治稻飞虱、叶蝉、红蜘蛛、棉蚜、麦黏虫、甲虫、食心虫、蚊蝇幼虫及臭虫等。

10. 安全与贮运

①生产过程中设备必须密闭，操作人员应穿戴防护用品，车间内保持良好的通风状态。

②水果蔬菜等一般在收获前 7 d 停用，茶树不宜使用。

③人口服致死最低量 50 mg/kg。

④按液体有毒化学品规定贮运。

11. 参考文献

[1] 邱玉娥. 94%无臭马拉硫磷原油合成新工艺 [J]. 应用化工，2004，33（1）：48.

[2] 陈列忠，孙素娟. 马拉硫磷复配乳油的稳定剂研究 [J]. 浙江化工，2003（4）：12-13.

2.6　蔬果磷

蔬果磷（Salithion）又称水杨硫磷（Salithion-sumitomo），化学名称 2-甲氧基-4 [H]-1，3，2-苯并二氧磷-2-硫化物；2-甲氧基-4H-苯并-1，3，2-二氧磷杂芑-2-硫化物。其分子式 $C_8H_9O_3PS$，相对分子质量 216.19，结构式：

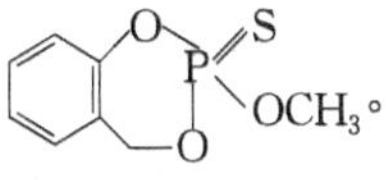

1. 产品性能

纯品为白色结晶固体，熔点 55.0～56.5 ℃。遇碱分解。30 ℃ 时，在水中的溶解度为 58 mg/L，溶于环己酮、甲苯和二甲苯，易溶于丙酮、苯、乙醇和乙醚。

2. 生产方法

由水杨醇和 O-甲基硫代磷酰二氯在水相 pH 为 11～12 条件下进行反应，制得蔬果磷。

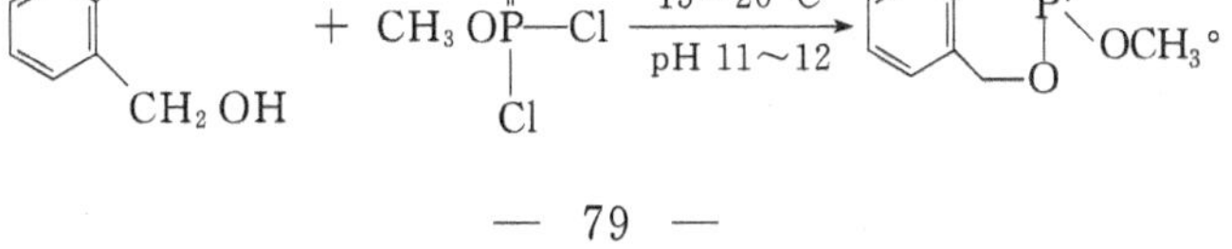

3. 工艺流程

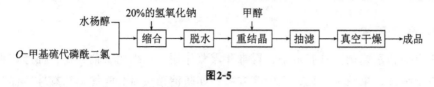

图2-5

4. 生产配方（质量，份）

水杨醇	5.08
O-甲基硫代磷酰二氯	8.56

5. 生产设备

缩合反应釜	抽滤机
干燥箱	

6. 生产工艺

将溶于 15.4 份 10% 的氢氧化钠水溶液中的 5.08 份水杨醇和 8.56 份 O-甲基硫代磷酰二氯分别盛于高位槽中。另将 40 份水加入缩合反应釜，然后同时滴加水杨醇和 O-甲基硫代磷酰二氯，控制温度为 15 ℃，保持反应液 pH 在 11～12。滴加完毕，用 20% 的 NaOH 水溶液调节反应液 pH，维持在 11～12，继续反应。反应完成后，静置，除去上层水，将沉淀物溶于约 1.5 倍甲醇中，进行重结晶提纯，抽滤，真空干燥，即得成品蔬果磷。

7. 实验室制法

在反应瓶中将 6.1 g 水杨醛、8.3 g O-甲基硫代磷酰二氯、80 mg 四丁基溴化铵溶于 50 mL 甲苯。于 5～10 ℃ 搅拌下滴加溶于 15 mL 水的 5.5 g 碳酸钠溶液。滴加完毕，继续搅拌反应 5 h，加入 50 mL 甲苯和 50 mL 水。分液，水洗甲苯层，经干燥，过滤，浓缩而得油状 O-甲基-O-甲酰基苯基硫代磷酰氯。

将所制得 2.5 g O-甲基-O-甲酰基硫代磷酰氯溶于 10 mL 甲苯中，冷却至 5～10 ℃，于搅拌下加入含有硼氢化钠 0.5 g 的 10 mL 0.2 mol/L 氢氧化钠水溶液中，搅拌反应 2 h，再在室温下搅拌反应 16 h。分液水洗，甲苯层经干燥，过滤，蒸去甲苯，残留物冷却后用甲醇重结晶，即得蔬果磷。

8. 产品标准（工业品）

外观	黄色结晶体
含量	≥90%

9. 含量测定

含量测定用薄层层析-比色法测定。称取蔬果磷原药 0.200 g（称准至 0.2 mg）

于 25 mL 容量瓶中，用丙酮溶解并稀释至刻度。吸取此液 0.5 mL，在薄层板上点样使呈线状，距板下端约 2 cm，两端各留 1.5 cm。溶剂挥发后，将板放入已盛有 V（正己烷）：V（苯）＝1：1 展开剂 100 mL 层析缸中，使溶剂前沿到距原点 14 cm 处，取出薄板风干后，用紫外线灯照射。将 R_f 值约为 0.4 的有效成分谱带刮入玻璃滤过漏斗中，加 20 mL 甲醇，搅匀，抽滤，再用 10 mL 甲醇萃取两次，一并收集于 50 mL 容量瓶中，用甲醇稀释至刻度。准确吸取此液 5 mL 于 50 mL 容量瓶中，调节 pH 为 8.2，依次加 30 mL 水、1 mL 1％的 4-氨基安替吡啉溶液和 1 mL 2.5％的铁氰化钾溶液，用水稀释至刻度。此为待测样品溶液。

另称取蔬果磷纯品约 0.200 g（称准至 0.2 mg）于 25 mL 容量瓶中，用甲醇溶解并稀释到刻度。准确吸取此液 0.5 mL 于 50 mL 容量瓶中，用甲醇稀释至刻度。准确吸取此液 5 mL 于另一个 50 mL 容量瓶中，加氢氧化钾溶液 5 mL，进行水解。

以下显色操作步骤同样品溶液。此为标准溶液。试液和标准溶液放置 5 min 后，用试剂空白溶液作对照，在分光光度计中，用 1 cm 比色杯在 505 nm 处测定其吸收度。

w（蔬果磷）按下式计算：

$$w（蔬果磷）=\frac{m_1 \times A_2}{m_2 \times A_1} \times 100\%$$

式中，m_1 为纯品质量，g；m_2 为样品质量，g；A_1 为纯品吸收度；A_2 为样品吸收度。

10. 产品用途

广谱高效低残留有机磷杀虫剂。有触杀作用、熏蒸作用和杀卵效力。速效，有残效。主要用于防治农作物地下害虫，对棉花后期棉铃虫、柑橘介壳虫及蔬菜果树的多种类害虫药效显著。

11. 安全与贮运

①生产中使用的 O-甲基硫代磷酰二氯有毒，对眼睛和黏膜均有刺激性，可经呼吸吸入或皮肤吸收而中毒。生产时设备要密封，操作人员应穿戴防护用具，车间内保持良好的通风。

②产品按有机磷农药包装、贮运。

12. 参考文献

[1] 成俊然，邵瑞链，毕富春，等. 用分子内环化反应合成蔬果磷的研究 [J]. 农药，1998，37（10）：15-16.

[2] 谭本祝，陶贤鉴，于正英. 水杨硫磷的合成研究 [J]. 杭州化工，1999（1）：12-13.

2.7 蝇毒磷

蝇毒磷（Coumaphos）化学名称 O，O-二乙基-O-（3-氯-4-甲基香豆素-7-基）硫代磷酸酯 [O，O-Diethyl-O-（3-chloro-4-methyl-cumarin-7-y1）-thionophosphate；Cumafos]。分子式 $C_{14}H_{16}ClO_5PS$，相对分子质量 362.76，结构式：

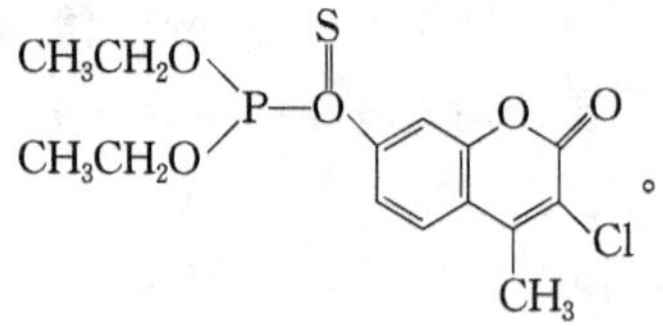

1. 产品性能

纯品为无色结晶粉末，熔点 95 ℃；原药为灰色固体，熔点 90～92 ℃。相对密度（d_4^{20}）1.474。室温下不易溶于水，水中溶解度为 1.5 mg/L，在酯、酮及芳烃中溶解度较大。在水中稳定不水解。

2. 生产方法

乙酰乙酸乙酯与亚硫酰氯进行氯代反应后，氯代产物再与间苯二酚进行缩合反应，制得 3-氯-4-甲基-7-羟基香豆素。将该缩合产物与二乙基硫代磷酰氯作用，即得蝇毒磷。

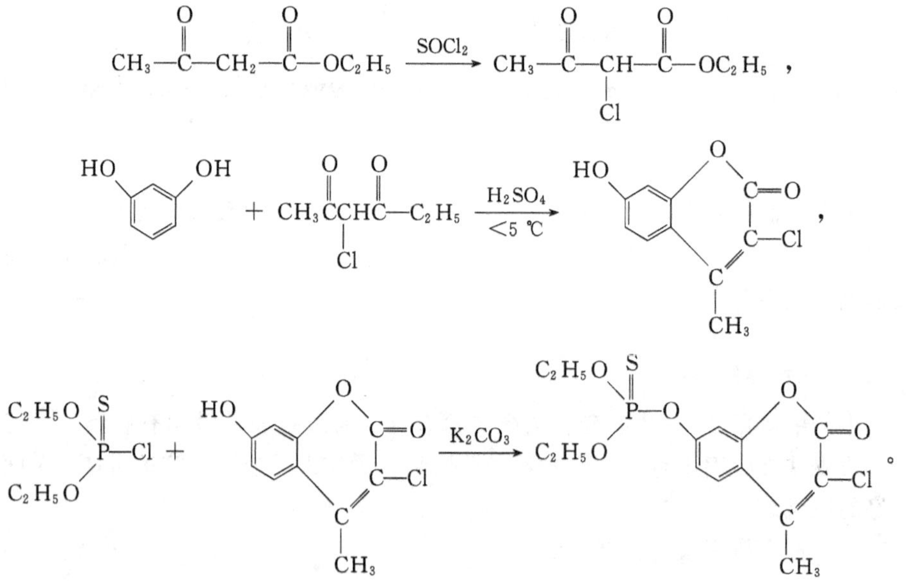

3. 工艺流程

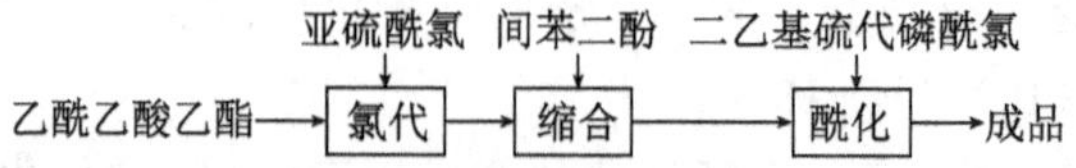

图2-6

4. 生产配方（质量，份）

乙酰乙酸乙酯	130
间苯二酚	99
亚硫酰氯	176
二乙基硫代磷酰氯	150

5. 生产设备

氯代反应釜　　　　　　搪瓷缩合反应锅
酰化反应釜

6. 生产工艺

将 60 kg 乙酰乙酸乙酯和 81 kg 亚硫酰氯，分别溶于约 30 L 苯中，所得乙酰乙酸乙酯的苯溶液投入氯代反应釜，控制温度于 10 ℃ 条件下，滴入亚硫酰氯的苯溶液，进行氯代反应，制得 α-氯代乙酰乙酸乙酯。

在搪瓷缩合反应锅中加入 192 L 浓硫酸，温度控制在 5 ℃ 以下，同时滴加 26.4 kg 间苯二酚和 39.6 kg 氯代乙酰乙酸乙酯，进行缩合反应，制得 3-氯-4-甲基-7-羟基香豆素。

将 150 L 丁酮置于酰化反应釜中，再向釜内加入 13.2 kg 3-氯-4-甲基-7-羟基香豆素和 8.71 kg 无水碳酸钾，搅拌下加热至回流。滴加二乙基硫代磷酰氯，回流 2 h，即得蝇毒磷。

7. 产品标准

（1）原粉

	一级品	二级品	三级品
有效成分含量	≥90.0%	≥80.0%	≥70.0%
水分含量	≤0.5%	≤0.5%	≤0.5%

（2）乳粉

有效成分含量	18%～22%
悬浮性	无沉淀物

（3）15% 的乳油

有效成分含量	15.5%～16.5%
乳液稳定性	合格

8. 产品用途

体外杀虫剂，对双翅目害虫特别有效。用于杀灭猪、牛、羊、马的疥螨、蝇类、虻类、蜱类、虱类和蚤类等体外寄生虫。

9. 安全与贮运

①生产中使用有毒和强腐蚀性原料，生产设备应密闭，防止泄漏，操作人员应穿戴防护用具。

②产品的原粉和乳粉用内衬纸袋外套编织袋包装，密封干燥阴凉处避光贮存。乳油用玻璃瓶或塑料瓶装。防晒，隔绝火源。

10. 参考文献

[1] 黄均伟，王立石，陈有嗣. 蝇毒磷高效液相色谱分析 [J]. 辽宁农业科学，2016（3）：80-82.

[2] 张方波. 蝇毒磷原粉合成工艺研究 [J]. 辽宁化工，2001 (2)：84-85.

2.8 稻棉磷

稻棉磷又称地安磷，化学名称为 2-(二乙氧基磷酰亚氨基)-4-甲基-1，3-二硫戊环。分子式 $C_8H_{16}NO_3PS_2$，相对分子质量 269.21。结构式：

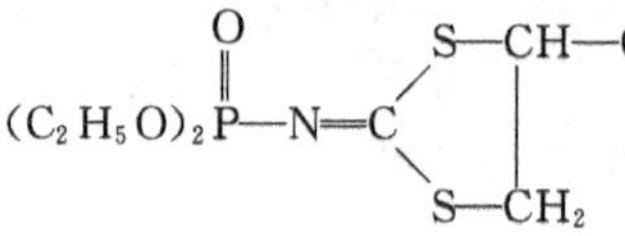

$$(C_2H_5O)_2-P=N-C \begin{smallmatrix} S-CH-CH_3 \\ \\ S-CH_2 \end{smallmatrix}$$

。

1. 产品性能

原药为黄色油状液体，可溶于水、丙酮、苯、乙醇，在中性和弱酸性介质中稳定，遇碱分解，是广谱的内吸有机磷杀虫剂。

2. 生产方法

在有机溶剂中，二硫化碳和氨加成并成盐，生成二硫代氨基甲酸铵盐。然后与氯丙烯缩合得二硫代氨基甲酸烯丙酯，进一步在浓盐酸作用下环化得 2-亚氨基-4-甲基-1，3-二硫戊环盐酸盐，最后环化产物与 O，O-二乙基磷酰氯缩合得稻棉磷。

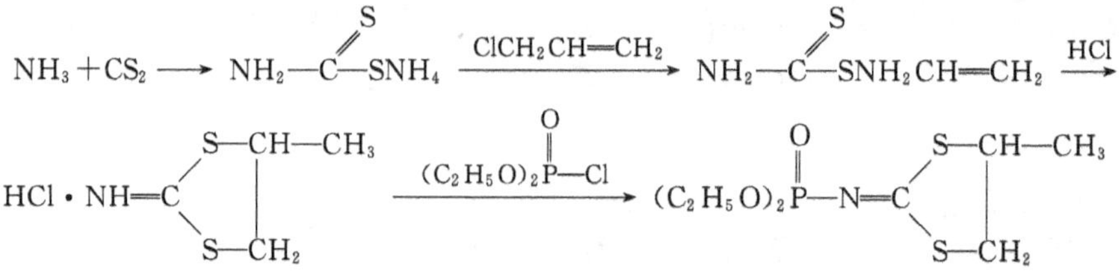

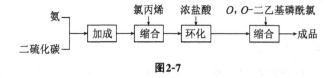

3. 工艺流程

氨
二硫化碳 → 加成 → 缩合 ←氯丙烯 → 环化 ←浓盐酸 → 缩合 ←O，O-二乙基磷酰氯 → 成品

图2-7

4. 生产配方 （kg/t）

二硫化碳	900
液氨	432
3-氯丙烯	1000
盐酸（35%）	2125
O，O-二乙基磷酰氯	960

5. 生产工艺

（1）加成

将 60 kg 有机溶剂和 12.5 kg 的二硫化碳投入 100 L 搪瓷反应锅中，开启搅拌和

夹套冷冻盐水预冷。当料温降到 15 ℃ 时，开始缓慢通氨。反应过程放热，因此通氨时体系温度需维持在 20～25 ℃。通氨速度控制在不跑氨为度，约在 1.5 h 内通完 6 kg 氨，然后在（25±2）℃ 下保温搅拌 1 h。反应结束后，反应液从底阀放入过滤器真空抽滤。滤液回收套用，滤饼为淡黄色粉状结晶，即得 16.97 kg 二硫代氨基甲酸铵盐，收率为 93.63%。

（2）缩合

将 80 kg 二硫代氨基甲酸铵盐投入 500 L 搪瓷反应锅中，用 220 kg 溶剂溶解。于 20 ℃ 下温度滴加氯丙烯，约 0.5 h 加完 65.5 kg 氯丙烯后，在（20±2）℃ 条件下继续搅拌 5 h，然后放入过滤器中滤去氯化铵，滤液减压蒸去溶剂后加入 50 kg 水，洗去残留氯化铵，分出水分，即得 72.0 kg 二硫代氨基甲酸烯丙酯，收率为 74.5%。

（3）环合

在搪瓷反应锅中加入 50 kg 二硫代氨基甲酸烯丙酯，搅拌下一次加入 97 kg 盐酸。在（40±2）℃ 下搅拌 6 h，使料液成均相后，静置 12 h 以上。在 100 L 搪瓷反应锅中投入 500 kg 丙酮，开夹套冷冻盐水预冷到 0～5 ℃ 时，投入二硫代氨基甲酸烯丙酯盐酸盐溶液，搅拌析出环盐结晶。静置 1 h 后，放入过滤器抽滤。滤出的白色结晶经 60 ℃ 左右烘房烘干后，即得 41.2 kg 2-亚氨基-4-甲基-1，3-二硫戊环盐酸盐。

（4）缩合

将 41.2 kg 2-亚氨基-4-甲基-1，3-二硫戊环盐酸盐环盐投入 500 L 搪瓷反应锅，开搅拌。再加入 75 kg 水将其溶解配成约 40% 的水溶液。接着加入 150 kg 苯。在反应锅呈负压的情况下，缓慢投入 55.7 kg 碳酸氢铵。这时必须防止因产生大量气体而溢料。待投完碳酸氢铵，锅内反应平稳后测定 pH≥7。控制料温 20 ℃ 以下，滴加 48.2 kg O，O-二乙基磷酰氯，约 0.5 h 加完，调节 pH 至 7～8，在 20 ℃ 下保温 4 h。然后分水。粗原油分别用清水、酸水、清水洗涤。达中性时，用负压脱溶，真空度在 600×133.3 Pa 时，最高温度 72 ℃，得 52.6 kg 稻棉磷原油，含量达 88.09%，收率达 70.29%。

（5）颗粒剂制造

将天然沸石颗粒（用作载体）经粗碎、细碎后筛分，选取 40～100 目的颗粒进行稳定性处理。取 944 kg 经处理的沸石和 1 kg 警戒色在双螺旋锥型混合机中搅拌均匀。再将 50.5 kg 稻棉磷原油缓慢均匀地喷入混合机中使载体和原油得到快速均匀混合。原油全部喷加完后再搅拌 10～15 min，即得 5% 的稻棉磷颗粒剂（粉红色）。

6. 产品标准（5%的颗粒剂）

外观	粉红色颗粒
有效成分含量	≥5.0%
水分	≤1.0%
粒度（40～100 目）	95%
pH	5～7

7. 产品用途

稻棉磷是内吸性有机磷杀虫剂。用于防治刺吸式口器害虫，可用于水稻、棉花、玉米、马铃薯、豆类、烟草、甘蔗、甜菜、洋葱、番茄、啤酒花、甘蓝、柑橘、苹果、梨等多种粮食、园艺和经济作物。稻棉磷制剂施于田间作物后，可迅速地被植物的根、叶吸收输送到生长点，从而发挥良好的保护作用。

8. 参考文献

[1] 范莲生. 稻棉磷合成及剂型加工 [J]. 农药，1992（4）：8-10.

2.9 醚菊酯

醚菊酯（Ethofenprox；Trebon；MTI-500）化学名称为 2-(4-乙氧基苯基)-2-甲基丙基-3-苯氧基苄基醚。分子式 $C_{25}H_{28}O_3$，相对分子质量 376.49，结构式：

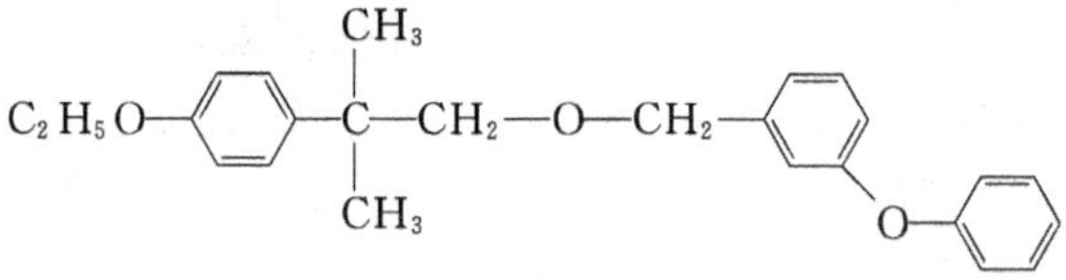

1. 产品性能

纯品为白色结晶固体，熔点 34～35 ℃，沸点 208 ℃（719.9 Pa）。25.8 ℃ 时蒸气压 8.0 MPa；100 ℃ 时蒸气压 32.0 MPa，相对密度 1.157（23 ℃，固体）1.067（40.1，液体）。溶解度（g/100 g）：甲醇 7.65、乙酸乙酯 87.05、丙酮 90.84、氯仿 85.75、二甲苯 84.69、水 0.000 1。在酸性和碱性溶液中稳定，80 ℃ 3 个月无明显分解。醚菊酯是 1987 年由日本三井东压化学工业公司开发的醚类菊酯杀虫剂。对哺乳动物毒性极低，对大白鼠急性经口毒性 LD_{50}＞107 200 mg/kg。

2. 生产方法

（1）对叔丁基酚法

对叔丁基酚乙酰化后氯化，氯化产物与硫酸二乙酯发生乙基化，然后乙基化产物与间苯氧基苯甲醇发生醚化，即得醚菊酯。

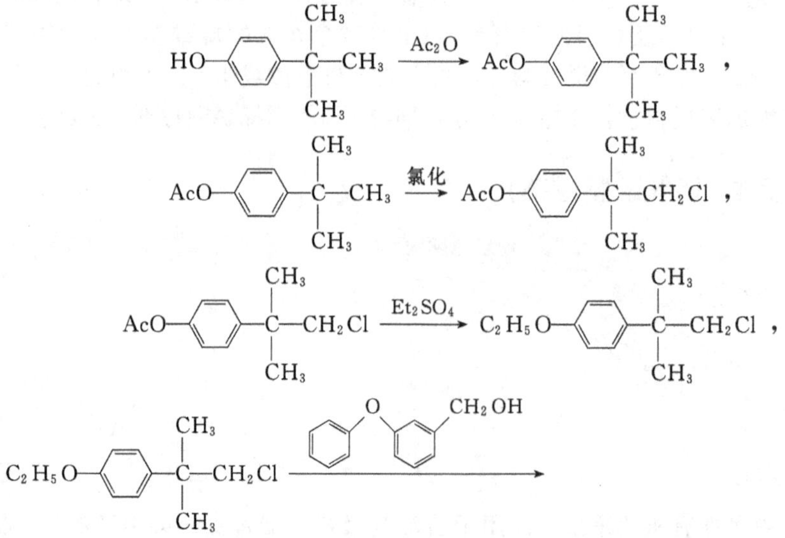

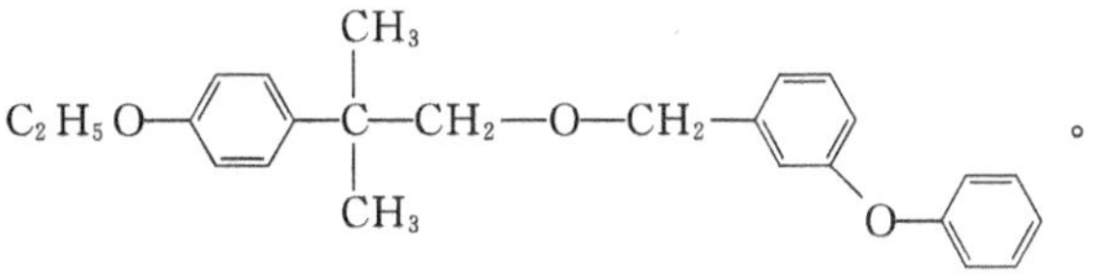

$$C_2H_5O-\!\!\!\!\bigcirc\!\!\!\!-\overset{\overset{\displaystyle CH_3}{|}}{\underset{\underset{\displaystyle CH_3}{|}}{C}}-CH_2-O-CH_2-\!\!\!\!\bigcirc\!\!\!\!-O-\!\!\!\!\bigcirc$$ 。

（2）苯基乙基醚法

异丁酸用氯化亚砜进行酰氯化，生成异丁酰氯，在快速搅拌下，于 2～3 ℃下滴加到苯基乙基醚、二硫化碳、无水三氯化铝溶液中，滴毕，继续反应 1 h，得到 1-(4-乙氧基苯基)-2-1-甲基丙酮。然后在室温下溴化得 1-(4-乙氧基苯基)-2-溴-2-甲基-1-丙酮。1-(4-乙氧基苯基)-2-溴-2-甲基-1-丙酮、甲醇、原甲酸三乙酯、甲磺酸混合物保温反应，再加入 15％的氢氧化钠，回流，得 2-(4-乙氧基苯基)-2-甲基丙酸。在四氢铝锂的无水乙醚中，缓慢加入 2-(4-乙氧基苯基)-2-甲基丙酸的无水乙醚溶液，再依次滴加乙酸乙酯、硫酸，得到的 2-(4-乙氧基苯基)-2-甲基甲醇与 3-苯氧基苄氯、四正丁基溴化铵、50％的氢氧化钠反应，制得醚菊酯。

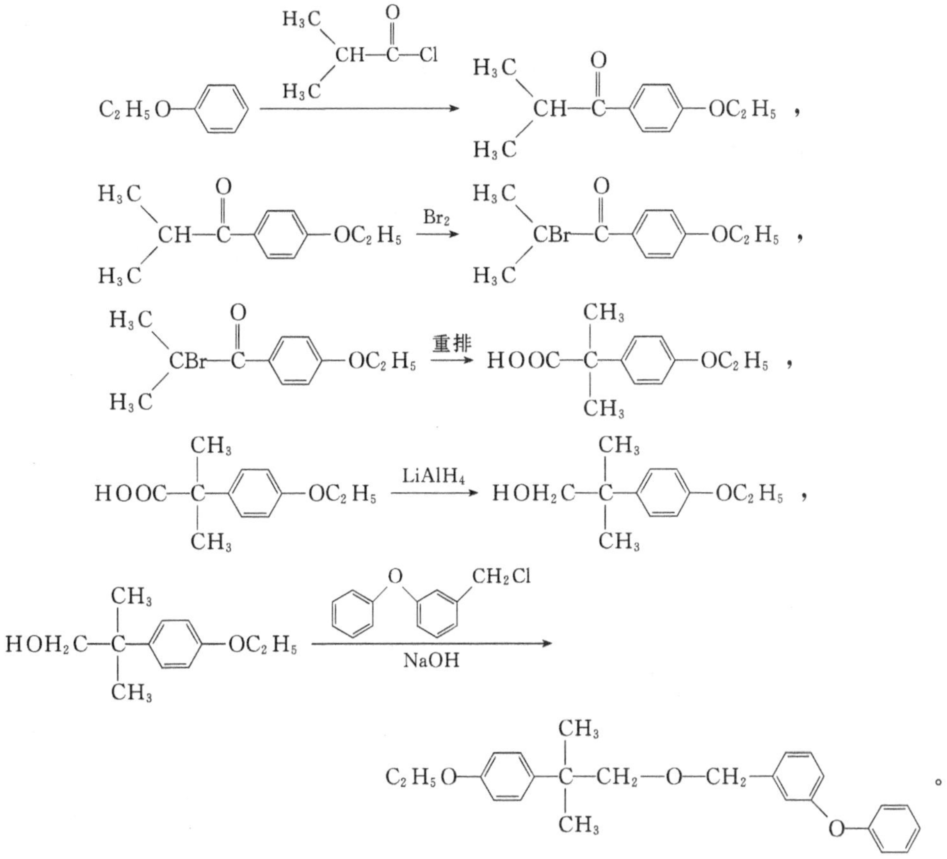

（3）对乙氧基苯乙腈法

对乙氧基苯乙腈甲基化后水解，将羧基还原得 2-(4-乙氧基苯基)-2-甲基丙醇，然后在碱存在下，2-(4-乙氧基苯基)-2-甲基丙醇与 3-苯氧基苄氯发生醚化得到醚菊酯。

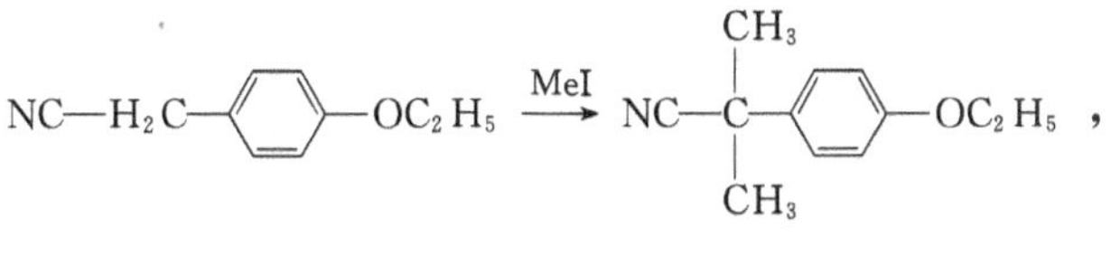

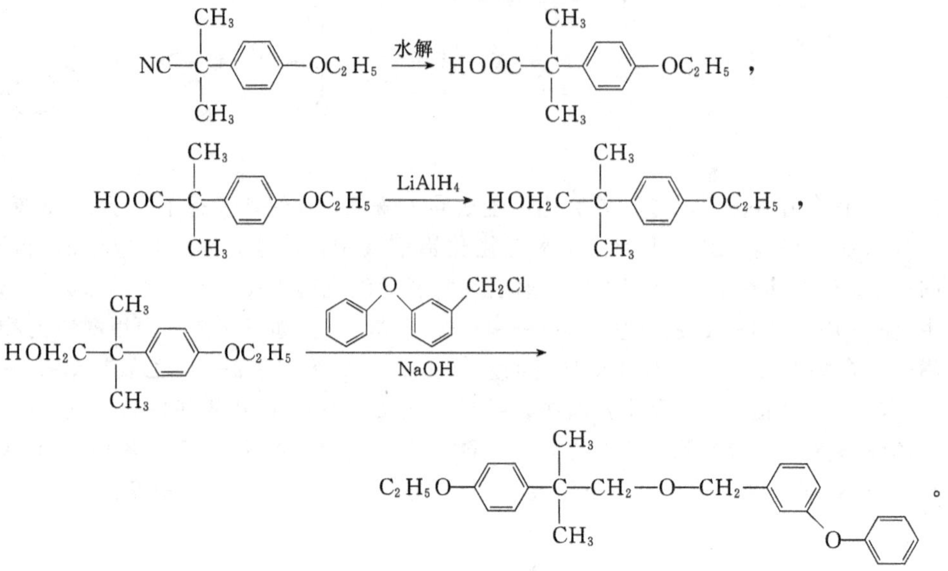

$$\text{NC}-\underset{\underset{CH_3}{|}}{\overset{\overset{CH_3}{|}}{C}}-\text{OC}_2\text{H}_5 \xrightarrow{\text{水解}} \text{HOOC}-\underset{\underset{CH_3}{|}}{\overset{\overset{CH_3}{|}}{C}}-\text{OC}_2\text{H}_5 ,$$

$$\text{HOOC}-\underset{\underset{CH_3}{|}}{\overset{\overset{CH_3}{|}}{C}}-\text{OC}_2\text{H}_5 \xrightarrow{\text{LiAlH}_4} \text{HOH}_2\text{C}-\underset{\underset{CH_3}{|}}{\overset{\overset{CH_3}{|}}{C}}-\text{OC}_2\text{H}_5 ,$$

$$\text{HOH}_2\text{C}-\underset{\underset{CH_3}{|}}{\overset{\overset{CH_3}{|}}{C}}-\text{OC}_2\text{H}_5 \xrightarrow[\text{NaOH}]{} $$

$$\text{C}_2\text{H}_5\text{O}-\underset{\underset{CH_3}{|}}{\overset{\overset{CH_3}{|}}{C}}-\text{CH}_2-\text{O}-\text{CH}_2- \quad 。$$

本节只介绍对叔丁基酚法的具体工艺流程和生产工艺。

3. 工艺流程

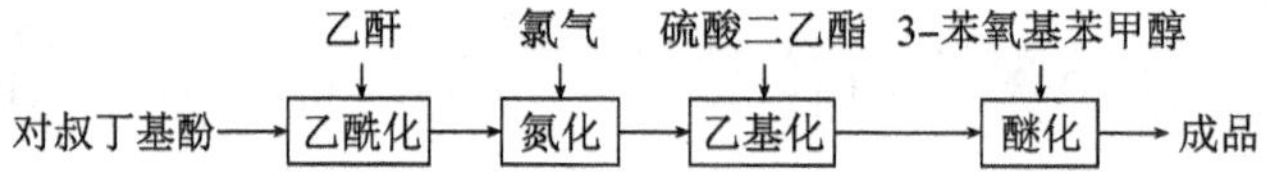

图2-8

4. 生产工艺

（1）乙酰化

在反应瓶中加入 200 g 对叔丁基酚和 163.2 g 醋酐加热到 140 ℃ 回流反应 4 h，减压脱尽副产物乙酸和未反应的醋酐，得到棕黄色液体，即 4-叔丁基乙酰氧基苯 268 g，收率 95％。

（2）氯化

在装有搅拌器、冷凝器、通气管的反应瓶中加入 100 g 4-叔丁基乙酰氧基苯（含量 91.2％）和 200 mL 四氯化碳，加热至 60 ℃ 时，加入 2 g 偶氮二异丁腈，同时开始通氯气，反应放热使料液回流，1 h 通入氯气 15 g。脱尽四氯化碳，得棕红色液体 107 g。真空精馏，收集 120 ℃、2×133.3 Pa 之前的馏分 60 g，该馏分作为原粉可循环使用。残留的液体即为 ［4-（2-氯-1，1-二甲基乙基）苯基］乙酸酯，重 45 g，收率 89％。

（3）乙基化

在反应瓶中加入 200 g 上述氯化产物（含量 94％）、320 g 硫酸二乙酯、170 g 片状氢氧化钾（含量 82％），剧烈搅拌。加热到 30 ℃ 滴加 48 g 20％的苄基三乙基氯化铵，约 10 min 加完。滴完后升温到 40 ℃ 剧烈搅拌反应 6 h。冷却，加入水 200 mL，搅拌使固体溶解，分层，有机层用水洗两次，减压脱尽有机层存在的低沸物，残余黄色液体即为产品，即 1-氯-2-（4-乙氧基苯基）-2-甲基丙烷 177 g（含量 89％），收率 89.9％。

（4）醚化

在反应瓶中加入 150 g 上述乙基化中间体（含量 90％），27.1 g 间苯氧基苯甲醇（含量 98％），32.3 g 片状氢氧化钾（含量 82％），375 mL 二甲亚砜，氮气保护下加热到 120 ℃ 保温 10 h，减压脱去二甲亚砜，残液中加入 150 mL 水、150 mL 苯，搅拌后分层，苯层用水洗两次后，减压脱尽苯，残余棕黑色黏稠液体重 141 g。将残液高真空蒸馏，收集 200～250 ℃、2×133.3 Pa 馏分，收率 53.5％。

5. 产品用途

新型醚类菊酯杀虫剂。对鳞翅目、鞘翅目、半翅目、双翅目和直翅目多种害虫有很高防效。因对哺乳动物毒性极低，可以广泛用于蔬菜、卫生等领域，无毒、无污染，使用极其安全。醚菊酯对鱼毒性极低 ［对鲤鱼 TL_m（48 h）＝$5×10^{-6}$］，所以可用于防治水稻害虫。

6. 参考文献

[1] 唐定龙. 简析醚菊酯的合成及其药效 [J]. 中国农业信息，2014 (5)：111-112.

[2] 李国岭，顾松山，蔡军义. 10％醚菊酯水悬浮剂研制 [J]. 世界农药，2012，34 (4)：51-53.

[3] 王现全，白丽萍，吴长春，等. 醚菊酯的合成研究 [J]. 农药，1996，35 (3)：13.

2.10　磷亚威

磷亚威（U-47319），分子式 $C_{12}H_{26}N_3O_4PS_3$，相对分子质量 403.52，结构式：

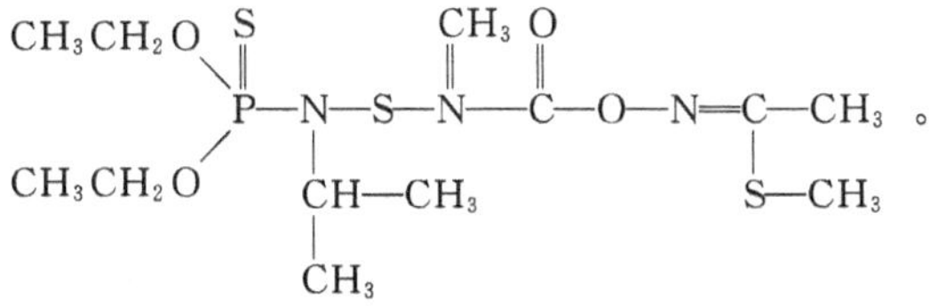

1. 产品性能

熔点 72～73 ℃，是灭多威的硫代磷酰胺衍生物。

2. 生产方法

用己烷或四氢呋喃作溶剂，由 N-异丙基硫代磷酰胺二乙酯与二氯化硫反应得中间体。中间体与灭多威反应得磷亚威。

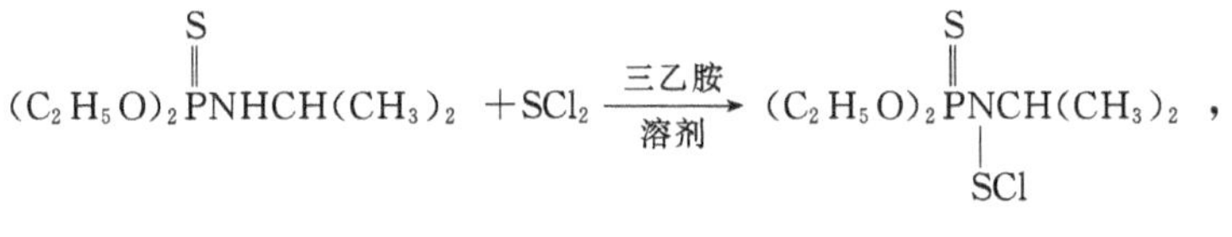

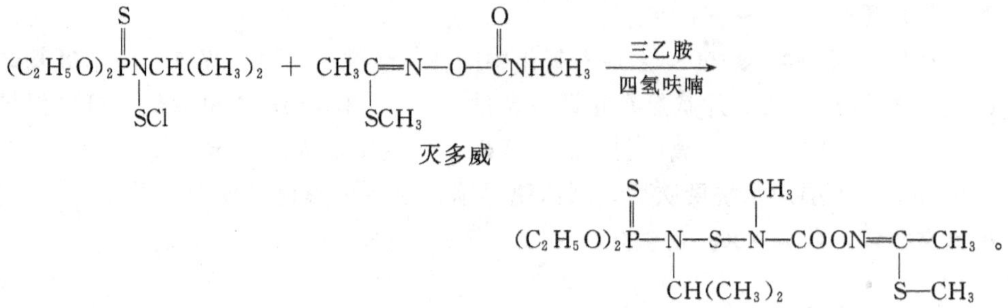

$$(C_2H_5O)_2\overset{\displaystyle S}{\underset{\displaystyle SCl}{P}}NCH(CH_3)_2 + CH_3C\overset{\displaystyle O}{=}N-O-CNHCH_3 \xrightarrow[\text{四氢呋喃}]{\text{三乙胺}}$$

灭多威

$$(C_2H_5O)_2\overset{\displaystyle S}{P}-\underset{\displaystyle CH(CH_3)_2}{N}-S-\underset{\displaystyle S-CH_3}{N}-COON\overset{\displaystyle CH_3}{=}C-CH_3 \quad 。$$

3. 工艺流程

O，O-二乙基硫代磷酰氯 —→ 二异丙胺 [缩合] 二氯化硫 [硫化] 灭多威 [乙基化] —→ 原油成品

图2-9

4. 生产配方 （kg/t）

二氯化硫	103.0
N-异丙基硫代磷酰胺二乙酯	211.0
三乙胺	202.0
灭多威 （100%计）	162.0

5. 生产工艺

（1）缩合

将二异丙胺与 O，O-二乙基硫代磷酰氯在碳酸钾存在下进行缩合反应，反应结束后，减压蒸馏，提纯，得 N-异丙基硫代磷酰胺二乙酯。

（2）硫化、缩合

将 51.5 g 二氯化硫（沸点 59～60 ℃）溶于 250 mL 四氢呋喃中，搅拌下滴加 105.5 g N-异丙基硫代磷酰胺二乙酯、50.5 g 三乙胺与 500 mL 四氢呋喃所配成的溶液，温度控制在 0～5 ℃，加完后，反应 0.5 h，然后加 81.0 g 灭多威和 0.5 g 催化剂，再加 50.5 g 三乙胺及 250 mL 四氢呋喃配成的溶液，滴加完毕，继续搅拌 2 h，反应结束。滤出固体物，并用少量四氢呋喃洗涤，洗涤液与滤液合并，减压蒸出四氢呋喃，剩余物溶于 1000 mL 甲苯中，用少量水洗涤，然后减压蒸去甲苯，剩余物可直接配制乳油。若用石油醚分散结晶得磷亚威晶体，溶点 70～72 ℃，收率 80%。

6. 产品用途

用于棉花、蔬菜、果树、水稻等防治鳞翅目害虫、甲虫和蟛象等。

7. 参考文献

[1] 郭佃顺，黄汝骐，高蓉华，等. 杀虫剂磷亚威的合成研究 [J]. 农药，1994 （4）：8-9.

2.11 一氯杀螨砜

1. 产品性能

一氯杀螨砜（4-Chlorophenyl phenyl sulfone）又名氯苯砜，化学名称对氯苯基苯基砜。该品为无色结晶，熔点 94 ℃。每 100 mL 不同溶剂在 20 ℃ 时溶解该品：四氯化碳 4.9 g、丙酮 74.4 g、苯 44.4 g、甲苯 29.4 g，水不溶。

2. 生产配方（kg/t）

对氯苯磺酸（92%）	1200
氯磺酸	1250
苯	355

3. 生产工艺

将干燥的对氯苯磺酸与氯磺酸在 55～60 ℃ 下搅拌反应 1.5～2.0 h。将反应物滴加到冷水中，在 25～35 ℃ 进行水析，将析出的沉淀过滤，得到对氯苯磺酰氯湿品。将湿品加热到 55～60 ℃ 熔融，静置，即可分出含量 96% 以上的对氯苯磺酰氯。

将熔融的对氯苯磺酰氯加到缩合锅中，加入无水三氯化铝，在 60～70 ℃ 滴加苯，加毕，于 90～95 ℃ 反应 1 h。将缩合液加到 3%～4% 的稀盐酸中水析、过滤，用水洗滤饼至中性，干燥，得含量为 95% 的产品。美国专利 US 2593001（1952）。

4. 产品用途

可防治棉花、果树、蔬菜等作物的各种螨类，对成螨及螨卵有效。使用质量分数为 0.09%。

5. 参考文献

[1] 张弘，孟铃. 农用杀螨剂应用、开发现状及展望 [J]. 农药，2003（3）：14-17.

2.12 三氯杀螨砜

三氯杀螨砜（Tetradifon）又称涕滴恩，化学名称 S-p-氯苯基-2，4，5-三氯苯基砜（S-p-Chlorophenyl-2，4，5-trichlorophenyl sulfone）。分子式 $C_{12}H_6Cl_4O_2S$，相对分子质量 355.0，结构式：

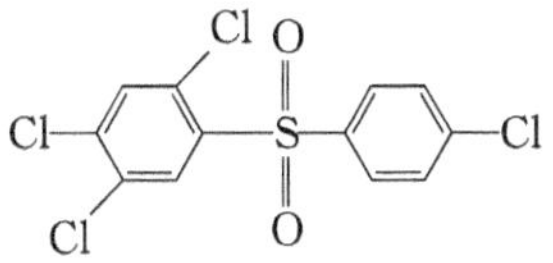

1. 产品性能

纯品为无色无味结晶固体，熔点 148～149 ℃。蒸气压（20 ℃）3.2×10^{-8} Pa。

50 ℃ 水中溶解度 200 mg/kg。微溶于丙酮、石油醚和醇类，易溶于芳烃、氯仿和二噁烷。工业品纯度＞94％，熔点＞144 ℃。在空气中很稳定，对酸或碱稳定。

2. 生产方法

将三氯苯（生产六六六副产物）进行氯磺化后，氯磺化产物再与氯苯在无水三氯化铝催化下进行缩合反应，得三氯杀螨砜。

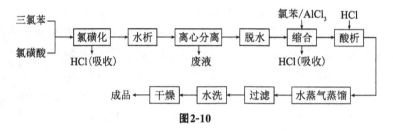

3. 工艺流程

三氯苯
氯磺酸 → 氯磺化 → 水析 → 离心分离 → 脱水 → 缩合 → 酸析
                HCl(吸收)   废液   HCl(吸收)
氯苯/AlCl₃ HCl

成品 ← 干燥 ← 水洗 ← 过滤 ← 水蒸气蒸馏

图2-10

4. 生产配方（kg/t）

三氯苯（工业品）	712
无水三氯化铝（99％）	396
氯磺酸（95％以上）	1881
氯苯（工业品，d＝1.112～1.114）	460

5. 生产设备

氯磺化釜	离心机
水蒸气蒸馏釜	干燥箱
分析锅	脱水釜
酸析锅	水洗槽
贮槽	盐酸吸收塔
缩合罐	

6. 生产工艺

将氯磺酸由计量槽加到干燥的氯磺化釜中，在30～50 ℃ 搅拌下，由三氯苯计量槽将三氯苯滴加入氯磺化釜。加完后升温到80 ℃，在80～90 ℃ 反应3 h即为氯磺化终点。反应产生的氯化氢进入盐酸吸收塔，用水吸收。氯磺化反应液降温至50 ℃

时，滴加到已放有冷水（水温 22 ℃ 以下）的水析釜中，在搅拌下同时滴加冷水，维持温度在 22～35 ℃。三氯苯磺酰氯析出后，不断连续出料，水析时产生的氯化氢也进入盐酸吸收塔用水吸收。

水析所得的三氯苯磺酰氯放入离心机中过滤后，用冷水洗涤至中性，得到湿三氯苯磺酰氯。然后将湿三氯苯磺酰氯加到脱水釜中，再加入氯苯，开动搅拌器升温到 90 ℃。随水分的蒸出而升温，当温度升到 140 ℃ 时，蒸出的氯苯为透明时即为终点，停止加热。

将脱水后的三氯苯磺酰氯和氯苯加入缩合罐中，开动搅拌器，加入三氯化铝，打开排风阀门，然后缓慢升温到 135 ℃，在 140～150 ℃ 反应 2.5 h，即为终点。停止加热，继续搅拌，降温到 150～160 ℃，将缩合液滴入盛有配好的稀盐酸的酸析锅中，开动搅拌器，维持温度在 70～90 ℃，至缩合反应液滴加完。再搅拌 30 min，酸析完毕。然后在酸析釜中通入水蒸气，进行水蒸气蒸馏。维持液相温度不超过 105 ℃，蒸出的氯苯和水经冷凝器冷却后流入氯苯水分离器中。当氯苯蒸馏完毕，即停止通水蒸气。然后把物料放入离心机中，进行过滤，滤干后用水洗涤至中性，并检查已无铝盐即为洗涤终点。再将湿三氯杀螨砜放入干燥箱中，于 70～80 ℃ 干燥至恒重，即得成品。

7. 产品标准

指标名称	优质品	一级品
外观	浅黄色或浅棕色固体	
含量	≥94.0%	≥90.0%
水分	≤0.4%	≤0.5%
酸度（以硫酸计）	≤0.1%	≤0.1%

8. 产品用途

农业上用作杀螨剂，对蜘蛛类害虫有特效，但对昆虫无毒。能防治柑橘、苹果、梨、葡萄等果树及棉花、花生、蔬菜、花草等的螨类。能杀卵和幼虫，并有长期残效。一般加工成可湿性粉剂使用。

9. 安全与贮运

①生产中使用三氯苯、氯磺酸、氯苯等有毒或腐蚀性化学品，设备应密闭，防止冒、漏，操作人员应穿戴防护用具。反应生成的 HCl 应用水或碱液吸收。

②本品毒性：大白鼠口服 LD_{50} 为 14 700 mg/kg；用含 500 mg/kg 的三氯杀螨砜饲料喂大白鼠 2 个月，无有害影响。水果、蔬菜、茶允许残留量为 1.0 mg/kg，柑橘为 3.0 mg/kg。对梨和苹果的某些品种可能发生药害，特别在温度低、湿度大时使用更应注意。

③密封包装，按农药有关规定贮运。

10. 参考文献

[1] 赵香红. 高效液相色谱法检测三氯杀螨砜含量 [J]. 农药科学与管理，2013，34

（4）：52-53.

[2] 张苏绵，精制三氯杀螨砜 [J]. 山西化工，1987 (2)：61.

2.13 除螨灵

除螨灵（Dienochlor）又称遍地克、片托克。化学名称 1，1'，2，2'，3，3'，4，4'，5，5'-十氯双（2，4-环戊二烯-1-基）英文名称 1，1'，2，2'，3，3'，4，4'，5，5'-Decachloro-bi-2，4-cyclopentadien-1-yl；Bis（pentachloro-2，4-cyclopentadien-1-yl）；decachloro；Decachlorobis（2，4-cyclopentadien-1-yl）；Decachloro-bi-4-cyclopentadien-1-yl；1，1'，2，2'，3，3'，4，4'，5，5'-Decachloro-bi-2，4-cyclopentadien-1-yl. 分子式 $C_{10}Cl_{10}$，相对分子质量 474.64，结构式：

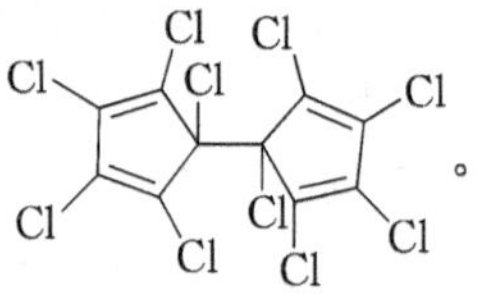

1. 产品性能

黄褐色结晶固体，对含水酸碱稳定，但在高温条件下或在阳光紫外线照射下都会失活，如 130 ℃ 下放置 6 h 失活 50%。熔点 122～123 ℃，蒸气压 1.33×10^{-6} kPa（25 ℃）。不溶于水，易溶于芳烃。

2. 生产方法

先通过不同方法先合成六氯环戊二烯，再由六氯环戊二烯经催化氢化而制得除螨灵。

（1）六氯环戊二烯的制备

①环戊二烯与次氯酸钠反应制六氯环戊二烯。

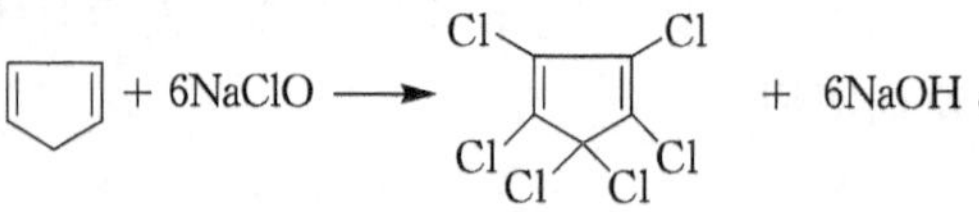

②环戊二烯氯化法。

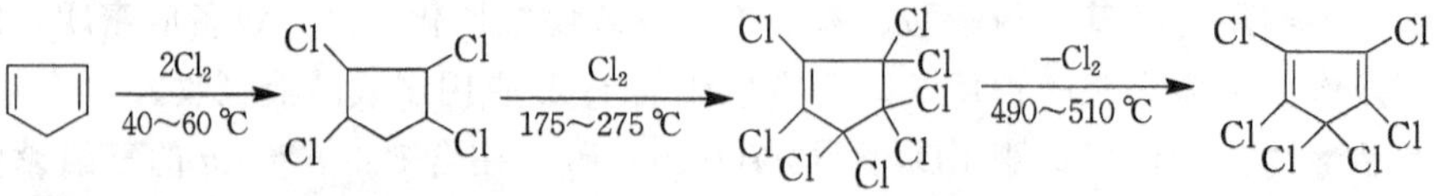

③由 C_5 馏分合成六氯环戊二烯。先将 C_5 馏分与氯气先在混合器中混合（发生烯烃加氯反应），然后进入反应器的低温反应区进行部分氯代，最后进入高温反应区发生彻底的氯代、环化、脱氯等复杂反应生成含六氯环戊二烯的混合物，混合物用减压蒸馏法分离，得六氯环戊二烯。

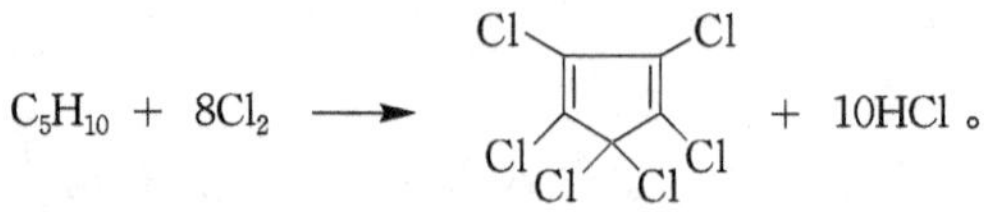

④环戊烷氯化法。由环戊二烯经加成、取代、消除 3 步反应制得六氯环戊二烯。

先将环戊烷在液相中氯化，生成四氯环戊烷。然后在五氯化磷的作用下热氯化四氯环戊烷，得八氯环戊烯（收率为 95％），最后热脱氯得六氯环戊二烯。

或者是环戊二烯与氯气连续投入循环式光氯化器生成六氯环戊烷，然后在较高温度下催化脱氯化氢得六氯环戊二烯。

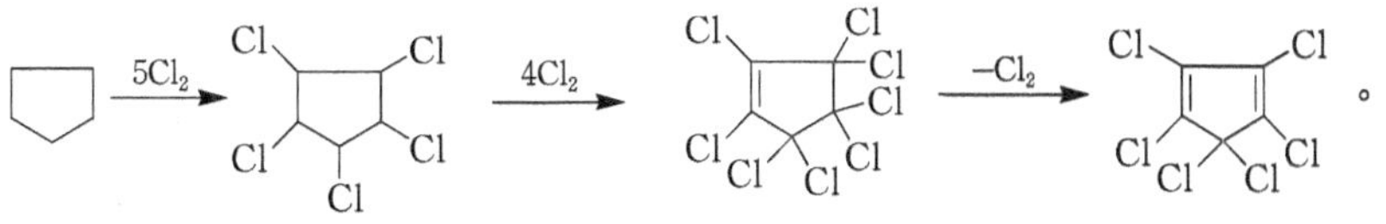

（2）六氯环戊二烯催化氢化

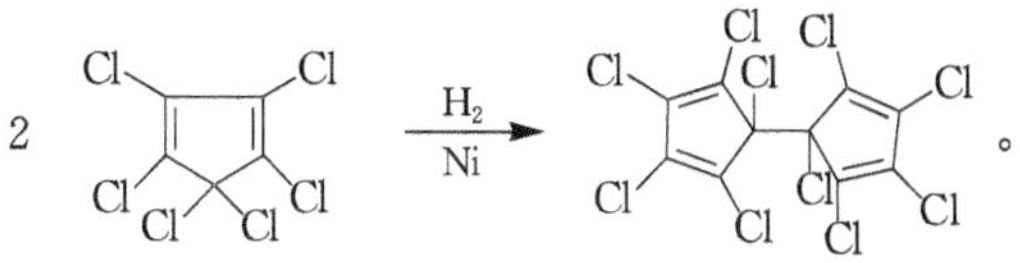

3. 工艺流程

图2-11

4. 生产工艺

（1）六氯环戊二烯的制备

将环戊二烯和氯气以 n（环戊二烯）：n（氯气）＝1：（3～4）的比例连续加入反应器中，控制温度在 40～60 ℃ 反应生成四氯环戊烷。然后加入 3 只串联的反应器，在催化剂的作用下，加热到 175～275 ℃，通入氯气氯化 ［n（多氯环戊烷）：n（氯气）＝1：（6～8）］，所得产物八氯环戊烯连续进入 1 个特制的镍质脱氯器中，在 490～510 ℃ 下进行脱氯，冷却得粗品，再经减压蒸馏，收集 110 ℃、1.33×10^3 Pa 的馏分，即得六氯环戊二烯。

（2）由六氯环戊二烯经催化氢化制备

在氢化压力釜内加入 75 kg 六氯环戊二烯、60 kg 30％的氢氧化钠溶液和适量催化剂雷尼镍，向压力釜内通氢气进行催化氢化，控制釜内气压为 0.5 MPa 左右，氢气通至不吸收。将物料过滤，用水洗涤滤饼至中性，干燥，即得除螨灵成品。

5. 产品标准

外观	黄褐色结晶固体
含量	≥98％
熔点/ ℃	122～123

6. 产品用途

特效杀螨剂，用于防治温室玫瑰上的螨类；也可用作宠物外用除螨剂。

7. 参考文献

[1] 韩邦友. 六氯环戊二烯合方法评述 [J]. 江苏农药，1997 (3)：16.
[2] 王清文，隋淑娟，肖春明. 由 C_5 馏分合成六氯环戊二烯 [J]. 化学工程师，1992，28 (4)：19.

2.14 哒螨酮

哒螨酮 (Pyridaben) 商品名 Sunmite，化学名称 2-叔丁基-5-(4-叔丁基苄硫基)-4-氯-3 (2H)-哒嗪酮；2-特丁基-5-(4-特丁基苄硫基)-4-氯-3 (2H)-哒嗪酮。分子式 $C_{19}H_{25}ClN_2OS$，相对分子质量 364.94，结构式：

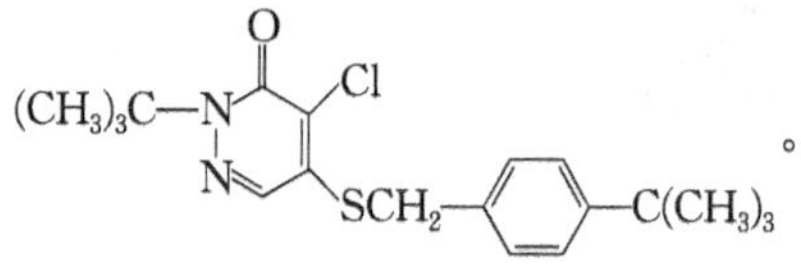

1. 产品性能

白色结晶，熔点 110～112 ℃，是由日本日产化学工业株式会社于 1988 年推出的杀螨杀虫剂。

2. 生产方法

盐酸肼与特丁醇反应生成特丁基肼盐酸盐，生成的特丁基肼盐酸盐再与糠氯酸缩合生成糠氯酸特丁基腙，经环化得到 2-特丁基-4，5-二氯-3 (2H)-哒嗪酮。然后 2-特丁基-4，5-二氯-3 (2H)-哒嗪酮与对特丁基苄硫醇缩合得到哒螨酮。

$$(CH_3)_3C—OH + N_2H_4 \cdot HCl \longrightarrow (CH_3)_3C—NHNH_2 \cdot HCl,$$

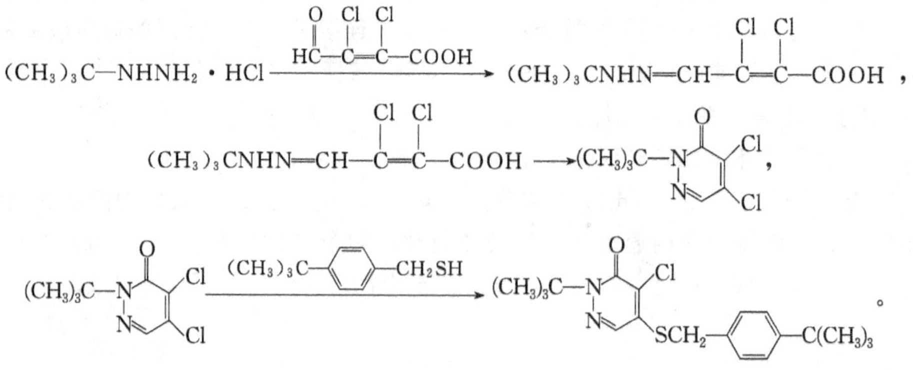

3. 工艺流程

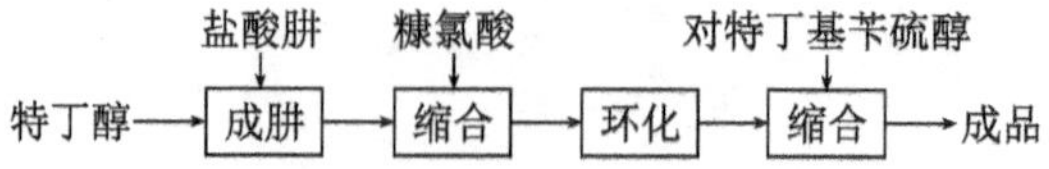

图2-12

4. 生产配方（kg/t）

盐酸肼（98%）	69.9
特丁醇（98%）	94.5
糠氯酸（95%）	172.9
对特丁基苄硫醇（95%）	156.4

5. 生产工艺

（1）成肼

在装有回流冷凝器、搅拌器、滴液漏斗和温度计的四颈烧瓶中，加入 69.9 g 盐酸肼、130.4 g 浓盐酸、205 mL 水。将此混合物在搅拌下加热，于 82～105 ℃ 滴加 94.5 g 特丁醇，经 4 h 后滴加完毕，再将反应混合物继续搅拌 0.5 h、冷却，分离反应液，得 120.9 g 特丁基肼盐酸盐。

（2）缩合

将 62.3 g 特丁基肼盐酸盐溶于 400 mL 5% 的氢氧化钠水溶液之中，然后于 0～5 ℃ 添加由 84.7 g 糠氯酸溶解于 85 mL 四氢呋喃所形成的溶液。再于 5 ℃ 搅拌 0.5 h，10～15 ℃ 搅拌 0.5 h。反应结束后，加水，过滤所生成的结晶，水洗结晶，于室温减压下干燥，即得白色结晶状糠氯酸特丁基腙 104 g，收率为 87%。

（3）环化

将 18.0 g 糠氯酸特丁基腙、100 g 苯和 3.0 g 醋酸投至反应烧瓶内，加热升温至 35～45 ℃ 搅拌反应 4 h。反应结束后，加水，分去水层，苯层依次用 5% 的氢氧化钠水溶液、10% 的盐酸和水洗涤，无水硫酸钠干燥，减压蒸除溶剂苯，得外观呈淡黄色结晶状的 2-特丁基-4，5-二氯-3（2H）-哒嗪酮 16.2 g，收率 98%，熔点 64～65 ℃。

（4）缩合

将 17.6 g 2-特丁基-4，5-二氯-3（2H）-哒嗪酮和 14.4 g 对特丁基苄硫醇溶解于 320 mL 甲醇中，再于 0 ℃ 下添加由 4.32 g 甲醇钠溶解于 80 mL 甲醇中所形成的溶液，然后于 10～15 ℃ 搅拌反应 1 h。反应结束后，减压蒸除甲醇，加水，并用苯抽提。水洗苯层用无水硫酸钠干燥后，蒸去苯，得 28 g 哒螨酮，收率为 96%，熔点 110～112 ℃。

6. 说明

①对特丁基苄硫醇制备。在四颈反应烧瓶内，加入 36.6 g 对特丁基苄氯、200 g 甲苯、1.0 g 四丁基溴化铵和 3.6 g 醋酸，加热升温至 50 ℃ 后，在搅拌下滴加 63.4 g 23% 的硫氢化钠水溶液。经 0.5 h 滴加完毕后，再于 50 ℃ 下继续搅拌反应 0.5 h。将其冷却至室温，静置后分层，水洗甲苯层，蒸除甲苯，浓缩，即得外观呈淡黄色液体的对特丁基苄硫醇 36.0 g，纯度 93%，收率为 92%。若再对其进行精馏，收集沸程在 90～92 ℃、4×133.3 Pa 的馏分，则对特丁基苄硫醇的纯度可达 99%。

②由 2-特丁基-4，5-二氯-3（2H）-哒嗪酮、硫氢化钠和对特丁基苄氯也可直接缩合得到哒螨酮。

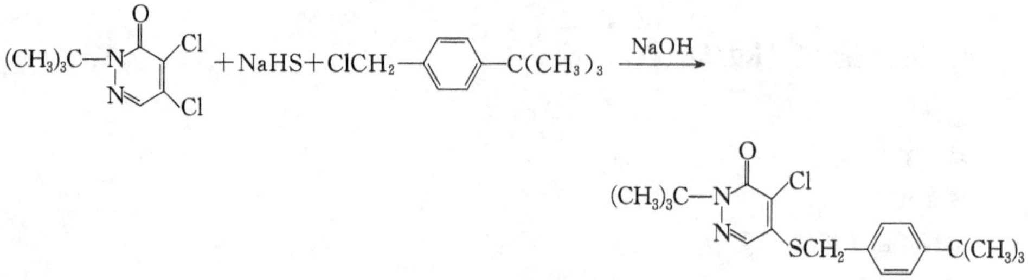

将 30.0 g 2-特丁基-4，5-二氯-3（2H）-哒嗪酮、11.4 g 70％的硫氢化钠和 6.0 g 氢氧化钠加至盛有 240 mL 水的反应烧瓶中，加热升温至 65 ℃ 并搅拌 0.5 h，再添加 180 g 苯、27.6 g 对特丁基苄氯和 0.6 g 四丁基溴化铵，于 45 ℃ 搅拌反应 4 h。反应结束后，用 5％的氢氧化钠水溶液和水洗涤有机层，再用无水硫酸钠干燥，然后减压蒸出苯，用冷石油醚洗净残渣，得到白色针状结晶哒螨酮，熔点 111～112 ℃，收率为 85.9％。

7. 产品用途

用作杀螨杀虫剂，对棉花红蜘蛛、稻螟虫等防效较好。

8. 参考文献

[1] 杜春华，李凌绪，唐莎莎. 哒螨酮水乳剂制备及其稳定性 [J]. 农药，2011，50（5）：344-347.
[2] 邹赣生，胡志强，胡斌. 哒螨酮最新合成工艺研究 [J]. 江西农业大学学报，2001（5）：157-159.
[3] 刘建飞，夏红英. 哒螨酮合成工艺研究 [J]. 江西化工，1999（4）：13-14.

2.15　乙基谷硫磷

1. 产品性能

乙基谷硫磷（Ethyl guthion）又名乙基保棉磷、益棉磷、乙基谷赛昂、谷硫磷-A。化学名称为 $O，O$-二乙基-S-{[4-氧代-1，2，3-苯并三氮杂苯-3（4H）-基] 甲基} 二硫代磷酸酯。白色针状结晶，熔点 53 ℃、沸点（0.133 Pa）111 ℃。相对密度（d_4^{20}）1.284，折光率（n_{25}）1.5928。溶于苯、丙酮，不溶于水。20 ℃ 蒸气压为 $3×10^{-5}$ Pa。对热稳定性好，遇碱易水解。分子式 $C_{12}H_{16}N_3O_3PS_2$，相对分子质量 345.4，结构式：

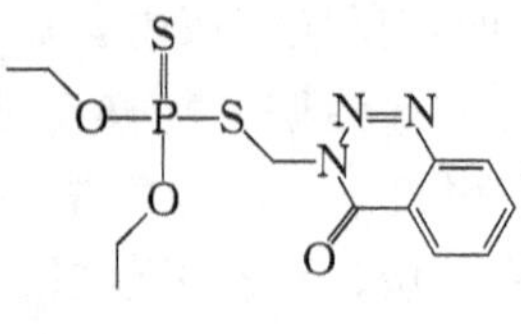

2. 生产配方（kg/t）

邻氨基苯甲酸甲酯（100％计）	151.0
亚硝酸钠（NaNO₃）	70.0

氨水（28%）	150.0
甲醛（30%）	140.0
氯化亚砜	143.0
乙基硫代钠	208.0

3. 生产方法

由邻氨基苯甲酸甲酯经重氮化、环合、羟甲基化、氯甲基化、缩合而得。

（1）重氮化、环合

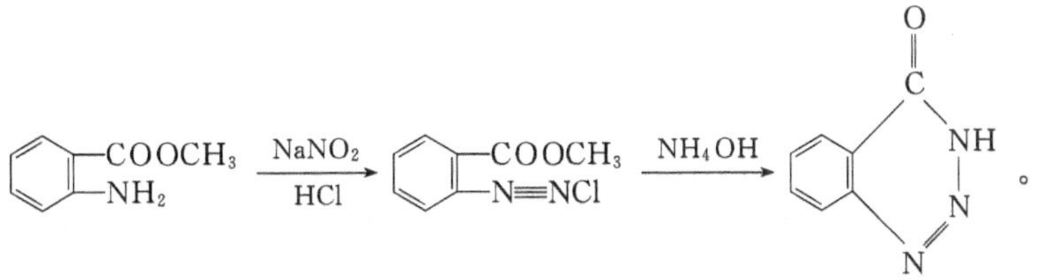

（2）羟甲基化

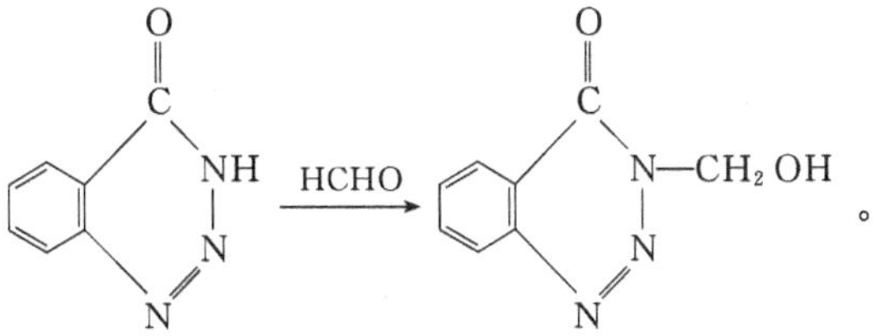

（3）氯甲基化

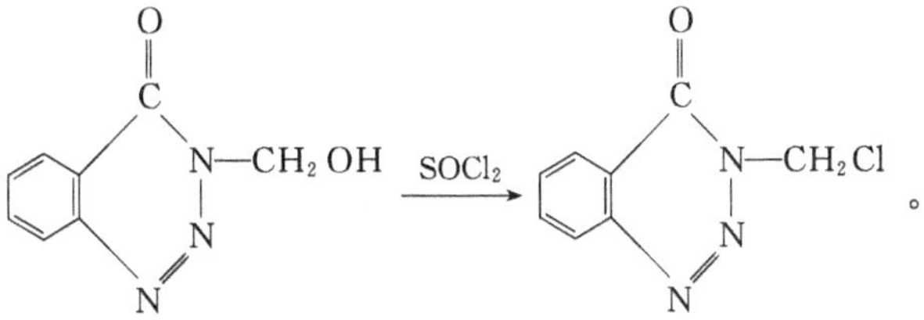

（4）缩合

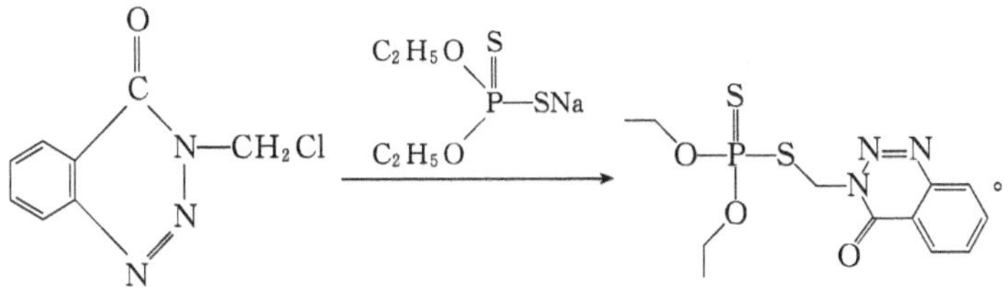

4. 生产工艺

在室温及搅拌下，将 0.4 mol 邻氨基苯甲酸甲酯滴加入 150 mL 30％的工业盐酸和 70 mL 水的溶液中，生成白色针状盐酸盐。加入碎冰，降温至 0 ℃ 以下，在 0～5 ℃ 尽快加入 0.4 mol 30％的亚硝酸钠水溶液，搅拌 20 min，用淀粉碘化钾试纸测试呈蓝黑色时，即得橙黄色的重氮盐溶液。

在搅拌下，将所得的重氮盐溶液滴加至 0 ℃ 左右的 1.49 mol 17％的氨水中，控制温度 0～10 ℃，加完后继续反应 pH 至 7～8。然后经过滤、洗涤，得环合物（3-

氢代-4-氧代-1，2，3-苯并三嗪），熔点 202～212 ℃。

将 0.2 mol（30 g）环合物、100 mL 水、0.28 mol 30%的甲醛，在 60～65 ℃ 下搅拌反应 0.5 h，冷却，过滤。滤饼洗涤后干燥，得 3-羟甲基-4-氧化-1，2，3-苯并三嗪（羟甲基物），熔点 120～130 ℃。

将 0.1 mol 羟甲基物加至 100 mol 氯仿中，在搅拌下，控制温度 30～35 ℃，分几次加入 0.13 mol 氯化亚砜，放出的氯化氢和二氧化硫用稀碱液吸收。保持 40～45 ℃，反应 0.5 h，再升至 60～65 ℃，反应 1 h。蒸出氯仿，将所得残留物溶解于丙酮中，再加水使之分散，析出黄色固体物，过滤、水洗、干燥，得含量 90%的 3-氯甲基-4-氧代-1，2，3-苯并三嗪（氯甲基物）。

在搅拌下，将乙基硫代钠、小苏打、丙酮和水混合，于 20～30 ℃ 反应 2 h。再加入氯甲基物和丙酮，逐渐升温至 50 ℃，反应 2 h，反应终点 pH 为 7。冷却、过滤，蒸出丙酮，残余的油状物加入苯。静置，分出苯层，经干燥脱苯后得到红棕色黏稠的油状物。在 20 ℃ 下析出针状结晶，再用甲醇重结晶，制得乙基谷硫磷。

5. 产品用途

该品为有机磷杀虫杀螨剂，主要用于防治棉花、果树、蔬菜等作物的害虫。加工剂型：200～440 g/L 乳油或 25%～40%的可湿性粉剂。

6. 参考文献

[1] 吴广利，武金善，王秀春，等. 含有特殊正丙硫基的硫代或二硫代磷酸酯类杀虫剂的合成 [J]. 农药，1995（3）：21-22.

[2] 洪琳，宣光荣. 相转移催化合成二硫代磷酸酯类化合物 [J]. 农药，1984（1）：14.

2.16　乙硫磷

1. 产品性能

乙硫磷（Ethion）化学名称为 O，O，O'，O'-四乙基-S，S'-亚甲基双（二硫代磷酸酯）。分子式为 $C_9H_{22}O_4P_2S_4$，相对分子质量 384.5，结构式：

$$C_2H_5O \quad S \qquad\qquad S \quad OC_2H_5$$
$$\underset{C_2H_5O}{\quad}P-SCH_2S-P\underset{OC_2H_5}{\quad}。$$

无色油状液体。熔点 -13 ℃。沸点：164～165 ℃（40 Pa），125 ℃（1.33 Pa）。相对密度（d_4^{20}）1.220。折光率 1.54%。25 ℃ 时的蒸气压 $2×10^{-3}$ Pa。溶于丙酮、苯、氯仿、乙醇、乙醚，不溶于水。遇酸、碱水解。在空气中逐渐氧化，温度高于 150 ℃ 会引起分解爆炸。

2. 生产配方（kg/t）

O，O-二乙基二硫代磷酸酯钠（60%）	500.0
碳酸氢钠	5.0
二氯甲烷	93.0

3. 生产方法

由 O，O-二乙基二硫代磷酸酯用碳酸氢钠转变为钠盐后，钠盐与二氯甲烷反应制得乙硫磷。

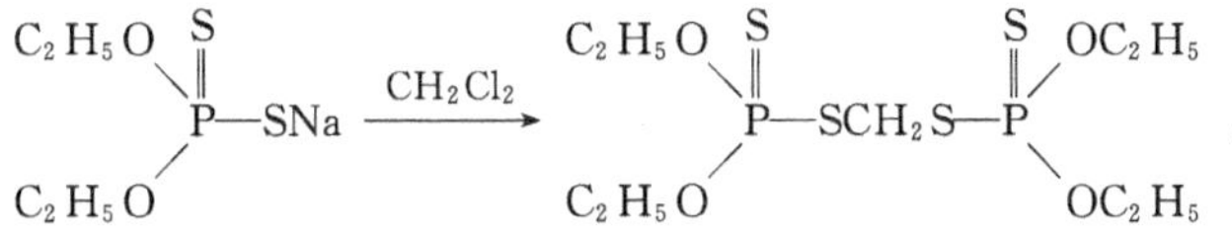

4. 生产工艺

将钠盐、碳酸氢钠、氢氧化钠投入反应锅，加料量一般为每 500 g 60％的钠盐加碳酸氢钠 5 g，氢氧化钠的用量使料液的 pH 调节至 7。再按 n（钠盐）∶n（二氯甲烷）=1∶0.7 投入二氯甲烷。向反应锅充入氮气，使锅内压力保持在 0.2 M～0.4 MPa。

升温至 100～110 ℃，反应 5～8 h，反应压力为 1.0 M～1.5 MPa。反应完成后，冷却至 35 ℃。将合成的原油滤去少量滤渣后，静置分层，取油层用水洗涤 3 次。减压脱水可得 90％左右的乙硫磷原油，收率 70％以上。引自美国专利 US 2873228。

5. 产品用途

用于防治棉花红蜘蛛的成虫、幼虫及卵，柑橘红蜘蛛，锈壁虱的成虫、幼虫及卵，棉花的棉叶蝉等。也可用于防治棉花象鼻虫，果树、蔬菜、小麦、豆科、饲料作物等螨类害虫，对棉花蚜虫亦有效。

加工剂型：25％的可湿性粉剂、4％的粉剂或 5％的颗粒剂。

6. 参考文献

[1] 洪琳，宣光荣. 相转移催化合成二硫代磷酸酯类化合物 [J]. 农药，1984（1）：14-15.

2.17　乙酰甲胺磷

乙酰甲胺磷（Acephate）化学名称为 O，S-二甲基-N-乙酰基硫代磷酰胺（O，S-Dimethyl-N-acetylphosphoramidothioate）。分子式 $C_4H_{10}NO_3PS$，相对分子质量 183.2，结构式：

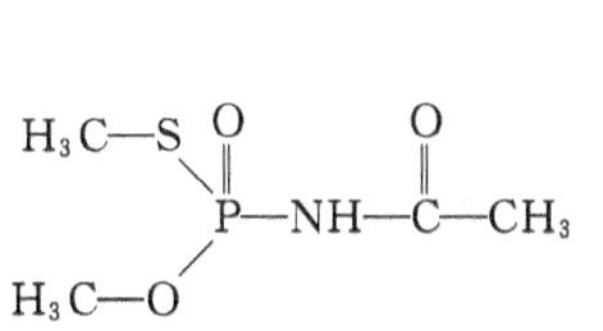

1. 产品性能

纯品为白色针状结晶，熔点 90.5～91.0 ℃。24 ℃ 时蒸气压为 2 2×10⁻⁴ Pa。相对密度（d_4^{20}）1.35。工业品纯度 80％～90％，白色固体。熔点 82～89 ℃，室温下溶解度：水≈65％，芳烃＜5％，丙醇和乙醇＞10％。化学性质比较稳定，在碱性介质中不稳定。对人畜毒性较低。

2. 生产方法

用 O,O-二甲基硫代磷酰氯的氨解产物 O,O-二甲基硫代磷酰胺为原料，经乙酰化后异构化得到乙酰甲胺磷。

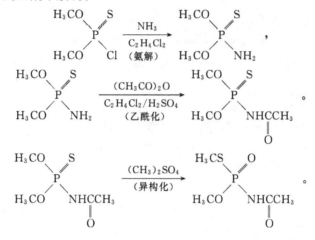

3. 工艺流程

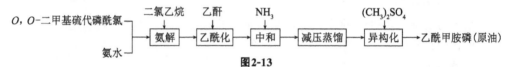

图2-13

4. 生产配方（kg/t）

三氯化磷（98%）	1660
硫黄（98%）	315
甲醇（98%）	1953
乙酸（98%）	295
氢氧化钠溶液（30%）	3220
乙酐	490
硫酸二甲酯（98%）	120
硫化铵（工业品）	2200
氨水（18%）	2450
二氯乙烷（98%）	250

注：该配方为50%的原油的生产配方。

5. 生产设备

氨解反应釜	乙酰化反应釜
异构化反应釜	高位计量槽
分离器	减压蒸馏釜

6. 生产工艺

（1）氨解

将 O,O-二甲基硫代磷酰氯与相应比例的二氯乙烷分别从高位计量槽加入氨解

— 102 —

釜中，开启搅拌冷冻盐水。当釜内温度降至 15 ℃ 时，由氨水高位计量槽缓慢滴加氨水于釜中，釜中温度控制在 35～40 ℃，保持 35～40 min。滴加氨水完毕后，调节冷冻盐水，使釜内温度降至 20～23 ℃，保持温度搅拌 30～35 min，然后加入适量水，搅拌 2～3 min 后，停止搅拌，将物料抽至氨解分离器静置分层，30 min 后，将有机相放至接受槽计量。该有机相即为带溶剂的胺化物（O,O-二甲基硫代磷酰胺）。

（2）乙酰化

将带溶剂的胺化物由高位计量槽放入酰化釜中，开启搅拌，再由乙酐高位计量槽加乙酐于酰化釜中，再开启冷冻盐水，使釜中温度降至 10 ℃ 时，将浓硫酸从高位计量槽缓慢滴进反应釜中。滴加完硫酸后，开启空压，将夹套中的冷冻盐水排出，用蒸汽缓慢加热，使釜中温度升至 55～60 ℃，保持 50 min，反应完毕。再将釜内温度降至 10 ℃，由氨水高位槽滴加氨水，以中和反应生成的乙酸，中和 pH 至 7～8。在中和过程中，温度应控制在 30 ℃ 以下。中和完后，将物料抽至分离器中静置分层，分出下层有机相置粗酰化物贮槽，再抽进蒸馏釜中进行减压蒸馏脱溶（真空度 650×133.3 Pa、70 ℃、15～20 min），即得酰化物（O,O-二甲基-N-乙酰基硫代磷酰胺）。

（3）异构化

将 O,O-二甲基-N-乙酰基硫代磷酰胺从高位计量槽放入异构化反应釜中，开启搅拌。随后由硫酸二甲酯高位计量槽按比例将硫酸二甲酯加入异构化反应釜中，缓慢升温至 65～70 ℃，保持该温度反应 2 h。反应完毕，出料得到乙酰甲胺磷原油。

7. 产品标准

外观	白色固体
含量	≥80%
熔点/℃	82～89

8. 含量测定

可采用薄层层析-溴化法或气相色谱法。这里介绍薄层层析-溴化法。

取 12 g 硅胶 G 用水调和涂板，风干后在 130 ℃ 下活化 40 min，贮于干燥器中备用。

称取约 0.5 g 原药样品（准至 0.000 2 g）置于 10 mL 容量瓶中，用甲醇溶解并稀释至刻度，摇匀。取一块已活化好的硅胶薄层板，用 0.5 mL 移液管吸取 0.5 mL 样品液，在离薄层板底边 2.5 cm 处成直线状点样（线两端离两边各 1.5 cm），风干脱去溶剂后，置于盛有薄层展开剂的层析缸中展开（薄层板浸入溶剂约 1 cm）。当溶剂前沿上升到距点样线约 13 cm 时，把板取出，放入通风柜中，在红外灯下不超过 40 ℃ 干燥 20 min（使溶剂挥发），喷 0.5% 的氯化钯显色（不能喷得太深），用刮刀将乙酰甲磷谱带的硅胶刮入一只 500 mL 碘量瓶中，用少量水冲瓶壁，加 80 mL 水、15 mL KBr-KBrO₃ 溶液（40 g KBr＋4.2 g KBrO₃ 溶于 1000 mL 水中）、10 mL 硫酸溶液，塞紧瓶盖，摇匀，并用少量水封口，于 40 ℃ 恒温水浴 20 min，再置冰浴 5 min。取出后，加入 10 mL 30% 的 KI 溶液，摇匀，放置 2～3 min，用硫代硫酸钠标准溶液滴定至淡黄色。加入 0.5% 的淀粉指示液 3 mL，继续滴至蓝色消失，即为

终点。并在同样条件下做空白试验。w（乙酰甲胺磷）按下式

$$w(\text{乙酰甲胺磷})=\frac{(V_1-V_2)c\times 0.0305\times 20}{m}\times 100\%$$

式中，V_1为空白试验消耗硫代硫酸钠标准溶液体积，mL；V_2为滴定样品消耗硫代硫酸钠标准溶液体积，mL；c 为硫代硫酸钠标准溶液浓度，mol/L；m 为样品质量，g。

9. 产品用途

杀虫剂，具有触杀和内吸作用。治虫广谱，对刺吸口器和嘴嚼口器的害虫有效。主要用于防治水稻飞虱、叶蝉、蓟马、纵卷叶虫、小菜蛾、菜青虫、菜蚜、柑橘锈壁虱、橘蚜、黑蝽象、绿蝽象、麦蚜、黏虫等。一般使用质量分数（有效成分）0.05%～0.10%，每亩用药量5%的颗粒剂2～4 kg。

10. 安全与贮运

①生产过程中使用多种高毒、高腐蚀性物质，如硫酸二甲酯、三氯化磷等，因此，生产设备必须密封，以防泄漏；操作人员应穿戴防护用具；车间应保持良好的通风状态。

②毒性：工业品急性口服 LD_{50}，雄大白鼠 945 mg/kg。

③按有毒化学品贮运。

11. 参考文献

[1] 陈弘祥，纪传武，陆国平. 杀虫剂乙酰甲胺磷工艺改进研究 [J]. 精细化工中间体，2017，47 (2)：35-36.
[2] 汪伟. 乙酰甲胺磷分离工艺优化 [D]. 湘潭：湘潭大学，2016.
[3] 何红东. 甲胺磷醋酐法生产乙酰甲胺磷的工艺研究 [J]. 四川化工与腐蚀控制，1992 (2)：26.

2.18 丙烯氯菊酯

丙烯氯菊酯（Allepermethrin）化学名称为3-(2，2-二氯乙烯基) 2，2-二甲基环丙烷羧酸-2-甲基-4-氧-3-(2-丙烯基)-2-环戊烯-1-基酯。分子式 $C_{17}H_{20}Cl_2O_3$，相对分子质量342.90，结构式：

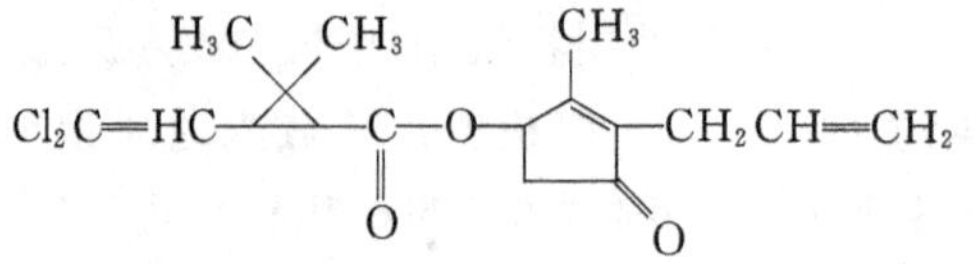

1. 产品性能

丙烯菊酯中2个甲基被2个氯原子所取代，其杀虫活性与丙烯菊酯类似。

2. 生产方法

3，3-二甲基-4-戊烯酸乙酯在引发剂存在下与四氯化碳加成，然后在强碱下脱去两分子氯化氢得二氯菊酸，二氯菊酸用亚硫酰氯进行酰氯化得到二氯菊酰氯，得到的二氯菊酰氯与 2-甲基-4-氧-3-(2-丙烯基)-2 环戊烯-1-醇进行酯化得到丙烯氯菊酯。

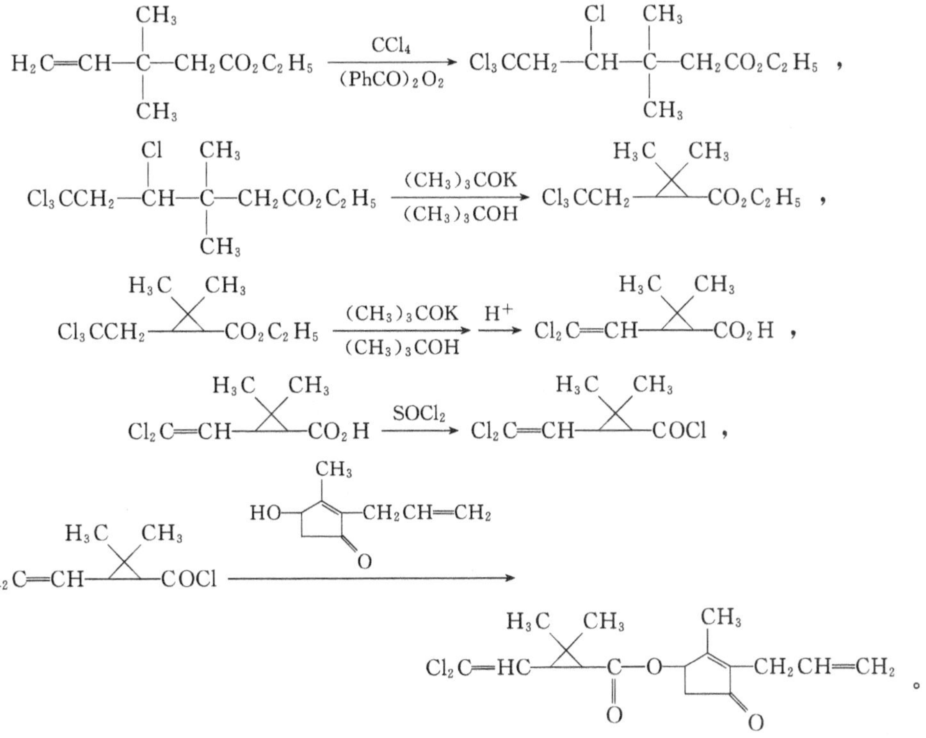

3. 工艺流程

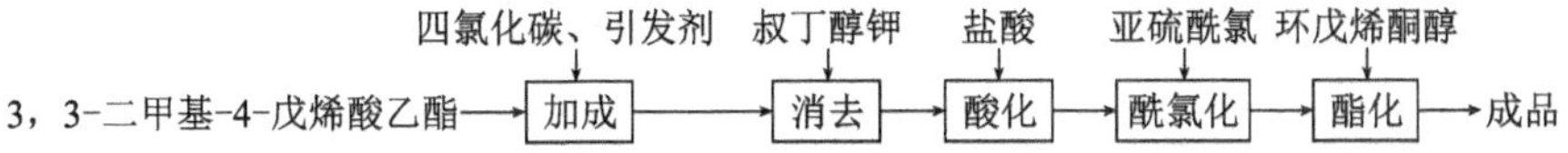

图2-14

4. 生产工艺

在过氧化苯甲酰引发剂存在下，3，3-二甲基-4-戊酸乙酯与四氯化碳发生加成，生成 3，3-二甲基-4，6，6，6-四氯己酸乙酯。然后 3，3-二甲基-4，6，6，6-四氯己酸乙酯与叔丁醇钾/叔丁醇作用脱去 1 分子氯化氢，生成 2，2-二甲基-3-(2，2，2-三氯乙基) 环丙烷羧酸乙酯，进一步与叔丁醇钾/叔丁醇作用再脱去 1 分子氯化氢，消去物料酸化得 2，2-二甲基-3-(2，2-二氯乙烯基) 环丙烷羧酸（简称二氯菊酸）。

在装有温度计、冷凝器和搅拌器的三口反应瓶中投入 144 g 二氯菊酸，于搅拌下滴加 92 g 氯化亚砜、200 mL 甲苯、升温反应 4 h，在干燥装置上于 130～133 ℃、5×133.3 Pa 蒸出二氯菊酰氯 160 g，产率 96%。

在装有搅拌器、温度计、球形冷凝管和滴液漏斗的四口烧瓶中加入 18.3 g 2-甲基-4-氧-3-(2-丙烯基)-2-环戊烯醇、80 mL 甲苯、12.6 g 吡啶，将 25.4 g 二氯菊酰氯溶于 40 mL 甲苯中，在 12~18 ℃ 条件下 0.5 h 内滴加完毕，升温至 42~44 ℃，反应 5 h，冷却至室温，加入少量水使生成的盐溶解，在分液漏斗中除去水相，用 5％的盐酸洗 1~2 次，再用水洗至中性。无水硫酸钠干燥过夜，水泵减压抽去甲苯，再用油泵减压蒸出产品，收集 194~196 ℃、2×133.3 Pa 淡黄色液体，室温静置数天后成固体结晶，得丙烯氯菊酯，收率 86％。

5. 产品用途

丙烯氯菊酯对多种卫生害虫有熏杀、触杀和驱避作用，主要用于防除蚊、蝇等。

6. 参考文献

[1] 郑剑，张应阔，钱万红，等. 丙烯氯菊酯的合成及其杀虫效果 [J]. 农药，1997 (1)：13-14.

2.19　氯辛硫磷

氯辛硫磷（Chlorphoxim），化学名称 O,O-二乙基-O'-(2-氯苯乙腈肟) 硫代磷酸酯；N-(二乙氧基硫代膦酰氧基)-2-氯苯甲亚氨基腈。分子式（$C_{12}H_{14}ClN_2O_3PS$），相对分子质量 332.75，结构式：

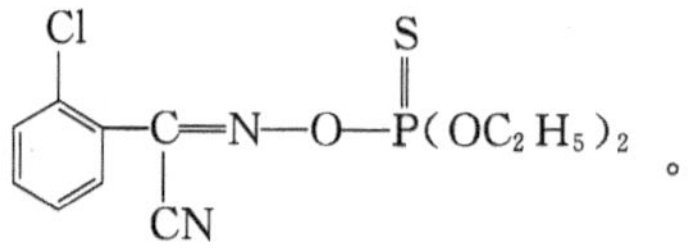

1. 产品性能

白色结晶，熔点 65.5~66.5 ℃。在中性介质和酸性介质中稳定，在碱性介质中易分解。毒性低于辛硫磷，是广谱性有机磷杀虫剂。

2. 生产方法

邻氯甲苯与亚硫酰氯氯化，再与氰化钾反应得邻氯苯乙腈，然后在乙醇钠存在下与亚硝酸正丁酯作用得邻氯苯乙腈肟钠，最后邻氯苯乙腈肟钠与 O,O-二乙基硫代磷酰氯缩合得氯辛硫磷。

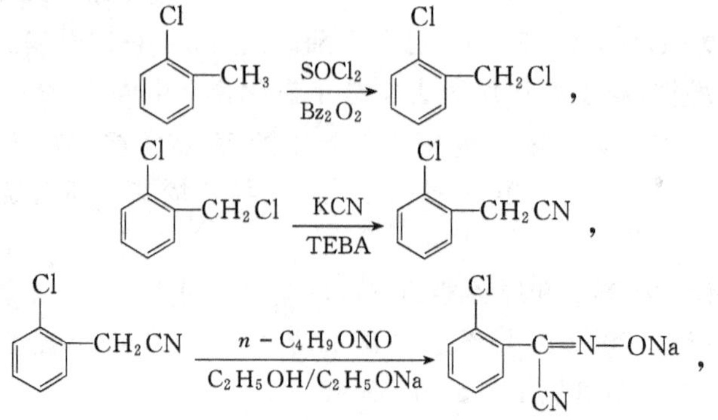

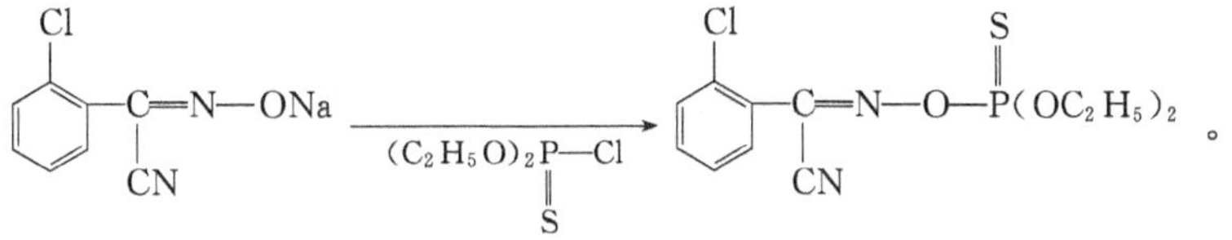

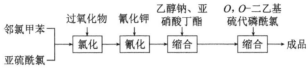

3. 工艺流程

邻氯甲苯 亚硫酰氯 → 氯化（过氧化物） → 氰化（氰化钾） → 缩合（乙醇钠、亚硝酸丁酯） → 缩合（O,O-二乙基硫代磷酰氯） → 成品

图2-15

4. 生产工艺

（1）氰化

将 160.5 g 邻氯苄氯、89.1 g 氰化钾、9.9 g 氯化三乙基苄基铵和 140 mL 水投入反应瓶，加热至 90 ℃ 搅拌反应 5～8 h。冷却，分去水层，用水洗涤有机层数次。加入无水 Na₂SO₄ 干燥。过滤，减压蒸馏，收集沸点 126～128 ℃、12×0.133 kPa 馏分 135～143 g，得邻氯苯乙腈。

（2）缩合

将 12 g 金属钠分批加入 250 mL 无水乙醇中，搅拌反应至钠完全消失。冰浴下加入 75.8 g 邻氯苯乙腈，滴加新制备的 55.6 g 亚硝酸正丁酯。加毕，室温搅拌反应 3 h。抽滤，以乙醚洗涤滤饼 3 次。干燥，得黄色粉末状固体，即邻氯苯乙腈肟钠 56.3 g，产率 55.6%，熔点 267～269 ℃。

取少量邻氯苯乙腈肟钠溶于水，过滤，滤液以稀 H₂SO₄ 酸化收集沉淀物，以苯洗涤数次。干燥，得浅黄色结晶即邻氯苯乙腈肟，熔点 125～126 ℃。

（3）缩合

将 50.5 g 邻氯苯乙腈肟钠悬浮于 500 mL 丙酮中，边搅拌边滴加氯化硫代磷酸二乙酯 47.0 g。滴毕，室温搅拌反应 2～3 h。蒸去丙酮，残留物加水约 500 mL，搅拌片刻，析出白色结晶。抽滤，以水洗涤滤饼 3 次。干燥，得白色结晶 79.5 g，产率 96.0%。取出少量上述产品，以苯-石油醚（30～60 ℃）混合溶剂里结晶，得白色结晶氯辛硫磷，熔点 65.5～66.5 ℃。

5. 产品用途

氯辛硫磷是广谱有机磷杀虫剂，具有触杀和胃毒作用，持效期较辛硫磷长。对各种鳞翅目幼虫和马铃薯甲虫有显著效果，对蚜虫、飞虱、叶蝉、蚧类、红蜘蛛等也有效，可用于防治仓储、土壤、卫生（蚊、蝇等）害虫，以及对辛硫磷产生抗性的害虫。

6. 参考文献

[1] 王浦海，徐军，印卫东，等. 杀虫剂氯辛硫磷的合成 [J]. 农药，1998 (6)：16-17.

2.20 酚线磷

酚线磷 (Dichlofenthion) 又称除线磷；氯线磷；O-2，4-二氯苯基-O，O'-二乙基硫代膦酸酯 (O-2，4-dichlorophenyl-O，O'-diethyl phosphorothioate)；O-(2，4-二氯苯基) 硫代磷酸二乙酯。国外相应的商品名有 Dichlofention；ECP；ENT-17470；Hexanema；VC-B Nemacide；Bromex；Mobilawn；Nemacide；OVS-13；Tfi-VC-13；VC-13 Nemacide。分子式 $C_{10}H_{13}Cl_2O_3PS$，相对分子质量 315.17，结构式：

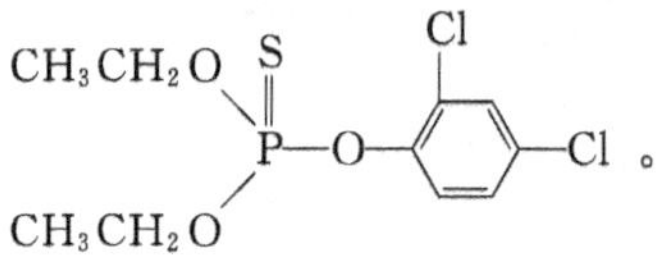

$$CH_3CH_2O \underset{CH_3CH_2O}{\overset{S}{\underset{|}{P}}} - O - \text{(2,4-二氯苯基)} 。$$

1. 产品性能

无色液体，有异臭。沸点：108 ℃ (1.33 Pa)，120～123 ℃ (26.6 Pa)。相对密度 (d_4^{20}) 1.313。折射率 (n_D^{25}) 1.5318。易溶于多数有机溶剂，25 ℃ 下水中溶解 0.245 mg/L。

2. 生产方法

在碱性条件下，由 O，O'-二乙基硫代磷酰氯与 2，4-二氯苯酚酯化得成品。

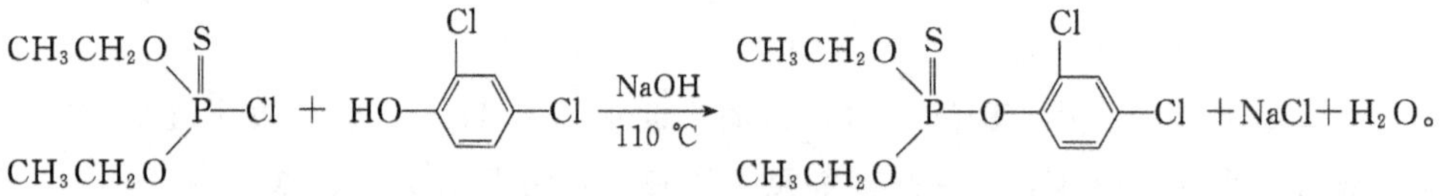

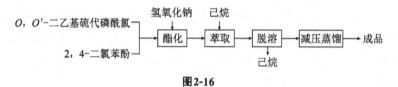

3. 工艺流程

O，O'-二乙基硫代磷酰氯，2，4-二氯苯酚 → 酯化（氢氧化钠）→ 萃取（己烷）→ 脱溶（己烷）→ 减压蒸馏 → 成品

图2-16

4. 生产配方 (质量，份)

2，4-二氯苯酚	420.0
O，O'-二乙基硫代磷酰氯	461.5
氢氧化钠 (98%)	118.5

5. 生产设备

酯化反应罐	萃取锅
贮槽	减压蒸馏釜

6. 生产工艺

在酯化反应罐中，加入 461.5 份 O，O'-二乙基硫代磷酰氯、420 份 2，4-二氯苯酚，启动搅拌，加热溶解。于 50 ℃加入 206 份 50%的烧碱，升温至 110 ℃，搅拌反应 2 h。反应完毕，将物料缓慢滴入已盛有 62 份 25%的烧碱、549 份水和 1205 份己烷混合液的萃取锅中，搅拌后静置分层，分出有机层（己烷层），蒸馏回收己烷，然后减压蒸馏，收集 93～100 ℃、5×133.3 Pa 馏分，得酚线磷原油（工业品）。

7. 实验室制法

在三口反应瓶中，加入 46.2 g O，O'-二乙基硫代磷酰氯、42 g 2，4-二氯苯酚，搅拌下加热溶解，于 50 ℃加入 21 g 50%的烧碱，加热至 110 ℃搅拌反应 2 h。然后将反应物滴加至 6.5 g 25%的烧碱、55 mL 水和 120 g 己烷的混合液中，静置分层，分出己烷层，蒸馏回收己烷，减压蒸馏收集 116～124 ℃、28 Pa 馏分，得酚线磷。

8. 产品标准

外观	无色液体
纯度	95%～98%
折射率（n_D^{25}）	1.530～1.533
相对密度（d_4^{20}）	1.30～1.32

9. 产品用途

接触性杀线虫剂和土壤杀虫剂。可防治不结囊的线虫和地下害虫，药效可达 1～2 年，但由于无内吸作用，对已蛀根内的线虫无效。对防治葱蝇、种蝇和黄条跳甲也有效，每亩沟施 2～6 kg 3%的粉剂，最好拌土后播施。

10. 安全与贮运

①原料 O，O'-二乙基硫代磷酰氯有毒（具有有机磷农药的毒性），对眼、黏膜及皮肤有刺激性；原料 2，4-二氯苯酚有毒，生产设备应密闭，防止冒漏，车间内加强通风，操作人员应穿戴防护用具。

②本产品为有机磷剧毒农药。毒性：大白鼠急性口服 LD_{50} 250 mg/kg，人口服致死最低量 50 mg/kg。发现急性中毒应立即组织抢救。

③产品采用陶瓷或搪瓷容器密封包装，贮存于阴凉、通风、干燥处，按有机磷剧毒农药规定贮运。

11. 参考文献

[1] 汤崇铭，李康龄，王守良. O，O-二乙基硫代磷酰氯及 O，O-二甲基硫代磷酰氯新合成工艺的研究 [J]. 云南师范大学学报（自然科学版），1993，13（4）：55-57.

[2] 刈谷昭范奈部川修吉，原义房，田口纯二. 有机二硫代磷酸酯制备方法及其含该

二硫代磷酸酯的杀虫剂：86106243. [P]. 1987-03-04.

2.21　甲基毒死蜱

甲基毒死蜱（Chlorpyrifos-methyl）又称毒死蜱甲酯，甲基氯蜱硫磷。化学名称硫代磷酸 O，O-二甲基-O-（3，5，6-三氯-2-吡啶基）酯；O，O-二甲基-O-（3，5，6-三氯-2-吡啶基）硫代磷酸酯；O，O-二甲基-O-3，5，6-三氯-2-吡啶基硫代磷酸酯 [O，O-Dimethyl-O-（3，5，6-trichloro-2-pyridyl）phosphorothioate；Dimethyl-O-（3，5，6-trichloro-2-pyridyl）phosophorothioate]。分子式 $C_7H_7Cl_3NO_3PS$，相对分子质量 322.5，结构式：

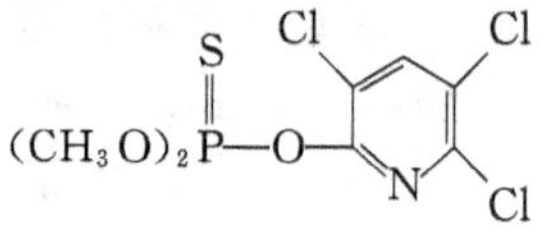

1. 产品性能

纯品为白色晶体，具轻微的硫醇味。熔点 45.5～46.5 ℃，25 ℃ 时蒸气压为5.62 MPa。溶于丙酮、氯仿、甲醇等有机溶剂，25 ℃ 时在水中溶解度 4 mg/L。在中性介质中相对稳定，但在 pH 4～6 和 pH 8～10 介质中容易水解，碱性条件下，水解速度较快。雄大鼠口服毒性 LD_{50} 为 941～2990 mg/kg。

2. 实验室制法

将 28 g 五氯吡啶、159.2 g 乙腈加入三口反应瓶中，搅拌，并加热回流，至五氯吡啶全部溶解后，加入 9.6 g 锌粉。再将氯化铵溶液（由 15 g 氯化铵与 40 mL 水配成）缓慢滴入，反应一定时间后，补加稀盐酸，于 77～78 ℃ 下蒸馏制得四氯吡啶。将 10.85 g 四氯吡啶、434 g 水、64 g 氢氧化钾混合，加热至 95～100 ℃，搅拌反应，趁热过滤，滤液温度控制在 85 ℃，向溶液中加入浓硫酸，pH 至 3.5。然后冷却至50 ℃，过滤，用热水洗涤滤饼，烘干，得 3，5，6-三氯-2-羟基吡啶。

将 3，5，6-三氯-2-羟基吡啶加至氢氧化钠水溶液中，加热使其完全溶解。降温后，在相转移催化剂苄基三乙基氯化铵的存在下，于室温搅拌下，向物料内缓慢滴加 O，O-二甲基硫化磷酰氯。滴加完毕，升温回流 1.5 h，冷却至室温，静置分层。将分出的有机层经水洗，减压脱溶，即制得甲基毒死蜱。

3. 生产方法

吡啶在催化剂存在下与氯气发生氯化得五氯吡啶，然后用锌粉脱氯得四氯吡啶，四氯吡啶水解得三氯羟基吡啶。然后与 O，O-二甲基硫化磷酰氯缩合得到甲基毒死蜱。

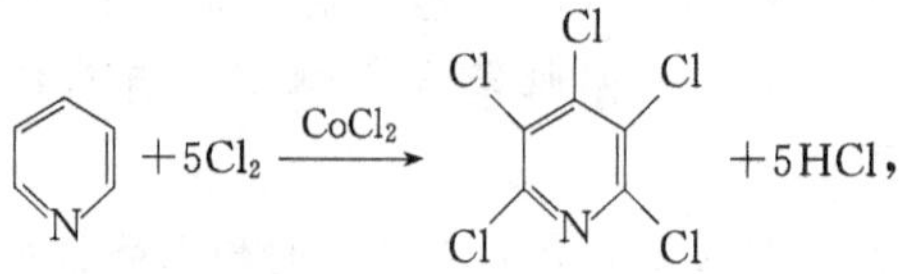

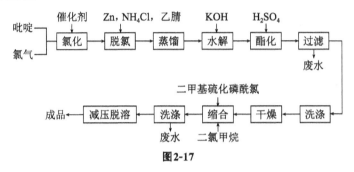

4. 工艺流程

图2-17

5. 生产配方（kg/t）

吡啶（工业品）	600
液氯	2960
O,O-二甲基硫代磷酰氯	800

6. 生产设备

镍制氯化反应管	脱氯反应罐
水解釜	蒸馏釜
过滤器	干燥箱
缩合反应釜	洗涤锅
减压蒸馏釜	贮槽

7. 生产工艺

在钴-炭催化剂存在下，将气化的吡啶、氯气和氮气充分混合，送入镍制管式反应器中，于330℃下进行氯化反应，制得五氯吡啶。在脱氯反应罐中，加入40份溶剂乙腈和7份五氯吡啶，搅拌加热回流。待五氯吡啶溶解完全后，加入1.92份锌粉，并将由3份NH_4Cl和8份水配制的氯化铵溶液于78℃缓慢加入其中。反应3h后，补加稀盐酸，蒸馏得四氯吡啶。

将43.4份四氯吡啶、25.6份KOH和173.6份水加至水解釜中，加热，于95～

100 ℃ 反应 18 h，趁热过滤，滤液用浓硫酸酸化 pH 至 3.5，然后冷却至 50 ℃ 过滤，热水洗涤后干燥，得 2-羟基-3，5，6-三氯吡啶。得到的 2-羟基-3，5，6-三氯吡啶溶解于氢氧化钠水溶液中，降温，在相转移催化剂苄基三乙基氯化铵存在下，于 42 ℃ 下，搅拌加入 O，O-二甲基硫代磷酰氯。加毕，升温回流 1.5 h。冷至室温，静置分层，将有机层水洗后，减压脱溶，得甲基毒死蜱。

8. 产品标准

外观	白色晶体
熔点/ ℃	43～46

9. 产品用途

甲基毒死蜱具有广谱的杀虫活性。它可通过触杀、胃毒和熏蒸作用有效地杀灭害虫，无内吸性。用于防治贮藏谷物上的害虫和各种叶类作物上的害虫，也用于防治蚊虫、蝇类、水生幼虫。

10. 安全与贮运

①生产过程中使用氯气等有毒或腐蚀性物品，设备必须密闭，操作人员应穿戴防护用具，车间内应保持良好的通风状态。

②农药包装必须符合 GB 3796—2006《农药包装通则》要求。

③允许残留量：大米 0.01 mg/kg；蔬菜、甜菜 0.03 mg/kg。残留量测定采用气液色谱法。

11. 参考文献

[1] 王同涛. 水溶剂法合成甲基毒死蜱 [J]. 化工中间体，2009，5 (6)：47-49.

[2] 仵兆武. 甲基毒死蜱的开发研究 [J]. 广东化工，2006 (3)：18-20.

[3] 秦琪. 甲基毒死蜱合成工艺的比较与制备 [J]. 宁波化工，1998 (1)：17-19.

2.22　异丙威

异丙威（Isoprocarb）又称灭扑威、叶蝉散，化学名称甲氨基甲酸（邻异丙基苯基）酯。分子式 $C_{11}H_{15}NO_2$，相对分子质量 193.12，结构式：

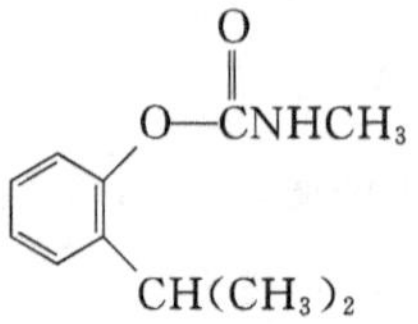

1. 产品性能

白色结晶，蒸气压 133.3 MPa（25 ℃），熔点 96～97 ℃，沸点 128～129 ℃（20×133.3 Pa）。易溶于丙酮，溶于甲醇、乙醇、二甲基亚砜、乙酸乙酯，微溶于芳香族类溶剂，不溶于卤代烃溶剂和水。在碱性条件下易分解。

2. 生产方法

（1）氯甲酸酯法

光气在低温下与邻异丙基苯酚反应，制得氯甲酸邻异丙基苯酯。制得的氯甲酸邻异丙基苯酯再与甲胺水溶液在低温下反应，得异丙威。

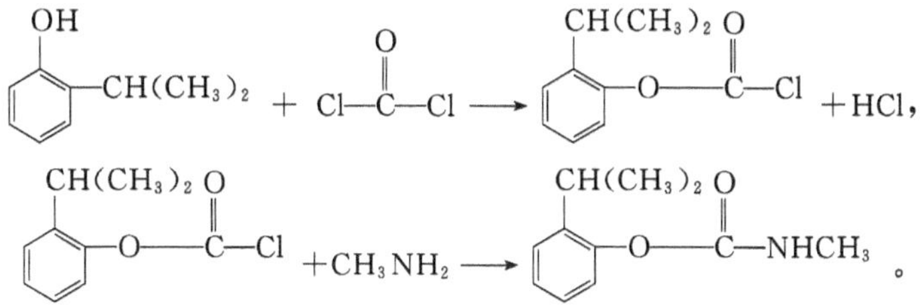

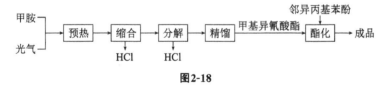

（2）甲基异氰酸酯法

先由甲胺与光气气相反应得到甲氨甲酰氯，然后甲氨甲酰氯在溶剂四氯化碳中热分解、脱氯化氢生成甲基异氰酸酯，然后甲基异氰酸酯与邻异丙基苯酚反应生成异丙威。

$$CH_3NH_2 \xrightarrow{COCl_2} CH_3NHCOCl \xrightarrow[CCl_4]{-HCl} CH_3NCO,$$

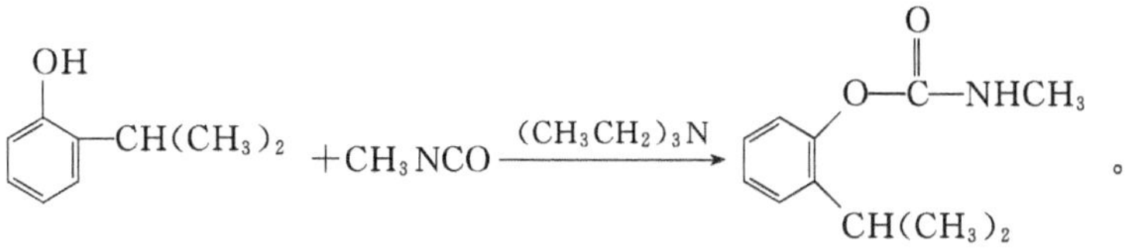

这里介绍甲基异氰酸酯法的工艺流程和生产配方。

3. 工艺流程

甲胺 光气 → 预热 → 缩合 → 分解 → 精馏 →甲基异氰酸酯→ 酯化 → 成品

（缩合 ↓HCl）（分解 ↓HCl）（酯化 ↑邻异丙基苯酚）

图2-18

4. 生产配方（kg/t）

甲胺（40%）	420
光气	532
邻异丙基苯酚	730

5. 生产设备

气相合成管	反应釜
蒸发釜	精馏塔
搪玻璃反应釜	高位贮槽
结片机	

6. 生产工艺

①将甲胺与光气按 n（甲胺）：n（光气）＝1：1.3 的比例配合。甲胺预热至 240 ℃，光气预热至 150 ℃，混合后进入酰氯合成管。合成产物进入酰氯釜与釜内四氯化碳形成 15％～20％ 的溶液。加热，使四氯化碳-甲氨甲酰氯溶液保持沸腾，蒸出含异氰酸酯、氯化氢、四氯化碳的蒸气，进入酰氯冷凝器。冷凝液进入中间釜加热蒸出混合物再经冷凝脱去一部分氯化氢。冷凝液再次蒸发脱除氯化氢后进入粗酯精馏塔，蒸馏得到异氰酸酯粗品。粗品再经脱除光气，精馏得到精甲基异氰酸酯产品，含量一般在 99％ 以上。

②将邻异丙基苯酚加入搪玻璃反应釜，再加入三乙胺，搅拌后在常温下滴加甲基异氰酸酯，在 1 h 内加完，反应自动升温。加完后，稍加热使温度达到 100 ℃，保温反应 0.5 h。反应结束后，放入结片机，结片后即得产品。平均含量 98.5％。

7. 质量标准

指标名称	优级品	一级品	合格品
外观（原药）	白色或微白色片状固体		
含量	≥98％	≥95％	≥90％
游离酚	≤0.5％	≤0.5％	≤1.0％
水分	≤0.1％	≤0.5％	≤1.0％

8. 质量检验

按 GB 9560—1988 标准进行。

（1）含量测定

可采用薄层定胺法（仲裁法）或气相色谱法。

（2）游离酚含量测定

邻异丙基苯酚在酸性条件下与亚硝酸钠进行反应，生成亚硝基邻异丙基苯酚，将生成的亚硝基邻异丙基苯酚加入甲胺乙醇溶液后形成黄色醌型化合物，于波长 410 nm 处有最大吸收。

$$w（游离酚）＝\frac{c \times E_1}{m \times E_2} \times 100$$

式中，c 为标准品酚的质量，mg；m 为样品的质量，mg；E_1 为样品测得的消光值减去空白后的消光值；E_2 为标准品酚测得的消光值减去空白后的消光值。

（3）水分测定

按 GB/T 1600—2001《农药水分测定方法》中卡尔·费休法进行。

9. 产品用途

本品具触杀作用，速效性强，但残效不长。主要用于防治水稻叶蝉和飞虱。使用粉剂时，一般每公顷用 2％ 的粉剂 30 kg。也可用于防治果树和其他作物的蚜虫、跳甲、盲蝽、马铃薯甲虫或用于畜舍防治厩蝇。不宜与敌稗同时使用，也不宜与碱性农药混施。

10. 安全与贮运

①生产中使用的光气有强刺激性气味，剧毒。甲胺和邻异丙基苯酚有毒。生产设备必须密闭，操作人员应穿戴防护用具，车间保持良好的通风状态。

②有毒农药，大白鼠急性口服 LD_{50} 为 $403\sim485$ mg/kg，鲤鱼 TL_m （48 h）为 4.2 mg/kg，对蜜蜂有害。

③按 GB 190 要求包装，应有明显"有毒"标志，贮于阴凉通风处，不得与碱性物质，以及食物、种子、饲料混放、混装。

11. 参考文献

[1] 宋智蒲，申建新. 异丙威乳油和乳化剂的研究 [J]. 精细化工中间体，2002 (2)：29-30.

2.23　戊氰威

戊氰威（Cyanotril）化学名称 4，4-二甲基-5-（甲氨基甲酰氧基亚氨基）戊氰。一般产品为氯化锌的络合物形成。分子式为 $C_9H_{15}N_3O_2\cdot ZnCl_2$，相对分子质量 333.53，结构式：

1. 产品性能

戊氰威氯化锌络合物为白色结晶，熔点为 $122\sim124$ ℃。雄性大鼠毒性急性口服（LD_{50}）9 mg/kg，是一种不易产生抗性的优良杀虫剂。

2. 生产方法

异丁醛与丙烯腈发生 Michael 加成，然后加成产物与羟胺缩合生成醛肟，醛肟与甲氨基甲酰氯缩合生成戊氰威，戊氰威与氯化锌络合得产品。

$(CH_3)_2CHCHO + HC\!=\!CHCN \longrightarrow NCCH_2CH_2C(CH_3)_2CHO$，

$NCCH_2CH_2C(CH_3)_2CHO + NH_2OH\cdot HCl \longrightarrow NCCH_2CH_2C(CH_3)_2CH\!=\!NOH$，

$NCCH_2CH_2C(CH_3)_2CH\!=\!NOH + CH_3NHCOCl \longrightarrow NCCH_2CH_2C(CH_3)_2CH\!=\!N\!-\!O\!-\!CONHCH_3$，

$NCCH_2CH_2C(CH_3)_2CH\!=\!N\!-\!O\!-\!CONHCH_3 \xrightarrow{ZnCl_2}$

3. 工艺流程

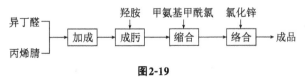

图2-19

— 115 —

4. 生产配方（kg/t）

丙烯腈（100%计）	53.0
异丁醛	72.0
盐酸羟胺	36.3
三乙胺	76.0
甲氨基甲酰氯	42.0
氯化锌	47.1

5. 生产工艺

（1）Michael 加成

在不锈钢高压釜中，加入 144 g 异丁醛、106.7 g 丙烯腈、9.8 g 环己胺、2.4 g 苯甲酸，用氮气赶尽反应釜内的空气，升温至 140 ℃ 反应开始，控制加热速度，使反应温度在 4 h 内从 140 ℃ 升至 170 ℃。反应期间最高釜压为 0.7 MPa；反应结束后，降至室温，取出反应液，减压蒸馏，得淡黄色油状物 2，2-二甲基-4-氰基丁醛 130 g，沸点 142～152 ℃、0.093 MPa，产率≥60%。

（2）成肟

在 500 mL 的三口圆底烧瓶中，在冰水冷却和搅拌下加入 62.5 g 2，2-二甲基-4-氰基丁醛，然后将 34.7 g 盐酸羟胺和 20 g 氢氧化钠的水溶液同时等速滴加进反应瓶中，滴加结束后，继续搅拌 1 h，停止反应，用苯萃取（120 mL×2），合并萃取液，以旋转蒸发器脱去溶剂，得淡黄色固体醛肟 33.4 g，产率 78%。

（3）缩合

在 500 mL 三口圆底烧瓶中加入 68.5 g 2，2-二甲基-4-氰基丁醛肟、76 g 三乙胺、133 mL 氯仿，冰水冷却和搅拌下，滴加 51.5 g 甲氨基甲酰氯，（经常压蒸馏精制，沸点 94～96 ℃，预先溶于 66 mL 氯仿中），滴加完毕后，滤去固体副产物，用旋转蒸发器脱去溶剂，残余物溶于 165 mL 二氯甲烷，依次用稀硝酸（80 mL×2）和去离子水（100 mL×2）洗涤，以无水 Na_2SO_4 充分干燥后，真空脱去溶剂（0.095 MPa，28 ℃）得淡黄色油状戊氰威 83.7 g，产率约 85%。

（4）络合

在圆底烧瓶中，氮气保护和搅拌下，将 78.8 g 戊氰威溶于 120 mL 氯仿，再加入 400 mL 干燥乙醚，搅拌下滴加 54.4 g 氯化锌的乙醚溶液（400 mL 干燥乙醚），继续搅拌 2 h，得乳白色半透明胶状物，放置一夜后，胶状物转化成白色半透明结晶，倾去溶剂，真空干燥，得白色结晶戊氰威二氯化锌络合物 126.8 g，熔点 122～124 ℃，产率 98%。

6. 产品用途

戊氰威能有效防治对有机磷具有抗性的螨类和蚜类害虫，如食性螨、蚜虫、粉虱、蓟马、叶蝉和马铃薯甲虫等。

7. 参考文献

[1] 余立新，徐克花，战旗，等. 杀虫剂戊氰威的特性与合成 [J]. 农药，1998，37（5）：10-12.

2.24 乐果

乐果（Dimethoate）化学式 O，O-二甲基-S-（N-甲基氨基甲酰甲基）二硫代磷酸酯，分子式为 $C_5H_{12}NO_3PS_2$，相对分子质量为 229.12，结构式：

$$\begin{array}{c} CH_3O \quad\ S \\ \diagdown\ \| \\ P \\ \diagup\ \diagdown \\ CH_3O \quad SCH_2CONHCH_3 \end{array}$$

。

1. 产品性能

该品为白色结晶，熔点 $52\sim52.5$ ℃，相对密度 1.277，折光率（n_D^{65}）1.5334。能溶于醇类、醚类、酯类、苯、甲苯等多数有机溶剂，21 ℃ 时在水中的溶解度为 2.5 g/100 mL 水，难溶于石油醚和饱和烃。在酸性溶液性中稳定，在碱性中迅速分解。纯品乐果具有樟脑气味，工业品略带硫醇臭味。

2. 生产配方（kg/t）

五硫化二磷	700
甲醇	450
甲胺（40%）	416

3. 生产方法

由五硫化二磷与甲醇反应得到 O，O-二甲基二硫代磷酸酯，O，O-二甲基二硫代磷酸酯再与氯乙酸甲酯作用得 O，O-二甲基二硫代（乙酸甲酯）磷酸酯，然后所得磷酸酯与甲胺胺解得到乐果。

4. 生产工艺

先将 160 kg 甲醇一次投入锅内，在 35 ℃ 时，把 230 kg 五硫化二磷分批投入反应锅，开始时约每隔 7 min 投 10 kg，投完 100 kg 后，每隔 10 min 投 20 kg，得 O，O-二甲基二硫代磷酸酯。如反应正常可按下述方式操作。

将上述得到的 270 kg O，O-二甲基二硫代磷酸酯及 430 kg 五硫化磷投入反应锅内，在 35 ℃ 时开始滴加甲醇，控制滴加温度为 $40\sim45$ ℃，约 2 h 滴加完 260 kg 甲醇。再于 50～55 ℃ 继续搅拌反应约 2 h。反应生成的硫化氢导入吸收塔内,用液碱吸收。然后冷却至 35 ℃ 出料,即得含量约 76％的 O,O-二甲基二硫代磷酸酯,收率 75％以上(纯品为无色液体,沸点 65 ℃、15×133.32 Pa,相对密度 1.288)。

将上述产品与一氯乙酸甲酯等摩尔进行反应,生成 O,O-二甲基二硫代(乙酸甲酯)磷酸酯,副产物氯化氢气体用碱液吸收。

将 500 kg O,O-二硫代(乙酸甲酯)磷酸酯加入反应锅,冷却至-10 ℃ 左右,缓慢滴加 40％的甲胺溶液。开始的 108 kg 甲胺在 1 h 内滴加,然后搅拌 45 min,再在 45 min 内滴加剩余 100 kg 甲胺。加料结束后,再继续搅拌 75 min。整个加料过程在 0 ℃ 以下进行。加入 600 kg 三氯乙烯和 150 kg 水,并加盐酸中和 pH 至 6～7,加热至 20 ℃,静置分层。从水层回收甲醇和甲胺;油层为乐果三氯乙烯溶液,加 200 L 水洗涤后,静置过滤。乐果三氯乙烯溶液经薄膜蒸发器在 110 ℃、700×133.3 Pa 下脱去溶剂(回收三氯乙烯),所得乐果原油含量 90％以上,加工成纯度 96％以上,即为乐果原粉。美国专利 US 2996531。

5. 产品用途

乐果是高效广谱具有触杀性和内吸性的杀虫杀螨剂。对多种害虫特别是刺吸口器害虫,具有更高毒效。杀虫范围广,能防治蚜虫、红蜘蛛、潜叶蝇、蓟马、果实蝇、叶蜂、飞虱、叶蝉、介壳虫。乐果能潜入植物体内保持药效 1 星期左右。

6. 参考文献

[1] 林晨,李瑞莲,周开霖. 溶剂法催化合成乐果的中间体硫化物 [J]. 化学工程与装备,1991(3):35-37.

[2] 李一卓. 乐果检测方法的研究进展 [J]. 贵州农业科学,2012,40(8):138-140.

2.25 半滴乙酯

半滴乙酯(Acetofenate)又称拍利酯(Plifenate)、三氯杀虫酯、蚊蝇净。化学名称为 2,2,2-三氯-1-(3,4-二氯苯基)乙基乙酸酯 [2,2,2-trichloro-1-(3,4-dichlorophenyl)ethyl acetate],分子式 $C_{10}H_7Cl_5O_2$,相对分子质量 336.4,结构式:

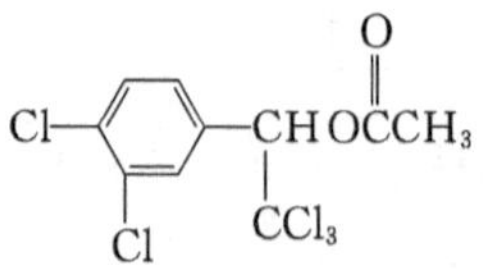

1. 产品性能

纯品是无色结晶固体,熔点 84.5 ℃。20 ℃ 时溶解度(100 g 溶剂):水＞5 mg,环己酮＞60 g,甲苯＞60 g,异丙醇＜10 g。20 ℃ 时蒸气压 $2.0×10^{-4}$ Pa。在中性和弱酸性时较为稳定,碱性时分解。工业品为浅黄色,熔点 76～80 ℃。大白鼠口服毒性:LD_{50} 1000 mg/kg。

2. 生产方法

在无水三氯化铝存在下，邻二氯苯与三氯乙醛反应生成中间产物 $[Cl_2C_6H_5CH(CCl_3)OAlCl_3]\cdot H^+$，然后中间产物与乙酐发生酯化得到半滴乙酯。

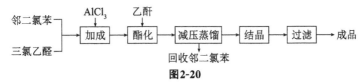

3. 工艺流程

邻二氯苯
三氯乙醛
$\xrightarrow{}$ 加成 $\xrightarrow{}$ 酯化 $\xrightarrow{}$ 减压蒸馏 $\xrightarrow{}$ 结晶 $\xrightarrow{}$ 过滤 $\xrightarrow{}$ 成品

AlCl₃　乙酐

回收邻二氯苯

图2-20

4. 生产配方（kg/t）

邻二氯苯（98%）	980
三氯乙醛（97%）	580
三氯化铝	620
乙醇（95%）	320
乙酐（97%）	370

5. 生产设备

反应釜	减压蒸馏釜
结晶罐	过滤机
贮槽	

6. 生产工艺

将邻二氯苯投入反应釜中（邻二氯苯既是原料又是溶剂），启动搅拌，用−10 ℃盐水降温后加三氯化铝、三氯乙醛，维持 10～20 ℃ 反应 3.5 h。将物料降温至 10 ℃，加入乙酐（或乙酸等），维持 4～8 ℃ 反应 1 h。所得半滴乙酯合成液减压蒸馏。回收的邻二氯苯可套用。蒸余物放入结晶器，加酒精搅匀、冷却，结晶完全后过滤，得产品。滤液可集中回收酒精及邻二氯苯。该反应的配料比为 n（邻二氯苯）∶ n（三氯乙醛）∶ n（三氯化铝）∶ n（乙酐）＝7.00∶1.00∶1.18∶1.00。

7. 产品标准（原粉）

指标名称	优级品	一级品	二级品
含量	95.0%	90.0%	85.0%
酸度（以 HCl 计）	≤0.4%	0.4%	0.5%

8. 产品用途

杀虫剂。主要用于防治家蝇、蚊、衣蛾、地毯甲虫。

9. 安全与贮运

①有机有毒品。生产设备应密闭，操作人员应穿戴防护用品。

②铁桶密封包装，按农药的有关规定贮运，注意防潮。

10. 参考文献

[1] 赵欣昕，邢红. 三氯杀虫酯的气相色谱分析 [J]. 农药，1998（3）：13-14.

[2] 刘善政. 高效低毒杀虫剂：三氯杀虫酯 [J]. 河南科技，1990（5）：20.

[3] 李玉珍. 蚊蝇净胶悬剂生产工艺的改进 [J]. 天津化工，1993（2）：12-14.

2.26 对二氯苯

对二氯苯（p-Dichlorobenzene）又称 1，4-二氯苯（1，4-Dichlorobenzene）。分子式 $C_6H_4Cl_2$，相对分子质量 146.97，结构式：

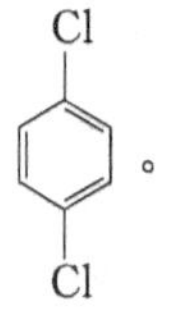

1. 产品性能

纯品为无色结晶，熔点 53.1 ℃，沸点 174 ℃，饱和蒸气压(55 ℃)1333 Pa。相对密度（d_4^{20}）1.248，闪点 65 ℃，25 ℃ 时蒸气压 133.3 Pa。易溶于乙醇，溶于乙醚和苯，25 ℃时水中溶解度 8 mg/100 g 水。化学性质稳定，无腐蚀性。其蒸汽对皮肤、眼睛、气管有刺激作用，空气中最大允许量为 0.0075%。大白鼠急性经口毒性（LD_{50}）500～5000 mg/kg。

2. 生产方法

工业上主要从氯苯生产的副产物中回收，也可由苯定向氯化制得。

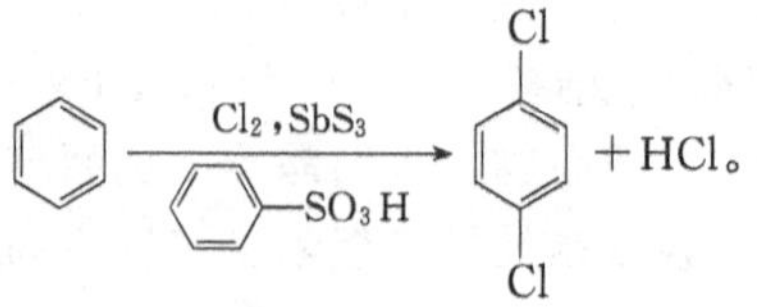

3. 工艺流程

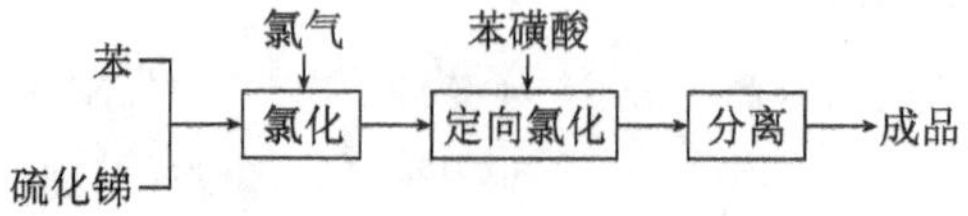

图2-21

— 120 —

4. 生产配方（质量，份）

苯（消耗量）	78.0
硫化锑	0.2
氯气（99%）	142.0

5. 生产工艺

在氯化反应釜中，先加入苯，搅拌下加入苯重 0.1%～0.6% 的硫化锑，于 20 ℃下通氯气氯化 30～40 min。然后加入苯磺酸定向催化剂，再通氯进行氯化，当析出二氯苯晶体时，将物料加热至 50～60 ℃，再缓慢通氯气，直至反应液增重至理论量的 95% 左右为止，经分离得对二氯苯，收率 70%～75%。

6. 产品标准

外观	白色结晶体
含量	≥99%
熔点/℃	52～55

7. 产品用途

农业上用于防治桃透翅蛾，也用于防蛀、防霉剂。在纺织品方面，用于防治织网衣蛾、负袋衣蛾、毛毡衣蛾等。

8. 参考文献

[1] 佘道才，许小亮，吴春江，等. 对二氯苯分步结晶精制技术 [J]. 氯碱工业，2012，48 (10)：32-33.

[2] 丁克鸿，顾克军，顾志强，等. 一种光氯化合成对二氯苯的方法 [J]. 中国氯碱，2010 (5)：24-26.

2.27　西维因

西维因（Carbaryl）又称 N-甲氨基甲酸-1-萘酯（1-Naphthyl-N-methylcarbamate）、1-萘基-N-甲基氨基甲酸酯、甲萘威、胺甲萘。分子式 $C_{12}H_{11}NO_2$，相对分子质量 201.22，结构式：

O—CONHCH₃

。

1. 产品性能

纯品为白色结晶固体，熔点 142 ℃。相对密度（d_4^{20}）1.232。30 ℃下溶于水 120 mg/L，易溶于极性有机溶剂丙酮、环己酮、二甲基甲酰胺等。对热（70 ℃以内）、光和酸稳定。在 pH＞10 的碱液中易分解为甲萘酚。对人畜毒性低。

2. 生产方法

(1) 氯甲酸甲萘酯法（冷法）

1-萘酚与光气反应生成氯甲酸甲萘酯，氯甲酸甲萘酯再与甲胺反应得西维因。

OH
COCl₂
NaOH/甲苯
O—C—Cl
CH₃NH₂
NaOH
O—C—NHCH₃

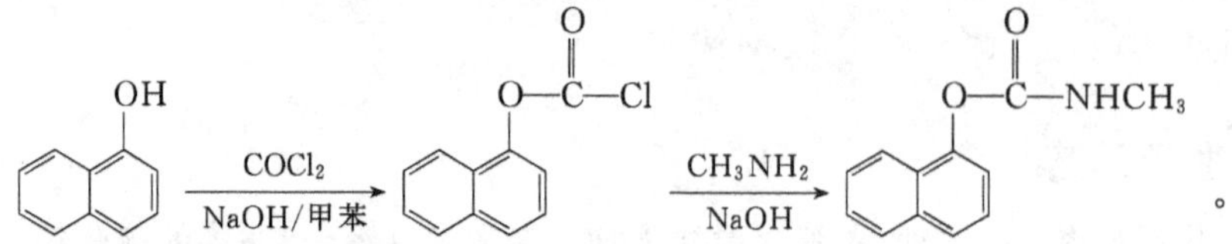

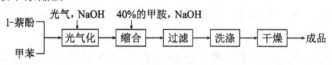

(2) 甲氨基甲酰氯法（热法）

甲胺与光气反应生成甲氨基甲酰氯，甲氨基甲酰氯再与1-萘酚反应制得西维因。

CH₃NH₂
COCl₂
CH₃NHC—Cl
OH
NaOH/甲苯
O—C—NHCH₃

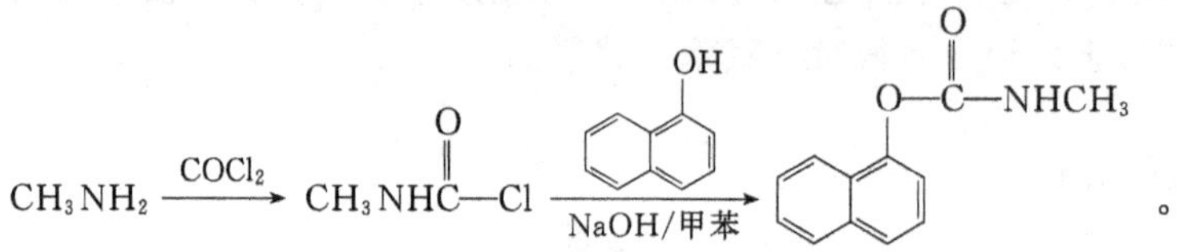

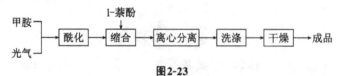

(3) 异氰酸甲酯法

1-萘酚直接与异氰酸甲酯反应制得西维因。

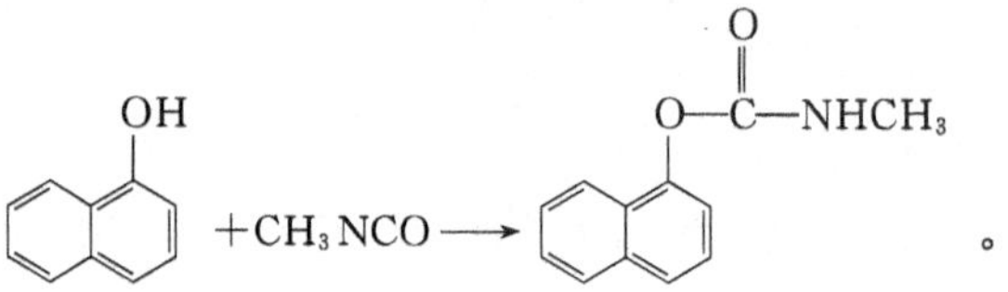

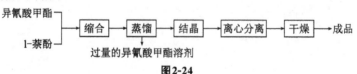

OH
+CH₃NCO
O—C—NHCH₃

3. 工艺流程

(1) 氯甲酸甲萘酯法

1-萘酚
甲苯
光气，NaOH
40%的甲胺，NaOH
光气化
缩合
过滤
洗涤
干燥
成品

图2-22

(2) 甲氨基甲酰氯法

甲胺
光气
1-萘酚
酰化
缩合
离心分离
洗涤
干燥
成品

图2-23

(3) 异氰酸甲酯法

异氰酸甲酯
1-萘酚
缩合
蒸馏
结晶
离心分离
干燥
成品
过量的异氰酸甲酯溶剂

图2-24

4. 生产配方（kg/t）

(1) 氯甲酸甲萘酯法

1-萘酚（94%）	1100
甲胺（40%）	500

| 光气 | 900 |
| 氢氧化钠（40%） | 3000 |

（2）甲氨基甲酰氯法

1-萘酚（90%）	1170
光气	920
甲胺（40%）	630

（3）异氰酸甲酯法

| 1-萘酚（99%） | 840 |
| 异氰酸甲酯（99%） | 330 |

5. 生产设备

反应锅（搪玻璃）	压滤器
干燥器	合成反应器
离心机	缩合反应釜

6. 生产工艺

（1）氯甲酸甲萘酯法

将熔融态的 1-萘酚加进装有溶剂甲苯的搪玻璃反应锅内，夹套内通冷冻盐水，同时搅拌，使物料冷却至 −5 ℃ 以下，通入光气，同时滴加 20% 的氢氧化钠溶液，控制反应液的 pH 至 6～7。光气化反应完成后，继续维持 −5 ℃，并滴加 40% 的甲胺和 20% 的氢氧化钠溶液，加完后继续搅拌，保温反应 2 h。缩合反应完毕后，将物料放出过滤，滤液蒸馏，回收甲苯循环使用，滤饼用稀盐酸和水洗涤，干燥后即得成品。

（2）甲氨基甲酰氯法

将甲胺预热至 220 ℃，光气预热至 90 ℃ 左右，按 n（甲胺）：n（光气）=1.0：1.3 的比例调节流量，将甲胺和光气输入反应器中，合成反应器上部温度控制在 340～360 ℃，下部温度控制在 240～280 ℃。反应气缓冲出口压力为 0.1 MPa 以下，产品甲氨基甲酰氯由此进入带有冷凝夹套水的接收器。

将由上述方法制得的甲氨基甲酰氯和 1-萘酚按 n（甲氨基甲酰氯）：n（1-萘酚）=1.2：1.0 的比例加入缩合反应釜中，可先将甲氨基甲酰氯溶于四氯化碳、甲苯或其他有机溶剂中，在氢氧化钠存在下，与 1-萘酚反应制得成品。另也可将配好的 5% 的 1-萘酚钠盐水溶液、3% 的氢氧化钠溶液及甲氨基甲酰氯溶液加入缩合反应釜，釜内温度控制在 10～15 ℃、反应液 pH 8～11 条件下，连续反应。经离心分离、水洗、干燥后，即制得成品。

7. 产品标准

（1）原药

| 外观 | 灰白色或粉红色结晶 |
| 挥发物 | 1.0% |

含量	＞95％
氯化物（以 NaCl 计）	≤1.0％
1-萘酚	≤0.7％
pH	4～7

（2）可湿性粉剂

外观	白色至棕红色粉末	
含量	25％	85％
水分含量	3.0％	1.0％
悬浮率	≥50％	
润湿时间/s	≤60	
细度（过 300 目筛）	95％	99％
pH	5～8	6～9

8. 含量测定

（1）总胺的测定

称取西维因原粉 0.4～0.5 g（称准至 0.2 mg），置于反应瓶中，加入 10 mL 丙酮，待样品溶解后，将反应瓶与回流冷凝管和已装有硼酸溶液约 130～150 mL 的吸收瓶相连接，打开水流泵，调节抽气速度 50～80 mL/min，用漏斗加 50 mL 1 mol/L 氢氧化钠溶液。加热，待丙酮全部蒸出后通冷却水回流（缓慢加水，防止倒吸）。回流时间不少于 20 min，取下吸收瓶，把吸收液转移到 500 mL 锥形瓶中，再用硼酸溶液洗涤吸收瓶，洗液并入锥形瓶中，用 0.1 mol/L 盐酸标准溶液滴定至显现硼酸溶液原有的绿色，即为终点。

以总胺计算的西维因百分含量（w_1）按下式计算：

$$w_1 = \frac{c_1 V_1 \times 0.2012}{m} \times 100$$

式中，V_1 为样品消耗盐酸标准溶液的体积，mL；c_1 为盐酸标准溶液浓度，mol/L；m 为样品质量，g；0.2012 为西维因分子的毫摩尔质量，g/mol。

（2）游离胺的测定

工业西维因中游离甲胺盐易溶于水，利用水洗使其转入水中，再用碱解定胺法。即上述总胺的测定方法测定。

称取已磨碎的西维因原粉（小于 60 目）10 g 左右（准确到 1.0 mg），置于 100 mL 烧杯中，加 40 mL 蒸馏水，搅拌 3～4 min，用布氏漏斗抽滤至无水滴下，停止抽滤，加入 30 mL 水，浸洗 2～3 min，再抽滤，重复一次，然后将滤液转移反应瓶中，用 10～20 mL 水冲洗抽滤瓶，洗液并入反应瓶。具体测定操作方法同总胺测定法。

以游离胺计算的西维因百分含量（w_2）按下式计算：

$$w_2 = \frac{c_2 V_2 \times 0.2012}{m_2} \times 100$$

式中，V_2 为消耗盐酸标准溶液的体积，mL；c_2 为盐酸标准溶液浓度，mol/L；m_2 为样品重量，g；0.2012 为西维因分子毫摩尔质量，g/mol。

（3）西维因百分含量

西维因百分含量（w）按下式计算：

$$w = w_1 - w_2$$

式中，w_1 为以总胺计算的西维因含量；w_2 为以游离胺计算的西维因含量。

9. 产品用途

西维因为低毒杀虫剂，目前已成为世界上大吨位生产的农药品种之一。本品为氨基甲酸酯类杀虫剂，具有触杀、胃毒作用，能防治 150 多种作物的 100 多种害虫，可加工成可湿性粉剂或胶悬剂。用于防治水稻稻飞虱、稻叶蝉、棉花红铃虫、大豆食心虫和果树害虫。用药量一般为每公顷 375～750 g 有效成分。对人畜毒性低。

西维因为接触性杀虫剂，兼具一些内吸活性，可防治棉花、水稻、果树、蔬菜等农作物的多种害虫，主要有棉铃虫、飞虱、叶蝉等。因杀虫面广且低毒，所以生产量大，应用广泛。

10. 安全与贮运

①原料中使用的光气有剧毒，生产设备要密闭，严防泄漏，厂房内保持良好的通风状态，操作人员应穿戴防护用具。

②贮运时应避免与碱性物接触。

11. 参考文献

［1］吴方迪，徐蓓. 西维因、叶蝉散、呋喃丹三种农药标准物质的研制 ［J］. 现代计量测试，1999（5）：45-46.

［2］杨春河. 从乙酸乙酯合成西维因的新方法 ［J］. 农药译丛，1988（2）：14.

2.28　伏虫脲

伏虫脲（Diflubenzuron）对许多重要害虫的幼虫具有胃毒作用。它通过干扰表皮沉积作用，使昆虫不能正常蜕皮或变态而死亡。也可抑制昆虫卵内胚胎发育过程中的表皮形成，使卵不能正常发育孵化，同时对昆虫的生殖力也有一定的抑制作用。该品杀虫谱广，特别是对鳞翅目幼虫的效果尤为明显。由于其特有的作用机制，对人畜低毒，对天敌危害性小，是较好的选择性杀虫剂。分子式为 $C_{14}H_9ClF_2N_2O_2$，相对分子质量 310.68。

1. 产品性能

纯品为白色晶体，熔点 230～232 ℃，相对密度 1.56，50 ℃时蒸气压 1.32×10^{-5} Pa。易溶于乙腈、二甲基亚砜，可溶于醋酸乙酯、乙醇、二氯甲烷，微溶于乙醚、苯、石油醚，在丙酮中溶解度为 6.5 g/L，在水中为 0.1 mg/L。对光、热较稳定，常温下贮存稳定，遇碱或强酸易分解，能被土壤微生物分解。工业品为白色至浅黄色结晶，熔点 210～230 ℃。对眼和皮肤有刺激性。

2. 生产方法

由 2,6-二氯苯腈与氟化钾作用得二氟苯腈，然后二氟苯腈水解为二氟苯甲酰胺，最后二氟苯甲酰胺与异氰酸对氯苯酯作用生成伏虫脲。

3. 生产工艺

将 172 g 2,6-二氯苯腈和 290 g 氟化钾细粉在溶剂中强烈搅拌，反应温度为 230～250 ℃，在该温度维持反应 8 h。然后冷至 80 ℃，将反应混合物倒入水中，形成悬浮物，以二氯甲烷萃取。萃取液用水洗涤，脱溶（脱去溶剂），蒸馏得到 2,6-二氟苯腈。然后在 90% 的硫酸中于 70 ℃ 下水解，过滤后水洗干燥，得到 2,6-二氟苯甲酰胺，熔点 143～145 ℃。

将 2,6-二氟苯甲酰胺和异氰酸对氯苯酯置于二甲苯中加热回流，反应 4～6 h 后冷却，所得结晶用二甲苯洗涤，干燥，得伏虫脲。

4. 产品用途

伏虫脲是一种新杀虫剂，对许多害虫的幼虫有胃毒作用，杀虫谱广，特别是对鳞翅目幼虫的效果尤为明显。用于果树、蔬菜、棉花等作物，防治双翅目、鞘翅目、鳞翅目等幼虫。

能抑制昆虫壳多糖的合成。以胃毒作用为主，兼有触杀作用。残效期较长，但药效速度较慢。用于防治鳞翅目多种害虫，尤对幼虫效果更佳，对作物、天敌安全。防治小菜蛾、斜纹夜蛾、甜菜夜蛾、菜青虫等，在卵孵盛期至 1～2 龄幼虫盛发期，用 25% 的悬浮剂 500～1000 倍液喷雾；防治玉米螟、玉米铁甲虫，在幼虫初孵期或产卵高峰期，用 20% 的悬浮剂 1000～2000 倍液灌心叶或喷雾，可杀卵及初孵幼虫；防治黏虫，在幼虫盛发期，用 20% 的悬浮剂 75～150 g/hm² 加水 750 kg 喷雾；防治柑橘潜叶蛾，在抽梢初期、卵孵盛期，用 25% 的悬浮剂 2000 倍液喷雾。此外，还可防治梨小食心虫、毒蛾、松毛虫、稻纵卷叶螟等；用于杀灭玉米、小麦上的黏虫；对鳞翅目害虫有特效，对鞘翅目、双翅目多种害虫也有效。

5. 参考文献

[1] 严胜骄，林军，毕富春，等. 几种新型苯甲酰基脲类化合物的杀虫活性研究

[J]. 云南大学学报（自然科学版），2003（5）：438-441.

[2] 许荣满. 昆虫生长调节剂类杀虫剂的研究进展 [J]. 中华卫生杀虫药械，2002（2）：49-52.

2.29 仲丁威

仲丁威（Fenobucarb；Bassa；Baycarb）又称扑杀威、巴沙、丁苯威、邻仲丁基苯基甲基氨基甲酸酯。分子式 $C_{12}H_{17}NO_2$，相对分子质量207.13，结构式：

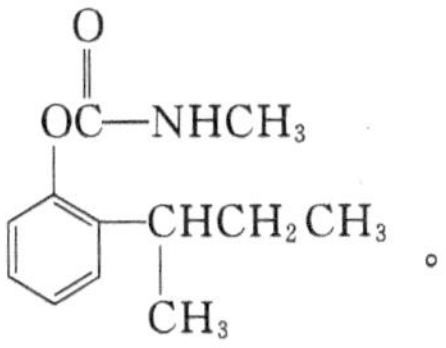

1. 产品性能

无色结晶或淡黄色黏稠油状液体，有芳香味，熔点 32 ℃，原药熔点 28.5～31.0 ℃。沸点 112～113 ℃（1.33 Pa）。折射率（$n_D^{27.7}$）1.5115，相对密度（d_4^{20}）1.050。易溶于甲醇、丙醇、苯、石油醚、甲苯等有机溶剂，30 ℃ 时水中溶解度为 0.066%。在弱酸介质中稳定，遇强酸、强碱或高温下分解，大白鼠急性经口服毒性（LD_{50}）410～635 mg/kg。对人、畜毒性较低，但在渔场附近使用应小心。

2. 生产方法

这类氨基甲酸酯类农药合成方法较多，这里介绍氯甲酸酯法。

邻仲丁基苯酚与光气缩合得到氯甲酸酯，然后氯甲酸酯与甲胺氨解得仲丁威。

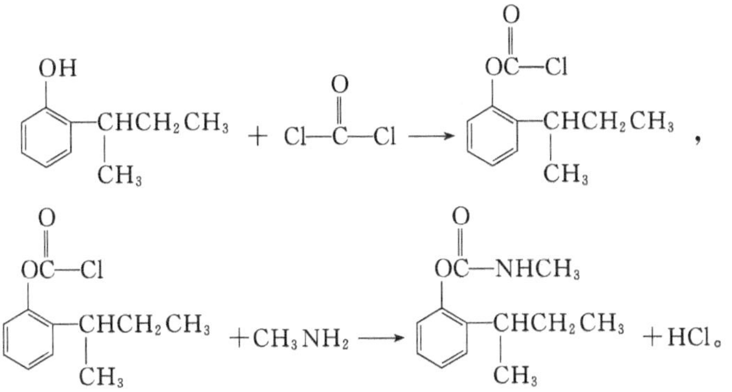

3. 工艺流程

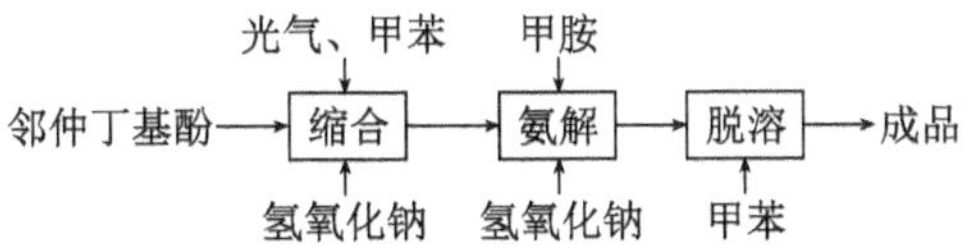

图2-25

4. 生产配方（kg/t）

邻仲丁基酚（≥97%）	770
光气（99%）	650
液碱（30%）	220
甲胺（40%）	390
甲苯（工业品）	100
盐酸（30%）	10

5. 生产工艺

在缩合反应釜中加入 231 kg 邻仲丁基酚和适量溶剂甲苯，搅拌下，控制温度 −5～0 ℃下加入液态光气 195 kg，然后于 1.0～1.5 h，先慢后快地逐渐加入 708 kg 20% 的氢氧化钠溶液，加完后，保温反应 0.5 h，出料，静置，分去水层，得到氯甲酸邻仲丁苯酯的甲苯溶液。

在氨解反应釜中，加入 117.0 kg 40% 的甲胺水溶液，于快速搅拌下滴加上述制得的氯甲酸邻仲丁苯酯的甲苯溶液，并同时按 n（甲胺）：n（NaOH）＝1：1 的比例滴加 20% 的氢氧化钠溶液，控制温度≤40 ℃，加料完毕，于室温下保温 15 min，静置，分层，分去水层，得粗品。

粗品用 1% 的盐酸洗涤一次，再用水洗 pH 至 7.0，减压蒸馏，脱去部分甲苯和水，得到 60% 的仲丁威的甲苯溶液。

6. 产品标准

	25%的乳油	50%的乳油
外观	黄褐色透明液体	
含量	≥25%	≥50%
水分	≤0.5%	≤0.5%
酸度（以盐酸计）	≤0.5%	≤0.5%
乳液稳定性	合格	合格
2%的粉剂含量	≥2.0%	
细度（通过200目）	≥95%	
水分	≤1.5%	
pH	5～9	

7. 产品用途

对稻飞虱和黑尾叶蝉及稻蝽象触杀有效，持效期短，也可防治棉蚜和棉铃虫；对蟑螂、蚊虫等也有效。

8. 参考文献

[1] 胡笑形. 合成氨基甲酸酯类杀虫剂的非光气路线开发成功 [J]. 精细与专用化学品，1992 (5)：28.

[2] 杨春华，彭长春，邹晖. 邻仲丁基酚的研发现状及发展趋势 [J]. 广东化工，

2010，37（8）：48-49.

2.30 杀虫双

杀虫双（Bisultap），化学名称 2-二甲胺基-1，3-双硫代磺酸钠基丙烷。分子式 $C_5H_{11}NO_6S_4Na_2$，相对分子质量 355.28，结构式：

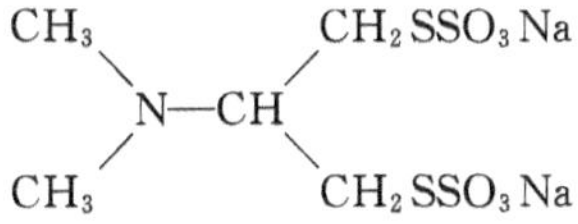

$$(CH_3)_2N-CH \begin{matrix} CH_2SSO_3Na \\ CH_2SSO_3Na \end{matrix}$$ 。

1. 产品性能

纯品为白色结晶（含两个分子结晶水），熔点：169～171 ℃（纯品），142～143 ℃（工业品），原油为棕褐色水溶液，呈中性或微酸性，易吸潮。易溶于水，溶于 95％的乙醇、甲醇、N，N-二甲基甲酰胺、二甲亚砜等有机溶剂，微溶于丙酮，不溶于乙醚、乙酸乙酯。相对密度（d_4^{20}）1.30～1.35。有奇异臭味，常温下稳定，在强碱条件下易分解。大白鼠急性经口毒性（LD_{50}）0.9959～1.0210 mg/kg。

2. 生产方法

3-氯丙烯与二甲胺烃化后氯化得 1-二甲胺基-2，3-二氯丙烷，然后 1-二甲胺基-2，3-二氯丙烷与硫代硫酸钠发生磺化反应，得杀虫双。

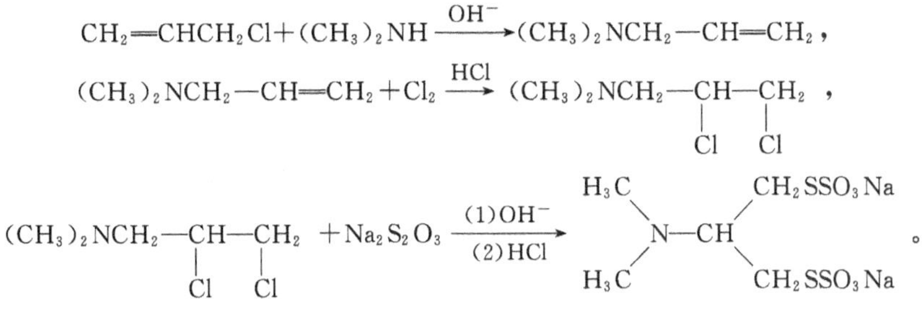

$$CH_2=CHCH_2Cl+(CH_3)_2NH \xrightarrow{OH^-} (CH_3)_2NCH_2-CH=CH_2 ，$$

$$(CH_3)_2NCH_2-CH=CH_2+Cl_2 \xrightarrow{HCl} (CH_3)_2NCH_2-CH-CH_2 ，$$
$$\quad\quad\quad\quad\quad\quad\quad\quad\quad\quad\quad\quad\quad\quad\quad Cl\quad Cl$$

$$(CH_3)_2NCH_2-CH-CH_2 +Na_2S_2O_3 \xrightarrow[\text{(2)HCl}]{\text{(1)OH}^-} \begin{matrix} H_3C \\ \quad\quad N-CH \\ H_3C \end{matrix} \begin{matrix} CH_2SSO_3Na \\ CH_2SSO_3Na \end{matrix}$$
$$\quad\quad\quad\quad\quad Cl\quad Cl$$ 。

3. 工艺流程

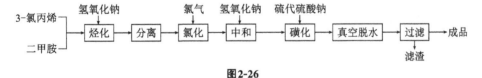

3-氯丙烯、二甲胺 →〔烃化〕→〔分离〕→〔氯化〕→〔中和〕→〔磺化〕→〔真空脱水〕→〔过滤〕→成品

氢氧化钠（烃化）、氯气（氯化）、氢氧化钠（中和）、硫代硫酸钠（磺化）、滤渣（过滤）

图2-26

4. 生产配方（kg/t）

3-氯丙烯（100％）	353
二甲胺（40％）	650
硫代硫酸钠（99％）	1697
氢氧化钠（40％）	850
液氯（99％）	330
盐酸（31％）	110

5. 生产工艺

在烃化反应釜中加入 3-氯丙烯，搅拌并冷却至 0 ℃。滴加二甲胺，同时滴加 40％的液碱，控制温度在 15 ℃，于 40~60 min 滴完。然后让其自然升温至恒定后，于 45 ℃ 恒温反应 2 h，冷却至室温，静置，放出下层废液。

反应物料转入氯化反应釜，加水并通氯化氢（或加入盐酸），酸化 pH 至 2，降温至 0~10 ℃，通入氯气进行氯化，在氯化过程中分 3 次加水。用 0.1 mol/L 高锰酸钾试验，反应液 1 min 不褪色即为氯化反应终点。达终点后，停止通氯，于 5 ℃ 加液碱调 pH 至 3~4，制得 1-二甲胺基-2, 3-二氯丙烷。

在磺化反应釜中，加入上述制得的 1-二甲胺基-2, 3-二氯丙烷，搅拌下升温至 40 ℃，加入硫代硫酸钠和适量水，再升温至 60 ℃，加入计量 3/5 的液碱，于 70 ℃ 保温搅拌反应 3 h，再加入余下的液碱，搅拌 0.5 h。于 63~65 ℃、$7.3~8.0 \times 10^4$ Pa 下真空脱水，将脱水后产物过滤（去滤渣），得 30％的杀虫双水溶液。

6. 产品标准

外观	棕黄色或棕色单相液体（水剂）	
有效成分	≥18％	≥29％
pH	6.7~7.3	6.7~7.3
氯化钠	≤12％	≤9％
硫代硫酸钠	≤6.0％	≤4.0％
氯化物盐酸盐	≤0.6％	≤0.6％

7. 产品用途

杀虫双具有胃毒、触杀、内吸传导和一定的杀卵作用。对水稻、小麦、玉米、豆类、蔬菜、柑橘、果树、茶叶等多种植物的主要害虫均有优良的防治效果，如水稻大螟、二化螟、三化螟、稻纵卷叶螟、稻苞虫、叶蝉、稻蓟马、负泥虫、菜螟、菜青虫、黄条跳甲、桃蚜、梨星毛虫、柑橘潜叶蛾等。在常用剂量下，对人畜安全，对作物无药害。

8. 参考文献

[1] 熊明国. 杀虫双（单）系列产品生产工艺优化 [J]. 重庆大学学报，2012，35 (S1)：85—87.

[2] 朱浩. 杀虫双农药生产废水处理技术开发与工程实践 [D]. 上海：华东理工大学，2012.

2.31　杀虫畏

杀虫畏（Tetrachlorvinphos）也称杀虫威、甲基杀螟威。化学名称 2-氯-1-(2, 4, 5-三氯苯基) 乙烯基二甲基磷酸酯；（Z）-2-氯-1-(2, 4, 5-三氯苯基) 乙烯基二甲基磷酸酯；O, O-二甲基-O-[1-(2, 4, 5-三氯苯基)-2-氯] 乙烯基磷酸酯。

分子式为 $C_{10}H_9Cl_4O_4P$，相对分子质量 365.96。结构式：

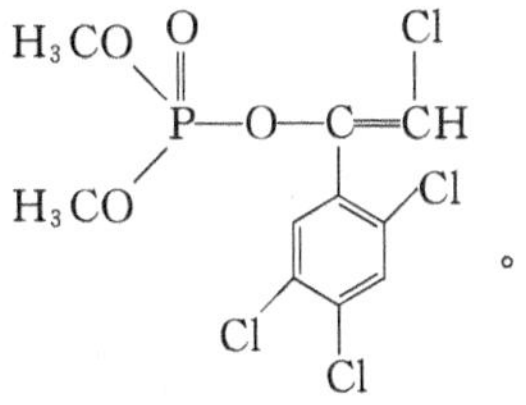

1. 产品性能

白色结晶，熔点 97～98 ℃。微溶于水，溶于丙酮、氯仿、二氯甲烷、二甲苯。100 ℃ 时稳定，50 ℃ 时缓慢水解。属高效低毒有机磷杀虫剂。

2. 生产方法

三氯乙烯催化氧化制得二氯乙酰氯和三氯环氧乙烷，三氯环氧乙烷可分解为二氯乙酰氯。二氯乙酰氯在无水三氯化铝存在下，与 1，2，4-三氯苯发生酰化反应得五氯苯乙酮，得到的五氯苯乙酮与亚磷酸三甲酯反应，经重排得杀虫畏。

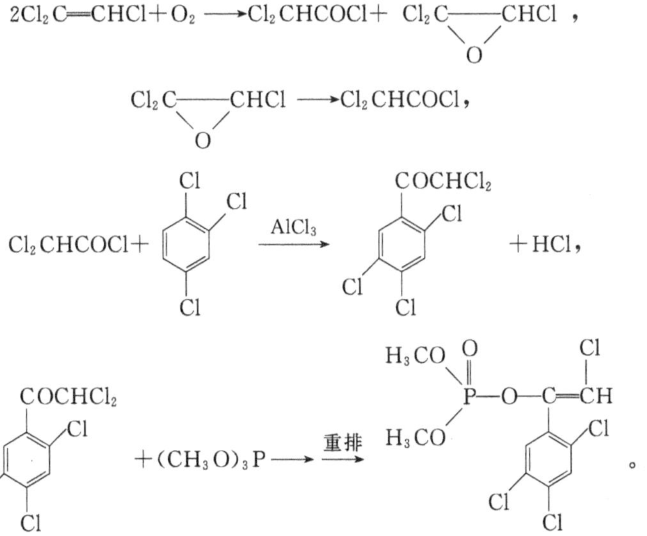

3. 工艺流程

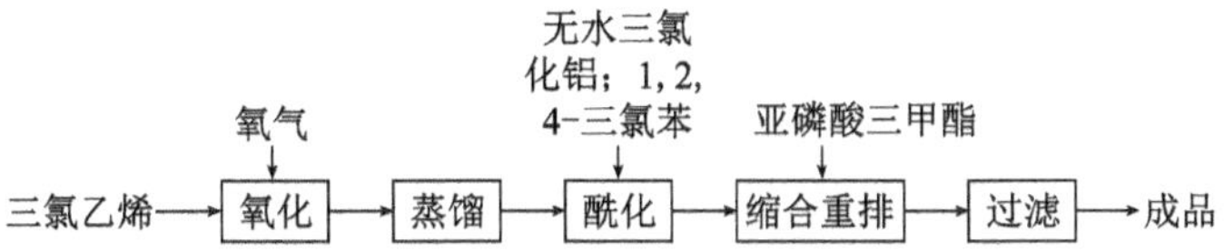

图2-27

4. 生产工艺

（1）催化氧化

耐压搪瓷反应器中加入 250.0 g 三氯乙烯和 0.25 g 偶氮异丁腈（催化剂），于 100 ℃ 下通入经干燥的氧气，在 6.5×10^5 Pa 压力下反应 10 h，反应温度保持

110 ℃，反应完成后，进行常压蒸馏，收集 105～108 ℃ 馏分，得 2095.5 g 无色透明液体产物二氯乙酰氯，105 ℃ 以下馏分主要为三氯乙烯，循环使用。

（2）酰化

在反应瓶中加入 250 g 1，2，4-三氯苯和 220 g 无水三氯化铝，搅拌至浆状，然后在 20 min 内缓慢加入 220 g 二氯乙酰氯，滴加完，将反应混合物缓慢加热至 90 ℃，维持 4 h，反应完全，冷却，倾入盐酸冰水中，用乙醚提取，并充分洗涤醚层，干燥，蒸除乙醚后，减压蒸馏，收集 108～110 ℃、13.3 Pa 馏分，得 348 g 无色清亮 2，2，2′，4′，5′-五氯苯乙酮，产率 79.87％。折射率（n_D^{15}）1.5854～1.5930。

（3）缩合重排

向反应瓶中加入 80 g 五氯苯乙酮，在 0.5 h 内加入 37.6 g 亚磷酸三甲酯，然后缓慢加热升温至 110 ℃，搅拌下反应 0.5 h。反应完成后冷至 30 ℃。倾入 160 mL 乙醇中，冰冷却不结晶，过滤，得产品经烘干重 77.6 g，熔点 95～97 ℃，收率 77.13％。

5. 产品用途

杀虫畏以触杀为主，对鳞翅目、双翅目和多种鞘翅目害虫药效高，而对恒温动物毒性低。在有机磷杀虫剂出现抗性问题时，国外已将杀虫畏作为一个重要替换杀虫剂，广泛用于粮、棉、果、茶、蔬菜和林业。同时对防治仓储粮、仓储织物害虫，效果亦佳。

6. 参考文献

[1] 袁竹青. 10％杀虫畏乳油的气相色谱分析 [J]. 河南化工，2012，29（3）：63-64.
[2] 肖传建，胡自立. 杀虫畏合成方法的研究 [J]. 湖北化工，1996（1）：42-43.

2.32　杀螟丹

杀螟丹也称沙蚕胺、巴丹、卡塔普、克虫普、派丹、克螟丹。英文名称 Padan；Cartap；Sanvex；Thiobel；Vegetox。化学名称：S，$S′$-[2-(二甲氨基)-1，3-丙烷二基] 硫代氨基甲酸酯盐酸盐；1，3-双（氨基甲酰硫基)-2-(N，N-二甲氨基）丙烷盐酸盐。分子式 $C_7H_{15}N_3O_2S_2 \cdot HCl$，相对分子质量 273.80，结构式：

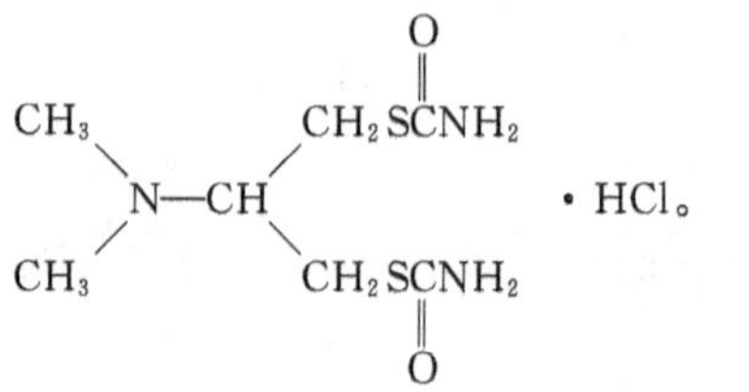

1. 产品性能

白色无臭晶体，熔点 183.0～183.5 ℃。溶于水，微溶于乙醇和甲醇，不溶于丙酮、乙醚、乙酸乙酯、氯仿、苯、正己烷等有机溶剂。1％的水溶液 pH 为 3～4。常温及酸性条件下稳定，碱性条件下不稳定。

2. 生产方法

氯丙烯烃经胺化、氯化、硫氰化而得。

$$CH_2=CHCH_2Cl + HN(CH_3)_2 \xrightarrow[-NaCl]{NaOH, CCl_4} CH_2=CHCH_2N(CH_3)_2$$

$$\xrightarrow[CCl_4]{HCl} CH_2=CHCH_2N(CH_3)_2 \cdot HCl \xrightarrow[]{Cl_2, CCl_4} \overset{Cl}{\underset{}{C}}H_2-\overset{Cl}{\underset{}{C}}H-CH_2N(CH_3)_2 \cdot HCl$$

$$\xrightarrow[-NaCl]{NaOH} \overset{Cl}{\underset{}{C}}H_2-\overset{Cl}{\underset{}{C}}HCH_2N(CH_3)_2 \xrightarrow[-2NaCl]{2Na_2S_2O_3, 75\%的CH_3OH}$$

$$(CH_3)_2NCH \overset{CH_2SSO_3Na}{\underset{CH_2SSO_3Na}{\big\langle}} \xrightarrow[-2Na_2SO_2]{2NaCN, H_2O} (CH_3)_2NCH \overset{CH_2SCN}{\underset{CH_2SCN}{\big\langle}}$$

$$\xrightarrow[-2CH_3Cl]{3HCl, 2CH_3OH} (CH_3)_2NCH \overset{\overset{O}{\|}}{\underset{\underset{O}{\|}}{\big\langle}} \overset{CH_2SCNH_2}{\underset{CH_2SCNH_2}{}} \cdot HCl_\circ$$

3. 生产工艺

由氯丙烯烃经胺化、氯化、硫氰化、醇解制得。

（1）胺化

氯丙烯、碱液（40% NaOH）、二甲胺以 n（氯丙烯）∶n（碱液）∶n（二甲胺）=1.0∶1.3∶1.2 进行胺化。操作步骤：将氯丙烯、二甲胺、液碱打入各自的高位槽计量。开启冷却器，冷冻釜锅。将氯丙烯放入釜内，启动搅拌。待釜温降至 0~15 ℃时，同时滴加二甲胺和液碱，在 30 min 内均匀地滴完（二甲胺约先一点滴完）。温度不得超过 15 ℃。关闭冷却器，开蒸汽，缓慢升温至 45 ℃，并保温反应 2 h。停止搅拌，将反应物放入胺化物分水器中静置 5 h 分层。回收二甲胺后，得 N,N-二甲基丙烯胺，胺化物含量 80% 左右，收率为 82%。

（2）氯化

按（N,N-二甲基丙烯胺）∶n（氯化氢）∶n（氯气）=1.0∶1.0∶（1.0~1.5）的比例进行氯化反应。操作步骤：将丙烯胺、氯仿打入各自的高位槽计量，开启冷冻，启动搅拌，将丙烯胺，氯仿放入釜中。釜温降至 0 ℃时，通干燥氯化氢气，控制温度在 0~10 ℃，直至通完氯化氢。氯化氢通完后接着通氯气氯化，温度控制在 20 ℃左右，直至氯气通完。氯气通完后，停止搅拌，静置 15 min，将釜底阀微开，让氯仿层缓慢流出（若带出固体氯化物，则倒入釜内）。釜中固体氯化物加水搅拌 0.5 h，使之充分溶解。然后静置 0.5 h，分去残留的氯仿层，上层氯化物水溶液进贮槽备用。关闭釜的冷冻，氯仿层进贮槽待回收。氯化物水溶液中氯化物含量平均为 31.3%，收率为 91.3%。

（3）硫氰化

n（氯化物）：n（硫代硫酸钠）：n（氰化钠）＝1.00：2.08：2.30，氢氧化钠用量＝氯化物水溶液总酸度（mg/mL）×投料立升数×0.972，氯化物水溶液30%～35%、硫代硫酸钠溶液35%～38%，氰化钠溶液20%～25%。操作步骤：将已分析含量的氯化物水溶液、硫代硫酸钠水溶液和氰化钠水溶液分别打入各自的高位槽计量。将氯化物水溶液放入磺化釜，启动搅拌。常温下，将液碱在0.5 h内均匀滴完。常温下，将硫代硫酸钠溶液在1 h内均匀滴完。冷却器开水冷却，将釜升温至60 ℃。在60～65 ℃保温4 h。关闭冷凝器冷却水，将磺化物抽入氰化釜，并将氰化釜温降至13 ℃左右。在13～15 ℃将氰化钠水溶液于0.5 h内均匀滴完（温度不得超过15 ℃）。在13～15 ℃保温反应1 h。停止搅拌，将硫氰化物放入离心机离心，过滤，得2-二甲基氨基-1，3-双（硫氰基）丙烷。滤液送到硫氰化废水冷析釜回收亚硫酸钠，带盐硫氰酸酯重新送入氰化釜洗盐。

（4）醇解

n（氯化物）：n（HCl）＝1：10，甲醇用量氯化物每千克投甲醇450 L。操作步骤：将甲醇打入高位槽，放入醇解釜。开启釜及冷凝器的冷冻，启动搅拌器，加入硫氰酸酯。待釜温降至0 ℃左右时，将干燥的氯化氢气通入醇解釜，保持温度在0～10 ℃通完。在氯化氢快通完时，放空口有氯化氢冒出，即启用氯化氢吸收系统吸收氯化氢。通完氯化氢后，逐渐升温（1.5～2.0 h内升至50 ℃）。在50 ℃保温3 h。开启釜的冷冻降温至0 ℃（关闭冷凝器冷冻），保温2 h。降温时停用氯化氢吸收系统（如降温之前，即50 ℃保温后期没有氯化氢时也停用）。关闭釜冷冻，将物料放入离心机内离心。滤液（杀螟丹母液）压入杀螟丹母液贮槽待回收。产品进行干燥。杀螟丹平均含量为96.2%，纯收率（按氯化物计）为60%。

4. 实验室制法

氯丙烯与二甲胺以n（氯丙烯）：n（二甲胺）：n（40%的碱液）＝1.0：1.3：1.2的比例胺化，在45 ℃反应2 h，反应物经分层、回收二甲胺后，制得N，N-二甲基丙烯胺。将N，N-二甲基丙烯胺溶于氯仿中，在10 ℃以下通入氯化氢成盐，再在20 ℃左右通入氯气，其n（N，N-二甲基丙烯胺）：n（HCl）：n（Cl$_2$）＝1.00：1.00：（1.00～1.05），氯化反应完成后加水分层，取氯仿层回收氯仿，制得1-二甲氨基-2，3-二氯丙烷盐酸盐。在室温下向其滴加氢氧化钠溶液，再滴加35%～38%的硫代硫酸钠溶液，然后在60 ℃反应4 h，将物料温度降至13 ℃左右，滴加20%～25%的氰化钠溶液，加毕，在13 ℃左右反应1 h，过滤，得2-二甲氨基-1，3-双（硫氰基）丙烷。将2-二甲氨基-1，3-双（硫氰基）丙烷在甲醇介质中通入氯化氢，通气温度在10 ℃以下，在50 ℃反应2 h，然后冷至0 ℃，过滤，干燥，得杀螟丹原粉。制剂有原粉、50%的可溶性粉剂两种。

5. 产品用途

杀螟丹具有内吸、胃毒、触杀等多种作用，效果迅速，害虫一接触药剂即失去取食能力，持效较长。除对二化螟、三化螟、抗性螟虫、稻卷叶螟、小菜蛾等鳞翅目害虫有特效外，对鞘翅目、半翅目、双翅目、直翅目、蓟马等害虫均有很好的防治效果，可用于防治抗性螟虫、棉花红蜘蛛、蚜虫和地下害虫。

6. 产品用途

①水稻害虫的防治。二化螟、三化螟每亩用 50％的可溶性粉 75～100 g，对水 40～50 kg 喷雾。稻纵卷叶螟、稻苞虫每亩用 50％的可溶性粉 100～150 g，对水 50～60 kg 喷雾。

②蔬菜害虫的防治。小菜蛾、菜青虫每亩用 50％的可溶性粉 25～50 g，对水 50～60 kg 喷雾。

③茶树害虫的防治。用 50％的可溶性粉稀释 1000～2000 倍液均匀喷雾。

④甘蔗害虫的防治。每亩用 50％的可溶性粉剂 100～125 g，对水 50 kg 喷雾，或对水 300 kg 淋浇蔗苗。

⑤果树害虫的防治。用 50％的可溶性粉剂 1000 倍液均匀喷雾。

⑥旱粮作物害虫的防治。玉米螟每亩用 50％的可溶性粉剂 100 g，对水 100 kg 喷雾或均匀灌入玉米心内；蝼蛄用 50％的可溶性粉拌麦麸 [用量 m（50％的可溶性粉剂）：n（麦麸）＝1：50] 制成毒饵施用。

7. 安全与贮运

杀螟丹对家蚕毒性较高，在蚕区使用时，必须严防药剂污染桑叶和蚕室。浓度较高时，对水稻有药害。十字花科蔬菜幼苗对药剂敏感，不要在高温时使用。

8. 参考文献

[1] 于观平，马翼，刘鹏飞，等. 杀螟丹中间体与异构体互变异构理论研究 [J]. 高等学校化学学报，2011，32（11）：2539-2543.

[2] 王以燕，孙倚丽. 杀螟丹的定性定量分析 [J]. 农药，1993（6）：38-39.

2.33 杀螟松

杀螟松（Fenitrothion）又称螟硫磷，化学名称为 O，O-二甲基-O-（3-甲基-4-硝基苯基）硫代磷酸酯，相应的商品名有 Sumithion；Folithion；Accothion；MEP。分子式 $C_9H_{12}NO_5PS$，相对分子质量 277.24，结构式：

1. 产品性能

棕黄色液体，微蒜臭味。沸点 140～145 ℃（13.3 Pa，同时发生分解）。20 ℃时蒸气压为 0.8 mPa。折射率（n_D^{25}）1.5528。相对密度（d_4^{25}）1.3227。可溶于大多数有机溶剂，在脂肪烃中的溶解度低，不溶于水。遇碱水解，在 0.01 mol/L NaOH 中，30 ℃时的半衰期为 272 min。蒸馏会引起异构化。

2. 生产方法

首先三氯硫磷与甲醇缩合得到 O,O-二甲基硫代磷酰氯，然后 O,O-二甲基硫代磷酰氯与 4-硝基-3-甲酚反应得到杀螟松。

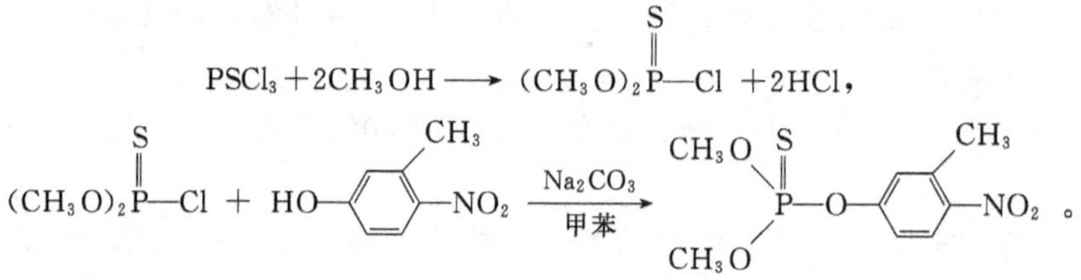

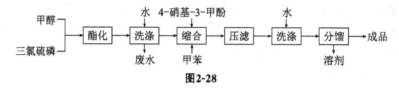

3. 工艺流程

甲醇 ———┐
　　　　　├→ [酯化] → [洗涤] → [缩合] → [压滤] → [洗涤] → [分馏] → 成品
三氯硫磷 ┘
　　　　　　　　　　　 水 4-硝基-3-甲酚　　　　水
　　　　　　　　　　　废水　甲苯　　　　　　　溶剂

图2-28

4. 生产配方 (kg/t)

甲醇（99%）	1168.4
三氯硫磷（98%）	902.2
4-硝基-3-甲酚（80%～90%）	421.8

5. 生产设备

酯化反应锅	洗涤釜
高位贮槽	沉降釜
缩合反应器	洗涤锅
压滤器	分馏塔

6. 生产工艺

将 173 kg 98% 的三氯硫磷投入酯化反应锅中，冷至 -15 ℃ 缓慢加入甲醇，控制加料温度 -5 ℃ 左右，加完 162 kg 甲醇后，再反应 10 min。将反应物料放入洗涤釜中，用 -5 ℃ 冷水洗涤，洗涤后分层，下层为 O-甲基硫代磷酰氯。按 O-甲基硫代磷酰氯质量的 1.08 倍称取 NaOH，溶解于 4 倍质量的甲醇中，配成醇碱溶液冷至 -15 ℃，于 -5 ℃ 滴入 O,O-二甲基硫代磷酰氯中。加毕，水洗，加 1% 的盐酸水洗涤，进入沉降釜分层，下层为 O,O-二甲基硫代磷酰氯。

在缩合反应器中，加入 460 kg 甲苯，搅拌下加入 153 kg 4-硝基-3-甲酚、106 kg 纯碱和氯化亚铜催化剂，搅拌下加入 177 kg O,O-二甲基硫代磷酰氯，于 90 ℃ 搅拌反应 3 h。然后压滤，取油层依次用 NaOH 水溶液中和，水洗，经分馏脱溶后得杀螟松。

7. 实验室制法

在三口反应瓶中，加入溶剂甲苯（4-硝基-3-甲酚质量的 3 倍），然后，加入 1 mol 4-硝基-3-甲酚、1 mol 碳酸钠和少量氯化亚铜，搅拌下加入 1.1 mol O,O-二甲基硫代磷酰氯，在 90 ℃ 反应 3 h。然后过滤，取油层依次用 NaOH 水溶液中和、水洗，减压脱溶后得杀螟松，收率 95%。

8. 产品标准

指标名称	优级品	一级品	合格品
外观		淡黄色至深棕色液体	
有效成分	≥93.0%	≥85.0%	≥75.0%
水分	≤0.2%	≤0.2%	≤0.2%
酸度（以硫酸计）	≤0.3%	≤0.4%	≤0.5%

制剂有原油、50% 的乳油和 45% 的乳油。

9. 含量测定

可采用皂化比色法或气相色谱法，也可采用薄层层析-溴化法。

气相色谱法采用带有火焰离子化检测器的气相色谱仪，其主要操作条件为：

①色谱柱：1830 mm×2 mm 玻璃柱，内装 3.0% 的 PPE-6k/100～120 目 Chromosorb W-HP，在 230 ℃ 老化过夜。

②柱温：195 ℃。

③气化室温度：200 ℃。

④载气：氮气，30 mL/min。

⑤保留时间：样品杀螟松约 16 min，内标物约 26 min。

$$w(杀螟松)=\frac{k_1 \times m_1 \times P}{k_2 \times m_2} \times 100\%$$

式中，k_1 为标准品中杀螟松/内标物两次测定平均峰面积比或峰高比；k_2 为样品中杀螟松/内标物前后四次测定平均峰面积比或峰高比。m_1 为标准品质量，g；m_2 为样品质量，g；P 为标准品纯度。

10. 产品用途

杀螟松是一高效低毒广谱性触杀性杀虫剂，具有胃毒、触杀作用。用于防治稻、麦、棉等多种作物和水果害虫（如螟虫、蚜虫、红蜘蛛等），对水稻螟虫有特效。用 2000 倍液喷雾、防治二化螟、三化螟、大螟效果均达 90% 以上。

11. 安全与贮运

①生产中使用三氯硫磷、甲醇、4-硝基-3-甲酚等有毒化学品，设备必须密闭，操作人员应穿戴防护用具，车间内应保持良好的通风状态。

②本品为有机磷有毒农药。大白鼠急性口服（LD_{50}）250～500 mg/kg。使用人员应穿戴防护用具，每人连续施药不得超过 2 h。米、大豆、蔬菜上最大允许残留量

0.2 mg/kg。

③密封包装。在运输、贮存和使用中应遵守有毒农药安全操作规程。

12. 参考文献

[1] 乔桂芳，陈平. 12%马拉·杀螟松乳油的气相色谱分析 [J]. 河南化工，2015，32 (8)：58-60.

[2] 蒋兴材，戎玉芬，林维铭. 农药杀螟松简易合成法 [J]. 天津化工，1991 (4)：7-9.

[3] 蒋兴材，戎玉芬，林维铭，等. 农药杀螟松的工业合成新构想 [J]. 精细石油化工，1992 (4)：55-59.

2.34 米丁 FF

米丁 FF（Mitin FF）又称灭丁 FF、防蠹灵、防蛀剂 FF。化学名称 5-氯-2-{4-氯-2-[（3，4-二氯苯基）氨基］酰胺苯氧基} 苯磺酸钠。分子式 $C_{19}H_{11}Cl_4N_2NaO_5S$，相对分子质量 544.17，结构式：

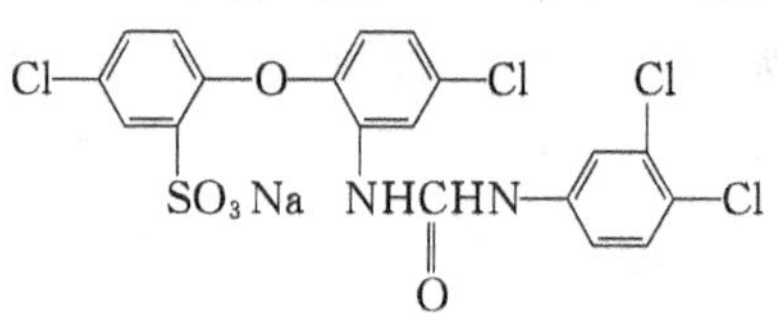

1. 产品性能

白色粉末，无味，熔点 203～205 ℃。室温下溶于水 0.05%，能溶于沸水。对蛀虫有特殊的毒杀性。

2. 生产方法

对氯苯酚与 2，5-二氯硝基苯在碱性条件下醚化，然后磺化，还原，得到 4，4′-二氯-2-氨基-2′-磺酸基二苯醚，得到的 4，4′-二氯-2-氨基-2′-磺酸基二苯醚与 3，4-二氯苯基异氰酸酯反应得米丁 FF（收率 70%）。

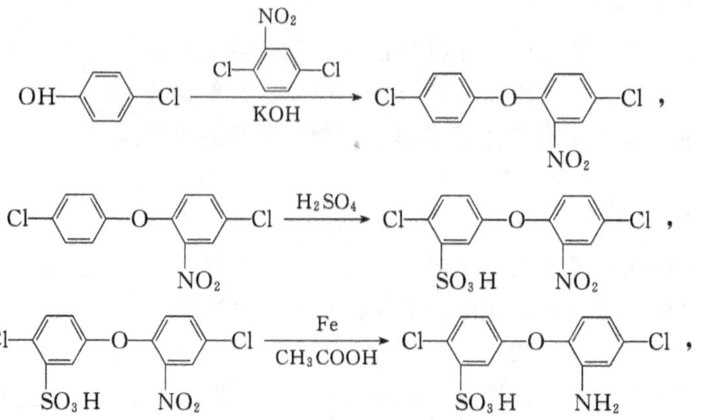

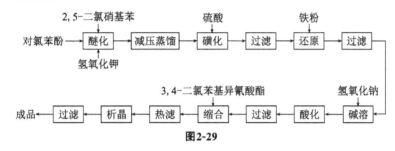

3. 工艺流程

图2-29

4. 生产配方（质量，份）

对氯苯酚（100%计）	128.5
硫酸（96%）	1050.0
2，5-二氯硝基苯（100%计）	192.0
铁粉	353.0
3，4-二氯苯基异氰酸酯（100%计）	165.0
氢氧化钾	65.0

5. 生产设备

醚化反应釜	减压蒸馏釜
磺化反应釜	过滤器
还原反应锅	碱溶锅
酸化锅	缩合反应罐
析晶锅	贮槽

6. 生产工艺

将对氯苯酚、二氯硝基苯和氢氧化钾投入醚化反应釜中，于160～170 ℃下搅拌反应 5 h。反应完毕，趁热过滤。滤液减压蒸馏，收集 118～225 ℃、11×133.3 Pa时的馏分，得 4，4′-二氯-2-硝基二苯醚，熔点 75～77 ℃。

将上述制得的醚投入磺化反应釜中，于室温下，由高位槽缓慢加入浓硫酸，于100 ℃下磺化反应 10 h，加水冷却析晶得 4，4′-二氯-2-硝基二苯醚-2′-磺酸钠。得到的 4，4′-二氯-2-硝基二苯醚-2′-磺酸钠溶于 10 倍的水中，在 90 ℃条件下，加入3 倍的冰乙酸，并连续加入与二氯硝基二苯醚磺酸钠等质量的铁粉，加毕，继续加热搅拌反应 5 h。加碱中和成盐，趁热过滤，滤液用盐酸酸化，析出 4，4′-二氯-2-氨基-二苯醚-2′-磺酸，过滤。

将上述得到的产物溶于碳酸钠水溶液中，控制 10～15 ℃ 条件下，搅拌加入 3，4-二氯苯基异氰酸酯。加毕继续于 10～15 ℃ 反应 0.5 h，再升温至 90 ℃ 反应 2 h，趁热过滤，滤液冷却，得米丁 FF。

7. 实验室制法

（1）4，4′-二氯-2-硝基二苯醚的制备

在三口反应瓶中加入 128.6 g 对氯苯酚、192 g 2，5-二氯硝基苯和 65.0 g 氢氧化钾，在 160～170 ℃ 下搅拌反应 5 h。趁热过滤，滤除氯化钾，将滤液减压蒸馏，收集 220～223 ℃、11×133.3 Pa 馏分。冷却后呈淡黄色结晶，熔点 75.0～76.5 ℃。

（2）4，4′-二氯-2-硝基二苯醚-2-磺酸的制备

反应瓶中加入 200 g 4，4′-二氯-2-硝基二苯醚，在室温下，逐渐加入 700 g 96% H_2SO_4，升温至 100 ℃，搅拌反应 10 h，然后加至 1.5 kg 冰水中，析出淡黄色结晶，过滤，溶于热水中，用液碱调节呈弱碱性，析出 4，4′-二氯-2-硝基-二苯醚-2′-磺酸钠的淡黄色晶体。

（3）4，4′-二氯-2-氨基-二苯醚-2′-磺酸的制备

将 100 g 4，4′-二氯-2-硝基-二苯醚-2′-磺酸钠溶于 1000 mL 水中，在沸腾水浴中，不断搅拌下，加入 300 mL 冰乙酸，在其中少量的连续加入 100 g 铁粉。然后，继续加热搅拌反应 5 h。冷却，滤除不溶物，水洗。滤饼在 5% 的 NaOH 中加热搅拌，趁热过滤，滤液用盐酸酸化，析出氨基磺酸衍生物结晶，过滤。

（4）米丁 FF 的制备

将 33.4 g 4，4′-二氯-2-氨基-二苯醚-2′-磺酸溶于稀碳酸钠水液中，在搅拌下，温度 10 ℃，加入 18.8 g 3，4-二氯苯基异氰酸酯。于 10～15 ℃ 下反应 0.5 h 后，再升温至 90 ℃ 继续反应 2 h。趁热过滤，滤液冷却得米丁 FF 粗品，用水重结晶得纯品。

8. 产品标准

外观	白色粉末
含量	≥95%
熔点/℃	200～205

9. 产品用途

用作毛织物防蛀剂。可与各种酸性染料一同使用，经处理的织物耐日晒、洗涤、汗渍、摩擦等牢度好，并赋予织物长久的抗蛀性。用药量为织物重量的 3%。用药量为织物的 3.5%，可杀死黑地毯皮蠹幼虫。

10. 安全与贮运

①生产中使用对氯苯酚、2，5-二氯硝基苯、3，4-二氯苯基异氰酸酯等有毒化学品，生产设备必须密闭，操作人员应穿戴防护用具，车间保持良好的通风状态。大白鼠口服毒性（LD_{50}）750 mg/kg。

②密封包装，贮于通风，阴凉处。按有毒农药的有关规定贮运。

11. 参考文献

[1] 黄清臻. 卫生防蛀剂及其应用 [J]. 中华卫生杀虫药械，2006 (6)：418-420.

[2] 王治顺. 毛纺织物防蛀剂-米丁的小试 [J]. 氯碱工业，1988 (1)：57-59.

2.35 克线磷

1. 产品性能

克线磷（Phenamiphos）又名苯线磷、线畏磷、力螨库、灭线灵一号。化学名称乙基-3-甲基-4-（甲硫基）苯基异丙基氨基磷酸酯；乙基-（3-甲基-4-甲硫基苯基）（1-甲基乙基）磷酰胺。分子式 $C_{13}H_{22}NO_3PS$，相对分子质量为 303.4，结构式：

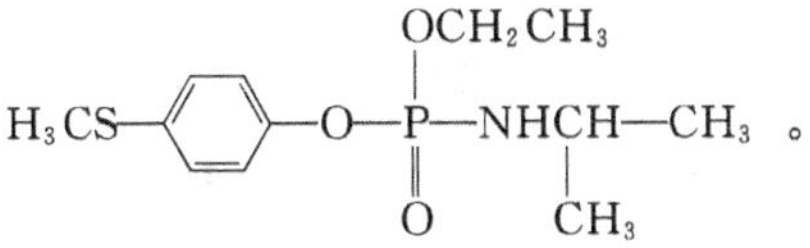

$$H_3CS-\text{C}_6\text{H}_4-O-\underset{\underset{O}{\|}}{\overset{\overset{OCH_2CH_3}{|}}{P}}-NHCH-CH_3 \quad 。$$

$$\underset{CH_3}{|}$$

白色结晶，熔点 49 ℃，相对密度（d_4^{20}）1.14，30 ℃ 时蒸气压 1.0×10^{-4} Pa。20 ℃，在水中的溶解度 700 mg/L，正己烷中的溶解度 40 g/L，异丙醇和二氯甲烷中的溶解度均大于 1200 g/L。

2. 生产配方（kg/t）

间甲酚（65%）	200
二甲基二硫（90%）	145
硫酸（95%）	136
碳酸钠	42

3. 生产方法

乙醇和异丙胺与三氯氧磷连续反应制得乙基-异丙胺基磷酰氯，再乙基-异丙胺基磷酰氯与 3-甲基-4-甲硫基苯酚反应制得克线磷。本方法的关键是中间体 3-甲基-4-甲硫基苯酚（$C_8H_{10}OS$）的合成，其可由间甲酚与二甲二硫反应得到：

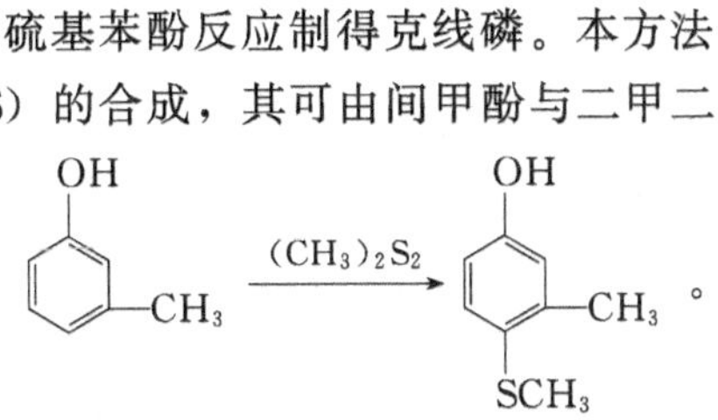

4. 生产工艺

将 200 g 混甲酚（含间甲酚 65%）及 145 g 二甲基二硫（含量 90%）投入反应瓶中，开动搅拌，用冰水浴将物料冷却至 10 ℃。滴加 136 g 95% 的硫酸，1 h 内滴完，控制温度 10~15 ℃，搅拌反应 5 h，静置。分出废酸，加入 15% 的 Na_2CO_3 溶液 280 mg，搅拌 20 min，再静置。分出水层，水洗，减压蒸除水、二甲基二硫及未反应的混甲酚，得中间体 3-甲基-4-甲硫基苯酚（欧洲专利 1121882，美国专利 298479）。

得到的 3-甲基-4-甲硫基苯酚与 *O*-乙基-异丙胺基磷酰氯反应得到克线磷。

5. 产品用途

克线磷是优良的杀线虫剂，能有效地防治根瘤线虫、结节线虫和自由生活线虫。

6. 参考文献

[1] 杨静美，唐文伟，冯岩. 克线磷微胶囊的制备及其性能研究 [J]. 广东农业科学，2012，39 (16)：81-83.

[2] 亦文. 杀线虫剂：克线磷 [J]. 农药译丛，1984 (5)：60-63.

2.36 吡虫清

吡虫清（Acetamiprid）又称莫比朗（Mospilan）、乙虫脒、啶虫脒。化学名称 (*E*)-*N*-[(6-氯-3-吡啶基) 甲基]-*N*-氰基-*N*-甲基乙酰胺；*N*-(*N*-氰基-乙亚胺基)-*N*-甲基-2-氯吡啶-5-甲胺；*N*-[(6-氯-3-吡啶) 甲基]-*N*′-氰基-*N*-甲基乙脒。分子式 $C_{10}H_{11}ClN_4$，相对分子质量 222.68，结构式：

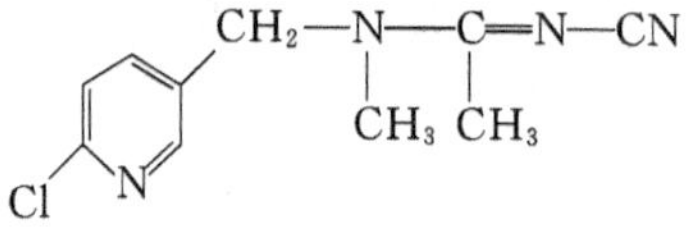

1. 产品性能

纯品为白色结晶。熔点 101.0～103.0 ℃，25 ℃，蒸气压＜1.0×10^{-6} Pa。溶解度（25 ℃）：4200 mg/1 L 水，易溶于丙酮、甲醇、乙醇、二氯甲烷、氯仿、乙腈、四氢呋喃等溶剂。在 pH 4～7 的水中稳定，pH 为 9 时于 45 ℃ 逐渐水解，在日光下稳定。急性经口毒性（LD_{50}）：雄大鼠 217 mg/kg，雌大鼠 146 mg/kg。

2. 生产方法

（1）*N*-甲基-2-氯-5-吡啶甲基胺法

N-甲基-2-氯-5-吡啶甲基胺与 *N*-氰基乙亚胺酸乙酯发生氨解得吡虫清。

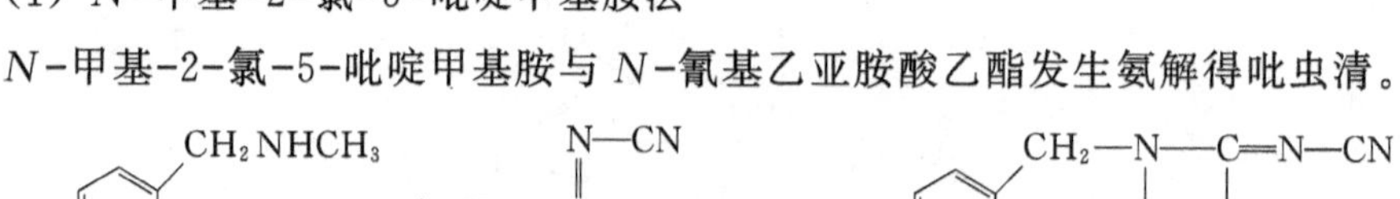

（2）2-氯-5-吡啶甲基胺法

2-氯-5-吡啶甲基胺与 *N*-氰基乙亚胺酸乙酯发生氨解，然后与硫酸二甲基发生甲基化得吡虫清。

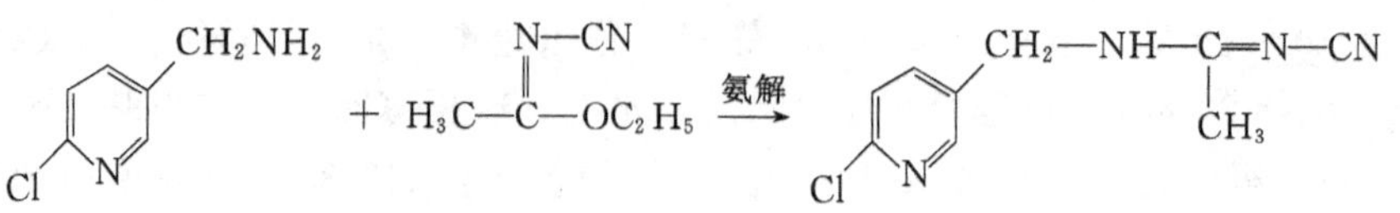

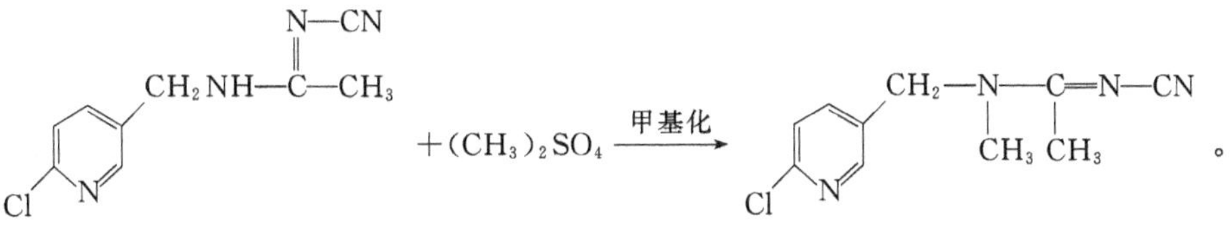

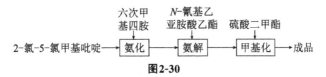

（3）N-氰基乙脒法

N-氰基乙脒与 2-氯-5-氯甲基吡啶缩合，然后缩合物与硫酸二甲酯发生甲基化得吡虫清。

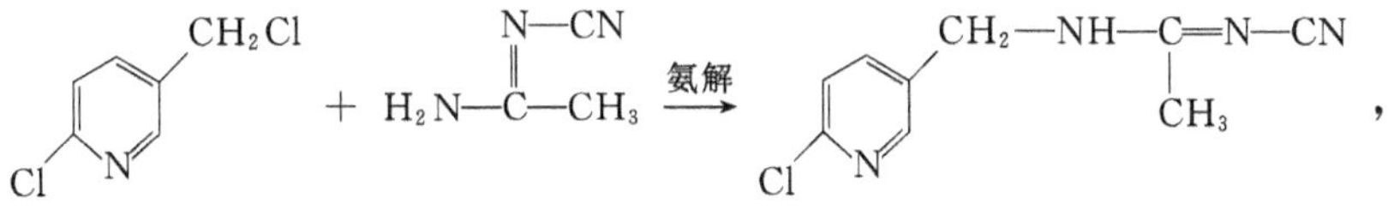

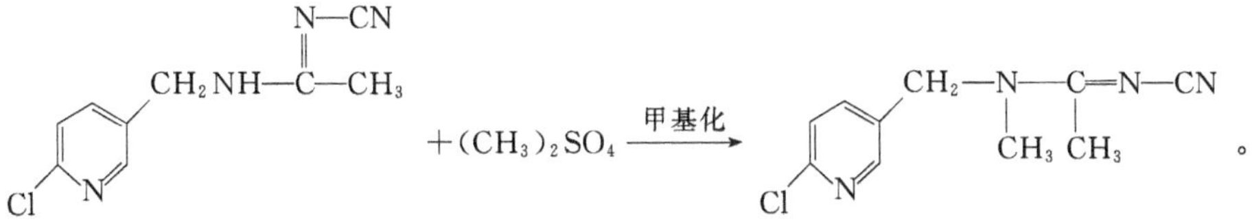

（4）N-氰基-N′-甲基乙脒法

N-氰基-N′-甲基乙脒与 2-氯-5-氯甲基吡啶缩合得吡虫清。

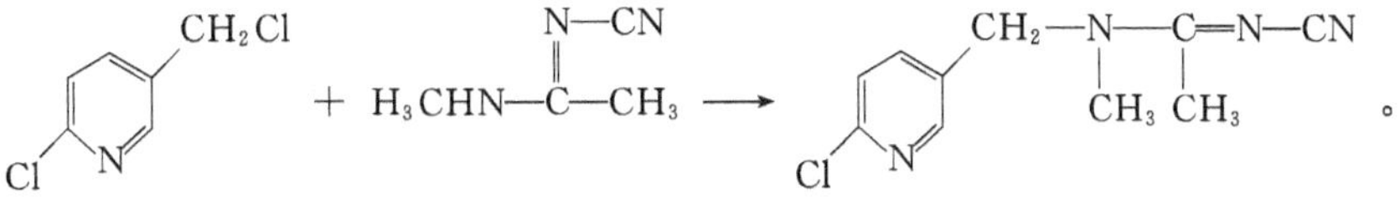

这里介绍 2-氯-5-吡啶甲基胺法。

3．工艺流程

图2-30

4．生产配方（kg/t）

2-氯-5-氯甲基吡啶（100％计）	162.60
六次甲基四胺（100％计）	154.60
N-氰基乙亚胺酸乙酯（95％）	122.90
四丁基溴化铵	0.93
硫酸二甲酯	98.30

5．生产工艺

（1）氨化

在三口反应烧瓶中加入 154.6 g 烘干的六次甲基四胺、1300 mL 乙腈和 180.3 g 90.2％的 2-氯-5-氯甲基吡啶，加热搅拌回流 8 h。冷却至室温，过滤得 379 g 白色固体。将白色固体投入三口瓶中，加入 322 mL 水、316 mL 盐酸，搅拌下加入 790 mL 甲醇，加热回流 1.5 h。反应初期反应温度 61 ℃，1 h 后回流温度为

50.5 ℃。减压下除去甲醇和二甲氰基甲烷。冷却至室温，加入氯仿 80 mL。搅拌下加入 25％的 NaOH 水溶液 526 g，调节 pH 至 8～9，分层，水层用 520 mL 氯仿萃取一次。合并氯仿层。减压下除去氯仿。放入冰箱冷却，得淡黄色固体 167.8 g，含量 84.3％，收率 99％。粗品用甲醇重结晶一次，得白色晶体，含量 97.3％，熔点 25～26 ℃。

（2）氨解

在 500 mL 三口瓶中，投入 79.5 g 2-氯-5-吡啶甲基胺（84.3％）、水 261.5 mL，搅拌下室温滴加 58.2 g N-氰基乙亚胺酸乙酯（95％），约 0.5 h 加完，搅拌 0.5 h。然后加入 92.5 mL 乙醇。加热至 78 ℃，淡黄色固体溶解，回流 15 min 至全溶。缓慢冷却至 15 ℃，析出白色晶体，放至冰箱。过滤，烘干，得 80.2 g 白色结晶，N-氰基-N'-（2-氯-5-吡啶甲基）乙脒，含量 87.5％，收率 71.6％。粗品用乙醇重结晶得白色结晶 N-氰基-N'-（2-氯-5-吡啶甲基）乙脒，含量 98.5％，熔点 141～143 ℃。

（3）甲基化

在 500 mL 三口瓶中，加入 40 g N-氰基-N'-（2-氯-5-吡啶甲基）乙脒（87.5％）、109.0 mL 氯仿、0.22 g 四丁基溴化铵。搅拌下，冷却到 15 ℃，同时滴加 23.2 g 硫酸二甲酯和 16.8 g 50％的 NaOH 水溶液，约 1.5 h 加完。15 ℃ 搅拌 3 h，加入水 67.2 mL 和 0.66 g 40％的二甲胺水溶液，室温搅拌 1 h，分层，水层用 60 mL 氯仿萃取，合并氯仿层。加入 76 mL 水，常压蒸除氯仿。冷却至 55 ℃，加入 54 mL 甲醇，冷却至 35 ℃。在 1 h 内滴加 74 mL 水，析出固体。冷至 0 ℃，析出完全。过滤，得淡黄色固体。烘干得 34 g 吡虫清，含量 88.20％，收率 80.22％。粗品用 36％甲醇水溶液重结晶得到白色针状结晶，熔点 101～103 ℃。

6. 产品用途

吡虫清是一种高效，广谱的杀虫剂，具有触杀和胃毒作用。对半翅目（蚜虫、叶蝉、粉虱蚧虫、蚧壳虫等）、鳞翅目（小菜蛾、潜叶蛾、小食心虫、纵卷叶螟）、鞘翅目（天牛、猿叶虫）及点翅虫害虫（蓟马类）均有效。且活性高，用量少，持效长而又速效。

7. 参考文献

[1] 程志明，顾保权，李海舟，等. 吡虫清的合成 [J]. 农药，1998（9）：14-16.

[2] 蔡汉兴，邱春明，黄斌，等. 吡虫清一步法合成 [J]. 江西化工，2001（1）：23-24.

[3] 吕兆萍. 四类吡啶化合物的合成与生物活性研究 [D]. 南京：南京农业大学，2007.

2.37 吡虫啉

吡虫啉（Imidacloprid）也称海正吡虫啉、咪蚜胺、康复多、必林。化学名称为 1-(6-氯-3-吡啶基甲基)-4,5-二氢-N-硝基亚咪唑烷-2-基胺；1-(6-氯-3-吡啶甲基)-N-硝基亚咪唑烷-2-基胺。分子式 $C_9H_{10}ClN_5O_2$，相对分子质量 255.7，结构式：

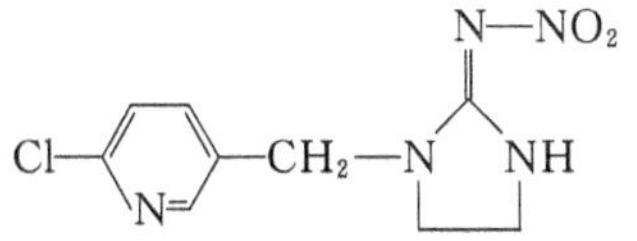

1. 产品性能

无色晶体，有微弱气味。熔点 143.8 ℃（晶体形式 1），136.4 ℃（晶体形式 2）。蒸气压 0.2 μPa（20 ℃），相对密度 1.543（20 ℃），20 ℃时的溶解度：水中 0.51 g/L，二氯甲烷中 50～100 g/L，异丙醇中 1～2 g/L，甲苯中 0.5～1.0 g/L，正己烷中 <0.1 g/L，pH 5～11 稳定。1991 年，是由拜耳公司和日本特殊农药株式会社开发的杀虫剂，具有优良的内吸性和特效性。

2. 生产方法

（1）3-甲基吡啶法

3-甲基吡啶经氧化、氯化得到 2-氯-5-甲基吡啶，2-氯-5-甲基吡啶进一步氯化后与 N-硝基亚咪唑烷-2-基胺缩合得吡虫啉。

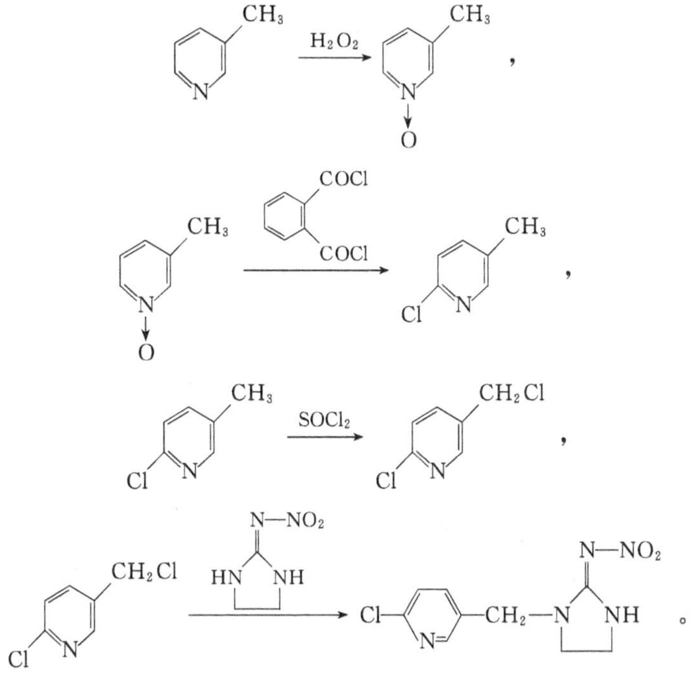

（2）2-氨基-5-甲基吡啶法

2-氨基-5-甲基吡啶重氮化后氯化得 2-氯-5-甲基吡啶，得到的 2-氯-5-氯甲基吡啶再与乙二胺缩合，缩合产物与硝基胍反应得吡虫啉。

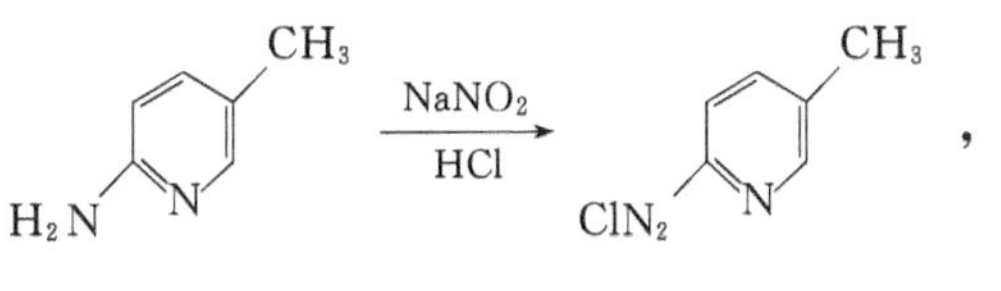

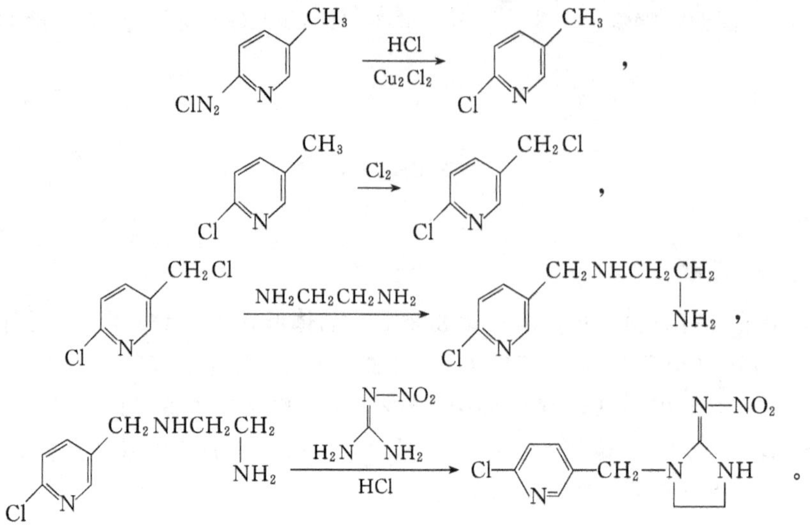

$$\underset{\text{ClN}_2}{\overset{\text{CH}_3}{\text{吡啶}}} \xrightarrow[\text{Cu}_2\text{Cl}_2]{\text{HCl}} \underset{\text{Cl}}{\overset{\text{CH}_3}{\text{吡啶}}} ,$$

$$\underset{\text{Cl}}{\overset{\text{CH}_3}{\text{吡啶}}} \xrightarrow{\text{Cl}_2} \underset{\text{Cl}}{\overset{\text{CH}_2\text{Cl}}{\text{吡啶}}} ,$$

$$\underset{\text{Cl}}{\overset{\text{CH}_2\text{Cl}}{\text{吡啶}}} \xrightarrow{\text{NH}_2\text{CH}_2\text{CH}_2\text{NH}_2} \underset{\text{Cl}}{\overset{\text{CH}_2\text{NHCH}_2\text{CH}_2}{\text{吡啶}}}_{\text{NH}_2} ,$$

$$\underset{\text{Cl}}{\overset{\text{CH}_2\text{NHCH}_2\text{CH}_2}{\text{吡啶}}}_{\text{NH}_2} \xrightarrow[\text{HCl}]{\overset{\text{N—NO}_2}{\underset{\text{H}_2\text{N}\quad\text{NH}_2}{\|}}} \text{Cl—吡啶—CH}_2\text{—N}\diagdown\text{NH} 。$$

这里介绍 3-甲基吡啶法的工艺流程和生产工艺。

3. 工艺流程

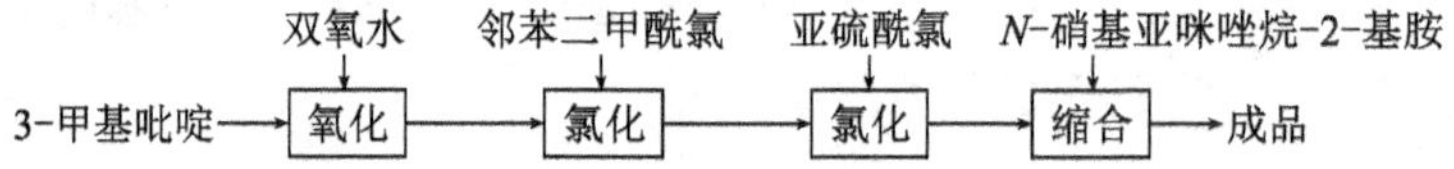

图2-31

4. 生产工艺

(1) 氧化

在装有搅拌器、温度计、回流冷凝管的三口烧瓶中依次加入 14 mL 双氧水、45.6 g 3-甲基吡啶、160 mL CHCl₃ 及 12.8 g 磷钼酸，升温至 75 ℃ 开始滴加 94 g 30％的 H_2O_2，在 3 h 内滴完，继续反应 6 h，此时溶液变为浅棕色透明液体。升温，蒸出大部分苯，减压蒸馏脱水，向烧瓶中加入 100 mL CHCl₃，过滤除去固体催化剂，滤液经减压脱溶后得棕色液体，冷却至 20 ℃ 后变为浅棕色固体，即 3-甲基吡啶-N-氧化物。

(2) 氯化

在三口烧瓶中加入 54.5 g 3-甲基吡啶-N-氧化物（100％）、74.7 g 三乙胺及 500 mL CH₂Cl₂，在氮气保护下滴加 67.7 g 邻苯二甲酰氯，加完后继续保温 2 h。抽滤，滤渣用 100 mL CH₂Cl₂ 洗涤，滤液经减压脱溶得浅褐色黏稠液体。在冷却条件下调节此液体的 pH 保持 6 左右。馏出物分出油层，水层用 3×200 mL CH₂Cl₂ 萃取。合并油层和萃取液，经无水 MgSO₄ 干燥处理后减压脱溶，得无色至浅黄色油状液体，即 2-氯-5-甲基吡啶，收率 76％。

在装有回流冷凝管、搅拌器、滴液漏斗的三口烧瓶中加入 38.6 g 2-氯-5-甲基吡啶、40 mL 苯，开动搅拌，在 50 ℃ 缓慢滴加 24.0 g 含亚硫酰氯的苯溶液，2 h 滴完，加热回流 4 h，停止搅拌、脱溶、柱层析得 2-氯-5-氯甲基吡啶，产率 70％。

(3) 缩合

在装有温度计、回流冷凝管、搅拌器、滴液漏斗的四口烧瓶中加入 80 mL 乙腈、

39.0 g N-硝基亚咪唑烷-2-基胺、14.4 g 碳酸钾、少许氯化亚铜，搅拌下滴加 32.6 g 溶有 2-氯-5-氯甲基吡啶的乙腈溶液，加热回流反应 5 h，过滤，用乙腈洗滤渣，与滤液合并，滤液减压下脱溶剂得褐色固体，将其用硅胶柱层析分离，得吡虫啉，产率 90%。

5. 产品用途

吡虫啉是烟碱类超高效杀虫剂，具有广谱、高效、低毒、低残留，害虫不易产生抗性，对人、畜、植物和天敌安全等特点，并有触杀、胃毒和内吸等多重作用。害虫接触药剂后，中枢神经正常传导受阻，使其麻痹死亡。产品速效性好，药后 1 d 即有较高的防效，残留期长达 25 d 左右。药效和温度呈正相关，温度高，杀虫效果好。主要用于防治刺吸式口器害虫。

6. 参考文献

[1] 李琳，马潇潇，王克良，等. 新型吡虫啉类化合物的合成 [J]. 合成化学，2015，23（6）：560-563.
[2] 李树纲. 吡虫啉和斑蝥素衍生物的设计、合成及其生物活性研究 [D]. 兰州：兰州大学，2015.

2.38 辛硫磷

辛硫磷（Phoxim）又称肟硫磷、倍腈松、腈肟磷，化学名称 O,O-二乙基-O-α-氰基苄叉胺基硫逐磷酸酯。分子式 $C_{12}H_{15}N_2O_3PS$，相对分子质量 298.18，结构式：

$$(C_2H_5O)_2\overset{S}{P}-O-N=\overset{CN}{C}-C_6H_5$$

。

1. 产品性能

纯品为浅黄色油状液体，原药为红棕色油状液体。凝固点 5～6 ℃，沸点（1.33 Pa）120 ℃，相对密度（d_4^{20}）1.176。折射率（n_D^{20}）1.5395。20 ℃ 水中溶解度 7 mg/kg、二氯甲烷＞500 mg/kg、异丙醇＞600 mg/kg，易溶于乙醇、丙酮、芳烃、卤代烃等有机溶剂，稍溶于植物油、矿物油和脂肪烃。在酸性介质和中性介质中稳定，在碱性介质中易分解。

2. 生产方法

将盐酸和乙醇的混合液滴加至亚硝酸钠水溶液中生成亚硝酸乙酯，亚硝酸乙酯与苯乙腈、氢氧化钠作用生成 α-氰基苯甲肟钠，然后生成的 α-氰基苯甲肟钠与 O,O-二乙基硫代磷酰氯缩合得辛硫磷。

$$NaNO_2 + C_2H_5OH + HCl \longrightarrow C_2H_5ONO + NaCl + H_2O,$$

$$C_2H_5ONO + \langle\ \rangle-CH_2CN \xrightarrow{NaOH} \langle\ \rangle-\overset{CN}{\underset{NONa}{C}} + C_2H_5OH,$$

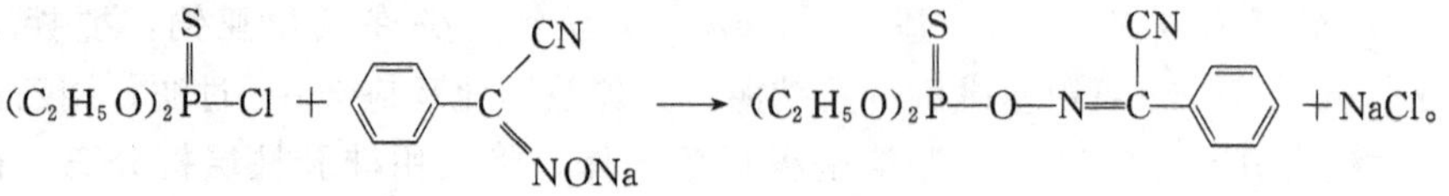

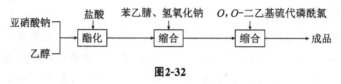

$$(C_2H_5O)_2\overset{\underset{\parallel}{S}}{P}-Cl + \underset{\underset{NONa}{|}}{\underset{\parallel}{C}} \longrightarrow (C_2H_5O)_2\overset{\underset{\parallel}{S}}{P}-O-N= \underset{CN}{||} + NaCl。$$

3. 工艺流程

亚硝酸钠、乙醇 → 酯化（盐酸）→ 缩合（苯乙腈、氢氧化钠）→ 缩合（O,O-二乙基硫代磷酰氯）→ 成品

图2-32

4. 生产配方（kg/t）

亚硝酸钠（95%）	400
乙醇（95%）	200
苯乙腈（96%）	500
氢氧化钠（30%）	680
盐酸（30%）	680
O,O-二乙基硫代磷酰氯（90%）	750

5. 生产工艺

（1）酯化、缩合

将亚硝酸钠固体（工业品）投入反应釜，加水搅拌使其溶解，加入乙醇，冷却至 0 ℃ 以下，滴加 30% 的盐酸，滴加完毕，静置，分去下层酸水，得到黄色油层，再加入氰苄、适量乙醇，滴加 30% 的氢氧化钠，反应温度从 0 ℃ 逐渐上升至 30～35 ℃。滴加完毕，维持反应温度继续搅拌 1 h，出料，得 α-氰基苯甲肟钠（浅棕色），收率 94%～96%。

（2）缩合

将 α-氰基苯甲肟钠用 30% 的盐酸配比 pH 至 1～2，静置分去下层酸水，得棕黄色油层，滴加液碱调节 pH 至 10～11，加入 O,O-二乙基硫代磷酰氯（98%），体系呈均相，升温至 45 ℃ 左右，反应 2 h，出料，加水洗涤，得淡黄色辛硫磷成品，收率 88%～90%。

6. 产品标准

（1）原油

外观	红棕色液体
有效物含量（一级品）	≥85%
氯化物	≤1.0%
水分	≤0.8%
酸度（以 H_2SO_4 计）	≤0.3%

（2）乳液

有效成分含量	≥40%	≥45%	≥50%
水分	≤0.6%	≤0.7%	≤0.7%

酸度（以 H_2SO_4 计）	≤0.35%	≤0.20%	≤0.20%
乳液稳定性	合格	合格	合格

7. 产品用途

广谱的有机磷杀虫剂，具有胃毒和触杀作用。主要用于防治地下害虫，适宜花生、小麦、水稻、棉花、玉米等作物的害虫防治，也可以防治果树、蔬菜、桑、茶等的害虫，还可防治蚊蝇等卫生害虫及仓储害虫，特别对花生、大豆、小麦的蛴螬、蝼蛄有良好的效果。

8. 参考文献

[1] 赵青霞，高琼，严相平，等. 辛硫磷类似物的合成及杀螺活性 [J]. 农药，2009，48 (11)：795-796.

[2] 穆瑞珍，何雷，王国卿. 30%辛硫磷水乳剂的研究 [J]. 山东化工，2009，38 (9)：25-26.

[3] 夏红英，段先志，蔡红梅. 辛硫磷农药微胶囊制备工艺 [J]. 农药，2006 (6)：392-393.

2.39 庚烯磷

庚烯磷（Hostapuick），化学名称 7-氯双环-[3，2，0] 庚-2，6-二烯-6-基二甲基磷酸酯，英文名称 Heptenophos；7-Chlorobicyclo-[3，2，0] hepta-2，6-dien-6-yldimethyl-phosphate。分子式 $C_9H_{12}ClO_4P$，相对分子质量 250.6，结构式：

$$H_3CO-P(=O)-O-\text{(环结构)}-Cl$$

1. 产品性能

浅琥珀色液体。沸点 94～95 ℃ (0.133 Pa)；蒸气压 0.10 Pa (20 ℃)。溶于二甲苯、丙酮、甲醇，23 ℃ 水中的溶解度为 2.5 g/L。庚烯磷是有机磷杀虫剂，具有消毒、触杀和很强的内吸活性。

2. 工艺流程

图2-33

3. 生产工艺

（1）二氯乙酰氯的制备

在反应瓶中加入二氯乙酸，在加热下滴加邻苯二甲酰氯。滴加完毕，升温分馏，收集 106～110 ℃ 馏分即得。

（2）7，7-二氯二环［3，2，0］庚-2-烯-6-酮的制备

在反应瓶中混合二氯乙酰氯、新鲜解聚得的环戊二烯及戊烷组成的溶液。在氮气下搅拌加热回流，并缓慢滴加三乙胺的戊烷溶液。加毕后回流几小时，得乳白液。加入蒸馏水，以溶解三乙胺盐酸盐。分出水层，水层用戊烷抽提；合并有机层，经干燥、过滤、蒸去戊烷及多余的环戊二烯后，得黏稠的橙色液体，减压蒸馏，收集 66～68 ℃、267 Pa 的馏分即得。

（3）庚烯磷的制备

在反应瓶中加入 7，7-二氯二环［3，2，0］庚-2-烯-6-酮及亚磷酸三甲酯，加热至适当温度后再保温几小时，然后减压蒸馏收集 128～130 ℃、533 Pa 的馏分即得。配制成 40％的可湿性粉剂或 25％的乳剂、50％的乳剂。

4. 产品用途

用于杀灭豆蚜和果树蔬菜蚜虫。其最突出的特点是高效、持效短、残留量低，所以最适合于临近收获期的果蔬害虫防治。

5. 参考文献

［1］周安寰，丁新腾，黄永明，等. 庚烯磷的合成［J］. 农药，1987（5）：21.

2.40　毒死蜱

毒死蜱（Chlorpyrifos）又称氯吡硫磷，化学名称 O，O-二乙基-O-（3，5，6-三氯-2-吡啶基）硫代磷酸酯。分子式 $C_9H_{11}Cl_3NO_3PS$，相对分子质量 350.49，结构式：

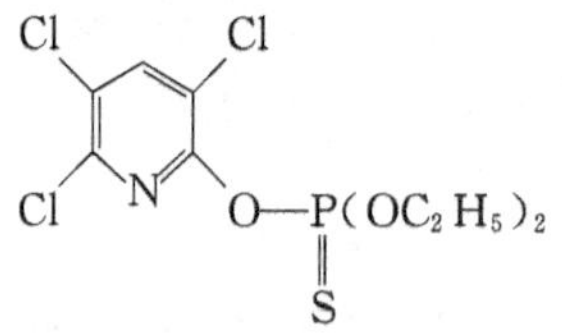

1. 产品性能

纯品为白色结晶，具有轻微的硫醇味。熔点 42.5～43.0 ℃，相对密度（$d_D^{43.5}$）1.398，25 ℃ 时蒸气压为 2.52 mPa，35 ℃ 溶解度：水中 $2×10^{-6}$ g/kg，异辛烷中 790 g/kg，甲醇中 430 g/kg；可溶于丙酮、苯、氯仿等大多数有机溶剂。在酸性介质中稳定，在碱性介质中易分解，对铜和黄铜有腐蚀性。是一种高效、广谱、低残留有机磷杀虫和杀螨剂。可与碱性农药混用。

2. 生产方法

吡啶氯化后还原得 2，3，5，6-四氯吡啶，然后水解 2，3，5，6-四氯吡啶得 2-羟基-3，5，6-三氯吡啶，得到的 2-羟基-3，5，6-三氯吡啶再与 O，O-二乙基硫代磷酰氯缩合得毒死蜱。

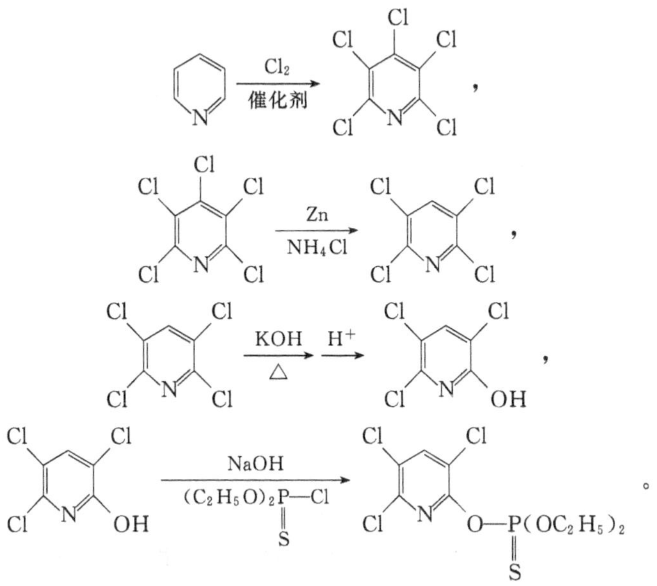

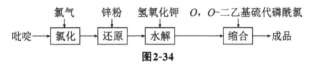

3. 工艺流程

吡啶 → 氯化 → 还原 → 水解 → 缩合 → 成品

氯气 锌粉 氢氧化钾 O,O-二乙基硫代磷酰氯

图2-34

4. 生产配方 (kg/t)

吡啶（工业品）	370
氯气（99%）	830
O,O-二乙基硫代磷酰氯	770

5. 生产工艺

在催化剂存在下，吡啶于330 ℃与氯气发生氯化生成五氯吡啶。然后以乙腈为溶剂，五氯吡啶于78 ℃与缓慢滴加的锌粉-氯化铵水溶液作用，反应3 h得2，3，5，6-四氯吡啶。在氢氧化钾存在下，2，3，5，6-四氯吡啶于95~100 ℃下水解，水解液用硫酸酸化pH至3.5，得2-羟基-3，5，6-三氯吡啶。

将2-羟基-3，5，6-三氯吡啶投入氢氧化钠水溶液中溶解，降温，加入少量氯化钠、氢氧化钠、硼酸、苄基三乙基氯化铵（相转移催化剂）1-甲基咪唑及有机溶剂二氯甲烷，加热至42 ℃，于搅拌下加入O,O-二乙基硫代磷酰氯，加毕，回流1.5 h，分去水相，有机层经水洗，减压脱去溶剂，即得油状产物毒死蜱，含量90.3%。油状产物用95%的乙醇重结晶，可得白色固体产品，熔点42.5~43.0 ℃。

6. 说明

2-羟基3，5，6-三氯吡啶也可由下列路线合成。

$$Cl_3CCOOH + SOCl_2 \xrightarrow{催化剂} Cl_3CCCl + HCl\uparrow + SO_2\uparrow,$$

$$Cl_3CCCl + H_2C=CHCN \xrightarrow{\text{催化剂}} Cl_3CCCH_2CHCN,$$

$$Cl_3CCCH_2CHCN \xrightarrow{-HCl} \text{（吡啶酮环化结构）},$$

$$\text{（吡啶酮环化结构）} \xrightarrow[\substack{-HCl \\ -H_2O}]{NaOH} \text{（NaO取代吡啶结构）},$$

$$\text{（NaO取代吡啶结构）} \xrightarrow{H^+} \text{（HO取代吡啶结构）}。$$

在四口瓶中加入 163.4 g 三氯乙酸、137.0 g 氯化亚砜和 8 g 二甲基甲酰胺，搅拌下缓慢升温至 45～50 ℃。用液碱吸收放出的氯化氢和二氧化硫，开始回流，待停止回流后，再升温至 80～85 ℃，继续回流 2.5 h。反应结束后，用 15～20 cm 玻璃弹簧填料分馏柱蒸馏分离，收集 116～120 ℃ 馏分，得三氯乙酰氯 148 g，收率 81.3%。

在四口瓶中加入 87.4 g 三氯乙酰氯、34.6 g 丙烯腈、2.24 g 氯化亚铜、1.45 g 铜和约 70 g 上次本步反应后的蒸馏物，在氮气保护下，搅拌升温至 82 ℃，开始回流，在约 16 h，内温升至 96 ℃，然后常压蒸馏，内温达 115 ℃ 时，减压蒸馏。在 53.3 kPa、内温 120 ℃ 时，停止蒸馏，收集所有蒸馏物循环用于下次反应。冷却残留物，加入 110 mL 二氯乙烷，过滤，得加成物 A 的母液，直接进行下步反应。滤饼为催化剂，可循环使用。

将上述 A 的溶液放入 250 mL 四口瓶，搅拌下在 60～65 ℃ 通入氯化氢气体，在保证尾气有少许氯化氢逸出的通气速度时，约 10 h 完成闭环反应。然后真空尽可能排除氯化氢，得环化产物——五氯四氢吡啶酮溶液。

冰水冷却五氯四氢吡啶酮溶液，搅拌下滴加 110 g、27.3% 的氢氧化钠溶液，控制反应温度不超过 40 ℃。反应物黏稠状，快速搅拌，滴加完毕，室温下搅拌 16 h，过滤，滤饼用 50 mL 13% 的碳酸钠溶液充分搅拌，过滤、干燥，得 66.1 g 钠盐（含 18.5% 氯化钠），收率 50.9%。钠盐转化为醇，熔点 167～169 ℃，可直接与 O,O-二乙基硫代磷酰氯反应得毒死蜱。若酸化毒死蜱得 2-羟基-3，5，6-三氯吡啶。

7. 产品标准

40%的乳油	浅黄色液体
相对密度（d_D^{20}）	1.18
含量	≥40%

8. 产品用途

毒死蜱具有触杀、胃毒和熏蒸作用，能有效地防治水稻、麦类、玉米、棉花、甘蔗、茶叶、果树、花卉和畜牧等的螟虫、卷叶虫、黏虫、介壳虫、蚜虫、叶蝉和害螨等 100 余种害虫。

9. 参考文献

[1] 杨瑞成，史俊. 农药毒死蜱有机磷废水处理工艺研究 [J]. 再生资源与循环经济，2017，10（1）：39-41.

[2] 宋文勇，张现红，孔斌，等. 15%毒死蜱颗粒剂配方及小试工艺探索 [J]. 农药科学与管理，2016，37（10）：29-34.

[3] 胥璋. 一步法合成高收率毒死蜱 [J]. 中国农药，2008（4）：26-27.

2.41　钙敌畏

钙敌畏（Calvinphos）又名敌敌钙、钙杀威。本品为 O-甲基-O-（2，2-二氯乙烯基）磷酸钙与 O，O-二甲基-O-（2，2-二氯乙烯基）磷酸酯（敌敌畏）的立体配合物。分子式为 $C_{14}H_{22}CaCl_8O_{16}P_4$，相对分子质量 894.98。

1. 产品性能

该品为白色或淡黄色蜡状固体，熔点 64～67 ℃，易溶于乙醚。敌敌钙是一种新型的高效、广谱、低毒的有机磷类杀虫、驱虫药，有类似敌敌畏的杀虫、驱虫作用，对家畜家禽的毒性低，并有易于生物降解、无滞留和无公害等优点。

2. 生产配方（kg/t）

敌敌畏	1000
氯化钙	24
甲苯	10

3. 生产方法

先将敌敌畏与氯化钙作用生成钙盐，再与敌敌畏络合得到产品。

4. 生产工艺

经计量的粉状氯化钙一次性投入反应锅，再加入溶剂甲苯。搅拌加热至 40 ℃，滴加计量敌敌畏原油。滴加完毕，再在 40 ℃ 反应 6～7 h，回收反应生成的副产物氯甲烷（每吨钙敌畏可回收氯甲烷 100 kg）。然后将反应物移至脱溶锅，加热减压脱去溶剂甲苯，即得到钙敌畏原药，平均收率 92.4%。

本品常被加工为 40% 的乳油（原药、乳化剂和水的混合物）、65% 的可湿性粉剂。

5. 产品用途

钙敌畏具有熏蒸和触杀作用，可有效地防治农作物和家庭卫生害虫，防治蟑螂的效果尤为突出。

6. 参考文献

[1] 韩相恩，郭兆峰. 杀虫、驱虫新药：敌敌钙的合成 [J]. 兰州铁道学院学报，1999（3）：58-61.

[2] 范登进. 一种由敌敌畏制成的杀虫剂敌敌钙 [J]. 农药，1981（5）：54-55.

2.42　氟蚜螨

氟蚜螨（Nissol）又叫果乃胺，氟蚜螨属酰胺类杀虫杀螨剂，化学名称 N-甲基-N-(1-萘基) 氟乙酰胺。分子式 $C_{13}H_{12}FNO$，相对分子质量 217.26，结构式：

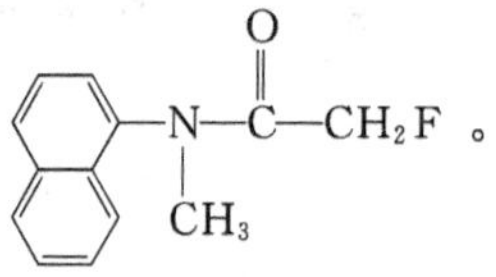

1. 产品性能

白色结晶或结晶性粉末，熔点 88～89 ℃，是一种杀虫、杀螨剂，对抗性螨有很好的防治效果。

2. 生产方法

（1）氟乙酰氯法

N-甲基-1-萘胺与氟乙酰氯缩合得氟蚜螨。

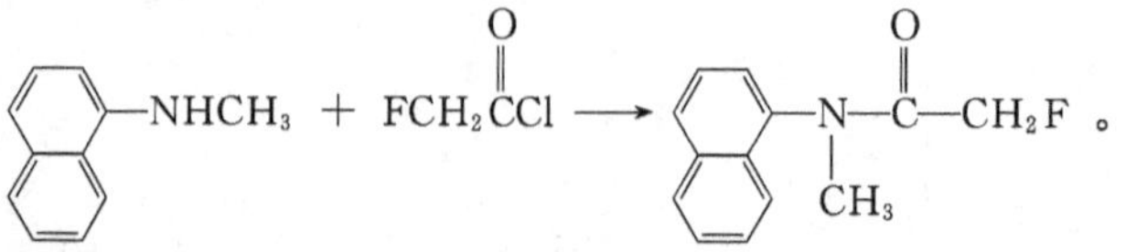

（2）氯乙酰氯法

氯乙酰氯（或氯乙酸在三氯化磷存在下）与萘胺反应得氯乙酰二胺，然后氯乙酰二胺经甲基化、氟代，得氟蚜螨。

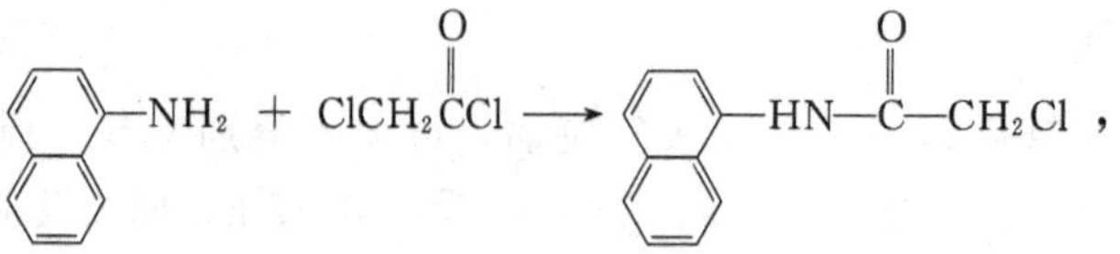

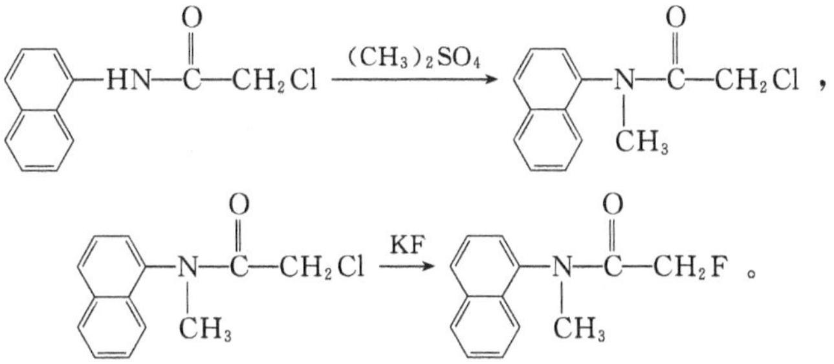

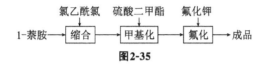

下面介绍氯乙酰氯法的工艺流程、生产配方和生产工艺。

3. 工艺流程

1-萘胺 → 缩合 → 甲基化 → 氟化 → 成品

氯乙酰氯　硫酸二甲酯　氟化钾

图2-35

4. 生产配方（kg/t）

1-萘胺（100％计）	143.0
氯乙酰氯（95％）	119.0
硫酸二甲酯（100％计）	136.8
氟化钾	59.0

5. 生产工艺

（1）缩合

将 143 g 1-萘胺溶于 500 mL 甲苯中，滴加 119.0 g 95％的氯乙酰氯，滴完后 80～90 ℃ 反应 1.5 h，冷却，过滤，烘干，即得氯乙酰萘胺 215.0 g。

（2）甲基化

将 109.7 g 氯乙酰萘胺、750 mL 水、250 mL 甲醇及 25.0 g 氢氧化钠放于反应瓶中，搅拌下加入 70 g 硫酸二甲酯，搅拌反应 2 h，倾入 2500 mL 水中，搅拌数分钟，过滤，水洗，干燥，得 114.5 g N-甲基-N-萘基氯乙酰胺。

（3）氟化

将 46.8 g N-甲基-N-萘基氯乙酰胺、200 mL 乙二醇及 12.0 g 氟化钾加入到反应瓶中，在 120 ℃ 反应 2 h，减压回收约 170 mL 乙二醇后，加入 300 mL 水，搅拌后即得固体，过滤、水洗、烘干重 39.6 g，经重结晶后得氟蚜螨，熔点 88～89 ℃。

6. 产品用途

杀虫、杀螨剂，用于果树、棉田红蜘蛛等螨类的防治。

7. 参考文献

[1] 刘长令. 杀虫杀螨剂氟蚜螨的合成研究 [J]. 农药，1994 (4)：13.

[2] 周卫平. 硫酸二甲酯在杀虫杀螨剂中的应用 [J]. 精细化工原料及中间体，2006 (7)：28-30.

2.43 氟氰戊菊酯

氟氰戊菊酯 (Flucythrinate；Cybolt；Cythrin) 又称氟氰菊酯，化学名称 (R，S)-α-氰基-3-苯氧基苄基-(S)-2-(对二氟甲氧基苯基)-3-甲基丁酸酯 (4-(Difluoromethoxy)-α-(1-methylethyl) benzeneacetic acid cyano (3-phenoxyphenyl) methyl ester)。分子式 $C_{26}H_{23}F_2NO_4$，相对分子质量 451.46，结构式：

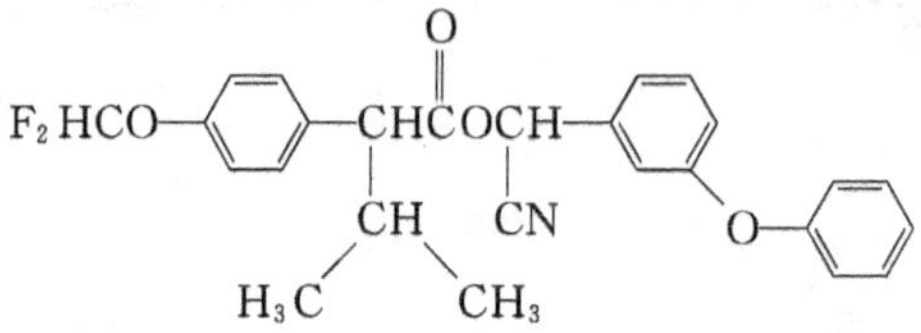

1. 产品性能

纯品为琥珀色黏性液体，沸点 108 ℃ (46.7 Pa)，相对密度 (d_4^{22}) 1.189，蒸气压 (45 ℃) 32.0 μPa。21 ℃时在 100 mL 溶剂中溶解度：丙酮＞82 g，己烷 9 g，丙醇 78 g，二甲苯 181 g，水 0.05 mg。在正辛醇/水中分配系数为 110。属高效广谱拟除虫菊酯类杀虫剂。

2. 生产方法

对氯苄腈经异丙基化、水解后得 α-对氯苯基异戊酸。然后，在碱及催化剂存在下，α-对氯苯基异戊酸水解得 α-对羟基苯基异戊酸，α-对羟基苯基异戊酸与二氟一氯甲烷发生二氟甲基化，再与亚硫酰氯发生酰氯化，得到相应的酰氯化合物。最后在相转移催化剂催化下，酰氯化合物与间苯氧基苯甲醛和氰化钠缩合，即得氟氰戊菊酯。

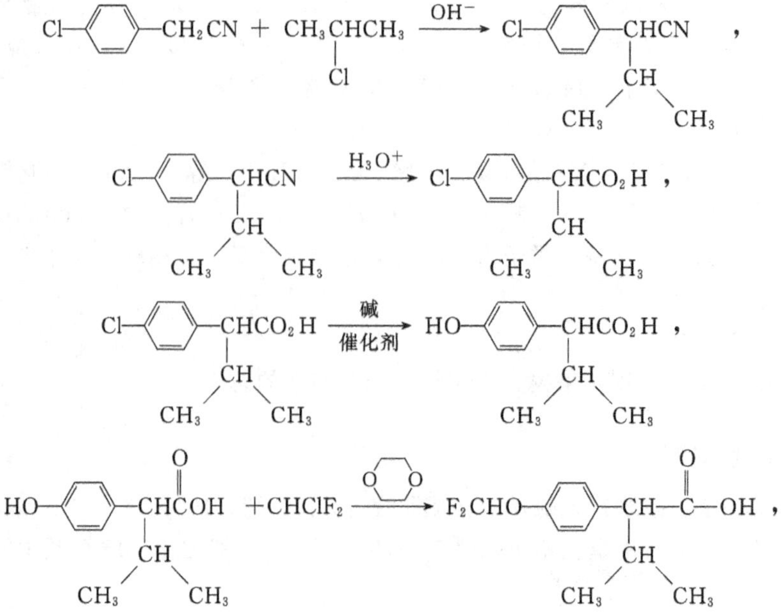

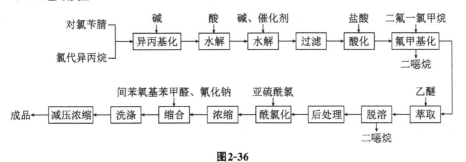

3. 工艺流程

```
对氯苄腈          碱        酸    碱、催化剂          盐酸   二氟一氯甲烷
         ┌───────┐ ┌───────┐ ┌───────┐ ┌───────┐ ┌───────┐ ┌───────┐
         │ 异丙基化 │→│ 水解  │→│ 水解  │→│ 过滤  │→│ 酸化  │→│ 氟甲基化 │
氯代异丙烷 └───────┘ └───────┘ └───────┘ └───────┘ └───────┘ └───────┘
                                                              ↓ 二噁烷
    间苯氧基苯甲醛、氰化钠    亚硫酰氯                                乙醚
┌───────┐ ┌───────┐ ┌───────┐ ┌───────┐ ┌───────┐ ┌───────┐ ┌───────┐ ┌───────┐
│减压浓缩│←│ 洗涤  │←│ 缩合  │←│ 浓缩  │←│ 酰氯化 │←│ 后处理 │←│ 脱溶  │←│ 萃取  │
└───────┘ └───────┘ └───────┘ └───────┘ └───────┘ └───────┘ └───────┘ └───────┘
  ↓                                                          ↓ 二噁烷
成品
```

图 2-36

4. 生产配方（kg/t）

对氯苄腈	1010
亚硫酰氯	450
氯代异丙烷	2600
间苯氧基苯甲醛	600
硫酸铜	110
氰化钠	180
二氟一氯甲烷	2595

5. 生产设备

高压水解反应釜	酸化釜
氟甲基化反应釜	中和釜
蒸馏塔	浓缩釜（2 台）
酰氯化反应釜	缩合反应釜
分水器（2 台）	过滤器

6. 生产工艺

在弹式高压水解反应釜中，加入水、氢氧化钠、2-(4-氯苯基)-3-甲基丁酸和络合铜催化剂，通过夹套用热油加热至 180 ℃，保温反应 5 h。冷却后，加水稀释，过滤回收络合铜催化剂。滤液转入酸化釜，用浓盐酸酸化 pH 至 2～3，得灰色固体。重结晶得白色针状结晶 2-(4-羟基苯基)-3-甲基丁酸，熔点 171～173 ℃。

在氟甲基化反应釜中，加入 2-(4-羟基苯基)-3-甲基丁酸、氢氧化钠、二噁烷和水，搅拌下加热至 80 ℃，于搅拌下加入二氟一氯甲烷，保温 75～85 ℃，通二氟一氯甲烷 4～5 h。反应完毕，冷却，转入盛有冰水的中和釜中，用浓盐酸中和 pH 至 3，用乙醚萃取 3 次。萃取液在分水器中用水洗涤，分去水，用无水硫酸钠干燥，蒸馏脱溶。再加入 V（二氯甲烷）：V（石油醚）＝1：1 混合溶剂，回流 1 min，放置过夜，滤去未反应的 2-(4-羟基苯基)-3-甲基丁酸。滤液转入浓缩釜，浓缩得橙色黏稠液体，即 2-(4-二氟甲氧基苯基)-3-甲基丁酸。

将 2-(4-二氟甲氧基苯基)-3-甲基丁酸、无水石油醚、亚硫酰氯、N，N-二甲基甲酰胺加入酰氯化反应釜中，搅拌加热反应 1 h，浓缩得对应的 2-(4-二氟甲氧基苯基)-3-甲基丁酰氯。在另一反应釜中，加入间苯氧基苯甲醛、溴化四丁基铵相转移催化剂、甲苯、水和氰化钠，在搅拌下滴加 2-(4-二氟甲氧基苯基)-3-甲基丁酰氯的甲苯溶液。加料完毕，继续搅拌反应 6 h。加水，分别用 10％的碳酸钠溶液、水、10％的盐酸、饱和食盐水洗涤，经无水硫酸钠干燥，减压浓缩得橙红色黏稠状液体，即氟氰戊菊酯原油。

7. 实验室制法

在装有回流冷凝管、温度计、通气导管的三口反应瓶中，加入 200 g 2-(4-羟基苯基)-3-甲基丁酸、39.0 g 氢氧化钠、1300 mL 二氧六环和 600 mL 水，加热至 80 ℃，搅拌下通入二氟一氯甲烷，保温（80±5）℃，通气反应 4～5 h。冷却，倒入冰水中，用浓盐酸中和 pH 至 3。用乙醚萃取 3 次，萃取液用水洗。有机层分离后用无水硫酸钠干燥，脱溶，加 600 mL V（二氯甲烷）：V（石油醚）＝1：1 混合物，回流 5 min，放置过夜，滤去未反应的 2-(4-羟基苯基)-3-甲基丁酸，滤液浓缩得橙色黏稠液体，即 2-(4-二氟甲氧基苯基)-3-甲基丁酸。

在装有搅拌器的三颈反应瓶中，加入 48 g 2-(4-二氟甲氧基苯基)-3-甲基丁酸、100 mL 无水石油醚、200 mL 新蒸亚硫酰氯、4 滴 N，N-二甲基甲酰胺，加热回流 1 h，然后浓缩得对应的酰氯中间体。

将 39.6 g 间苯氧基苯甲醛、1.0 g 四丁基溴化铵、100 mL 甲苯、60 mL 水和 18 g 氰化钾加入反应瓶中，在搅拌下滴加 52 g 上述制备的酰氯的甲苯溶液。加毕，继续搅拌反应 6 h 后，加水 200 mL，分别用 10％的碳酸钠溶液、水、10％的盐酸、饱和食盐水、水各 50 mL 洗涤，无水硫酸钠干燥，减压浓缩得黏稠状液体，即 88 g 氟氰戊菊酯。折射率（n_D^{18}）1.5457。

8. 产品标准

30％乳油

外观	琥珀色略带类似酯味的液体
相对密度（d_4^{25}）	0.975
乳液稳定性	合格
有效成分含量	≥30％

原油

外观	琥珀色黏性液体
水分	≤0.5
有效成分含量	≥70%

9. 质量检验

①有效成分含量测定。采用气相色谱法测定。

②水分含量测定。按 GB/T 1600—2001《农药水分测定方法》进行。

③乳液稳定性测定。按 GB 1603—2001《农药乳剂稳定性测定方法》进行。

10. 产品用途

主要用于棉花、蔬菜、果树等作物防治鳞翅目、同翅目、双翅目、鞘翅目等多种害虫，其杀虫活性优于氰戊菊酯和氯菊酯，并有显著的杀螨作用。

11. 安全与贮运

①原料亚硫酰氯属一级无机酸性腐蚀品，有毒，其蒸气刺激眼睛与黏膜，生产设备必须密闭。氰化钠属无机剧毒品，应专库贮存，生产中应加强管理。对氯苄腈、氯代异丙烷等有毒，生产设备必须密封。

②氟氰戊菊酯原药急性径口毒性（LD_{50}）：雄大白鼠 81 mg/kg，雌大白鼠 67 mg/kg，雌小白鼠 76 mg/kg。药液不慎接触皮肤、眼睛时，应立即用大量水冲洗。

③采用玻璃瓶或铝罐包装，贮存于干燥通风处。不可与水接触，不能与碱性农药或其他碱性物质混用。

12. 参考文献

[1] 宓爱巧，陈元伟，吴兰均，等. 一种氟氰菊酯的合成方法：1034708 [P]. 1989-08-16.

[2] 王鸣华，蒋木庚. 氟氰菊酯新合成路线的研究 [J]. 农药，1992 (6)：16.

[3] 蒋木庚，邢月华，王鸣华，等. 高效立体选择性戊菊酯和氰戊菊酯的合成 [J]. 南京农业大学学报，1990，13 (4)：110.

2.44　速灭杀丁

速灭杀丁（Fenvalerate）又称氰戊菊酯、杀灭菊酯、速灭菊酯，化学名称（R，S）-α-氰基-3'-苯氧基苄基-(R，S)-2-(4-氯苯基)-3-甲基丁酸酯。分子式 $C_{25}H_{22}$ $ClNO_3$，相对分子质量 419.92，结构式：

1. 产品性能

微黄色透明油状液体，沸点 300 ℃（37×133.3 Pa），相对密度（d_{25}^{25}）1.75，折射率 1.5533。20 ℃ 的蒸气压为 $3.07×10^{-5}$ Pa，25 ℃ 的蒸气压为 $3.73×10^{-5}$ Pa。20 ℃ 的溶解度：水＜1 mg/L，己烷 77 g/L，丙酮、乙醇、氯仿、二甲苯、环己酮均大于 450 g/L。热稳定性好，75 ℃ 放置 100 h 无明显分解；在酸性条件下稳定，在 pH＞8 的碱性介质中不稳定；对光稳定。除碱性农药外，可与大多数农药混用。

2. 生产方法

对氯苯乙腈与苯磺酸异丙酯发生烷基化后，经水解、酰氯化，得到 $α$-异丙基对氯苯基-丁酰氯，然后 $α$-异丙基对氯苯基-丁酰氯与间苯氧基苯甲醛、氰化钠反应得到速灭杀丁。

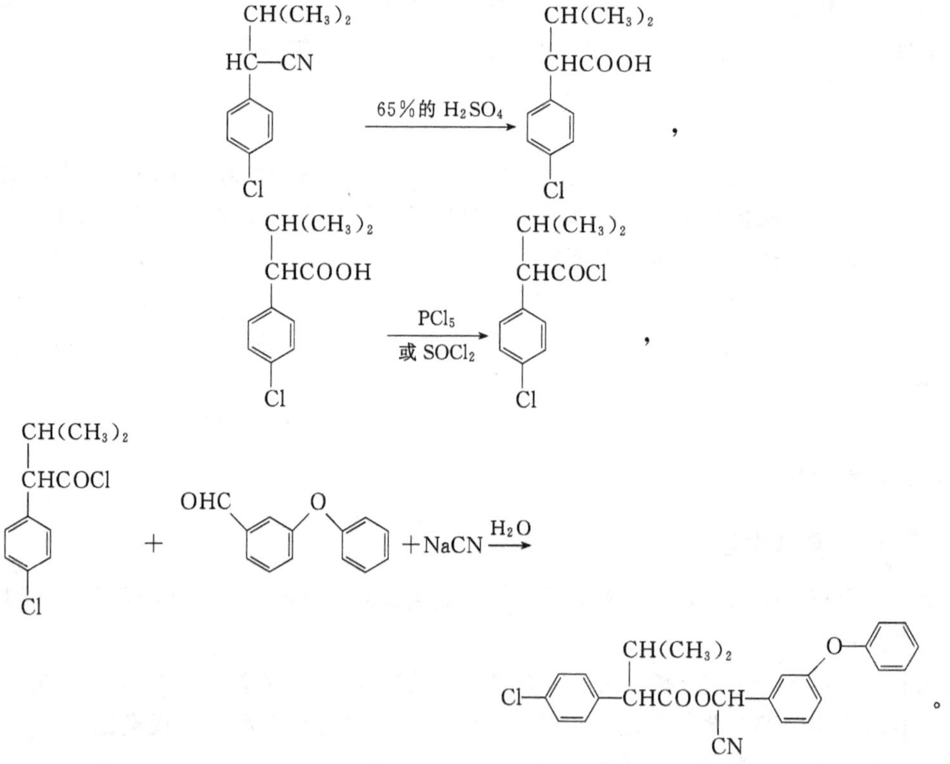

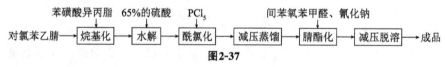

3. 工艺流程

图2-37

4. 生产配方（kg/t）

对氯苯乙腈（100%计）	550
间苯氧基苯甲醛	580
苯磺酸异丙酯	800
氰化钠	190

5. 生产设备

烷基化反应釜	减压蒸馏釜
酸解罐	酰氯化反应锅
腈酯化反应锅贮槽	

6. 生产工艺

在烷基化反应釜中，加入石油醚为溶剂，然后加入 55 kg 对氯苯乙腈、80 kg 苯磺酸异丙酯、43.6 kg 氢氧化钠，于 70 ℃ 搅拌反应 12 h。反应物用水洗后脱水，脱溶，减压蒸馏，收集 100～110 ℃、40～80 Pa 馏分，即得 2-异丙基对氯苯乙腈。

将 α-异丙基对氯苯基乙腈与 65% 的硫酸按 n（α-异丙基对氯苯基乙腈）：n（65% 的硫酸）=1.0：1.3 的比例混合，加热至 140～145 ℃ 反应 11 h，用溶剂萃取，分出酸层，再经水洗，脱溶，冷却结晶，得 α-异丙基对氯苯基乙酸，含量 90%，熔点 85～87 ℃。

将 α-异丙基对氯苯基乙酸和五氯化磷混合，搅拌升温到 130 ℃，在 130～140 ℃ 反应 1 h。冷却排除生成的氯化氢，蒸出副产的三氯氧磷后，减压蒸馏，收集 100～103 ℃、（3.0～3.5）×133.3 Pa 下的馏分，即得 α-异丙基对氯苯基乙酰氯，含量 95% 以上。

将氰化钠、间苯氧基苯甲醛、α-异丙基对氯苯基乙酰氯和季铵盐相转移催化剂依次投入水中，使氰化钠水溶液的质量分数为 25%。在 30～35 ℃ 搅拌反应 12 h。用溶剂萃取，水洗，干燥，减压脱除溶剂后即得速灭杀丁原油，含量 90% 以上。

7. 实验室制法

在相转移催化剂、液碱存在下，对氯苯乙腈与溴代异丙烷回流反应数小时（以甲苯为溶剂）生成对氯苯基异丁腈，然后加入 65% 的硫酸水解为 2-对氯苯基-3-甲基丁酸，再加入亚硫酰氯进行酰氯化。最后以环己烷为溶剂，在相转移催化剂存在下，间苯氧基苯甲醛、氰化钠与酰氯反应 12 h，经后处理得到速灭杀丁。

8. 产品标准

原油外观	浅棕色至红棕色黏稠液体		
指标名称	一级品	二级品	三级品
有效成分含量	≥92%	≥85%	≥80%
酸度（以 H_2SO_4 计）	≤0.1%	≤0.2%	≤0.2%
（α 体/β 体）色谱峰高比	≤1.15	≤1.15	≤1.15

9. 质量检验

（1）含量测定

采用气相色谱法。速灭杀丁保留时间：α 体约 17 min 32 s，β 体约 19 min 25 s。具体测定参见 GB 6694—1998。

（2）酸度测定

称取原油约 2 g（准确至 0.002 g），置于 250 mL 锥形瓶中，加入 100 mL 95% 的乙醇和混合指示剂（2 mL 2% 的甲基红＋10 mL 0.2% 的溴甲酚绿）5 滴，用 0.05 mol/L 氢氧化钠标准溶液滴定至终点，同时做空白试验。

$$酸度 = \frac{c(V_2 - V_1) \times 0.098}{2 \times m} \times 100$$

式中，c 为 NaOH 标准溶液浓度，mol/L；V_1 为空白试验耗用 NaOH 标准溶液的体积，mL；V_2 为样品耗用 NaOH 标准溶液的体积，mL；m 为样品质量，g。

（3）（α体/β体）色谱峰高比

由气相色谱测得样品中速灭杀丁 α 体和 β 体的色谱峰高，计算其比值。

10. 产品用途

高效广谱的拟除虫菊酯类杀虫剂，具有触杀和胃毒作用，击倒快，持效期长，而且对于作物的增产和促进早熟有一定的作用。可防治多种棉花害虫，如棉铃虫、棉蚜等，广泛用于防治烟草、大豆、玉米、果树、蔬菜的害虫，也可用于防治家畜和仓储等的害虫。本品使用量很少，一般防治棉花害虫每亩用有效成分 4～10 g，防治烟草害虫每亩用有效成分 3～10 g，防治玉米和其他谷类害虫用量一般为每亩用 20% 的乳油 33～35 mL（6.6～7.0 g 有效成分）兑水 50 kg 喷雾。

11. 安全与贮运

①生产中使用对氯苯乙腈、苯磺酸异丙酯、间苯氧基苯甲醛、五氯化磷、氰化钠等有毒或强刺激性原料，设备应密闭，操作人员应穿戴防护用具，车间内应加强通风。

②本品为有机毒品。内涂有保护薄膜的铁桶包装，贮存于阴凉、通风处。按有毒农药规定贮运。

12. 参考文献

[1] 吴恭谦. 速灭菊酯及溴氰菊酯应用研究初报 [J]. 安徽农学院学报，1981（1）：86-91.

[2] 陈馥衡，汪勤. 一些新拟除虫菊酯化合物的合成 [J]. 应用化学，1988（3）：43-47.

2.45　氧乐果

氧乐果（Omethoate；Folimat；Dimethoxon）又称氧化乐果，化学名称 O,O-二甲基-S-[2-（甲胺基）-2-氧代乙基] 硫代磷酸酯；O,O-二甲基-S-（N-甲基氨基甲酰甲基）硫代磷酸酯。分子式为 $C_5H_{12}NO_4PS$，相对分子质量 213.10，结构式：

$$(CH_3O)_2\overset{\displaystyle O}{P}-SCH_2-\overset{\displaystyle O}{C}NHCH_3 \ 。$$

1. 产品性能

纯品为无色至淡黄色透明无臭液体。沸点约 135 ℃ （蒸馏分解），100～110 ℃ （133.3 MPa）。蒸气压 3.33 MPa （20 ℃），9.33 mPa （30 ℃）。折射率 （n_D^{20}） 1.4982，相对密度 （d_4^{20}） 1.32。易溶于水、乙醇、丙酮、氯仿、正丁醇，微溶于乙醚，不溶于石油醚。在中性及偏酸性介质中稳定，在碱性溶液中或高温下分解。工业品为黄色至淡黄色油状液体，且有葱韭味。具有强烈的触杀和内渗作用，吸入毒性低于乐果，对蜜蜂有害，急性经口毒性 （LD_{50}）：大白鼠 30～60 mg/kg，小白鼠 30～40 mg/kg。

2. 生产方法

氧乐果生产方法主要有后胺解法、先胺解法和异氰酸酯法，这里介绍后胺解法。

在氯乙酸甲酯溶剂中，甲醇与三氯化磷反应生成亚磷酸二甲酯，然后与硫、氨作用生成 O,O-二甲基硫代磷酸铵 （简称硫磷铵盐）。硫磷铵盐与氯乙酸甲酯反应，最后胺解得氧乐果。

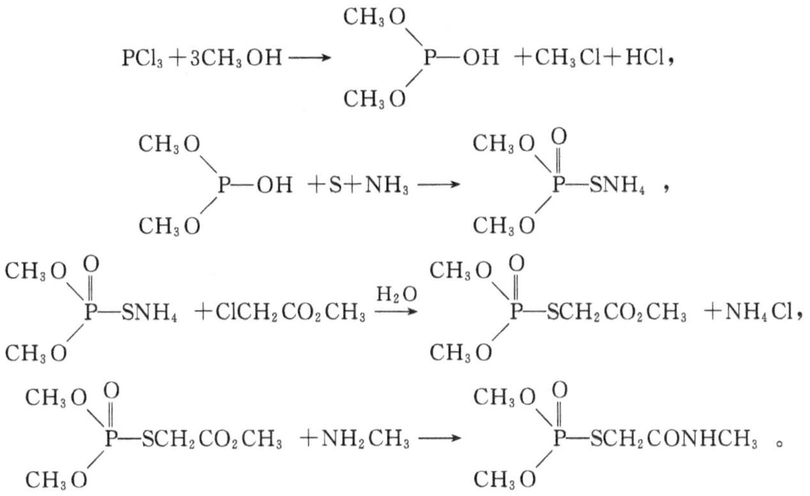

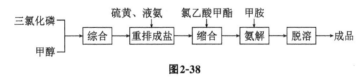

3. 工艺流程

图2-38

4. 生产配方 （kg/t）

甲醇 （98%）	495
三氯化磷 （工业品）	710
甲胺 （40%的水溶液）	350
氯乙酸甲酯 （≥90%）	690
硫黄 （99%）	155
液氨 （98%）	110
氯仿 （95%）	180

5. 生产工艺

(1) 缩合

将溶剂氯乙酸甲酯加入缩合反应釜，然后加入甲醇，搅拌下滴加三氯化磷，反应生成的氯化氢及氯甲烷通过真空泵从体外排出并回收。加料完毕，继续反应 0.5 h，然后于 60 ℃，$7.3×10^4$ Pa 下脱酸得到亚磷酸二甲酯，收率 85%。这一过程中的工艺条件：反应温度 50 ℃ 以下；压力（真空度）$8.1×10^4$ Pa；n（三氯化磷）：n（甲醇）$=1.00$：3.15；V［氯乙酸甲酯（溶剂）］：V（甲醇）$=25.0$：12.6。

(2) 重排，成盐

将 480 kg 亚磷酸二甲酯（100% 计）和 155 kg 硫黄投入重排成盐反应釜中，然后于 25 ℃ 下通氨，于 1.5～2.0 h 通 110 kg 氨，通氨完毕，保温反应 3 h，得到 O，O-二甲基硫代磷酸铵。

(3) 缩合

将 159 kg O，O-二甲基硫代磷酸铵（100% 计）投入缩合反应釜中，加入 318 kg 水，再加入 130.2 kg 氯乙酸甲酯，加热，于 55～60 ℃ 反应 2 h，冷却，过滤，静置分层，将油层于 $8.0×10^3$ Pa 真空蒸至 120 ℃，脱去过量氯乙酸甲酯（回收），得氧硫磷酸酯含量 90% 以上。

(4) 氨解

将上述得到的氧硫磷酸酯用 1 倍量的氯仿稀释后，投入氨解反应釜中，按 n（氧硫磷酸酯）：n（甲胺）$=1.0$：1.4 的比例滴加甲胺，加料温度控制在 -10 ℃，加料完毕，保温反应 1 h。将物料用盐酸中和至弱酸性，静置分层。用氯仿对水层萃取，并将萃取液与油层合并，蒸馏脱去氯仿（回收）后得到氧乐果原油，含量 $>70\%$。

6. 产品标准

外观	浅黄色至黄色透明状液体
有效含量（一级品）	≥70%
酸度（以硫酸计）	≤0.5%
水分	≤0.5%

40%增效乳油标准

外观	橘黄色油状液体
氧乐果含量	≥10%
敌敌畏含量	≥15%
二硫物含量	≥15%
水分	≤0.5%
乳液稳定性	合格

7. 产品用途

主要用于防治刺吸口器害虫，对咀嚼口器害虫也有效。主要用于棉花、小麦、果树、蔬菜等作物，防治各种蚜虫、红蜘蛛等，可防治水稻飞虱、蓟马、叶蝉、稻纵卷叶螟等，对于各种蚧虫，如柑橘红蜡蚧、松干蚧等防治效果也很显著。

8. 参考文献

[1] 冯冬青. 氧乐果合成过程集成智能控制方法与应用 [D]. 上海：上海大学，2009.

[2] 李书安. 催化剂在氧乐果全合成中应用的研究 [J]. 河南化工，2011，28（2）：35-36.

[3] 陈雄飞，孔慧琴，李云程，等. 氧乐果制备技术改进 [J]. 农药，1983（6）：18-19.

2.46　敌百虫

敌百虫（Trichlorophon）化学名称 O，O'-二甲基-2，2，2-三氯-1-羟基乙基膦酸酯。分子式 $C_4H_8Cl_3O_4P$，相对分子质量 257.45，结构式：

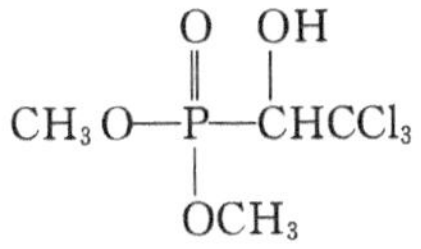

$$CH_3O-\overset{\overset{O}{\|}}{P}(OCH_3)-CHCClCl_3 \overset{OH}{}$$

。

1. 产品性能

白色结晶粉末，熔点：纯品 83～84 ℃，工业品 78～80 ℃。相对密度（d_4^{20}）1.73。折射率 1.3439。25 ℃时，在 100 mL 水中溶解度为 154 g。可溶于乙醇、苯和大多数氯代烃，不溶于脂肪烃。在中性和弱酸性溶液中比较稳定，但其溶液长期放置会变质，在碱性溶液中转变成敌敌畏。加热至 180 ℃ 开始分解。对金属有腐蚀作用。急性口服毒性（LD_{50}）：鼠 560～630 mg/kg。

2. 生产方法

首先甲醇与三氯化磷反应生成二甲基亚磷酸酯，然后二甲基亚磷酸酯与三氯乙醛反应生成敌百虫。

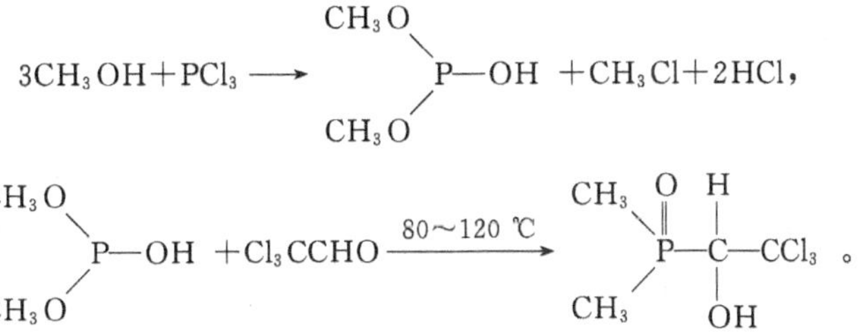

$$3CH_3OH+PCl_3 \longrightarrow (CH_3O)_2P-OH +CH_3Cl+2HCl,$$

$$(CH_3O)_2P-OH +Cl_3CCHO \xrightarrow{80～120℃} (CH_3)_2P(O)-C(H)(OH)-CCl_3 \text{。}$$

3. 工艺流程

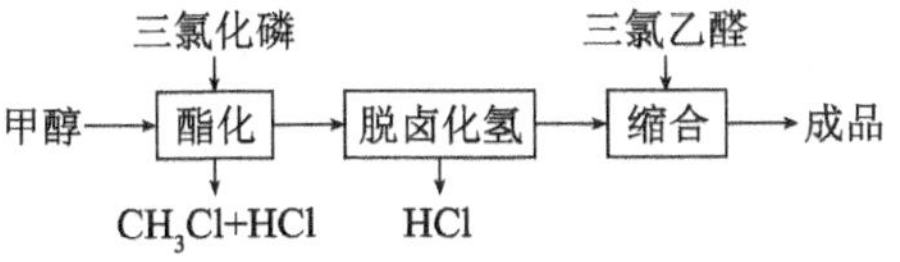

图2-39

4. 生产配方（kg/t）

三氯化磷（97%）	610
三氯乙醛（96%）	740
甲醇（98%）	470

5. 生产设备

贮槽	冷反应罐
甩盘罐	热反应罐

6. 生产工艺

在冷却条件下，将 148 kg 三氯乙醛和 94 kg 甲醇加入冷反应罐，使温度冷至 5 ℃ 以下。然后搅拌下滴加 122 kg 三氯化磷，使其与甲醇生成二甲基亚磷酸酯。减压回收放出的 HCl 和氯甲烷。将酯化液经甩盘罐进一步脱 HCl，然后进入热反应罐。搅拌下保持温度在 80～120 ℃，缩合生成敌百虫。

7. 实验室制法

在反应瓶中加入 117 g 三氯乙醛、75 g 甲醇，搅拌下滴加 100 g 三氯化磷，控温 18 ℃ 左右，反应在减压下进行，以除去产生的氯化氢和氯甲烷。反应物料经进一步减压脱 HCl 后，于 100～110 ℃ 进一步反应得敌百虫。

8. 产品标准

指标名称	精制品	一级品	二级品
外观	白色结晶固体	白色或浅黄色固体	
含量	≥97%	≥90%	≥87%
酸度（以 H_2SO_4 计）	≤0.3%	≤1.5%	≤2.0%
水分	≤0.4%	—	—

9. 质量检验

（1）含量测定

准确称取 0.35 g 样品置于 250 mL 锥形瓶中，加入 50 mL V（水）：V（95% 的乙醇）＝1：1 的水溶液，待样品溶解后，置于（30±0.5）℃ 恒温水浴中 10 min。加入 5 mL 1 mol/L 碳酸钠溶液。10 min 后立即缓缓加入 5 mL V（硝酸）：V（水）＝1：3 的溶液，从恒温浴中取出锥形瓶，加入 20 mL 水、35 mL 0.05 mol/L 硝酸银标准溶液、3 mL 10% 的硫酸铁铵溶液和 3 mL 邻苯二甲酸二丁酯，充分摇动使氯化银沉淀完全凝聚，用 0.05 mol/L 硫氰酸铵标准溶液回滴至溶液呈较稳定的淡红色。

空白试验：准确称取 0.35 g 样品置于 250 mL 锥形瓶中，加入 50 mL V（水）：V（95% 的乙醇）＝1：1 的水溶液，溶解后加 7 mL V（硝酸）：V（水）＝1：3 的溶液，缓慢加入 5 mL 1 moL 碳酸钠溶液，置恒温水浴中维持 10 min 后，取出锥形瓶，加入 40 mL 水、10 mL 0.05 mol/L 的硝酸银标准溶液、3 mL 10% 的硫酸铁铵溶液和 3 mL 邻苯二甲酸二丁酯，充分摇动使氯化银沉淀完全凝聚，用 0.05 mol/L 硫氰酸铵标准溶液回滴至溶液呈较稳定的淡红色。

$$w(敌百虫) = \left(\frac{c_1 V_1 - c_2 V_2}{m_1} - \frac{c_1 V_3 - c_2 V_4}{m_2} \right) \times 0.2574 \times 1.01 \times 100$$

式中，c_1 为硝酸银标准溶液的摩尔浓度，mol/L；c_2 为硫氰酸铵标准溶液的摩尔浓度，mol/L；V_1 为滴定样品时加入硝酸银溶液的体积，mL；V_2 为回滴样品时消耗硫氰酸铵溶液的体积，mL；V_3 为空白试验时加入硝酸银溶液的体积，mL；V_4 为空白试验时消耗硫氰酸铵溶液的体积，mL；m_1 为样品质量，g；m_2 为空白测定时样品质量，g。

（2）酸度测定

取 1~2 g 试样，以甲基红为指示剂，用氢氧化钠滴定。

（3）水分测定

按 GB 1605—2001《农药水分测定方法》进行。

10. 产品用途

低毒广谱有机磷杀虫剂。具有很强的胃毒和触杀作用。对双翅目、鳞翅目、翅鞘目害虫最为有效。

11. 安全与贮运

①生产中使用甲醇、三氯化磷、三氯乙醛等有毒或刺激性原料，设备应密闭，生产中产生的一氯甲烷、氯化氢应回收利用。操作人员应穿戴防护用品，车间内加强通风。

②原药粉用内衬塑料袋的钙塑纸板箱包装，有明显的"有毒"标志，贮存于阴凉、通风处。按有毒农药规定贮运。

12. 参考文献

[1] 杜辉. 敌敌畏敌百虫清洁生产工艺 [J]. 现代农药，2006，5（5）：20.

[2] 孟长春，张海滨. 一步法敌百虫清洁生产工艺改进 [J]. 农药科学与管理，2012，33（11）：9-11.

[3] 解彦刚，蔡凤，张益平. 敌百虫生产废水处理工程的升级改造 [J]. 中国给水排水，2012，28（24）：83-85.

2.47　敌敌畏

敌敌畏化学名称二氯乙烯基二甲基磷酸酯，分子式 $C_4H_7O_4Cl_2P$，结构式：

$$CH_3O-\overset{\overset{\textstyle O}{\|}}{\underset{\underset{\textstyle OCH_3}{}}{P}}-O-CH=CCl_2 \quad 。$$

1. 产品性能

原油为淡黄色油状液体，具有芳香味，沸点 84 ℃。能溶于大多数有机溶剂，水中溶解度1%。在碱性水溶液中极易水解。

2. 生产配方（质量，份）

敌百虫（50%）	1456
液碱（100%）	126～130

3. 生产方法

敌百虫在碱性条件下脱去一分子氯化氢生成敌敌畏。

$$CH_3O-\overset{\overset{O}{\|}}{\underset{\underset{OCH_3}{|}}{P}}-CHCCl_3 + NaOH \longrightarrow CH_3O-\overset{\overset{O}{\|}}{\underset{\underset{OCH_3}{|}}{P}}-CH=CCl_2 + NaCl + H_2O。$$

合成所得的敌敌畏，经脱水、脱溶剂，即得敌敌畏原油。

4. 生产工艺

在合成釜中将固体敌百虫配制成20%～30%的水溶液，在不断搅拌下维持反应温度在25～30 ℃，滴加烧碱溶液。溶液的pH维持在8～10，合成釜内溶液的颜色随碱量的增加逐渐由无色变为淡黄色，即停止加碱。继续搅拌0.5 h，pH下降不低于8时，即达反应终点。将合成液打入分层器，分出水层，下面的苯油经薄膜蒸发器脱去水和苯后，即得敌敌畏原油，放入贮槽以备配制乳油。

5. 产品标准

外观（原油）	浅黄色至黄棕色透明液体	
指标名称	一级品	二级品
敌敌畏含量	≥95.0%	≥92.0%
敌百虫含量	≤2.5%	≤2.5%
酸度（以 H_2SO_4 计）	≤0.20%	≤0.20%
水分含量	≤0.05%	≤0.05%

6. 产品用途

敌敌畏是一种速效的有机磷杀虫剂。对小白鼠口服致死中量为80～125 mg/kg体重。敌敌畏具有胃毒、熏蒸作用。可防治卫生害虫（家蝇、蚊子、蟑螂等）、仓库害虫、蔬菜害虫及若干经济作物（烟草、茶、桑）害虫等。

7. 参考文献

[1] 杜辉. 敌敌畏敌百虫清洁生产工艺 [J]. 现代农药，2006，5（5）：20.

2.48 倍硫磷

倍硫磷（Fenthion）又称百治屠；O,O-二甲基-O-（3-甲基-4-甲硫基苯基）硫代磷酸酯；硫逐磷酸-O,O-二甲基-O-（3-甲基-4-甲硫基苯基）酯〔O,O-Dimethyl-

O-[3-methyl-4-(methylthio) phenyl] phosphorothioate}。分子式 $C_{10}H_{15}O_3PS_2$，相对分子质量 278.22，结构式：

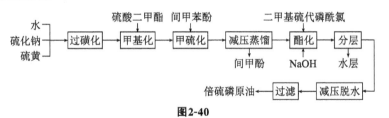

1. 产品性能

纯品无色油状液体，无臭。沸点 87 ℃（1.33 Pa），相对密度（d_4^{20}）1.250，折射率（n_D^{20}）1.5698。蒸气压为 $4×10^{-3}$ Pa（20 ℃）、0.011 Pa（30 ℃）、0.027 Pa（40 ℃）。溶于甲醇、乙醇、丙酮、甲苯、二甲苯、氯仿及其他许多有机溶剂和甘油。室温水中的溶解度为 54～56 mL/L。工业品为棕色油状物，有大蒜气味。对光和碱性稳定，热稳定性可达 210 ℃。有机有毒品。

2. 生产方法

将间甲苯酚与过硫代二甲基反应制得对甲硫基间甲酚。然后对甲硫基间甲酚与 O，O-二甲基硫代磷酰氯缩合，经精制得倍硫磷原油。

$$Na_2S+S \longrightarrow Na_2S_2，$$

$$Na_2S+CH_3S—SCH_3 \longrightarrow CH_3—S—S—CH_3+Na_2SO_4，$$

3. 工艺流程

图2-40

4. 生产配方（kg/t）

三氯硫磷（96%）	1030
硫黄粉（95%）	280
甲醇（99%）	900
硫化钠（52%）	1240
混甲酚（50%）	1150
硫酸二甲酯（96%）	920

— 169 —

5. 生产设备

甲基化反应锅	甲硫化反应锅
减压蒸馏釜	酯化反应锅
减压脱水釜	贮槽
过滤器	

6. 生产工艺

在反应锅中，加入适量水，加热至 50～60 ℃，搅拌下加入 310 kg 粉碎的硫化钠。搅拌 0.5 h 后加入 70 kg 硫黄粉，于 50～57 ℃ 反应 1 h。降温至 40 ℃，滴加230 kg 硫酸二甲酯，控制温度 40～45 ℃ 反应。然后加热蒸馏，过硫化二甲基带水蒸出，蒸馏锅内温度至 103 ℃ 左右为止。静置分层，下层（有机层）为过硫化二甲基。

将上述制得的过硫化二甲基、287.5 kg 50% 的混甲酚加入反应锅，搅拌冷却至10～15 ℃，开始滴加浓硫酸。在 1 h 左右滴完（用量与过硫化二甲基等质量），在10～15 ℃ 继续反应 3 h。静置分层，弃去下层废酸。有机层用 10% 的碳酸钠溶液中和，再用水洗涤 pH 至 7～8。减压蒸馏回收未反应的过硫化二甲基和甲酚，所剩物料即为中间体对甲硫基间甲酚。

将 20% 的氢氧化钠溶液加入酯化反应锅，搅拌冷却至 25 ℃ 以下，投入上述制备的中间体，然后在 10～20 ℃ 均匀滴加二甲基硫代磷酰氯，30～40 min 滴完。3 种物料的投料比 n（20% 的氢氧化钠）：n（中间体）：n（二甲基硫代磷酰氯）=1.3：1.0：1.2。缓慢升温至 60 ℃，保温 2 h。反应过程中检查 pH 变化情况，当 pH<9时，应补加氢氧化钠溶液。

反应结束后，降温至 45 ℃，加氢氧化钠溶液洗涤，再用水洗涤，静置分层。取下层有机层减压脱水，冷却，过滤，得倍硫磷原油。

7. 实验室制法

首先将间甲苯酚与过硫代二甲基发生甲硫基化反应，然后再与二甲基硫代磷酰氯发生酯化反应，经后处理得倍硫磷（见美国专利 US 3042703）。

8. 产品标准

外观（50% 的乳油）	淡黄色或黄棕色油状液体
pH	5～7
含量	≥50%
水分	≤0.3%

9. 质量检验

①含量测定。采用薄层层析-比色法测定。仪器为 72 型分光光度计。薄层板使用硅胶 G。

②pH 测定。使用广泛 pH 试纸或酸度计测定。

③水分测定。按 GB 1600—2001《农药水分测定方法》进行。

10. 产品用途

倍硫磷是一种触杀、胃毒、广谱、速效、持效期长、对人、畜低毒的有机磷杀虫剂。主要用于防治大豆食心虫、棉花害虫、果树害虫、蔬菜和水稻害虫，用于防治蚊、蝇、臭虫、虱子、蟑螂也有良好效果。倍硫磷对十字花科的幼苗、梨树、樱桃易引起药害，对蜜蜂的毒性大。

加工剂型：40％和50％的可湿性粉剂，60％的烟雾剂的浓缩液，用于家庭；用于防治作物害虫的剂型有25％和40％的可湿粉剂、50％的乳油。

11. 安全与贮运

①生产中使用硫酸二甲酯、混甲酚等刺激性有毒原料，设备应密闭，操作人员应穿戴防护用具，车间内应加强通风。

②按 GB/T 1600—2001《农药包装通则》进行包装。按有毒有机磷农药规定贮运。

12. 参考文献

[1] 盛琴琴，汪严华，马志忠，等. 农药倍硫磷的毒性 [J]. 中国卫生监督杂志，2001（5）：219-221.

[2] 朱挺人，池建华，王琦龙，等. 提高倍硫磷原油含量的新方法 [J]. 农药，1992（2）：19-20.

2.49　硫双灭多威

硫双灭多威（Thiodicarb）分子式为 $C_{10}H_{18}N_4O_4S_3$，相对分子质量 354.46，结构式：

$$\left[\begin{array}{c} CH_3C{=}N{-}O{-}C{-}N \\ | \qquad\qquad || \quad | \\ SCH_3 \qquad O \ CH_3 \end{array} \right]_2 S$$

。

1. 产品性能

白色或浅黄色结晶固体，稍带硫黄臭味。由美国联碳公司和瑞士汽巴-嘉基公司同时开发的高效、广谱、低毒、内吸性氨基甲酸酯类杀虫剂，毒性只有灭多威（又称灭多虫）的 1/10 左右。

2. 生产方法

吡啶与二氯化硫作用生成二吡啶基硫醚，二吡啶基硫醚再与灭多威反应生成硫双灭多威。

$$2\ \text{(吡啶)} + SCl_2 \xrightarrow{\text{溶剂}} \text{(产物)},$$

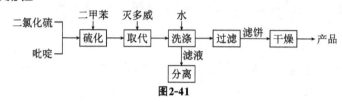

3. 工艺流程

```
二氯化硫 ──┐      二甲苯    灭多威        水
          │        ↓        ↓           ↓
          ├──→ ┌────┐  ┌────┐  ┌────┐  ┌────┐  滤饼  ┌────┐      产品
          │    │硫化│→│取代│→│洗涤│→│过滤│────→│干燥│──→
吡啶 ─────┘    └────┘  └────┘  └────┘  └────┘      └────┘
                                  │  滤液
                                  ↓
                               ┌────┐
                               │分离│
                               └────┘
```

图 2-41

4. 生产工艺

将吡啶及二甲苯加入玻璃反应器内、开启搅拌，用冰盐水将反应器内温度降低到预定值，然后在该温度下，将配制好的二氯化硫溶液慢慢加入到反应器内，加完后继续反应一定时间，再加入灭多威升温到预定值，搅拌反应一定时间后，将反应液冷却到 20 ℃ 以下，缓慢加入一定量的水，搅拌 10 min 以上，停止搅拌，将反应浆过滤、洗涤、过滤重复 3 次，滤饼称重，在 60 ℃ 以下干燥即得硫双灭多威产品，滤液分层，二甲苯层待用，水层用二氯甲烷萃取，萃取液蒸发脱溶，回收灭多威。母液加入一定固碱，充分搅拌，静置分层，油层与二甲苯层合并，并送精馏塔回收吡啶和二甲苯。

5. 产品用途

硫双灭多威广泛用于棉花、蔬菜、果树、茶叶、烟草、森林、小麦等作物，对鳞翅目、同翅目、膜翅目、双翅目、鞘翅目等害虫的幼虫特别有效，是防治抗性棉铃虫的优良药剂。

6. 参考文献

[1] 段湘生，杨联耀，叶萍. 硫双灭多威的合成 [J]. 农药，1998 (3)：7-8.

[2] 柴生勇，臧立，景辉. 硫双灭多威合成路线研究 [J]. 陕西化工，1998 (1)：25-27.

2.50 硫环磷

硫环磷 (Phosfolan) 又称乙基硫环磷，棉安磷，化学名称 2-(二乙氧基磷酰亚氨基)-1，3-二硫戊环。分子式 $C_7H_{14}NO_3PS_2$，相对分子质量 255.18，结构式：

$$(C_2H_5O)_2P-N=\begin{array}{c} S \\ | \\ S \end{array}$$

。

1. 产品性能

无色至黄色固体，溶点 37～45 ℃，沸点 115～118 ℃ (133.3 MPa)。可溶于水、

丙酮、苯、乙醇、环己烷、甲苯，微溶于乙醚，难溶于己烷。在中性和弱酸性条件下硫环磷稳定，但在 pH>9 或 pH<2 的条件下水解。大白鼠急性经口毒性（LD_{50}）：8.9 mg/kg。硫环磷是美国氰胺公司开发的一种高效、内吸、广谱性有机磷杀虫剂。

2. 生产方法

（1）二硫化碳法

将二硫化碳、环氧乙烷在有机溶剂乙酸乙酯和催化剂水的存在下，35～45 ℃ 与氨作用，所得反应产物脱去溶剂，即得中间体 2-羟乙基二硫代氨基甲酸酯，然后在酸性条件下环合成盐，所生成的盐再与 O,O-二乙基磷酰氯缩合得硫环磷。

$$CS_2 + H_2C\overset{O}{-}CH_2 + NH_3 \longrightarrow H_2N\overset{\underset{\|}{S}}{C}\text{—}SC_2H_4OH,$$

$$H_2N\overset{\underset{\|}{S}}{C}\text{—}SC_2H_4OH + HCl \longrightarrow HCl\cdot HN{=}\!\!\begin{array}{c}S\\ \\ S\end{array}\!\!\overset{}{} + H_2O,$$

$$HN{=}\!\!\begin{array}{c}S\\ \\ S\end{array}\!\! + (C_2H_5O)_2\overset{\underset{\|}{O}}{P}\text{—}Cl \longrightarrow (C_2H_5O)_2\overset{\underset{\|}{O}}{P}\text{—}N{=}\!\!\begin{array}{c}S\\ \\ S\end{array}\!\!\,。$$

（2）乙二硫醇法

乙二硫醇与氯化氰直接环化得到 2-亚氨基-1，3-二硫戊环盐酸盐，2-亚氨基-1，3-二硫戊环盐酸盐再与碳酸氢铵作用，形成游离的 2-亚氨基-1，3-二硫戊环，最后 2-亚氨基-1，3-二硫戊环与 O,O-二乙基磷酰氯缩合得硫环磷。

$$\begin{array}{c}H_2C\text{—}SH\\ |\\ H_2C\text{—}SH\end{array} + ClCN \longrightarrow ClH\cdot HN{=}\!\!\begin{array}{c}S\\ \\ S\end{array}\!\!\,,$$

$$ClH\cdot HN{=}\!\!\begin{array}{c}S\\ \\ S\end{array}\!\! + NH_4HCO_3 \xrightarrow[10\sim20\text{ ℃}]{\text{苯、水}} N{=}C\!\!\begin{array}{c}S\text{—}CH_2\\ |\\ S\text{—}CH_2\end{array} + NH_4Cl + H_2O + CO_2\uparrow,$$

$$HN{=}\!\!\begin{array}{c}S\\ \\ S\end{array}\!\! + (C_2H_5O)_2\overset{\underset{\|}{O}}{P}\text{—}Cl + NH_4HCO_3 \xrightarrow[10\sim20\text{ ℃}]{\text{苯、水}}$$

$$\begin{array}{c}C_2H_5O\\ \\ C_2H_5O\end{array}\!\!\overset{\underset{\|}{O}}{P}\text{—}N{=}C\!\!\begin{array}{c}S\text{—}CH_2\\ |\\ S\text{—}CH_2\end{array} + NH_4Cl + H_2O + CO_2\uparrow\,。$$

这里介绍二硫化碳的工艺流程、生产配方和生产工艺。

3. 工艺流程

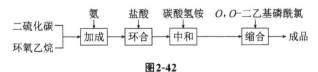

图2-42

4. 生产配方（质量，份）

二硫化碳	168.0
环氧乙烷	90.0
乙酸乙酯	175.0
苯	480.0
液氨	38.0
三氯化磷	364.0
乙醇（95%）	317.0
液氯	134.0
碳酸氢铵	640.0

5. 生产工艺

（1）加成

将 840 g 乙酸乙酯、235 g 二硫化碳、6～12 g 水和 140 g 预冷至 0 ℃ 以下的环氧乙烷，依次加入 8 L 不锈钢高压釜中，迅速密闭，开动搅拌，升温至 30 ℃，缓慢通 54 g 氨。反应放热，温度和压力同时升高，注意控制反应温度和压力。通氨结束，保温反应 3 h，得 2-羟乙基二硫代氨基甲酸酯的乙酸乙酯溶液约 1270 g。该溶液在 75 ℃ 以下减压脱去溶剂，得 2-羟乙基二硫代氨基甲酸酯约 410 g，收率 90% 以上。

（2）环合

在装有搅拌器、温度计和滴液漏斗的三口烧瓶中，加入 100 g 含量 90% 以上的 2-羟乙基二硫代氨基甲酸酯、42.5 g 乙酸乙酯，开动搅拌，升温至 25～30 ℃，使之充分溶解为含量 65%～70% 的乙酸乙酯溶液，加 180 mL 苯，缓慢滴加 90.8 g 30% 的盐酸，反应放热，温度自动上升，调节滴加速度，控制反应温度 35～45 ℃，不得超过 50 ℃。滴加完毕，保温反应 3 h。加 140 mL 水，继续搅拌 20～30 min，使 2-亚氨基-1，3-二硫环盐酸盐溶解，静置 0.5 h，分出下层水液，得含量 30% 左右的环盐水溶液约 270 g，收率 80% 以上。

（3）O,O-二乙基磷酰氯制备

在装有搅拌器、温度计、滴液漏斗的三口瓶中，加入 85 g 工业乙醇，在冰盐浴中冷却至 5 ℃ 以下。启动真空泵，使真空度达到 600×133.3 Pa 以上，于液面下滴加 86.4 g 三氯化磷，滴加温度 10～20 ℃，滴加时间 20～30 min。滴加完毕，立刻通氯气氯化，真空度可适当降低。通氯气约 0.5 h，反应液由无色变为黄绿色，反应温度明显下降，表明氯气不再消耗，即为反应终点。停止通氯气，提高真空度，缓慢升温，并通入干燥空气，鼓泡排除过量氯气和反应生成的氯化氢，得 O,O-二乙基磷酰氯约 102 g，收率在 85% 以上。

（4）缩合

称取 120 g 含量 30% 的 2-亚氨基-1，3-二硫环盐酸盐水溶液加入装有搅拌、温度计、滴液漏斗的三口瓶中，加 140 mL 苯，缓慢加入 90 g 碳酸氢铵，物料温度控制在 10～20 ℃，碳酸氢铵加完后，滴加 54 g O,O-二乙基磷酰氯，滴加时间 30～40 min，滴加完毕，用碳酸氢铵调节 pH，使反应液始终保持在 pH≥7，在 20～30 ℃ 保温反应 4 h。静置 0.5 h，分出下层水液，用 36 mL 苯萃取一次，萃取液与上层苯液合并，得硫环磷苯溶液，含量 28% 左右，收率接近 90%。硫环磷商品为 25% 或 35% 的乳油，根据需要脱去部分溶剂，控制原油含量 30% 或 40% 即可。脱溶过程，硫环磷约损失 3%。以原油计，缩合收率在 85% 以上。

6. 产品用途

硫环磷是内吸性杀虫剂。用于防治刺吸式口器害虫，螨和鳞翅目幼虫，尤其对棉蚜、叶螨、金龟子、地老虎、蛴螬等害虫效果好。

7. 参考文献

[1] 曹华奇. 甲基硫环磷环合工艺改进 [J]. 山西化工，1993（3）：8-11.

2.51　溴甲烷

溴甲烷（Bromomethane）又称甲基溴（Methyl bromide）、溴代甲烷。分子式 CH_3Br，相对分子质量 94.95，结构式：

$$CH_3—Br。$$

1. 产品性能

无色气体，沸点 4.5 ℃，凝固点 -93.6 ℃，相对密度（d_4^{20}）1.6755，折光率 1.4218，具有类似氯仿的气味。溶于大多数有机溶剂，如乙醇、乙醚、二硫化碳、油类等；也能溶于脂肪、树脂、橡胶、蜡等，水中溶解度为 1.75 g/L。1932 年发现该化合物有熏蒸杀虫作用。剧毒，空气中含量达 10～20 mg/L 时，即可使人致死。空气中最高容许百分含量为 0.002%。贮存于钢瓶内为无色或略带黄色的透明液体。

2. 生产方法

（1）氢溴酸法

在溴化铝存在下，氯甲烷与氢溴酸反应制得。

$$CH_3Cl + HBr \xrightarrow{AlBr_3} CH_3Br + HCl。$$

（2）溴素法

在硫黄存在下，溴与甲醇发生取代反应得溴甲烷。

$$CH_3OH + Br_2 \xrightarrow{S} CH_3Br。$$

（3）溴化钠法

在硫酸存在下，甲醇与溴化钠发生取代反应得溴甲烷。

$$2CH_3OH + 2NaBr + H_2SO_4 \longrightarrow 2CH_3Br \uparrow + Na_2SO_4 + H_2O。$$

3. 工艺流程

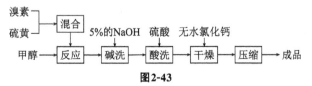

图 2-43

4. 生产配方（kg/t）

	溴素法	溴化钠法
甲醇	380	401
溴化钠	—	1100
溴素	890	—
硫黄	90	—
硫酸	—	1960
氢氧化钠	15	15

5. 生产工艺

（1）溴素法

将 89 kg 溴素与 9 kg 硫黄混合制备溴化硫。在搪瓷反应釜中，加入 38 kg 甲醇，于搅拌下滴加溴化硫，于 50～65 ℃下反应，反应生成的溴甲烷气体先经 5％的氢氧化钠溶液洗涤去酸（碱洗塔），再进入酸洗塔用硫酸洗涤并去水，然后经干燥塔用无水氯化钙干燥。最后于 0.98 MPa 下压缩液化得溴甲烷。

（2）溴化钠法

在搪瓷反应锅中，先加入 550 kg 溴化钠，再加入 201 kg 甲醇，滴加 980 kg 硫酸，通过夹套蒸汽加热，当反应温度升到 60 ℃时，通过控制硫酸加入速度控制反应速度。反应生成的溴甲烷经紫铜冷凝器冷却进入碱洗塔（5％的 NaOH），再经硫酸干燥塔，后压缩至 0.98 MPa 得溴甲烷。

6. 产品标准（GB 434—1982）

外观	无色无臭气体
溴甲烷含量	≥99％
游离酸（以 HBr 计）	≤0.1％
不挥发物（35 ℃）	≤0.3％

7. 产品用途

溴甲烷对菌、杂草、线虫、昆虫和鼠都有效，空间熏蒸可杀灭大米、小麦和豆类中的谷象、米蛾、赤拟谷盗、粉螨、豆象等害虫。土壤熏蒸可杀青枯病、立枯病、白绢病等病原菌和根瘤线虫。

8. 参考文献

[1] 吴剑光，陈捷先，刘晓莹，等. 熏蒸过程不同高度溴甲烷浓度的研究 [J]. 农业灾害研究，2016，6（2）：5-6，42.

[2] 翁国峰，马志斌. 溴甲烷的等离子体发射光谱测量 [J]. 强激光与粒子束，2011，23（12）：3391-3394.

[3] 吴江红，叶水生，柳蔚，等. 高纯溴甲烷的研制 [J]. 低温与特气，2010，28（1）：17-19.

2.52　颗粒剂型杀虫剂

1. 产品性能

有机合成农药一般不能直接使用原药，必须加入助剂调配成一定剂型的产品，颗粒剂是农药通常使用的剂型之一。

2. 生产配方（质量，份）

（1）配方一

对硫磷	1.0
松香	1.0
铜山土	3.0
硅砂	95.0

该配方为 1% 的对硫磷颗粒剂。

（2）配方二

对硫磷	0.5
包衣型滴滴涕	2.0
铜山土	2.0
AS	0.2
硅砂	95.3

该配方为 0.5% 的对硫磷颗粒剂。

（3）配方三

倍硫磷	2.0
克瘟散	2.5
填充助剂	95.5

该配方为倍克颗粒剂，主要用于防治水稻稻瘟病、二化螟、飞虱等病虫害。

（4）配方四

杀螟松	2.0
仲丁威	2.0
填充助剂	96.0

该配方为松丁微粒剂，用于防治水稻叶蝉、飞虱、蟋象、二化螟、稻负泥虫。

3. 参考文献

[1] 冯沈. 农药颗粒剂加工技术 [J]. 农药工业，1975（5）：30-35.

[2] 林里雄. 颗粒杀虫剂 [J]. 广东化工，1981（4）：61.

2.53　杀螟松乳液

杀螟松为接触性杀虫剂，用于防治稻粟穗螟虫特别有效，它也是选择性杀螨剂。

纯杀螟松为黄棕色液体，不溶于水，故通常加入乳化剂使其形成乳液。该乳液配方为日本公开专利 JP 90-108603。

1. 生产配方（质量，份）

杀螟松	80
甘油 EP 型聚醚	8
乙二醇	5
水	57

2. 生产方法

先将甘油 EP 型聚醚与水混合，然后加入乙二醇和杀螟松，搅拌乳化即得。该乳化液农药可在室温下稳定 90 d 无沉淀。

3. 产品用途

采用喷雾施药杀虫。

2.54　可湿性粉状杀螟松

在粉状杀螟松中加入润湿渗透剂，使其获得可湿性，日本公开专利 JP 88-54301。

1. 生产配方（质量，份）

杀螟松	42
三苯乙烯基酚聚氧乙烯醚硫酸钠	3
纯炭粉	40
硅藻土	20

2. 生产方法

先将杀螟松与纯炭粉均化，再与润湿剂混合均匀，然后与硅藻土混合研磨，得到含杀螟松 40％的产品。

3. 产品用途

与一般粉状杀螟松相同。

4. 参考文献

[1] 蒋兴材，戎玉芬，林维铭，等. 农药杀螟松的工业合成新构想 [J]. 精细石油化工，1992 (4)：55-59.

[2] 刘华觉. 30％杀螟松可湿性粉剂研制成功 [J]. 精细化工信息，1987 (11)：41-42.

2.55 乐果乳油

1. 产品性能

乐果乳油由乐果原药、有机溶剂和乳化剂组成，黄色或棕色液体。对酮类、酯类稳定，对醇类、酚类不稳定。具有优良的乳化性和较好的耐温性。

2. 生产方法

采用多种表面活性剂，经乳化、分散制得乐果乳油。

3. 工艺流程

图2-44

4. 生产配方（质量，份）

乐果原药（92%）	436.0
松香	2.0～4.0
苯	110～120
S型磷乳130	1306.0
S型磷乳140	1406.0
二甲苯（或重溶剂油）	加至1000

5. 生产工艺

在乳化混合釜中，加入苯、二甲苯及松香，搅拌使之溶解均匀，然后加入S型磷乳130、S型磷乳140，混合均匀得乳化液。于搅拌下，将乐果原药加入乳化液中，加料完毕，继续搅拌至均匀的单相半透明液体乳油，即得乐果乳油。

6. 产品标准

外观	淡黄色或浅棕黄色透明液体
乐果含量	≥40%
水分	≤0.5%
酸度（以硫酸计）	≤0.3%
乳油分散时间	合格
乳液稳定性	合格
热稳定性	合格

7. 产品用途

乐果对昆虫既有触杀作用，又有良好的内吸作用。主要用于棉花、果树、蔬菜及其他作物，防治多种蚜虫、红蜘蛛、叶跳甲、盲蝽象、潜叶蝇、蓟马、叶蜂、果实蝇、幼龄食心虫、介壳虫及稻螟虫等。

8. 参考文献

[1] 王九，陈波水，方建华，等. 2011 中国功能材料科技与产业高层论坛论文集（第二卷）[C]. 国家仪表功能材料工程技术研究中心，2011.

[2] 肖弦琨. 乐果乳油的气相色谱分析 [J]. 农药科学与管理，1982（2）：27-29.

2.56 植物复合农药

1. 产品性能

这里介绍的农药系由多种植物成分混制而成，具有安全、无污染等特点。

2. 生产配方（质量，份）

（1）配方一

大叶柳	15.0
香树皮	15.0
荷树皮	15.0
苦楝子树皮	15.0
硫黄粉	0.3
松香粉	0.3
煤油	0.3

（2）配方二

茶枯（茶籽饼）	10.0
红辣椒	20.0
水	40.0

（3）配方三

辣鲁根	3.0
红辣椒	2.0
黄药	5.0
水	20.0

（4）配方四

黄藤根	20.0
樟树叶	20.0
号筒秆	30.0
松香粉	0.4
硫黄粉	0.4
煤油	0.4
水	200

（5）配方五

硫黄粉	20.0
马钱子	1.0
石灰	25.0
生姜	4.0
辣椒	8.0
水	200.0

（6）配方六

茶枯	10～15
烟粉	1～2

（7）配方七

樟油	1.0
黄药	2.0
水	20.0

（8）配方八

樟油	1.0
山漆树根	2.5
水	17.5

（9）配方九

樟油	1.0
乌柏叶	40.0
水	80.0

（10）配方十

樟树皮	2.0
雷公藤（黄药）	10.0
茶枯	1.0
菸骨	0.8
水	40.0
煤油	1.0
肥皂	0.4

（11）配方十一

樟树叶	7.5
茶枯	2.5
肥皂	0.5
水	75.0

（12）配方十二

樟树皮	30.0
花椒子（根、叶）	10.0
号简秆	10.0
鱼杂子	2.0
水	50.0

（13）配方十三

辣椒粉	6.0
木防己果（磨碎）	4.0
黄樟油	2.0
雪松叶油	2.0
萘	16.0
1，4-二氯苯	4.0
煤油	260.0

（14）配方十四

烟叶	3.00
生石灰	7.50
硫黄	11.25
煤油	0.75
皂料	0.18
水	112.50

（15）配方十五

黄藤根	6.0
老虎花	6.0
号筒秆	6.0
水	72.0

（16）配方十六

苦参（干、全株）	适量
煤油	50.0
皂料	25.0
敌百虫	100.0
水	5000.0

（17）配方十七

硫黄	5.0
苦楝树叶	200.0
桉树叶	300.0
水	1000.0

（18）配方十八

羊角扭枝叶	1.5～2.0
毒鱼藤根	1.5～2.0
大茶药枝叶	4.0～5.0
松针	1.0～1.5
甲六粉	适量
水	30.0

（19）配方十九

黄蒿	21.6
苦楝树叶	7.6

辣蓼	11.4
硫黄	7.2
石灰	7.6
水	144.8

（20）配方二十

大叶桉树叶	10.0
桃树叶	5.0~7.0
松针	20.0
茶枯	5.0
硫黄	2.0~2.5
石灰	3.0
水	120.0

（21）配方二十一

山乌桕	24.0
松针	26.0
樟树叶	24.0
黄桐木	26.0
水	100.0~200.0

（22）配方二十二

苦楝子	13.0
烟秆	5.0
茶枯	1.0
生石灰（CaO）	1.0
水	52.0

（23）配方二十三

菖蒲根	35.0
烟草（根、叶、茎）	15.0
水	112.5

（24）配方二十四

黄藤根	30.0
苦楝子树皮	20.0
大叶柳	10.0
辣蓼	10.0
烟秆	10.0
号筒秆	10.0
荷树皮	10.0

3. 生产工艺

（1）生产配方一的生产工艺

将大叶柳、香树皮、荷树皮、苦楝子树皮按配方量加入盛有 150 份水的熬制锅中，当锅内水熬制 30 份时，过滤去渣，再加入硫黄粉、松香粉，熬制硫黄、松香充分溶化，停止加热，加入煤油搅拌均匀得乳剂。用于防治棉蚜、稻负泥虫。使用时0.5 kg乳剂兑水5～10 kg喷雾。

（2）生产配方二的生产工艺

将20 kg红辣椒研烂、10 kg茶枯烘干研磨成粉混合两者，混合后加入40 L水浸24 h，过滤去渣得辣茶合剂。用于防治稻飞虱、浮尘子，能达到60%左右的效果。

（3）生产配方三的生产工艺

将辣鲁根、红辣椒和黄药用水熬制，过滤得黄药辣椒合剂。用于防治螟虫幼虫。该合剂残效期较长。

（4）生产配方四的生产工艺

将黄藤根、樟树叶、号筒秆用水熬制，至溶液量为原来量的1/5时，过滤去渣，然后向滤液中加入松香粉、硫黄粉充分混合，溶化后，停止加热（熄火），加入煤油，搅拌，过滤，得黄藤乳剂。用于防治棉蚜、稻负泥虫。使用时，0.5 kg用5～10 kg水稀释。注意沾药杂草在1周内不能喂牲口。

（5）生产配方五的生产工艺

分别将硫黄粉、马钱子研细，生姜、辣椒切碎。在熬制锅中，先加入水，加热至沸，依次加入硫黄粉、石灰、马钱子、生姜、辣椒，每加入一种原料间隔约10 min，并不断搅拌。溶液由黄绿色→橘红色→深酱色。熬制用大火，熬制后过滤，得原液约80份。用于防治棉红蜘蛛、棉蚜，效果可达95%以上。对幼龄棉铃虫、水稻螟虫等也有一定防治效果。

（6）生产配方六的生产工艺

将茶枯磨细，与烟粉混匀即得茶枯烟粉合剂。用于防治水稻螟虫，且有肥效。每百平方米施1.6～2.5 kg。晨露水未干时喷撒。

（7）生产配方七的生产工艺

将黄药浸于水中，浸置24 h，过滤，滤液与樟油混合均匀得黄药樟油合剂。用于防治稻飞虱、浮尘子、螟虫等。

（8）生产配方八的生产工艺

将山漆树根切碎，用水煎熬，至溶液量达7.5份，过滤，滤液与樟油混合均匀得山漆樟油合剂。配方中的樟油也可使用煤油代替。

使用时，1 kg的原药用3～4 kg的水稀释，每百平方米喷稀释药液4.5～6.0 kg。用于防治水稻各种害虫。

（9）生产配方九的生产工艺

将乌桕叶捣烂，加水浸3 d，过滤，滤液与樟油（也可用煤油）搅拌均匀即得。用于防治稻飞虱、浮尘子，效果在95%左右。对稻瘟病也有一定效果。

（10）生产配方十的生产工艺

将樟树皮、雷公藤、苏骨和茶枯用水煎熬，过滤、滤液加入皂粉和煤油，混合均匀即得。用于防治稻飞虱、浮尘子。使用时，每千克原药用75～100 kg水稀释。每百平方米施原药1 kg。

（11）生产配方十一的生产工艺

将茶枯粉碎、樟树叶捣碎，用水熬制至水溶液为原来的1/2时，过滤，加皂料，再加50份水，得樟叶茶枯合剂。用于防治稻飞虱、浮尘子，每百平方米施用11 kg。

（12）生产配方十二的生产工艺

将各物料按配方量用水熬制，过滤即得。用于防治稻卷叶虫。傍晚时喷洒，0.5 kg原药用5 kg水稀释。

（13）生产配方十三的生产工艺

将各物料按配方量加至煤油中，搅拌，放置1周，其间不时搅拌，过滤，滤液即得原药。对臭虫、蚂蚁、蟑螂、各种虫蛾均有杀灭效果。

（14）生产配方十四的生产工艺

生石灰用水消化并过筛；硫黄研成细粉用热水调成糊状；烟叶切碎后煎熬取汁；皂料用水溶化，加入煤油，制成煤油乳剂。在熬制锅中，先将清水加热至80 ℃，加入石灰乳，至100 ℃加入硫黄浆。大火熬制30～40 min，加入烟叶汁，小火熬制10～20 min，停火，加入煤油乳剂。得棕色原液，即烟硫合剂。注意加煤油乳剂时，应熄火，并保持通风。

该合剂是一种具有触杀作用的农药，可防治棉红蜘蛛。还可用于防治棉蚜、棉叶跳虫、水稻浮尘子、稻飞虱等害虫。也可加三氯杀螨砜和乐果，以增加药效。使用时，一般1 kg原药用80～100 kg水稀释。

（15）生产配方十五的生产工艺

将植物洗净切碎捣烂，用水煎熬，煮沸后继续煮沸0.5～1.0 h，冷却，过滤，得三合剂。

用于防治稻飞虱、浮尘子、稻螟等害虫。使用时，1 kg原药用15～20 kg水稀释，每百平方米喷洒9 kg。

（16）生产配方十六的生产工艺

将适量苦参加水煮沸后再焖浸0.5 h，过滤得滤液；皂料溶化于水中，然后于70 ℃下加入煤油，得煤油乳化剂，再加入敌百虫，充分搅拌，加入苦参滤液，得苦参四合剂。使用时，1 kg原药用120～150 kg水稀释。可用于防治菜蚜、菜青虫、甘蓝夜蛾、果树蚜虫、棉蚜、棉铃虫、玉米蚜等。

（17）生产配方十七的生产工艺

将苦楝树叶、桉树叶切碎，与硫黄一同用水熬煎3 h后过滤，滤液即为硫黄桉苦合剂。用于防治棉蚜、棉红蜘蛛、菜青虫等。用时1 kg原药用10～15 kg水稀释。

（18）生产配方十八的生产工艺

将羊角扭枝叶、毒鱼藤根、大茶药枝叶切碎，用水煎熬1.5 h，再加切碎的松针，继续熬0.5 h。过滤，每50份原液加六甲粉2份。使用时，1 kg原药加1 kg水作喷雾剂。该合剂用于防治稻叶蝉、稻纵卷叶螟、低龄三化螟和稻苞虫等。

（19）生产配方十九的生产工艺

将黄蒿、苦楝树叶、辣蓼切碎，石灰研细过筛，硫黄研细。将切碎的黄蒿、苦楝树叶和辣蓼用水煎熬1 h，加入石灰粉，继续熬15 min，加入硫黄粉，继续熬煎至药液呈桐油色停火。过滤得到质量分数为10%～15%的灭蛛灵原药。用于防治棉花红蜘蛛。使用时1 kg原药用30～40 kg水稀释。

（20）生产配方二十的生产工艺

将大叶桉树叶、桃树叶、松针切碎捣烂用水煎熬，然后加入茶枯、硫黄、石灰，熬1.5～2.0 h，过滤得土敌稻瘟原液。用于防治稻瘟病，使用时1 kg原药加10 kg

水稀释。

(21) 生产配方二十一的生产工艺

将新鲜的山乌桕、松针、樟树叶、黄桐木切碎，用水煎熬至叶色变黄，过滤，得杀菌剂。可用于防治稻瘟病、红苕黑斑病、柑橘根腐病。用时 1 kg 原药用 5 kg 水稀释，并加少量石灰，过滤后喷洒。

(22) 生产配方二十二的生产工艺

将苦楝子、烟秆、茶枯、生石灰切碎或研细，用水熬煎至液量为原来的 3/5 时，过滤得四合剂。可用于防治螟虫、浮尘子、稻飞虱、卷叶虫等。使用时，1 kg 原药用 0.5 kg 水稀释，每百平方米用原药 3 kg。

(23) 生产配方二十三的生产工艺

将菖蒲根、烟叶切碎捣烂，用水熬煎至药量为原来的 3/5，过滤得菖蒲烟草合剂。用于防治水稻螟虫、稻飞虱、浮尘子及蔬菜害虫。1 kg 原药兑水 0.5 kg，每百平方米使用原药 3 kg。

(24) 生产配方二十四的生产工艺

将各植物原料洗净、切碎，晒或烘干后，按配方比例混合均匀，研成粉末，过筛得黄藤根粉剂。该粉剂用于防治稻飞虱，效果达 100%，并可兼治浮尘子、钻心虫、卷叶虫、稻苞虫。每百平方米使用 1.1~1.2 kg 原粉剂，于早上露水未干前喷粉。也可掺填充粉料后喷撒。

4. 参考文献

[1] 张兴，马志卿，冯俊涛，等. 植物源农药研究进展 [J]. 中国生物防治学报，2015，31 (5)：685-698.

[2] 张鹏，李西文，董林林，等. 植物源农药研发及中药材生产中的应用现状 [J]. 中国中药杂志，2016，41 (19)：3579-3586.

第三章 杀菌剂

3.1 溴

溴分子式 Br_2，相对分子质量为 159.82。

1. 产品性能

暗红色发烟液体，熔点 $-7.2\ ℃$，沸点 $58.78\ ℃$，相对密度 3.119，在低温时（$-20\ ℃$）为红色针状结晶体，由于溴有高的蒸气压，所以在常温时蒸发极快，其蒸气呈红棕色，有窒息性刺激味，剧毒！能强烈地灼伤皮肤，剧烈刺激人体的呼吸组织，灼伤黏膜。溶于水，水溶液称为溴水，20 ℃ 时每 100 mL 水可溶解 358 g 溴，易溶于乙醇、乙醚、氯仿及二硫化碳等溶液，也溶于盐酸、氢溴酸和溴化钾溶液，化学性质特别活泼。

2. 生产方法

（1）蒸汽蒸馏法
$$MgBr_2 + Cl_2 \longrightarrow Br_2 + MgCl_2。$$

（2）空气吹出法
$$MgBr_2 + Cl_2 \longrightarrow MgCl_2 + Br_2，$$
$$3Br_2 + 6NaOH \longrightarrow 5NaBr + NaBrO_3 + 3H_2O，$$
$$5NaBr + NaBrO_3 + 3H_2SO_4 \longrightarrow 3Br_2 + 3Na_2SO_4 + 3H_2O。$$

3. 工艺流程

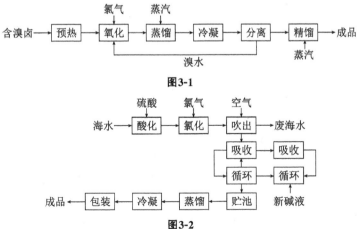

图3-1

图3-2

4. 生产配方（kg/t）

	蒸汽蒸馏法	空气吹出法
液氯（Cl_2，99.5%）	550	1273
苦卤料液（含 Br_2 7～13 g/L）/m^3	130 000	—
纯碱（$NaCO_3$，98.0%）/(kg/t)	—	1471
硫酸（H_2SO_4，98.5%）/(kg/t)	—	4062
海水（Br_2 55～65 $\mu g/L$）/m^3	—	200～2300
电量/度	550	—
煤/(kg/t)	6500	

5. 生产工艺

（1）蒸汽蒸馏法生产工艺

将含溴苦卤料液用泵打入高位槽内，再流进预热器，预热到 65～75 ℃。预热过的浓苦卤料液由溴反应塔顶部喷下，与塔底通入蒸汽和氯气进行逆流置换反应。进塔卤水流量大小，与塔的构造、进塔蒸汽量和氯气量有关，如塔的构造固定，则卤水流量加大时，进塔蒸汽量及氯气亦须相应加大。通常采用填料塔，塔是由花岗岩制成的圆筒状塔节垒砌而成，塔高与塔径有关，一般为 13～17 节，每节高 0.46～0.80 m，塔内径为 0.6～1.0 m。塔内乱堆瓷环，每 2 节或 3 节装一块筛板，起收缩卤水的作用，防止塔内卤水倒流至塔顶部装有泡罩的分料板，并使卤水能均匀地淋在瓷环上。一般从塔底上数第 1 节进蒸汽，第 3 节进氯气，最上部一节出溴，废液由塔底经液封管流出。理论上，每制取 1 kg 溴消耗 0.44 kg 氯气，但在实际生产中，用氯量稍多，配氯率一般为理论量的 110%～115%。配氯率高低与溴的产量、质量和消耗定额的关系极为密切。若氯气量通入不足，则溴的氧化不完全，收率降低；若配氯率过高，则不仅造成排空尾气中含氯量增多，增加氯的消耗，而且会降低溴的质量。因此必须选择适当的配氯率。氯化置换出来的溴溶解于浓厚卤中，当用蒸汽加热含溴浓厚卤时，溴被气化，随水蒸气一同从塔上部出溴口排出。废卤水则从塔底排出。

蒸馏过程中，掌握出溴口温度是个关键。出溴口温度要根据塔的结构、卤水质量及处理卤水量等条件来确定。一般控制废液温度在 115～120 ℃。出溴口温度可达 80～90 ℃，温度过高，则出溴口排出大量水蒸气，溴水增加；温度过低，则溴不能完全蒸出、收率降低，出塔溴蒸气与水蒸气混在一起。通过蛇形管冷凝后成为液溴和溴水。

冷却水温度对溴的收率和质量有一定的影响，以控制在 20～30 ℃ 为宜，冷凝后的液溴和溴水的比重相差很大，在分离器中自动分离。下层为液溴，从分离器下口排出，因含杂质较多，称为粗溴；上层为溴水，从分离器中部排出，返回溴反应塔。出溴反应塔的未凝气体中，含有部分过剩的氯气和未冷凝的溴气，由分离器顶部排出，进入回收塔，用浓厚卤回收。回收溴后的浓厚卤与预热卤一起进入溴反应塔，重新提溴。不凝的尾气从回收塔顶部排空。在粗溴中含有杂质氯，需要进入精制。精制在精馏塔中进行。

精馏塔用耐酸陶瓷制成，塔底为加热釜，塔顶温度一般控制在 50 ℃ 左右。粗溴从塔上部进入塔内，易挥发的氯上升由塔顶逸出，溴则下流到塔底排出。从精馏塔顶部出来的混合气体，进入冷凝器，溴气经过冷凝，仍回流到精馏塔中，而杂质氯则从冷凝器上方排出，进入回收塔，从塔底排出的溴，经冷却后，流入贮溴缸贮存，而后包装。

(2) 空气吹出法生产工艺

将除去悬浮物的海水用转子流量计计量，加入工业硫酸，调 pH 至 3.0~3.5，与氯气一并送入溴游离塔，在塔中进行氧化反应。海水酸化的目的是防止氯与溴的水解作用。配氯率为 160％，此时氧化电位＋970 mV 左右（饱和甘汞电极），氧化率可达 95％。溴被游离后，进入吹出塔，用空气吹出。在喷淋密度为 35 m³/m²·h、气液化为 50：1 时，吹出率可达 95％以上。

温度对氧化海水的溴的蒸气分压有很大影响，从而影响气液化吹出率的关系，温度高时，气液比较低，对吹出有利。在冬季生产时，应考虑海水的温度，北方沿海最好使用温海水。

从吹出塔中吹出的含溴空气进入吸收塔，用纯碱溶液吸收，生成溴化钠和溴酸钠。为使吸收完全，可用两个塔串联吸收。吸收液碱度不同，吸收率也不同。吸收率随吸收液游离碱度降低而降低。吸收液含溴量增加，吸收率随之降低，当第 1 吸收塔碱液的游离物质的量浓度低于 0.15 mol/L 时，即打入高位槽，再经回收塔流入分解槽，加硫酸酸化，调 pH 至 2 左右，使溴化钠和溴酸钠游离出溴。游离出的溴在蒸馏塔中用蒸汽蒸出，通过冷凝流入溴水分离器，出溴口温度控制在 80 ℃，冷却水温度为 24~27 ℃，分离器中的溴气进入回收塔，为吸收液中的游离碱所回收。分离器中的溴水则引入蒸馏塔中重新蒸馏，分出的溴即为成品。

6. 产品标准

色泽	赤褐色液体
气味	有刺激性恶臭味
溴含量	95％
氯含量	3％

7. 质量检验

(1) 定性检验

①品红、试纸。量取 100 mL 0.5％的品红溶液，加亚硫酸氢钠至红色消失为止，再加 10 mL 浓盐度，同时取滤纸条在该溶液内浸润后即得。

②测定操作。外观应为赤褐色液体；溴遇品红试纸呈红色。

(2) 含量测定

①原理。样品加过量的碘化钾，能析出定量的碘，用硫代硫酸钠标准溶液滴定。

②试剂。碘化钾、淀粉指示剂（0.5％的溶液）、品红试纸、硫代硫酸钠（0.05 mol/L 标准溶液）。

③操作。用玻璃管吹得中间突出、两端拉成毛细管的取样器。先在干燥器中放置 30 min，取出称重，然后小心用手持着取样管的长端毛细管，将取样管插入溴样瓶中，则溴经毛细管导入，导入溴量 0.20~0.35 g 时立即取出，仔细用小火先封短端，

再封长端，封好后置于玻璃表面皿上约 10 min，以品红试纸检查到无红色反应，证明取样管外壁上的附着的溴已逸尽，将取样管放入干燥器内 30 min，称重。然后置于带磨口塞的 500 mL 锥形瓶内，注入 60～70 mL 水、30 mL 10% 的碘化钾溶液，放入约 10 个玻璃珠，塞紧瓶塞，强烈振摇使取样管破碎，待溴与碘化钾溶液充分反应，开启瓶塞，以水冲瓶塞和瓶壁，再加水稀释至 100～150 mL，用 0.05 mol/L 硫代硫酸钠标准溶液滴定至浅黄色，加 5 mL 淀粉指示剂，继续滴定至蓝色消失为止。

④计算：

$$w(Br_2)=[0.079\,90\times1000c(Na_2S_2O_3)V/m(Br_2)]-2.2538m(Cl_2)$$

式中，V 为滴定耗用硫代硫酸钠标准溶液体积 mL；c 为硫代硫酸钠标准溶液的摩尔浓度；$m(Br_2)$ 为样品质量，g；0.079 90 为溴的毫克当量；$m(Cl_2)$ 为 Cl_2 含量，g；2.2538 为将 Cl_2 换算为 Br_2 的系数。

⑤说明：淀粉指示剂必须在近终点时加入，如加入过早，则大量的碘与淀粉结成蓝色物质，结合的这一部分碘就不容易与硫代硫酸钠标准溶液反应，使滴定的结果产生误差。

8. 产品用途

农药工业用于制造杀菌剂、熏蒸剂、杀虫剂及植物生长激素。医药工业用于生产溴化钠、溴化钾和溴化樟脑等镇静剂，以及氯霉素、合霉素等抗生素和激素的中间体、含溴药品；石油工业用于制造二溴乙烯、一溴化合物，与四乙基铅混合用作汽油防震剂和航空燃料防震剂；染料工业用于生产还原染料；化学工业用于生产溴盐；有机溴化合物；分析试剂等；感光工业用于制造溴化银，溴化银是照片、电影胶片的生产原料；国防工业用于制造催泪弹；消防工业用作制造高效低毒灭火剂。工业生产中常用作氧化剂、杀菌剂和漂白剂。此外，还用于冶金、食品、鞣革、化纤、香料和净水等方面。

9. 参考文献

[1] 李荣. 溴素生产过程自控系统研究与开发 [D]. 天津：天津科技大学，2016.

[2] 苏春堂. 溴素再脱氯加工新工艺 [J]. 盐业与化工，2015，44（9）：27-28.

[3] 李秋霞，刘新锋，徐文辉，等. 溴素资源提取技术研究进展 [J]. 广州化工，2014，42（21）：24-25.

3.2 碘

碘（Iodine）分子式 I_2，相对分子质量 253.81。

1. 产品性能

紫黑色鳞晶或片晶，有金属光泽。相对密度 4.93，熔点 113.5 ℃，沸点 184.35 ℃。性脆，易升华，蒸气呈紫色。碘对光的吸收带在可见光谱的中间部分，故透射的光只是红色和紫色。碘微溶于水，溶解度随温度升高而增加，不形成水合物；难溶于硫酸；易溶于有机溶剂，在不饱和烃、甲醇、乙醇、乙醚、丙酮、吡啶中呈褐色，在苯、甲苯、二甲苯、溴化乙烷中呈褐红色，在氯仿、石油醚、二硫化碳或四氯化碳中呈美丽的紫色；碘也易溶于氯化物、溴化物及其他盐溶液；更易溶于碘化物溶液，形成多碘离子。水微溶于液碘。液碘是一种良好溶剂，可溶解硫、硒、铵和碱金属碘化物、铝、锡、钛等金属碘化物及许多有机化合物。具有特殊刺激臭。有毒！

2. 生产方法

碘的生产方法受原料的影响很大。以海藻为原料，有浸出法、灰化法、干馏法、发酵法。除浸出法外，其他各法多已淘汰。从海藻浸出液提碘，现都用离子交换法。从石油井水、地下卤水提碘，有离子交换法、空气吹出法、活性炭法、沉淀法（铜法和银法）、淀粉法及有机溶剂萃取法。目前工业生产主要采用离子交换法和空气吹出法。

（1）离子交换法

离子交换法系将料液（如以海藻为原料，需经浸泡，取浸泡液）加酸，通氯氧化，在离子交换柱中吸附，然后解吸，碘析，精制即得成品碘。

$$2I^- + Cl_2 \xrightarrow{H^+} I_2 + Cl^- \text{。}$$

（2）空气吹出法

空气吹出法系将料液酸化，通入氯气，使碘盐氧化游离，同时吹入空气。将游离碘吹出。吹出的碘用二氧化硫吸收，然后通氯使碘游离，再经精制而得。

粗碘的精制有升华法、熔融法和蒸气蒸馏法。升华法是将粗碘加热，在不高于113.6 ℃下，使碘蒸气冷凝，即得较大颗粒结晶碘；蒸汽蒸馏法是以过热水蒸气通过粗碘层，使碘升华，冷凝收集于50 ℃以下的水中，然后冷却结晶，过滤而得纯碘。熔融法是将粗碘在浓硫酸中熔融，冷却结晶，即得精碘。此法耗酸较多，但简单易行。

3. 工艺流程

（1）离子交换法

图3-3

（2）空气吹出法

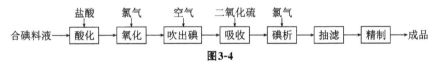

图3-4

4. 生产配方（kg/t）

（1）离子交换法

海带	311 000
液氯（99%）	1020
焦亚硫酸钠（≥61%）	700

亚硝酸钠	240
硫酸（98%）	16 000
氯酸钾	170

（2）空气吹出法

含碘料液（制盐母液）	3680
液氯（≥99%）	2250
二氧化硫（SO_2，99%）	640
硫酸	22 070

5. 生产工艺

（1）离子交换法

将海带加 13～15 倍量的水浸泡，一遍浸泡水含碘量在 0.3 g/L 以上，如浸泡两遍，则可达 0.50～0.55 g/L。浸泡水由于含有大量褐藻糖胶和其他杂质，影响联产品甘露醇的提取，故需加碱除去。碱液的质量分数为 36%～40%。加碱后充分搅拌，使 pH 为 12，澄清 8 h 以上。上部清液用泵打入酸化槽，加酸酸化，控制 pH 在 1.5～2.0。沉渣再次加温澄清后，上部清液仍泵入酸化槽内，废渣可加酸及氧化剂氧化，通入专柱吸附提碘。上清液酸化后，送入氧化罐，通入氯气或次氯酸钠，氧化使碘游离。氯酸钠处理液经酸化后，加氧化剂，使所含碘沉淀后回收，通过交换柱的废碘水则用以提取甘露醇。

（2）空气吹出法

在含碘料液中加盐酸酸化，控制 pH 在 1～2。然后送入预热器，预热至 40 ℃ 左右，再通过高位槽进入氧化器，同时通入适量氯气，使料液中的碘离子氧化为碘分子。当氧化电位达到 520～530 mV（饱和甘汞电极）时，氧化率为 95%。将此氧化液送入吹出塔，从上部均匀淋下，从吹出塔下部鼓入已预热至 40 ℃ 的空气，将碘吹出，含碘空气自下部进入填充式吸收塔，空气中的碘被由塔上部喷淋下来的二氧化硫水溶液吸收，并被还原，生成氢碘酸溶液（吸收液）。

吸收液用泵打入吸收塔内，循环吸收多次，以提高所含碘化氢的浓度。当吸收液浓度达到 20%（含碘约 150 g/L）时，即送入碘析器。在不断搅动下，缓慢通入氯气，使碘游离沉淀。

再经过滤器用真空泵抽滤，所得粗碘加浓硫酸熔融精制，冷却结晶，即得成品碘。粉碎后，分装于棕色玻璃瓶中，或者装入内衬塑料袋的木桶中，密封入库。

6. 产品标准

碘（I_2）	≥99.5%
氯化物及溴化物（Cl^-）	≤0.028%
不挥发物	≤0.08%
硫酸盐（SO_4^{2-}）	≤0.04%
有机物	无

7. 产品用途

在农业上，碘是制农药的原料，也是家畜饲料添加剂。用作照相感光乳剂，也用于制造电子仪器的单晶棱镜、光学仪器的偏光镜、通透过红外线的玻璃。

碘是制造无机和有机碘化物的基本原料，主要用于医药卫生方面，用以制造各种碘制剂、杀菌剂、消毒剂、脱臭剂、镇痛剂、放射性物质的解毒剂；碘化物也被用作饮水净化剂、游泳池消毒剂。在工业上，用于生产合成染料、烟雾灭火剂、切削油乳剂的抑菌剂。

8. 参考文献

[1] 宋锡高. 中国碘素产业发展现状 [J]. 无机盐工业，2014，46（3）：9-12.

3.3　硫黄

硫黄（Sulfur）有 α-硫（斜方硫）、β-硫（单斜硫）和 γ-硫（无定形硫）。分子式 S_8，相对分子质量 256.51。

1. 产品性能

黄色或浅黄色无定形或结晶性粉末或块状固体。有结晶形和无定形两种，结晶形硫黄主要有 α-硫和 β-硫两种同素异构体。α-硫（斜方硫）的熔点 112.8 ℃，相对密度 2.07（20 ℃），折射率 1.957；β-硫（单斜硫）的熔点 119.25 ℃，相对密度 1.96（20 ℃），折射率 2.038；γ-硫（无定形硫）的熔点约 120 ℃，相对密度 1.92。沸点均 444.6 ℃，燃点 363 ℃。不溶于水，易溶于二硫化碳、四氯化碳和苯，稍溶于乙醇和乙醚。无定形硫主要是弹性硫，是将熔融硫迅速注入冷水中而得，不稳定，很快转变为 α-硫。在 95.6 ℃ 稳定的是 α-硫，95.6 ℃ 以上稳定的是 β-硫。工业上使用较多的是硫黄粉和不溶性硫黄（Insoluble sulfur）。硫黄燃烧时生成二氧化硫，可与大多数金属反应生成硫化物。

2. 生产方法

（1）还原法

硫铁矿沸腾焙烧产生二氧化硫气体与鼓风混合，在还原炉中加入白煤（或通入半水煤气）进行还原，再经转化器、冷凝器、泡罩塔放空。液态硫由冷凝器、泡罩塔放出。

主要反应如下：

$$4FeS_2 + 11O_2 \Longrightarrow 2Fe_2O_3 + 8SO_2，$$
$$3FeS_2 + 8O_2 \Longrightarrow Fe_3O_4 + 6SO_2，$$
$$2SO_2 + 2C \Longrightarrow 2CO_2 + S_2，$$
$$4CO + 2SO_2 \Longrightarrow 4CO_2 + S_2。$$

（2）高炉法

将硫铁矿与煤、碳石灰石及石英混合后加入高炉，经焙烧、熔融、冷却、结晶制成的硫黄块，或在沸腾炉中硫铁矿通过白煤、煤粉或煤气还原得到硫黄块。将硫黄块在 $150\sim160\ ℃$ 下熔化，并经过去渣、除酸后，冷却，粉碎，即得硫黄粉。高炉中的化学反应：

$$7FeS_2 =\!\!=\!\!= FeS_8 + 3S_2，$$

$$2H_2O + \frac{3}{2}S_2 =\!\!=\!\!= 2H_2S + SO_2，$$

$$SO_2 + C =\!\!=\!\!= CO_2 + \frac{1}{2}S_2，$$

$$CO_2 + C =\!\!=\!\!= 2CO，$$

$$2CO + SO_2 =\!\!=\!\!= 2CO_2 + \frac{1}{2}S_2，$$

$$CaCO_3 =\!\!=\!\!= CaO + CO_2，$$

$$2FeS_2 + 3O_2 + SiO_2 =\!\!=\!\!= (FeO)_2 \cdot SiO_2 + 2SO_2，$$

$$CaO + SiO_2 =\!\!=\!\!= CaO \cdot SiO_2，$$

$$FeS + H_2O =\!\!=\!\!= FeO + H_2S。$$

另外，还有半磁化焙烧高浓度二氧化硫还原法、天然气法等。

3. 工艺流程

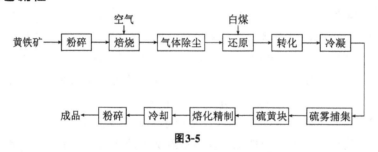

图3-5

4. 生产设备

①沸腾炉。三级扩大圆柱形硅钢焙烧炉（内衬耐火砖、耐火砖与壳体间用石棉粉作隔热层）。

②管式电除尘器。管式电除尘器由 24 根管子，2 个灰头和 4 个集气箱组成，前后两个电场，每个电场又分两组，两并两串。

③转化器。转化器为两台平底普通硅钢制的圆柱形设备。

④硫黄冷凝器。硫黄冷凝器为圆柱形列管式硅钢设备。

⑤其他设备。鼓风机、炉气冷却器、旋风除尘器、还原炉、热交换器、泡罩硫雾捕集器等。

5. 生产工艺

（1）工艺一

黄铁矿（也称硫铁矿）先用破碎机破碎，再粉碎成精矿粉，经螺旋加料器加入沸腾焙烧炉，与鼓入的空气混合燃烧，控制温度在 950 ℃ 左右，炉气出口温度为 750 ℃，沸腾层的风速 $1.5\sim2.0\ m/s$。炉气中的二氧化硫含量在 $11\%\sim14\%$ 为宜。

炉气从焙烧炉进入除尘器除去炉气中的矿尘,先经两级旋风除尘,再经串联的两个列管式除尘,进入电除尘器的气体温度在 340~380 ℃,出管口温度约 200 ℃。含尘为 20~70 mg/hm²。再与被加热的空气混合,进入还原炉中的混合气体含 SO_2 为 8%~12%,与加入的白煤(或通入的半水煤气)进行还原反应,再经转化器、冷凝器、泡罩塔后放空。液态硫由冷凝器、泡罩塔放出,经过滤、冷凝即得硫黄块。废气排空。

将硫黄块投入熔融精制锅中,于 150~160 ℃ 下熔化,待硫黄或天然硫黄矿熔融,继续升温,接近沸腾时,硫黄大量升华。升华的硫黄气导入一系列的密闭室内,迅速冷却至 90 ℃ 以下,凝成细粉状的硫黄。待锅内的硫黄升华近于完全时,将残留的褐色黏稠液体趁热放出,同时将制得的升华硫黄粉迅速出料,即得硫黄粉成品。

(2)工艺二

①每 1000 kg 硫黄约消耗 3600 kg 硫铁矿。

②不溶性硫黄制法。将硫黄粉加热至沸腾,倾于冷水中急冷,生成透明的无定形弹性硫黄,即为不溶性硫黄。也可将过热硫黄蒸气用惰性气体稀释,喷在冷水雾中冷却至 90 ℃ 以下制得,或将硫黄块溶于氨中立即喷雾干燥,制得不溶性硫黄。

③胶体硫制法。胶体硫又称高分散性硫黄,平均粒径为 1 μ~3 μm,沉降速度慢。分散均匀。通常将硫黄粉与分散剂一起投入球磨机中或者胶体磨中,进行研磨。一直磨至平均径达到要求后,成为硫黄的糊状即为胶体硫。

6. 说明

①把黄铁矿先用破碎机破碎,再粉碎成精矿粉。

②将精矿粉用气流干燥,使水分减少到 10% 以下,由人工或螺旋加料器加到沸腾炉中。

③从沸腾炉下面用鼓风机鼓入空气,把物料吹起悬浮燃烧,呈沸腾状进行焙烧,焙烧温度约为 950 ℃,燃烧的炉气含 SO_2 为 10%~14%。

④将炉渣从炉下部出渣口排出,炉气从炉顶经管道送到冷却器进行冷却除尘,再经地第一和第二级旋风除尘。然后再进入串联的两个列管式电除尘器进一步除尘,进入电除尘器的气体温度在 340~380 ℃,含尘粒为 10~30 g/m²,出管的温度约 200 ℃,含尘为 20~70 mg/m²。

⑤然后与用鼓风送来的加热后的热空气混合,从还原炉底进入还原炉。进入还原炉的混合气体含 SO_2 为 8%~10%,通过炉中炽热的煤层被还原成元素硫(蒸汽)。

⑥从还原炉出来的炉气中除硫蒸汽外,还有燃烧生成的 CO、残余 SO_2 等气体,一同输入到第一转化器,经过热交换器,再进入第二转化器,在这里,各种含硫气体均转化成单质硫;转化后的含硫炉气进入冷凝,再由硫雾捕集器收集即得成品废气排空。

7. 产品标准

	一级品	二级品	三级品
含量	≥99.5%	≥99.5%	≥98.5%
灰分	≤0.04%	≤0.20%	≤0.40%

酸度（H_2SO_4）	≤0.005%	≤0.010%	≤0.030%
砷（As）	≤0.001%	≤0.020%	≤0.050%
铁（Fe）	≤0.003%	≤0.005%	不规定
有机物	≤0.05%	≤0.30%	≤0.80%
水分	≤0.10%	≤0.50%	≤1.00%
100目筛余物	无	无	不规定
200目筛余物	≤0.5%	≤1.0%	不规定
机械杂质	不允许	不允许	不允许

8. 产品用途

硫黄是农业、轻工业、重工业和国防工业重要原料之一。农药、医药、橡胶、化学纤维、炸药、火柴、硫酸、制糖及其他多种化工产品都需要硫黄。

硫黄粉是橡胶的最主要的硫化剂。它在胶料中的溶解度随胶种而异。室温较下易溶于天然胶、丁苯胶，较难溶于有规立构丁二烯橡胶和丁腈橡胶。使用不溶性硫可避免胶料喷硫，也不易使胶料产生早期硫化，并使胶料保持较好的黏性，不溶性硫常用作特殊橡胶制品的硫化剂。某些促进剂如促进剂 M 的配用，会增加喷硫现象。为防止未硫化橡胶的喷硫，硫黄宜在低温下混入。在加硫黄之前加入软化剂，掺入再生胶、炭黑及硒代替部分硫黄，均能减少喷硫现象。采用不溶性硫也是消除喷硫的主要方法。胶体硫可用作乳胶制品的硫化剂。在软质橡胶中，一般用量为 0.2%～0.5%，硬质胶中用量可达 25%～40%，硫黄还用于生产硫酸、亚硫酸、硫化物、二硫化物、二硫化碳、黑色火药、杀虫剂、药物等。

9. 参考文献

[1] 赵振丰.不溶性硫黄应用及生产工艺探究 [J].科技创新与应用，2017 (4)：124.

[2] 汪伟，杨莲，周维，等.浅谈湿法成型硫黄产品质量控制 [J].化工设计通讯，2017，43 (6)：111-112.

[3] 王建，马驰，吕钦文，等.中国硫黄造粒技术应用与展望 [J].石油化工应用，2017，36 (7)：6-10.

3.4 二氧化氯

二氧化氯（Chlorine dioxide），分子式 ClO_2，相对分子质量 67.45。

1. 产品性能

常温下为黄绿色或红黄色气体，有类似 Cl_2 和 O_3 的窒息性刺激臭。温度为 10 ℃以下时，转变成液体，呈红褐色，温度低于-59 ℃ 时呈固态，橙红色，有水合结晶时（$ClO_2 \cdot 8H_2O \pm 1H_2O$）呈黄色。常压下气体密度为 3.09 g/L，液体密度 1.64 kg/L，沸点 11 ℃，熔点-59 ℃。溶于水和有机溶剂四氯化碳、冰乙酸中。其水溶液不稳定，逐渐分解成 Cl_2 而逸出溶液外。二氧化氯受热或杂有有机物等能促进氧化作用的物质时，易引起爆炸。受阳光照射，遇高温物体、电火花等都可以产生爆炸。气体二氧化氯用空气冲稀到 10% 以下，液体水溶液浓度 6～10 g/L 以下较为安全。二氧化氯气体有毒，对呼吸系统、眼、中枢神经系统产生危害作用，刺激性比氯气大，但没有光气那样产生组织变性作用。二氧化氯的腐蚀性很强，对大部分金属均能腐蚀，耐二氧化氯的材料有含钼、金刚、玻璃、铅、陶瓷、聚四氟乙烯塑料、钛材。

2. 生产方法

二氧化氯的生产方法有多种：

（1）甲醇法制二氧化氯

将氯酸钠溶液用硫酸酸化，再加入甲醇作还原剂，制得二氧化氯。

$$6NaClO_3 + CH_3OH + 6H_2SO_4 \Longrightarrow 6ClO_2 + CO_2 + 5H_2O + 6NaHSO_4。$$

（2）硫酸-氯化钠法制二氧化氯

氯酸钠与硫酸作用得氯酸，氯化钠与硫酸作用得盐酸，盐酸作还原剂与氯酸作用制得二氧化氯。

$$2NaClO_3 + 2NaCl + 2H_2SO_4 \Longrightarrow 2ClO_2 + Cl_2 + 2Na_2SO_4 + 2H_2O。$$

（3）硫酸法制二氧化氯

在硫酸介质中，用二氧化硫还原氯酸钠制得二氧化氯。

$$2NaClO_3 + SO_2 + H_2SO_4 \Longrightarrow 2ClO_2 + Na_2SO_4 + H_2SO_4。$$

（4）由单质碳法制二氧化氯

采用单质碳质材料作还原剂，在硫酸存在下与氯酸钠作用制得二氧化氯。

$$4NaClO_3 + 2H_2SO_4 + C \Longrightarrow 4ClO_2 + 2Na_2SO_4 + CO_2 + 2H_2O。$$

（5）盐酸法制二氧化氯

将盐酸直接与氯酸钠作用制得二氧化氯。

$$NaClO_3 + 2HCl \Longrightarrow ClO_2 + 0.5Cl_2 + NaCl + H_2O。$$

3. 生产工艺

（1）甲醇法制二氧化氯

将浓度为 400～500 g/L 的氯酸钠溶液在第 1 个铅制的换热交换器内与 78% 的硫酸、25%～35% 的甲醇溶液一起预热至 60～65 ℃，然后用钛制离心泵同时以一定速度送进第 1 个内衬铅或铸石粉涂料的耐腐蚀钢制反应器，在夹套内通热水，控制反应温度为 60 ℃，进行还原反应。经反应后的物料送入第 2 个换热器预热到 65～70 ℃，再转入第 2 个反应器，此时混合溶液中含氯酸钠 350 g/L、硫酸 330～350 g/L。与少量甲醇，应补加甲醇后在第 2 个反应器中继续反应。由第 2 个反应器出来的溶液经第 3 个换热器预热到 75～80 ℃ 后进入第 3 个反应器。最后，由第 3 个反应器出来的溶液成分为 5% 的 $NaClO_3$、H_2SO_4 200～230 g/L、$NaHSO_4$ 350～370 g/L。溶液回收处理，由于循环几次后 $NaHSO_4$ 在溶液中的含量可提高到 600 g/L，此时结晶析出，堵塞管道。可加浓硫酸，后冷却溶液至 0～2 ℃，使 $NaHSO_4$ 析出，分离出 $NaHSO_4$ 晶体回收利用。各个反应器内生成的 ClO_2 气体被用以搅拌的压缩空气稀释到 10% 以下，用真空泵吸入水喷淋吸收塔，使 ClO_2 与 Cl_2 分离，制得纯净的二氧化氯。氯酸钠在第 1 个反应器中有 70% 被还原，在第 2 个反应器中有 20% 被还原，第 3 个反应器中有 10% 被还原，总的氯酸钠的利用率为 95%～97%。每制得 1 t 二氧化氯原料消耗：氯酸钠 1.51 t、硫酸 1.58 t、甲醇 0.16 t。

（2）硫酸-氯化钠法制二氧化氯

将氯酸钠和氯化钠的混合水溶液按 n（$NaClO_3$）∶n（$NaCl$）＝1.00∶1.05 送入内衬防腐材料的反应器内，加入 98% 的硫酸进行还原反应。反应温度控制在 35～55 ℃，温度高反应收率高，但温度太高会发生 ClO_2 爆炸性分解反应。空气经流量计和调节阀后，通过设置在反应器底部的气体分散板而吹入反应器中将反应生成的 ClO_2 和 Cl_2 吹出。气体送入 ClO_2 吸收塔，同吸收用水对流接触，绝大部分的 ClO_2 和一小部分的 Cl_2 溶于水中，变成二氧化氯水溶液，未溶解的氯气进入下一个氯气吸收塔，用烧碱或石灰乳吸收生成次氯酸钠或漂白液。从氯气吸收塔中排出的尾气，用喷射泵抽吸而排入大气。废液中含有硫酸和硫酸钠回收后利用。

反应物料氯酸钠浓度为 3 mol/L、氯化钠浓度为 3.15 mol/L 为最佳浓度，若高于此浓度，溶液接近饱和状态，容易析出结晶，给操作带来困难。反应中硫酸浓度应维持在 5.25 mol/L 左右，酸度过高，在反应液中易生成硫酸钠结晶，酸度过低则反应缓慢。反应结束后产生的废液中还含有很高浓度的硫酸（约 4.5 mol/L），将废液冷却到 0 ℃ 以下，结晶出硫酸钠。滤去硫酸钠，酸液可回收循环使用。

（3）硫酸法制二氧化氯

将 600 g/L 氯酸钠水溶液与 95% 的硫酸连续定量地从液面下送入反应器，经空气稀释后 5%～8% 的二氧化硫气体经气体分布板进入反应器内。反应器有两个，反应大部分在第 1 个反应器内完成，使用两个反应器可提高氯酸钠的利用率。第 1 个反应器内温度为 30～40 ℃，反应完成后氯酸钠含量 20～22 g/L、硫酸含量 4.5 mol/L，氯化钠含量 5～6 g/L。第 2 个反应器温度 40～45 ℃，氯酸钠含量 2 g/L，硫酸含量 4.15 mol/L，氯化钠含量 7 g/L。第 1 反应器产生的气体送到洗气器中，氯酸钠溶液从洗气器上部进入，除去 ClO_2 气体中所夹带的硫酸、盐酸和未起反应的二氧化硫气体后进入第 2 个反应器。ClO_2 气体经洗去杂质后送入吸收塔，用冷水吸收，制得 6～8 g/L 的二氧化氯水溶液。从第 2 个反应器排出的废液则进入气提塔，从气提塔底部送入少量空气以提出溶解在液体中的二氧化氯。提出的二氧化氯气体也送入洗气塔中除去杂质后进入二氧化氯吸收塔。反应废液作回收处理，提取硫酸钠等。

用硫酸法制二氧化氯时，二氧化氯的产率和发生速度与多方面因素有关，需加以控制。在一定浓度范围内，氯酸钠浓度越高，二氧化氯的产率越高。二氧化氯的产率可以用反应器中反应物的 m（ClO_2）∶m（Cl_2）来衡量。此比值越高，二氧化氯的产率也越高。若采用 3 个发生器串联使用，第 1 个反应器内氯酸钠含量控制在 80 g/L，第 2 个反应器内氯酸钠的质量浓度控制在 30 g/L，第 3 个反应器的质量浓度控制在 2 g/L，二氧化氯的发生效率可明显提高。

硫酸的浓度对反应速度有明显影响，一般控制各个反应器内硫酸浓度在 4 mol/L 左右，其中水分达 710 g/L。硫酸浓度过高会使反应速度过快，副反应速度也快，致使副产物氯气增多，二氧化氯的产率降低；硫酸浓度过低，又使反应不在最佳酸性介质条件下进行，生产的二氧化氯浓度太低。

在反应过程中二氧化硫的通入量应保持均匀恒定，以保证二氧化氯发生稳定。若要求发生的气体二氧化氯含量为 15% 时，二氧化硫含量应控制在 10%～11%。如采用多个串联反应器，二氧化硫气体的分配要成比例，即有两个反应器时，主反应器发生二氧化氯占总量 80% 时，则二氧化硫-空气混合气也要有 80% 进入主反应器，而20% 进入次反应器。直到次反应器排出残液中残余 NaClO₃ 过高或过低时，再根据分析结果调整两个反应器的进气比。二氧化硫-空气混合气进入反应器，需通过二氧化硫分布器。二氧化硫分布器上打许多小孔，均匀分布，小孔直径大小应保证气体出口速度在 2.1 m/s。

制备二氧化氯时，必须严格控制反应温度，温度太高时，反应激烈，可发生爆炸；反应温度太低时，反应速度下降，反应不完全。因此反应器有时需用冷水冷却，而有时温度不够还需加温。一般反应温度控制在 38～40 ℃。二氧化氯气体爆炸是在一定条件下产生的。此时二氧化氯分解成氯气和氧气。当二氧化氯含量大于 15% 时，温度高于 50 ℃，或原料氯酸钠和硫酸溶液混有机油、铁锈等杂质时，会引起爆炸。硫酸加料时滴到液面上局部发热也会促使二氧化氯爆炸，因此加硫酸的操作应谨慎进行。

（4）由单质碳法制二氧化氯

将质量浓度为 469 g/L 的氯酸钠溶液由计量槽准确计量后加入设有搅拌器和夹套加热装置的搪瓷反应器，再加入木屑或其他碳素材料（木炭、焦炭、炭黑）等，每千克氯酸钠约加 0.1 kg 木屑。开始反应时加入 65% 的硫酸，开动反应器内的搅拌装置，同时通入空气作为补充搅拌，并且冲稀生成的二氧化氯气体至 10% 的安全范围。每生产 1 t 二氧化氯需消耗：氯酸钠 1.87 t、硫酸 4.97 t、木屑 0.211 t。反应生成的废液回到反应器配成 65% 的硫酸循环使用，可使硫酸损耗降低 35%～40%。废液经 3次回收循环后，废液中含有的硫酸氢钠、硫酸和少量未反应的氯酸钠逐渐增加，可能析出硫酸氢钠结晶，堵塞反应器和管道，应先使之结晶析出除去。最后排出的废液中仍含有硫酸氢钠、硫酸和少量氯酸钠，可送给纤维厂用于煮炼和分解泡沫。

采用碳质材料作制备二氧化氯的还原剂，其价格低，来源广泛，可减少原料成本。单质碳法制二氧化氯副反应较少，反应过程中不产生氯气，制得二氧化氯气体较纯。但反应物中有炭末沉积，增加了处理炭末的手续。

（5）盐酸法制二氧化氯

将质量浓度为 400 g/L 的氯酸钠溶液在 29 ℃ 温度下进入串联 6 个反应器中的第1 个反应器（反应器是钛制的，有较强的耐腐蚀性），再在同一温度条件下加入 32% 的盐酸。反应物料依次从第 1 个反应器流到第 6 个反应器，各反应器的温度分别为20 ℃、40 ℃、60 ℃、80 ℃、100 ℃、103 ℃，从第 1 个反应器到最后一个反应器物料温度逐渐升高到沸点，这样可使盐酸和氯酸钠作用充分。从第 6 个反应器中出来的产物中含有二氧化氯、氯气、空气，在逆流供给蒸汽和空气的情况下进行二氧化氯和氯气的分离。分离塔为填充瓷环的填料塔，气体从下部进入，硫酸从塔上部进入喷淋吸收二氧化氯。未被吸收的氯气和空气从塔上部排出，送往制备盐酸或次氯酸盐的工序。吸收有二氧化氯的酸从第 2 个填料塔上部进入，从下部用空气吹出较纯的二氧化氯。

反应生成的氯化钠可以回收作为制取氯酸钠的原料盐水。反应生成的氯气可与电解制氯酸钠时生成的氢气一起燃烧制备盐酸，也可用来制备次氯酸钠等其他次氯酸盐。因此，盐酸法生产二氧化氯的副产物能进行综合利用，可使二氧化氯的制造成本降低。但这种方法设备投资费用大，增加了处理盐酸和氯化钠的处理设备。另外，生产耗电较大，产物气体中氯气约占二氧化氯气体的50%，必须分离，收率较低。用盐酸法制二氧化氯时反应温度较高，为多级反应，反应过程不容易控制。为防止产生过多的氯气，故不必使反应进行到底，不待氯酸钠全部反应完即停止反应，从而可使二氧化氯的生成率增加。未反应完的氯酸钠和氯化钠回收后随母液一起再进行电解，循环使用，降低生产成本。

4. 产品用途

水产养殖中用于灭菌、杀病毒，防治病害。也广泛用作漂白剂，如纸、纸浆、纤维的漂白、牛脂、鱼油等精制、漂白、淀粉、面粉的漂白，以及饮用水的消毒杀菌处理。

5. 参考文献

[1] 范丹丹，田颖，韩立达，等. 催化电解亚氯酸钠制备高纯二氧化氯 [J]. 功能材料，2017，48（9）：9150-9156.
[2] 杨文渊，林倩，周剑丽. 响应面法稳定性二氧化氯制备的优化 [J]. 广东化工，2016，43（13）：96-99.

3.5 多硫化钙

多硫化钙（Calcium polysulfide）又称石硫合剂（Farmrite lime-sulfur solution）。1821 年开始用于果树防病，1900 年后得到广泛应用。

1. 产品性能

褐色液体，具有强烈的臭鸡蛋气味，相对密度 1.28（15.5 ℃）。呈碱性反应，遇酸分解。在空气中特别是高温及日光照射下易被氧化，生成游离的硫黄及硫酸钙。具有杀虫和杀菌效力。

2. 生产方法

多硫化钙的主要成分是五硫化钙，并含有多种多硫化物和少量硫酸钙和亚硫酸钙。由生石灰、硫黄和水按比例混合熬煎制得。

3. 生产配方（kg/t）

生石灰	380.0
硫黄（≥98.5%）	250.0
水	380.0

4. 生产工艺

将 250 kg 硫黄与 1% 的过磷酸钙水溶液混合研磨得硫黄浆料；380 kg 石灰用水消化研磨。然后将两者混匀，用搪瓷锅熬煎得到 45% 的晶体石硫合剂。

5. 产品标准

外观	黄色结晶固体
四硫化钙含量	≥45%
水不溶物	≤1%

6. 产品用途

可防治多种病虫害。对锈病、白粉病引起的病害，防治尤其有效；对红蜘蛛、锈壁虱也有较好防治效果。

7. 参考文献

[1] 李荣志，左文家. 晶体多硫化钙的制备 [J]. 品牌与标准化，2012 (16)：48-49.

3.6　多硫化钡

多硫化钡（Barium polysulfide）又称硫钡粉，分子式 BaS_x。

1. 产品性能

深灰色粉末，可溶于水，水溶液呈黑褐色或棕红色，有很强的恶劣气味。有毒！能被酸分解。

2. 生产方法

（1）重晶石法

重晶石与无烟煤经粉碎于 950~1100 ℃ 下还原焙烧再加硫黄，磨碎即得。

$$BaSO_4 + 2C \longrightarrow BaS + 2CO_2,$$
$$BaS + 3S \longrightarrow BaS \cdot S_3,$$
或
$$BaS + 4S \longrightarrow BaS \cdot S_4.$$

（2）简易混合法

将硫化钡熔体与硫黄混合制得。

$$BaS + 3S \longrightarrow BaS \cdot S_3,$$
或
$$BaS + 4S \longrightarrow BaS \cdot S_4.$$

3. 工艺流程

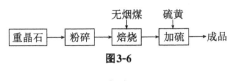

图3-6

4. 生产配方（质量，份）

重晶石（含 $BaSO_4 \geqslant 85\%$）	878.0
无烟煤（还原煤）	510.0
硫黄（$\geqslant 95\%$）	270.0

5. 生产工艺

重晶石与无烟煤经粉碎后于 $950 \sim 1\,100\ ℃$ 下还原焙烧，得到的硫化钡熔体应在 24 h 内加工成多硫化钡（因硫化钡暴露在空气中易氧化或吸收二氧化碳）。

将 750 kg 硫化钡熔体 [$w(BaS) \geqslant 65\%$] 与 250 kg 硫黄粉混合，用颚式破碎机破碎后，再粉碎至一定细度，过筛即得多硫化钡。密封包装。

6. 产品标准

硫化钡（BaS）	$\geqslant 40.0\%$
硫黄（S）	$\geqslant 20.5\%$
细度（100 目）	100%

7. 产品用途

用作杀菌剂和杀螨剂，可防治小麦锈病和各种果树病虫害。

8. 参考文献

[1] 王仪，陈福良，郑斐能，等. 多硫化钡制剂分析方法研究 [J]. 农药科学与管理，1996（3）：6-8.

3.7　波尔多液

波尔多液（Bordeaux mixture；Ortro-bordo mixture）又称硫酸铜-石灰混合液，结构式为 $CuSO_4 \cdot xCu(OH)_2 \cdot yCa(OH)_2$。

1. 产品性能

波尔多液有效化学成分为化学组成为 $CuSO_4 \cdot xCu(OH)_2 \cdot yCa(OH)_2$，式中 x、y 因配方比不同而异。几乎不溶于水，而呈极小的蓝色粒悬浮在液体中，放置后，悬浮的小颗粒就会沉淀，并产生结晶，变成紫色。对金属有腐蚀作用。

2. 生产配方（质量，份）

（1）等量式波尔多液

五水硫酸铜（$CuSO_4 \cdot 5H_2O$）	1.0
生石灰	1.0
水	100.0

（2）倍量式波尔多液

生石灰	1.0
硫酸铜	0.5
水	100.0

（3）半量式波尔多液

硫酸铜	1.0
生石灰	0.5
水	100.0

3. 生产工艺

将硫酸铜和生石灰分别用水溶解，然后硫酸铜溶液加至氢氧化钙悬浮液中，搅拌均匀即得波尔多液。

4. 产品用途

用于防治多种大田作物病害和果树、蔬菜病害。例如，防治水稻霜霉病，用配方量 m（硫酸铜）：m（生石灰）：m（水）＝1：1：240 的药液喷雾；防治棉花角斑病、茎枯病、炭疽病、轮斑病、红腐病，用配方量 m（硫酸铜）：m（生石灰）：m（水）＝1：1：200 的药液喷雾；防治苹果炭疽病，用配方量 m（硫酸铜）：m（生石灰）：m（水）＝1：1：（180～200）的药液。

5. 参考文献

[1] 孙桂芝，王成云. 波尔多液的配制及使用 [J]. 现代化农业，2016（12）：1-2.
[2] 田令菊，毛玉社，周吉生. 波尔多液配制及施用技术 [J]. 河北果树，2017（3）：48-49.

3.8 硫酸铜

硫酸铜（Copper sulfate）又称五水硫酸铜，分子式 $CuSO_4 \cdot 5H_2O$，相对分子质量 249.60。1807 年发现其有杀菌作用，1880 年进入工业生产。

1. 产品性能

蓝色结晶（$CuSO_4 \cdot 5H_2O$，纯度为 98%）。含杂质多时呈黄色或绿色（孔雀石）。无臭，对人、畜比较安全，皮肤接触不致中毒，但口服会产生急性中毒。密度 2.286 kg/m^3。在水中溶解度为 31.6 $g/100\ mL$，不溶于乙醇。在干燥空气中缓慢风化，45 ℃ 失去 2 个结晶水；110 ℃ 开始失去 4 个结晶水；加热至 258 ℃ 时变成白色硫酸铜粉末，吸潮后还能变回天蓝色五水硫酸铜。过于潮湿可潮解，但不影响药效。

2. 生产方法

（1）氧化铜法

先使铜焙烧氧化成氧化铜，然后将氧化铜溶解于硫酸，制得硫酸铜，结晶，干燥，制得五水硫酸铜。

$$2Cu+O_2 \longrightarrow 2CuO,$$

$$CuO+H_2SO_4 \longrightarrow CuSO_4+H_2O.$$

（2）电解液法

所用的重要原料为废电解液，其中含 Cu 50～60 g/L，H_2SO_4 180～200 g/L；另外包括原铜泥。将铜泥先回转窑焙烧（控制高温区温 680～720 ℃），将其中所含油类及可燃物烧去，即得粗铜粉，再经 8～10 目筛筛选，得细铜粉，其组成为 Cu 65%～70%、CuO 20%～30%、少量 Cu_2O 和其他不溶物。

将铜粉及水解液连续从鼓泡塔顶加入。空气在进塔前先在混合罐中与蒸汽混合，控制混合气体温度（80±2）℃、压力≤0.035 MPa，然后自塔底气室穿过筛孔鼓入塔内，塔内反应温度为 87～90 ℃。塔内的铜被氧化为氧化铜，进一步与硫酸反应生成硫酸铜。

从鼓泡塔溢流口连续溢出的反应液组成为铜 140～160 g/L、硫酸 100～150 g/L 及少量铜粉。反应物料经过分离器及沉降槽后，反应液中固体铜含量下降至 0.2～0.3 g/L。清液经冷却结晶，离心分离，常温气流干燥后即为硫酸铜成品。

3. 工艺流程

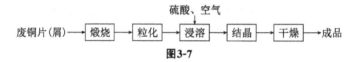

图3-7

4. 生产配方（质量，份）

废铜 [w（Cu）≥95%]	260～315
硫酸（98%）	460

5. 生产工艺

将废铜料（屑）投入熔化炉中，加热升温至 1000 ℃ 以上使其熔化，用耙将浮在铜液面上的杂质扒除。如铜内含杂质较多，为便于渣化，应加适量助熔剂。

然后，向沸腾的铜液中加入硫黄（为铜含量的 1.0%～1.5%）。通过炉底喷嘴，将铜液注入盛水的粒化槽中造粒。铜滴在水中急骤冷却而凝结，其中所含的二氧化硫会立即猛烈逸出，在铜滴表面开始"沸腾"而发泡，将铜滴吹成空心而具薄壁的小粒。要求粒化直径 5～15 mm、表观密度≤2 kg/L。

将空心铜粒放入溶浸塔内，从塔顶喷入质量分数为 5% 的硫酸和 16%～17% 的硫酸铜母液，同时从塔底经筛孔鼓入空气和蒸汽的混合气，沿塔上升。使溶液加热至 70～80 ℃，铜粒发生氧化和溶解。30 ℃ 时，喷入塔内的混合液密度为 1.21～1.26 g/cm³，经 8～12 h 循环，当密度达到 1.36～1.37 g/cm³ 时，即可出料，得硫酸铜混合液。

将硫酸铜混合液送入结晶釜内，浓缩结晶。一般控制每升的结晶溶液的酸度不得高于 15 g 硫酸。经离心机甩干，分离的母液含硫酸铜为 16%～17%，送回浸溶塔循环使用。硫酸铜结晶用清水洗涤 3 次，于 100～105 ℃ 下烘干（约 2 h），包装。

6. 产品标准

外观	蓝色或蓝绿色结晶体
含量（$CuSO_4 \cdot 5H_2O$，一级品）	≥96%
水不溶物	≤0.2%
游离酸（以 H_2SO_4 计）	≤0.1%

7. 产品用途

硫酸铜水溶液有强力的杀菌作用。主要用于防治果树、麦类、马铃薯、水稻等作物多种病害，是一种预防性杀菌剂，须在发病前使用。也可用于稻田、池塘除藻。

8. 参考文献

[1] 吴红林，黄成雄，刘俊. 锌冶炼铜渣生产硫酸铜试验研究 [J]. 世界有色金属，2017（12）：7-8.

[2] 翟忠标，李俊，李小英，等. 用富铜渣制备硫酸铜的试验研究 [J]. 云南冶金，2016，45（6）：44-49.

[3] 巫旭，王少龙，雷霆，等. 铜渣生产硫酸铜的试验研究 [J]. 矿冶，2014，23（5）：61-64.

3.9　氯氧化铜

氯氧化铜（Copper oxychloride）又称碱式氯化铜。分子式 $CuCl_2 \cdot xCuO \cdot 4H_2O$（$x=1$，2，3，4…）。代表性的组成有 $3CuO \cdot CuCl_2 \cdot 4H_2O$ [或 $3Cu(OH)_2 \cdot CuCl_2 \cdot H_2O$]，$2CuO \cdot CuCl_2 \cdot 4H_2O$。

1. 产品性能

氯氧化铜是组成变化的化合物。$3CuO \cdot CuCl_2 \cdot 4H_2O$ 是浅绿色粉末，不溶于水和有机溶剂中，对阳光、水、空气中的氧气和二氧化碳是稳定的。溶于氨水形成铜的络合物，被酸分解形成能溶于水和酸的化合物。对人体稍具毒性。$2CuO \cdot CuCl_2 \cdot 4H_2O$ 是蓝绿色结晶粉末，加热到 140 ℃ 失去 3 分子水。不溶于冷水，可溶于酸和氨水中，在沸水中分解。两者对铁、白铁都有强腐蚀性。氯氧化铜早在 19 世纪就用作杀菌剂。

2. 生产方法

（1）金属铜法

将铜屑置于氯化铜-氯化钠溶液（或氯化钙、氯化铵溶液）中，通入空气反应得氯氧化铜。

（2）氯化亚铜法

氯化亚铜溶液于 45～50 ℃ 下通入空气氧化，控制氧化时间，制得氯氧化铜。

（3）氯化铜法

氯化铜溶液与石灰乳或碳酸钙作用，生成氯氧化铜沉淀。

$$4CuCl_2 + 3Ca(OH)_2 + H_2O \longrightarrow 3CuO \cdot CuCl_2 \cdot 4H_2O + 3CaCl_2,$$

或

$$4CuCl_2 + 3CaCO_3 + 4H_2O \longrightarrow 3CuO \cdot CuCl_2 \cdot 4H_2O + 3CaCl_2 + 3CO_2 \uparrow 。$$

3. 工艺流程

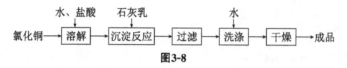

图3-8

4. 生产工艺

在溶解锅中加入水和适量盐酸，然后加入氯化铜，搅拌溶解，得到的氯化铜溶液与石灰乳反应，生成氯氧化铜沉淀。静置，分离，洗涤后干燥得氯氧化铜成品。

5. 产品标准（参考）

外观	绿色至蓝绿色粉末
铜含量（Cu）	≥14.5%
水分	<5%
筛余物（通过 4900 孔/cm²）	<5%

6. 产品用途

氯氧化铜是农业上重要的无机杀菌剂，用作波尔多液代用品的活性成分。还用于木材防腐、制造涂料等。

7. 参考文献

[1] 许英梅，张土保，安立龙，等. 碱式氯化铜的研究及应用 [J]. 饲料研究，2009（2）：42-45.

[2] 陈昌铭，温炎燊，慎义勇，等. 碱式氯化铜的合成与理化特性研究 [J]. 饲料工业，2004（5）：38-40.

3.10 碱式碳酸铜

碱式碳酸铜（Basic cupric carbonate）也偶称碳酸铜。分子式 $CuCO_3 \cdot Cu(OH)_2$ [或 $CuCO_3 \cdot Cu(OH)_2 \cdot xH_2O$]，相对分子质量 221.11。

1. 产品性能

孔雀绿色、细小无定形粉末，是铜表面生成绿锈的主要成分。相对密度 3.85。不溶于冷水和乙醇，溶于酸生成相应的铜盐，溶于氰化物、氨水、铵盐和碱金属碳酸盐的水溶液中，形成铜的络合物。碱式碳酸铜有十几种，因 $a(CuO) : b(CO_2) : x(H_2O)$ 的比值不同而异。工业品含 CuO 的量为 66.16%～78.60%。有毒！

2. 生产方法

（1）硝酸铜-碳酸钠法

将硝酸铜与碳酸钠溶液反应生成碱式碳酸铜。

$$2Cu(NO_3)_2 + 2Na_2CO_3 + H_2O \longrightarrow CuCO_3 \cdot Cu(OH)_2 + 4NaNO_3 + CO_2。$$

（2）硫酸铜法

由硫酸铜与碳酸氢钠（或碳酸钠）溶液反应而得。工业上一般采用此法。

$$2CuSO_4 + 2Na_2CO_3 + H_2O \longrightarrow CuCO_3 \cdot Cu(OH)_2 + 2Na_2SO_4 + CO_2 \uparrow$$

$$2CuSO_4 + 4NaHCO_3 \longrightarrow CuCO_3 \cdot Cu(OH)_2 + 2NaSO_4 + 3CO_2 \uparrow + H_2O$$

（3）氨法

将含铜原料，用碳酸铵的氨水溶液处理，于 25 ℃用空气搅拌使之与氧接触。反应完毕，过滤，将滤液加热至 80 ℃，用蒸汽和 CO_2 处理，生成碱式碳酸铜。

3. 工艺流程

（1）硝酸铜-碳酸钠法

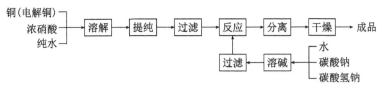

图3-9

（2）硫酸铜法

图3-10

4. 生产配方（kg/t）

（1）硝酸铜-碳酸钠法

电解铜（Cu≥99%）	620
浓硝酸（98.0%）	1880
碳酸钠（98.5%）	1150
碳酸氢钠（98.0%）	750

（2）硫酸铜法

硫酸铜（98%）	1550
碳酸钠	1140
碳酸氢钠	740

5. 生产工艺

将碳酸氢钠配制成相对密度为 1.05 的溶液，另将硫酸铜配制成相对密度为 1.05 的溶液。在合成反应器中，先加入碳酸氢钠溶液，加热至 50 ℃，搅拌下缓慢加入硫酸铜溶液，控制反应温度在 70～80 ℃（温度不宜过高，过高则产生黑色氧化铜）。

同时，注意控制硫酸铜的加入速度，太快盐基度和色泽不易掌握。反应以沉淀变为孔雀绿色为度。pH 应保持在 8，小于 8 时硫酸根不易洗净。

反应完毕，静置沉降。用 70～80 ℃ 水洗涤，至洗液无硫酸根。再离心分离。干燥得碱式碳酸铜。

6. 产品标准

铜（Cu，轻质）	≥55.90%
总硫黄	≤0.20%
盐酸不溶物	≤0.03%
水分	≤1.60%
乙酸不溶物	≤0.03%
水溶性盐类	≤1.65%

7. 产品用途

在农药工业，用作谷类种子处理，可有效地防治小麦锈病；也用作杀虫剂、种子杀菌剂、饲料中铜的添加剂；还用于有机催化剂、烟火、颜料、其他铜盐的制造中。与沥青混合，可防止牲畜及野鼠啃树苗。

8. 参考文献

[1] 杨爽. 碱式碳酸铜的制备方法探讨 [J]. 轻工标准与质量，2016（3）：71-72.
[2] 刘彦超. 碱式碳酸铜合成方法的研究 [J]. 广东化工，2015，42（3）：39.

3.11 氟三唑

氟三唑（Fluotrimazole）也称三氟苯唑，化学名称为 3'-三氟甲基-1，2，4-三唑三苯基甲烷；1-(3-三氟甲基) 三苯甲基-1，2，4-三唑，分子式 $C_{22}H_{16}F_3N_3$，相对分子质量 379.4，结构式：

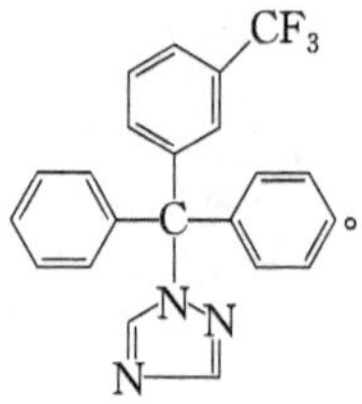

1. 产品性能

无色结晶固体，熔点 132 ℃。20 ℃ 时的溶解度：水中为 1.5 mg/L，二氯甲烷中为 40 g/L，环己酮中为 20 g/L，甲苯中为 10 g/L，丙二醇中为 50 g/L。在 0.1 mol/L 氢氧化钠溶液中稳定，在 0.2 mol/L 硫酸中分解率为 40%，氟三唑因含有氟原子，生物活性高，毒性降低，对黄瓜、大麦、葡萄等的白粉病的防治有特效。

2. 生产方法

以间溴代三氟甲基苯为起始原料，经形成格氏试剂后，与二苯酮进行亲核加成，然后用氯化铵水解，制得 3-三氟甲基三苯甲醇。

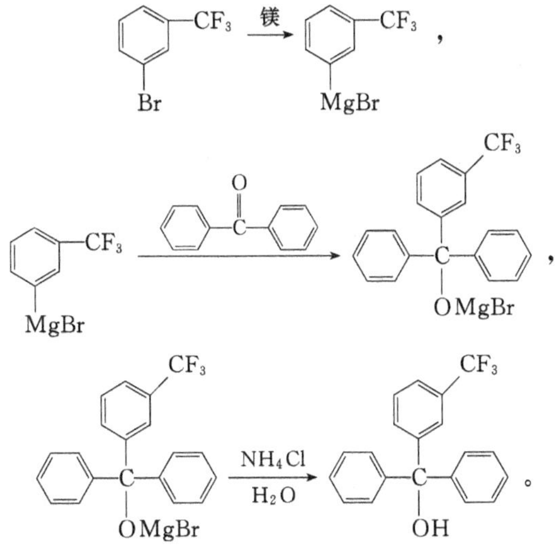

然后继续与浓盐酸反应生成 3-三氟甲基三苯基氯代甲烷，最后以三乙胺作缚酸剂，以 N，N-二甲基甲酰胺为溶剂，在氮气保护下，N，N-二甲基甲酰胺与 1，2，4-三唑反应而得氟三唑：

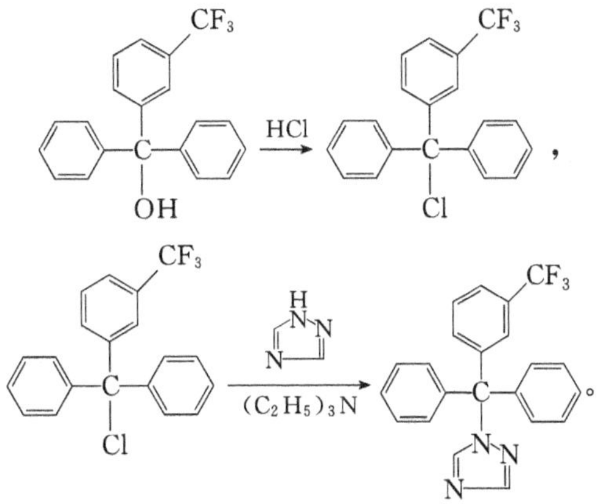

3. 生产配方（kg/t）

间溴代三氟甲基苯	225.0
镁屑	24.0
氯化铵	200.0
盐酸（35%）	208.0
1，2，4-三唑	65.0
三乙胺	102.0
N，N-二甲基甲酰胺（溶剂）	适量

4. 工艺流程

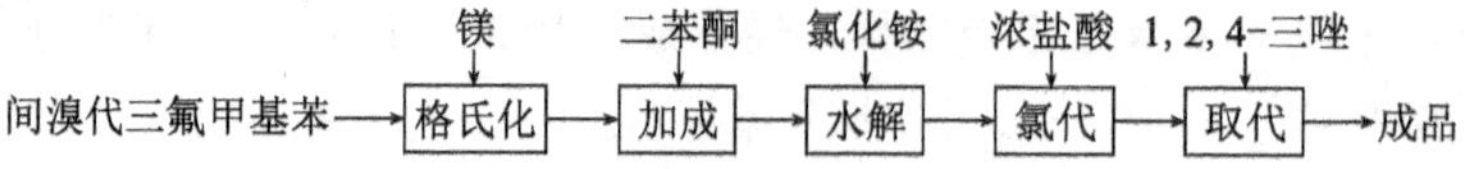

间溴代三氟甲基苯 → 格氏化 → 加成 → 水解 → 氯代 → 取代 → 成品

（镁｜二苯酮｜氯化铵｜浓盐酸｜1, 2, 4-三唑）

图3-11

5. 生产工艺

①将4.8 g镁屑和小粒碘放入反应瓶中，滴入30 mL含有间溴代三氟甲苯的无水乙醚溶液（45 g间溴代三氟甲苯溶于100 mL无水乙醚中），在水浴上温热。在搅拌下缓慢滴入剩余的间溴代三氟甲苯无水乙醚溶液，加毕，回流0.5 h后，蒸除乙醚，冷却，滴入含有二苯酮的苯液（36 g二苯酮溶于150 mL苯中）。滴加完后，加热回流2 h，冷却，滴入含有40 g氯化铵的水溶液，使产物分解。分离苯层，脱苯，脱水，减压蒸馏，收集180～184 ℃、80 Pa馏分。静置冷却，而得无色块状物3-三氟甲基三苯甲醇，熔点50～52 ℃。

②将32 g 3-三氟甲基三苯甲醇和15.6 g苯、22 g浓盐酸，一起振摇，直至块状物完全溶解，然后分去苯层，经干燥，脱苯而得浅黄色油状物，即3-三氟甲基三苯基氯代甲烷。

③将上述所得34.6 g油状物，7 g 1, 2, 4-三唑，250 mL N, N-二甲基甲酰胺和11 g三乙胺，加入反应瓶中。在氮气保护下，加热至93～100 ℃反应3 h。减压脱去溶剂，残留物用水洗涤，然后用二氯甲烷萃取。其萃取液，经干燥、蒸除二氯甲烷而得浅黄色固体。用丙酮重结晶而得氟三唑，熔点128～130 ℃。配制成50%的可湿性粉剂或125 g/L乳油。

6. 产品用途

用于黄瓜、大麦、葡萄等作物的白粉病的防治。

7. 参考文献

[1] 米佳丽. 新型氟三唑化合物的合成与抗微生物活性研究 [D]. 重庆：重庆医科大学，2008.

[2] 陈馥衡，范浚深，胡尚慧. 新杀菌剂三氟苯唑的合成 [J]. 农药，1987 (2)：17-18.

3.12　敌磺钠

敌磺钠（Fanaminosulf）又称敌克松、地可松、对二甲胺基苯重氮磺酸钠（Sodium p-dimethy-laminobenzenediazo sulfonate）。分子式 $C_8H_{10}N_3NaO_3S$，相对分子质量251.24，结构式：

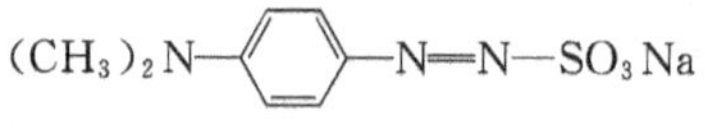

$$(CH_3)_2N - \bigcirc - N = N - SO_3Na \quad 。$$

1. 产品性能

淡黄色结晶。熔点 200 ℃（分解）。20 ℃时水中的溶解度 40 g/L，溶于高极性溶剂，如二甲基甲酰胺、乙醇等，不溶于大多数有机溶剂。极易吸潮，在水中呈重氮离子状态而渐渐分解，光照能加速分解，同时放出氮气生成二甲氨基苯酚；对碱性介质稳定。对人皮肤有刺激性。

2. 生产方法

N，N-二甲基苯胺经亚硝化得对亚硝基二甲苯胺，得到的对亚硝基二甲苯胺用铁粉还原后重氮化和磺化得敌磺钠。

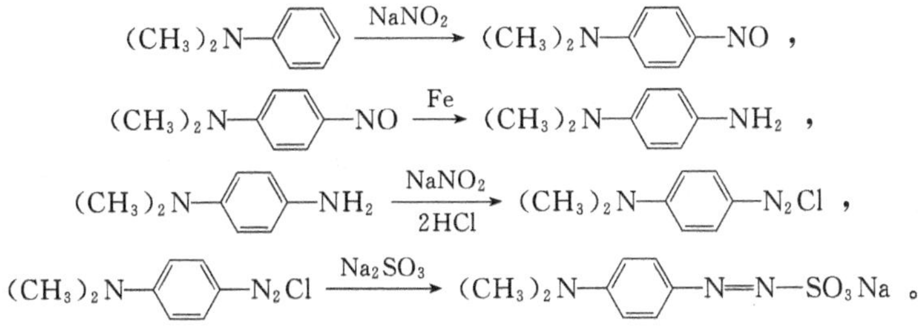

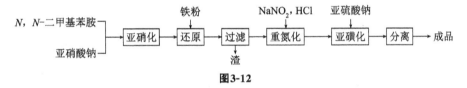

3. 工艺流程

N，N-二甲基苯胺
亚硝酸钠 → 亚硝化 → 还原 → 过滤 → 重氮化 → 亚磺化 → 分离 → 成品

铁粉　NaNO₂, HCl　亚硫酸钠

渣

图3-12

4. 生产配方（kg/t）

N，N-二甲基对氨基苯胺	440
亚硝酸钠（98%）	250
盐酸（31%）	800
亚硫酸钠（98%）	480

5. 生产设备

亚磺化反应锅	贮槽
过滤器	重氮化锅

6. 生产工艺

在重氮化反应锅中，先加入适量水、碎冰，然后加入 44 kg N，N-二甲基对氨基苯胺、80 kg 盐酸和 25 kg 亚硝酸钠于 0～5 ℃下进行重氮化。重氮化完毕，加入 48 kg 亚硫酸钠进行亚磺化。随着反应进行，敌磺钠沉淀出来，分离后干燥得敌磺钠。

7. 实验室制法

对氨基二甲苯胺于 0～5 ℃ 下进行重氮化，然后用亚硫酸钠进行亚磺化，分离沉淀物后经精制，得敌磺钠。

8. 产品标准

外观	黄棕色粉末
含量	≥98%
pH	6～8

9. 产品用途

苗田杀菌剂。对由腐霉菌属及丝囊菌属引起的病毒有特效，对一些真菌病毒也有效。有内吸作用，根部和叶部均能吸收。可防治水稻苗期立枯病、黑根病、烂秧病，高粱丝黑穗病、散黑粉病，玉米大斑病，棉花苗期根腐病、炭疽病、立枯病等。可用于种子和土壤处理。

10. 参考文献

[1] 李志祥. 敌克松农药废水处理试验研究 [J]. 安徽农业科学，2008 (14)：6071-6072.

[2] 钟增培，黄锦珂. 杀菌剂"敌克松"的中间体：对氨基 N，N-二甲基苯胺合成方法的改进 [J]. 广州化工，1985 (1)：66.

3.13 菌核净

菌核净（Dimetachlone）又名纹枯利，学名 N-(3，5-二氯苯基) 琥珀酰亚胺；N-(3，5-二氯苯基) 丁二酰亚胺；N-二氯苯基丁二酰亚胺；1-(3，5-二氯苯基)-2，5-吡咯烷二酮；N-(3，5-二氯苯基) 琥珀酰亚胺；纹枯利；纹枯灵；N-3，5-二氯苯基丁二酰亚胺。分子式 $C_{10}H_7Cl_2NO_2$，相对分子质量 244.074。

1. 产品性能

该品为白色磷状结晶，熔点 137.5～139 ℃。易溶于四氢呋喃、二甲基甲酰胺、二氧六环、苯、氯仿；溶于甲醇、乙醇；难溶于正己烷、石油醚。30 ℃ 时在水中的溶解度为 24 mg/L。

2. 生产配方 （kg/t）

3，5-二氯苯胺	243.0
丁二酸	186.0
硫酸	2.5

3. 生产工艺

将 243 kg 3，5-二氯苯胺、186 kg 丁二酸和 2.5 kg 硫酸加入搪玻璃反应锅内，

搅拌加热至 170 ℃，直至反应生成的水全部蒸出。反应完成后趁热出料，冷却，即得菌核净原粉，收率 87.4%

4. 产品用途

该品为农用杀菌剂，对水稻纹枯病、油菜菌核病、烟草赤星病等有良好的防治效果。每亩施有效成分 40～100 g。

5. 参考文献

[1] 周锋. 我国核盘菌对菌核净抗药性的研究 [D]. 广州：华中农业大学，2014.

[2] 龙顺田. 40%菌核净可湿性粉剂的改进 [J]. 农药，2000（8）：12-13.

3.14　萎锈灵

1. 产品性能

萎锈灵（Carboxin）学名 5，6-二氢-2-甲基-N-苯基-1，4-氧硫杂环己烯-3-甲酰胺。该品为白色针状结晶，熔点 93～95 ℃。25 ℃ 溶解度：在丙酮中 60 g/L，二甲亚砜中 150 g/L，乙醇中 21 g/L，苯中 15 g/L。除强酸强碱外，在一般介质中较稳定，水中溶解度为 17 mg/L。

2. 生产配方（质量，份）

乙酰乙酰苯胺	177
硫酰氯	142
巯基乙醇	78

3. 生产工艺

①将乙酰乙酰苯胺和干燥的工业苯（作溶剂）投入反应锅内，搅拌，使物料均匀混合成乳白色悬浮液。按比例向反应锅滴加硫酰氯，反应温度控制在 30～35 ℃，滴加完毕，继续反应 0.5～1.0 h，整个反应过程为无水操作（避免水分带入）。然后过滤，水洗，干燥，得到 α-氯代乙酰乙酰苯胺，熔点 131～134 ℃。

②将 α-氯代乙酰乙酰苯胺、（溶剂）苯和配方量的巯基乙醇，混合成悬浮液，不断搅拌，在 30 ℃ 滴加 12% 的碳酸氢钠水溶液，加完后继续搅拌至所有固体都进入溶液，此时 pH≥7。分出苯层，水洗至中性，用对甲苯磺酸酸化，加热回流通过共沸物除去水，冷却，水洗至中性，减压脱苯得到棕红色产物，用甲醇重结晶，干燥得萎锈灵。

注：碳酸氢钠水溶液也可用碳酸氢铵或碳酸氢钾溶液代替；对甲苯磺酸也可使用 30% 的盐酸代替。

4. 产品用途

本品为选择性较强的内吸杀菌剂，对人畜低毒，但不可与眼睛接触。采用拌种、闷种、浸种等方法防治大小麦、燕麦、玉米、高粱、谷子等禾谷类黑穗病，亦可用于叶面喷洒防治小麦、豆类、梨等锈病，棉花苗期病害及黄萎病、立枯病。对作物具有生成刺激作用。

5. 参考文献

[1] 施乾馨. 萎锈灵的制造方法 [J]. 农药译丛，1981 (6)：21-24.

3.15 氯化苦

氯化苦（Chloropicrin）又称三氯硝基甲烷（Trichloronitromethane）、硝基氯仿（Nitrochloroform）。分子式 CCl_3NO_2，相对分子质量 164.38，结构式：

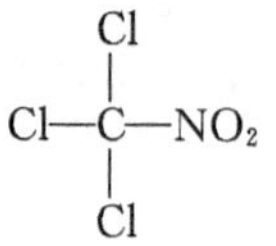
Cl
Cl—C—NO2
Cl

1. 产品性能

纯品为无色油状液体，工业品为无色或微黄色透明油状液体。有强烈刺激性臭味。相对密度（d_4^{20}）1.6558，沸点 112.4 ℃，凝固点 −64 ℃，折射率 1.595。难溶于水，可与丙酮、苯、四氯化碳、甲醇等混溶。化学性质较稳定，无爆炸、燃烧危险。吸附力很强，特别在潮湿物体上，可保持很久。在碱的乙醇溶液中分解加快；遇发烟硫酸分解成光气和亚硝基硫酸。蒸气有毒，具有强烈催泪和刺激作用。

2. 生产方法

工业生产中有三氯苯法和苦味酸法。苦味酸法是将苦味酸与氢氧化钙（或纯碱）反应成盐，然后通氯气氯化，经分离处理得产品。

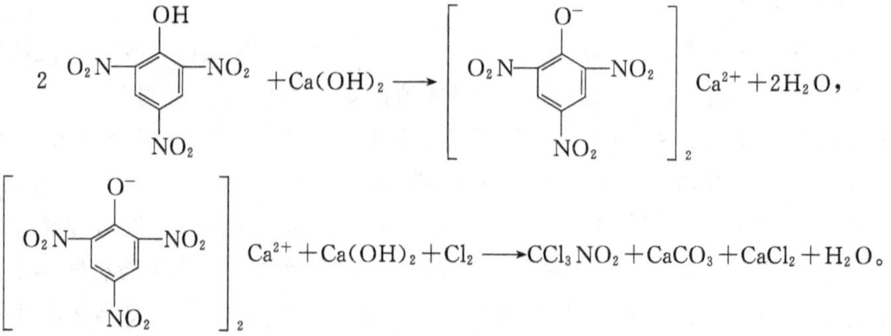
OH
O2N
NO2
NO2
+Ca(OH)2
O−
Ca2+ +2H2O，
Ca2+ +Ca(OH)2 +Cl2
CCl3NO2 +CaCO3 +CaCl2 +H2O。

3. 工艺流程

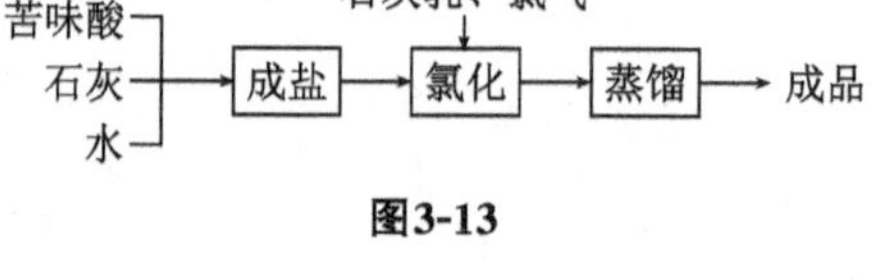
石灰乳、氯气
苦味酸
石灰
水
成盐
氯化
蒸馏
成品

图3-13

4. 生产配方（kg/t）

苦味酸（三硝基苯酚）	555
氯气（99.0%）	1762
氢氧化钙（≥90%）	1800

5. 生产设备

成盐锅	氯化反应釜
打浆槽	蒸馏锅
分离锅	

6. 生产工艺

先将氢氧化钙（石灰）加到水中，搅拌得到石灰浆。在成盐锅中加入水和石灰，搅匀后加入苦味酸，于 25～30 ℃ 搅拌 0.5 h，生成苦味酸钙盐。

将石灰浆加入氯化釜中，开动搅拌，夹套通冷冻盐水，加入钙盐，冷却至（6±1）℃ 开始通氯，于 20～32 ℃ 通氯约 3 h。取样检验，确定反应终点。氯化完成后，将氯化液转入蒸馏锅中进行蒸馏，同时蒸出氯化苦和水，经冷凝收集于分离锅内，分去水，再进行干燥，即得成品。

7. 实验室制法

将氢氧化钠按一定比例加水，配制成石灰浆。将一定量石灰、三硝基苯酚、水混合制成钙盐送入氯化反应器，加入石灰浆。在冷冻下，通氯气氯化约 2 h，温度控制在（32±1）℃，然后降温至（7±1）℃。氯化毕进行蒸馏得到氯化苦。

8. 产品标准（GB 435）

指标名称	一级品	二级品
外观	无色或浅黄色透明液体	
氯化苦含量	≥99%	≥98%
密度（d_4^{20}）	1.654～1.663	1.652～1.663
游离酸（以 HNO₃ 计）	≤0.01%	≤0.01%

9. 质量检验

（1）含量测定

以小安瓿球形容器称取 0.15～0.20 g 试样（准确至 0.0002 g），置于 250 mL 带回流冷凝器的磨口锥形瓶中，加入 25 mL 无水乙醇、25 mL 5% 的亚硫酸钠溶液，用玻棒小心地击碎小安瓿球。装上回流冷凝器，水浴加热，30～40 min 使试样达沸腾，并保持 1.5 h，停止加热。加入 25 mL 6 mol/L 硝酸，不时摇动，使瓶内气体驱逐干净。冷至室温，准确加入 50 mL 0.1 mol/L 硝酸银标准溶液、3 mL 40% 的硫酸铁铵溶液，然后用 0.1 mol/L 的硫氰酸钾标准溶液回滴至淡红色，在 30 s 内不消失即为终点。同时做空白试验。

$$w（氯化苦）=\frac{(V_2-V_1) \cdot c \times 0.05479}{m} \times 100$$

式中，V_1 为试样消耗硫氰酸钾标准溶液体积，mL；V_2 为空白消耗硫氰酸钾标准溶液体积，mL；c 为硫氰酸钾标准溶液的摩尔浓度，mol/L；m 为试样质量，g。

（2）相对密度（d_4^{20}）的测定

在量筒中注入约 80 mL 氯化苦样品，加盖，置恒温水浴中于（20±0.1）℃ 恒温。当量筒内外温度达平衡时，即可用密度计测定，从密度计弯月面下缘准确读取密度值。平均测定误差不大于 0.005 g/mL。

10. 产品用途

氯化苦是一种优良的粮食熏蒸剂，主要用于仓库、面粉厂、土壤及鼠穴的熏蒸，有杀鼠、杀虫和杀菌作用。还可用于木材防腐，房屋、船舶、车辆消毒，以及土壤、种子消毒等。

11. 安全与贮运

①生产中使用苦味酸和氯气，且产品剧毒，生产设备应密闭，操作人员应穿戴防护用具，车间内应加强通风。

②产品采用镀锌铁桶包装，包装上应有明显的"剧毒"标志。不得与食物、种子、饲料混贮运，避免与皮肤接触，防止由口、鼻吸入。按有剧毒化学品规定贮运。

12. 参考文献

[1] 贺明. 硝基甲烷法合成氯化苦及其精制工艺研究 [D]. 大连：大连理工大学，2014.

[2] 侯亚薇，王红，匡林鹤，等. 氯化苦检测方法的研究进展 [J]. 食品工业，2014，35（3）：241-244.

[3] 于敏，刘福军. 农药氯化苦新工艺的开发 [J]. 农药，2003（5）：16-18.

3.16 氯苄丁苯脲

氯苄丁苯脲化学名称 N-(对-氯苄基)-N-另丁基-N-苯脲。分子式 $C_{18}H_{21}N_2O$，相对分子质量 281.38，结构式：

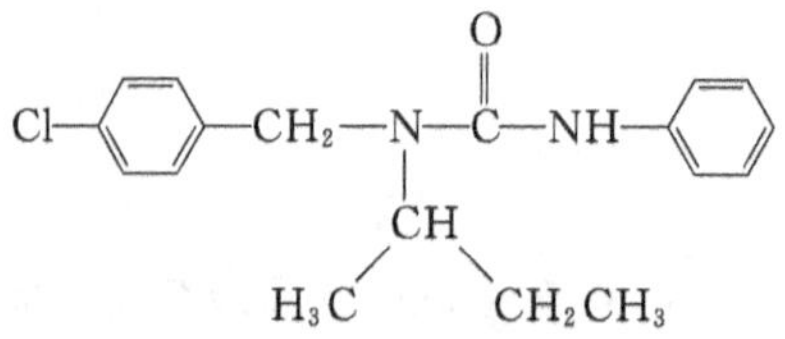

1. 产品性能

白色结晶，熔点 80～81 ℃。对水稻纹枯病菌具有防治效果。

2. 生产方法

（1）苯基异氰酸酯法

N-(对-氯苄基)-N-另丁基胺与苯基异氰酸酯加成，得氯苄丁苯脲。

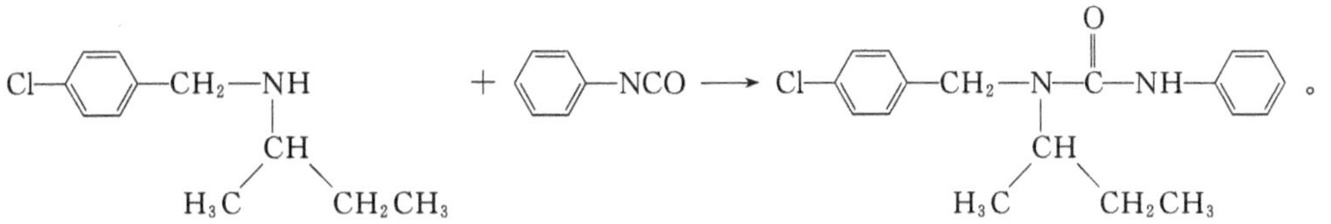

（2）氨基甲酰氯法

N-（对氯苄基）-N-另丁基氨基甲酰氯与苯胺反应，得氯苄丁苯脲。

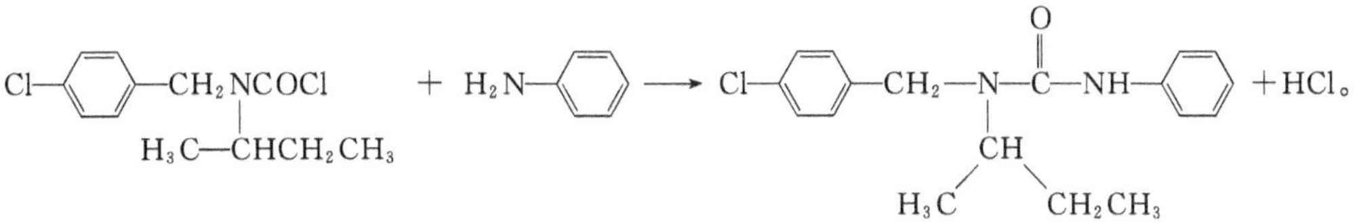

3. 工艺流程

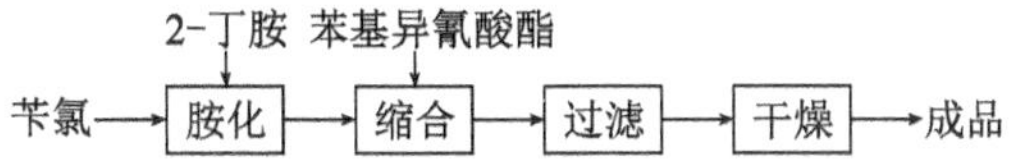

图3-14

4. 生产工艺

（1）胺化

将 150 mL 水放入三口瓶中，加入 36 g 氢氧化钠，搅拌，溶解，冷却，加入 131.4 g 另丁胺，在室温下滴加 144.9 g 对氯氯苄，在 60～70 ℃ 下反应 3 h，冷却，分去水层，回收另丁胺，残液加甲苯，以水洗涤，蒸去甲苯，减压蒸馏，即可得到 173.4 g N-（对氯苄基）-2-丁胺，收率91％。

（2）缩合

将 59.3 g N-（对氯苄基）-2-丁胺投入三口瓶口，加入 1000 mL 正己烷，搅拌，加入 65.1 g 苯基异氰酸酯（溶于 100 mL 正己烷中），在 50 ℃ 下反应 3 h，冷却，过滤，干燥，得氯苄丁苯脲，收率为92.4％，熔点80～81 ℃。

5. 产品用途

主要用于防治水稻纹枯病。

6. 参考文献

[1] 余检明. N-（对-氯苄基）-N-另丁基-N'-苯脲防治水稻纹枯病 [J]. 农药，1993（2）：24-16.

3.17 氯喹菌灵

氯喹菌灵化学名称为 N-（2-苯并咪唑基）氨基甲酸甲酯-5，7-二氯-8-羟基喹啉-铜（Ⅱ）。分子式 $C_{18}H_{12}N_4O_3Cl_2Cu$（Ⅱ），相对分子质量 466.77，结构式：

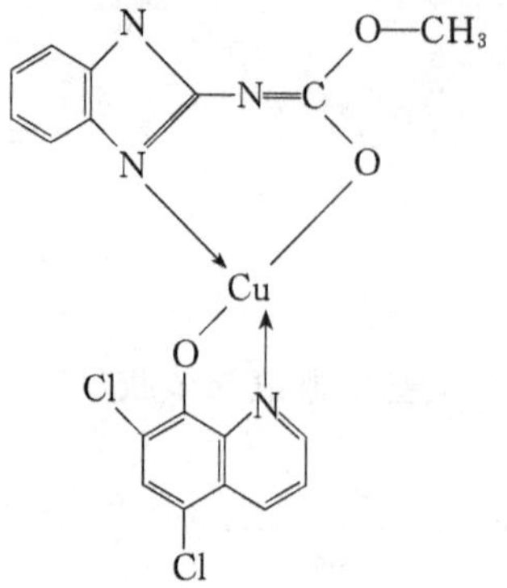

1. 产品性能

黄绿色晶体粉末，溶点 318～320 ℃（分解），对稻瘟病菌、大刀镰孢菌、葡萄孢菌有很强的抑制性。

2. 生产方法

8-羟基喹啉氯化，得到的 5，7-二氯-8-羟基喹啉与多菌灵混合，混合物与酸铜成盐络合，得氯喹菌灵。

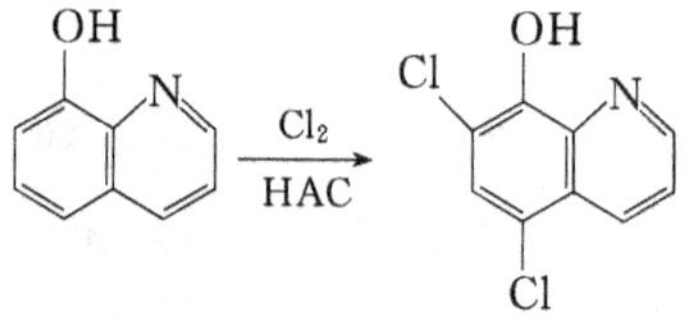

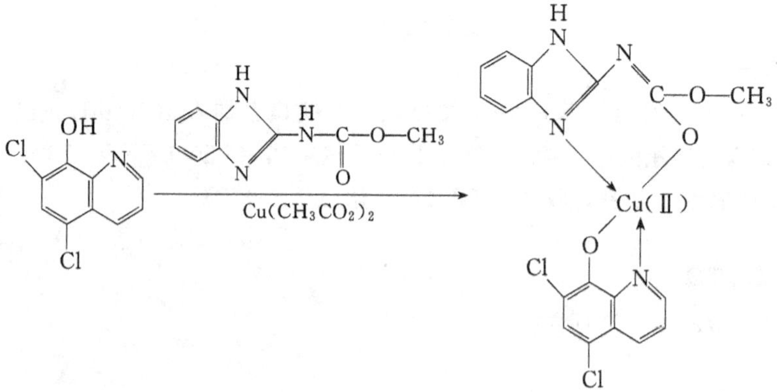

3. 工艺流程

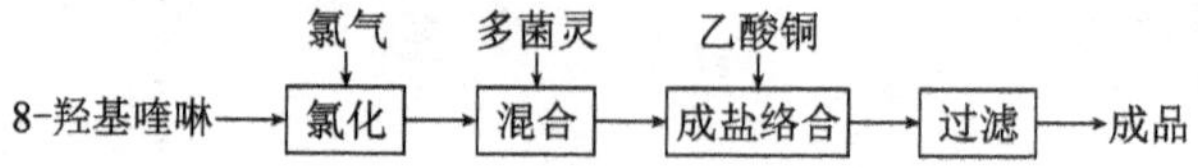

图3-15

4. 生产工艺

（1）氯化

在 10％的 8-羟基喹啉乙酸溶液中通氯气直至深棕色溶液变成黄色，在有绿色絮状沉淀开始析出时停止氯化，将混合物倒入水，过滤、用乙醇重结晶，得 5,7-二氯-8-羟基喹啉无色针状晶体，熔点 179～180 ℃。

（2）成盐络合

将 42.8 g 5,7-二氯-8-羟基喹啉与 38.2 g 多菌灵混合加入 600 mL 甲醇中，加热搅拌，加入 40.0 g 乙酸铜-水合物溶于 160 mL 水中的溶液，充分反应，冷却过滤，洗涤，在二甲基甲酰胺中重结晶，呈黄绿色晶体粉末，产率 85%～90%，熔点 318～320 ℃（分解）。

5. 产品用途

氯喹菌灵对稻瘟病菌、大刀镰孢菌、葡萄孢病菌的抑菌活性高，对稻穗颈稻瘟病害防效显著，优于目前国内广泛使用的多菌灵，药效接近三环唑。

6. 参考文献

[1] 舒思清，邓旭，梅圣远，等. 氯喹菌灵的合成及其对水稻穗颈稻瘟病药效试验 [J]. 农药，1992（2）：14-15.

3.18 稻瘟净

稻瘟净（Kitazine）化学名称 O,O-二乙基-S-苄基硫代磷酸酯或 S-苄基-O,O-二乙基硫代膦酸酯（O,O-Diethyl-S-benzylphosphorothioate；S-Benzyl-O,O-diethyl phosphomthiolate；EBP）。分子式 $C_{11}H_{17}O_3PS$，相对分子质量 260.29，结构式：

$$C_2H_5O\ \ \ \ O$$
$$\diagdown\ \diagup$$
$$P-S-CH_2-\text{（苯环）}\quad 。$$
$$\diagup$$
$$C_2H_5O$$

1. 产品性能

纯品为无色透明液体，工业品为淡黄色液体。稍有特殊臭味，含量 80% 以上，难溶于水，易溶于乙醇、乙醚、二甲苯、环己酮等有机溶剂。沸点 120～130 ℃、13.3～20.0 Pa，相对密度（d_4^{20}）1.5258，折射率（n_D^{20}）1.1569。20 ℃ 时，蒸气压 1.2 Pa。对日光和酸性条件较稳定，遇碱易分解，温度过高或在高温情况下时间过长会引起分解。

2. 生产方法

由乙醇与三氯化磷反应制得二乙基亚磷酸酯，二乙基亚磷酸酯再在甲苯溶液中，碱性条件下与硫黄反应后，与氯化苄反应制得稻瘟净。

$$C_2H_5OH+PCl_3\longrightarrow \begin{array}{c}C_2H_5O\\ \diagdown\\ P-OH\\ \diagup\\ C_2H_5O\end{array}，$$

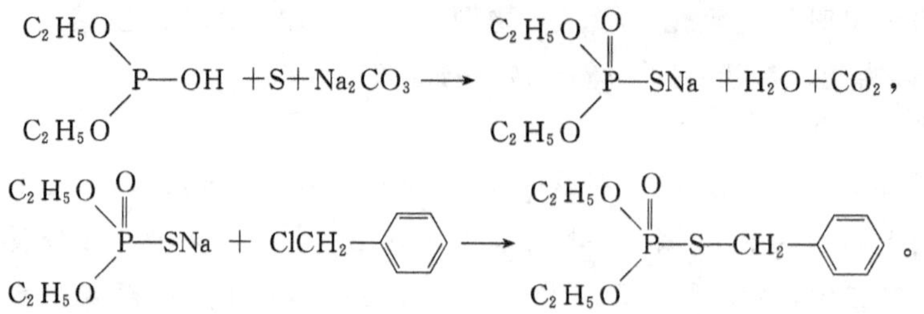

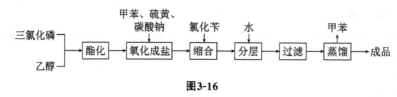

$$C_2H_5O \diagdown \atop C_2H_5O \diagup P—OH \ +S+Na_2CO_3 \longrightarrow \ {C_2H_5O \diagdown \atop C_2H_5O \diagup} P—SNa \ +H_2O+CO_2,$$

$$C_2H_5O \diagdown \atop C_2H_5O \diagup P—SNa \ + \ ClCH_2— \bigcirc \longrightarrow \ {C_2H_5O \diagdown \atop C_2H_5O \diagup} P—S—CH_2— \bigcirc \ .$$

3. 工艺流程

三氯化磷、乙醇 → 酯化 → 氧化成盐（甲苯、硫黄、碳酸钠）→ 缩合（氯化苄）→ 分层（水）→ 过滤 → 蒸馏（甲苯）→ 成品

图3-16

4. 生产配方（kg/t）

乙醇（>95%）	494
硫黄粉（工业品）	70
三氯化磷（>95%）	445
氯化苄（>95%）	360

5. 生产设备

酯化反应釜	缩合反应釜
过滤器	

6. 生产工艺

将乙醇和三氯化磷按配比量加入酯化反应釜，加入速度以三氯化磷计为 100 kg/h 左右。反应锅压力控制在 260×133.3 Pa 下，反应温度为 70~120 ℃。反应副产物氯化氢和氯乙烷经冷凝器冷却后由吸收塔吸收；反应液经冷却得二乙基亚磷酸酯。

在缩合反应釜中依次投入甲苯（溶剂）、碳酸钠、硫黄，搅拌下升温至 60 ℃，滴加二乙基亚磷酸酯，滴加时温度保持在 60~80 ℃。加完后，升温至 90~100 ℃ 反应 2 h。待物料冷至 70 ℃，将氯化苄一次投入，加热升温至 80~85 ℃ 反应 4 h。待缩合反应完成后加水搅拌，静置分层，将油层过滤后脱除甲苯，即得稻瘟净，含量大于 80%。

7. 实验室制法

将乙醇冷至 0~5 ℃，滴加三氯化磷。保温 0~5 ℃，滴加完后于室温下搅拌 3 h。用 40 ℃ 以下温水加热。减压除去氯化氢，再经减压蒸馏，收集 74~75 ℃、14×133.3 Pa 馏分，得二乙基亚磷酸酯。

另将甲苯、碳酸钠、硫黄加入反应瓶中，再滴加二乙基磷酸酯，于 90 ℃ 下反应 2 h，冷却至 70 ℃，加入氯化苄，于 80 ℃ 下反应 4 h，得稻瘟净。

8. 产品标准

（1）原油

含量	≥80.0%
外观	淡黄色液体

（2）40%的乳油

含量	≥40.0%
水分	≤0.5%
酸度（以硫酸计）	≤0.5%
乳化稳定性	合格

9. 质量检验

（1）标准样品溶液的配制

取 10 mL 容量瓶，称取 0.1 g（准确至 0.2 mg）稻瘟净标准品，再称取 0.1 g（准确至 0.2 mg）内标物邻苯二甲酸二丁酯，用丙酮溶解定容至 10 mL，充分摇匀。

样品测定称取样品稻瘟净约 0.1 g（准确至 0.2 mg），再称 0.1 g（准确至 0.2 mg）内标物邻苯二甲酸二丁酯，用 5 mL 丙酮溶解，充分摇匀。当仪器进入操作条件稳定状态后，用微量注射器进样。进样顺序：①标准溶液；②样品溶液；③样品溶液；④标准溶液。

（2）稻瘟净百分含量的计算

根据①、④两种标准溶液测得的色谱图，分别测量稻瘟净和内标物邻苯二甲酸二丁酯的峰高，求出校正因子（f）。

$$f = \frac{h_3 \times m_1 \times P}{h_1 \times m_3}$$

式中，h_1 为标准品峰高，mm；h_3 为内标物峰高，mm；m_1 为标准品质量，g；m_3 为内标物质量，g；P 为标准品纯度，%。

根据②、③两种样品所得的色谱图，分别测量稻瘟净和内标物邻苯二甲酸二丁酯的峰高，稻瘟净百分比含量［w（稻瘟净）］：

$$w(稻瘟净) = \frac{h_2 \times m_3' \times f}{h_3' \times m_2} \times 100\%$$

式中，h_2 为样品峰高，mm；h_3' 为测定样品时内标物峰高，mm；m_2 为样品质量，g；m_3' 为测定样品时内标物质量，g；f 为校正因子。

10. 产品用途

高效低毒有机磷杀菌剂，有较强的内吸作用，残效期 4～5 d。主要用于防治水稻稻瘟病。

11. 安全与贮运

①生产中使用有毒或腐蚀性原料，产品也是有机有毒品，生产设备应密闭，生产场地应通风良好，操作人员应穿戴防护用具。

②产品用玻璃瓶包装，密封贮存于阴凉干燥处。贮运时严防潮湿和暴晒，保持良好通风；本品易燃，应防火、防震。

12. 参考文献

[1] 周卫群，胡昌弟，吴志华，等. 20%三环唑·异稻瘟净可湿性粉剂的气相色谱分析 [J]. 农药，1996（2）：27-28.

[2] 张怀信. 水相氨法一步合成异稻瘟净的研究 [J]. 农药，1989（3）：18-19.

3.19　霜脲氰

霜脲氰（Curzate）化学名称 2-氰基-N-[（乙胺基）羰基]-2-（甲氧亚胺基）乙酰胺。分子式 $C_7H_{10}N_4O_3$，相对分子质量 198.42，结构式：

$$NC-\underset{O}{\overset{NOCH_3}{C}}-\underset{O}{C}-NH-\underset{O}{C}NH-C_2H_5 。$$

1. 产品性能

无色针状结晶固体。溶解度（g/kg）：水中 1，丙酮中 105，氯仿中 103，二甲基甲酰胺中 185。熔点 160～161 ℃。在中性或弱酸性介质中稳定。

2. 生产方法

由氰乙酸和 N-乙基脲在乙酸酐存在下缩合，得 N-氰乙酰基-N-乙基脲。缩合产物与亚硝酸钠作用成肟后，经甲基化反应即得霜脲氰。

$$NCCH_2COOH + H_2NC-NHC_2H_5 \xrightarrow{(CH_3CO)_2O} NCCH_2CNH-CNHC_2H_5 ，$$

$$NCCH_2CNH-CNHC_2H_5 \xrightarrow{NaNO_2} NC-\overset{NOH}{C}-CNHC-NHC_2H_5 ，$$

$$NC-\overset{NOH}{C}-CNHC-NHC_2H_5 \xrightarrow{(CH_3)_2SO_4} NCC-\overset{NOCH_3}{}-CNH-C-NHC_2H_5 。$$

3. 工艺流程

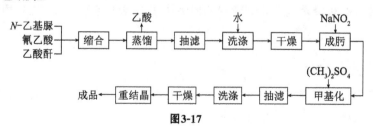

图3-17

4. 生产配方（质量，份）

氰乙酸	18.8
N-乙基脲	19.6
乙酸酐	40.0

5. 生产设备

缩合反应釜	成肟反应釜
反应锅	抽滤器
干燥箱	重结晶槽

6. 生产工艺

在缩合反应釜中，加入 18.8 份氰乙酸、19.6 份 N-乙基脲和 40 份乙酸酐，混合均匀。搅拌下缓慢升温至 60 ℃，维持此温度进行缩合反应。反应 3 h 后，停止搅拌，静置，待充分冷却后析出结晶。减压下（78 ℃、680×133.3 Pa）蒸除乙酸。蒸尽后，再添加 26 份水继续减压蒸馏，除去残存的酸。将产物抽滤，水洗至中性，干燥后即得 N-氰乙基-N-乙基脲，白色细针状结晶。熔点 173 ℃。

在成肟反应釜中，依次加入 25 份甲醇、25 份水、15.4 份 N-氰乙酰基-N-乙基脲、7.2 份亚硝酸钠，在氮气保护下，于 40 ℃ 搅拌反应 1 h。再加入 3.6 份 6 mol/L 盐酸，调 pH 至 5.3 左右，继续搅拌，于 40 ℃ 下反应 2 h。然后加入 1.4 份 50% 的氢氧化钠溶液，调节 pH 至 7～8，使产物在溶液中以钠盐的形式存在，即得 2'-氰基-2-肟基乙酰胺。

在上述钠盐溶液中缓慢加入 15 份硫酸二甲酯，同时不断用 50% 的氢氧化钠调节反应液 pH，维持 pH 为 7～8。继续在 40 ℃ 下反应 2 h。反应完毕，将物料冷却至 5 ℃，抽滤，水洗，干燥。将所得晶体在无水乙醇中重结晶，即得成品霜脲氰。

7. 产品标准

外观	无色针状结晶
熔点/℃	160～161

8. 产品用途

新型杀菌剂，对葡萄霜霉病及马铃薯晚疫病等真菌病害有明显的防治效果。该药对作物安全，用药量小，毒性低。在土壤中 7 d 内损失 50%。

9. 安全与贮运

①生产中使用氰乙酸等有毒原料，可经呼吸或皮肤吸收而中毒。生产设备应密闭，严防泄漏，操作人员应穿戴防护用具。

②产品用塑料桶或瓶包装。贮运时防晒、防热、防潮。

10. 参考文献

[1] 彭永冰，刘风萍，方仁慈，等. 新杀菌剂霜脲氰的开发研究 [J]. 农药，1991，30（4）：14.

[2] 于秀霞，杨建春，葛岩. 霜脲氰合成方法改进 [J]. 江苏化工，1996，4（4）：26.

[3] 武展. 8%嘧菌酯·22%霜脲氰悬浮剂的制备工艺研究 [J]. 当代化工研究，2016（7）：86-87.

3.20 乙蒜素

乙蒜素（Ethylicin）又称抗菌剂 401、乙基硫代磺酸乙酯（Ethyl ethylsufonothiolate）。分子式 $C_4H_{10}O_2S_2$，相对分子质量 154.25，结构式：

$$H_3CH_2C—\overset{\overset{O}{\|}}{\underset{\underset{O}{\|}}{S}}—S—CH_2CH_3 \, 。$$

1. 产品性能

纯品为无色油状透明液体，工业品为微黄色油状透明液体，具有大蒜臭味。该抗菌剂由我国研制开发，1964 年正式投产，产品有 2 种剂型：10%的乙酸溶液，80%的乳油。纯品沸点：$80\sim81$ ℃（66.7 Pa）、56 ℃（26.7 Pa），相对密度（d_4^{20}）1.1987，折射率（n_D^{20}）1.512。水中溶解度为 1.2 g/L，易溶于乙醇、乙醚、氯仿、冰乙酸等有机溶剂。加热到 $130\sim140$ ℃ 时分解。可燃，有强腐蚀性，对人畜有毒，对多种真菌和细菌的生长具有抑制作用。与铁、锌、铝等金属或碱接触对其药效有降低作用。

2. 生产方法

硫黄与硫化钠作用生成过硫化二钠，然后过硫化二钠与氯乙烷烃化，最后用硝酸氧化得乙蒜素。

$$S+Na_2S \longrightarrow Na_2S_2，$$

$$Na_2S_2+2CH_3CH_2Cl \longrightarrow CH_3CH_2—S—S—CH_2CH_3，$$

$$CH_3CH_2—S—S—CH_2CH_3 \xrightarrow{HNO_3} H_3CH_2C—\overset{\overset{O}{\|}}{\underset{\underset{O}{\|}}{S}}—S—CH_2CH_3 \, 。$$

3. 工艺流程

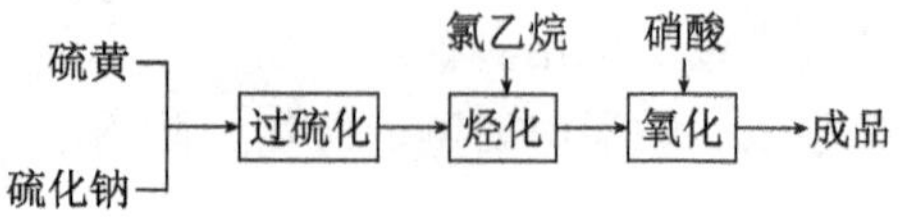

图3-18

4. 生产配方（质量，份）

硫化钠（65%）	1000
硫黄	300
氯乙烷	1000
冰乙酸（98%）	60
硝酸（98%）	480

5. 生产工艺

在反应釜中，先加入硫化钠水溶液，搅拌下加入硫黄，于 80~100 ℃下反应 1~2 h，得到过硫化二钠溶液。将过硫化钠溶液投入烃化反应釜中，于 50~60 ℃通入氯乙烷，烃化压力为 0.12 MPa，最终反应温度 80~90 ℃。蒸馏分出二乙基二硫化物。将二乙基二硫化物与冰乙酸混合，于 40~55 ℃下用 40%的硝酸进行氧化，经分离制得乙蒜素。

6. 产品标准[①]

外观	淡黄色或黄色单相透明液体
含量	≥80%
乳液稳定性	合格

[①] 80%的乳油。

7. 产品用途

可防治水稻烂秧、稻瘟病、棉苗病害、棉花枯萎病、油菜霜霉病、番薯黑斑病、大豆紫斑病、马铃薯晚疫病、家蚕白僵病。

8. 参考文献

[1] 刘敬民，李万芳. 高效液相色谱法测定乙蒜素的含量 [J]. 农药，2014，53 (12)：897-899.

[2] 周艳丽. 壬菌铜与乙蒜素增效复配制剂研究 [D]. 西安：西北农林科技大学，2014.

3.21 乙酸铜

1. 产品性能

乙酸铜（Copper Acetate）又名醋酸铜，分子式 $C_4H_6CuO_4$，相对分子质量 181.6，一水乙酸铜（$C_4H_6CuO_4 \cdot H_2O$）为暗绿色单斜结晶。熔点 115 ℃，在 240 ℃分解，相对密度 1.882。溶于水、乙醇，微溶于乙醚及甘油，在干燥空气中微有风化，有乙酸气味。用作杀虫剂、杀菌剂、分析试剂、有机合成试剂及制备巴黎绿的中间体。

2. 生产方法

先将五水合硫酸铜与十水合碳酸钠作用生成碱式碳酸铜，碱式碳酸铜再与醋酸作用得到乙酸铜。

$$2CuSO_4 \cdot 5H_2O + Na_2CO_3 \cdot 10H_2O \longrightarrow Cu_2(OH)_2CO_3 + 2NaHSO_4 + 18H_2O,$$

$$Cu_2(OH)_2CO_3 + 4CH_3COOH \longrightarrow 2Cu(CH_3COO)_2 + CO_2\uparrow + 3H_2O_\circ$$

3. 生产配方（质量，份）

五水合硫酸铜	50
十水合碳酸钠	57
氨水	2
冰醋酸	22

4. 工艺流程

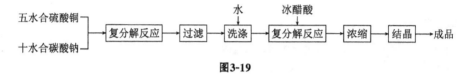

图3-19

5. 生产工艺

将 50 份五水合硫酸铜溶于 500 份水中，过滤，另取 57 份十水合碳酸钠溶于 240 份水中，加热至 60 ℃，缓慢加入硫酸铜溶液，并不但搅拌。静置，滤出沉淀，用热水洗涤至无硫酸为止，将沉淀放在 300 份水中，加入 2 份氨水搅拌，静置倾出上层溶液，如此洗涤，沉淀数次。

在烧杯中加入 180 份水，热至 60 ℃，加入 22 份醋酸，然后加入上述洗好的碱式碳酸铜，直至容器底部略有剩余。过滤，滤液蒸发浓缩至原体积 1/3 时，冷却，过滤，用 2 份水洗涤，于室温干燥，得成品。母液继续蒸发，并在快出结晶时加入 5 份 25％的乙酸，又可获得部分成品，可得 32～35 份。

6. 产品标准

外观	暗绿色单斜晶体
含量（一水合物）	≥98％
熔点（一水合物）/℃	115

7. 产品用途

用作杀虫剂、杀菌剂及印染固色剂。

8. 参考文献

[1] 张朋波，李树娜，智科端，等. 碱式醋酸铜的合成及表征 [J]. 内蒙古石油化工，2010，36（10）：47.

[2] 李桂芳，赵光，李书鹏，等. 空气氧化法生产醋酸铜 [J]. 化工进展，1998 (1)：49-51.

3.22　乙磷铝

乙磷铝又称 O-乙基磷酸铝，分子式 $C_6H_{18}O_9PAl$，相对分子质量 290.14，结构式：

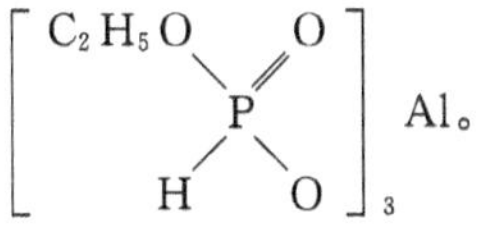

$$\left[\begin{array}{c} C_2H_5O \quad O \\ P \\ H \quad O \end{array}\right]_3 Al。$$

1. 产品性能

白色结晶，熔点＞300 ℃。20 ℃ 时，在水中溶解度为 120 g/L；在乙腈或丙二醇中溶解度均小于 80 mg/L。性能稳定，挥发性小。对人畜基本无毒，对蜜蜂、鱼类安全。

2. 生产方法

二乙基亚磷酸酯与氨水反应成铵盐，然后与硫酸铝反应得乙磷铝。

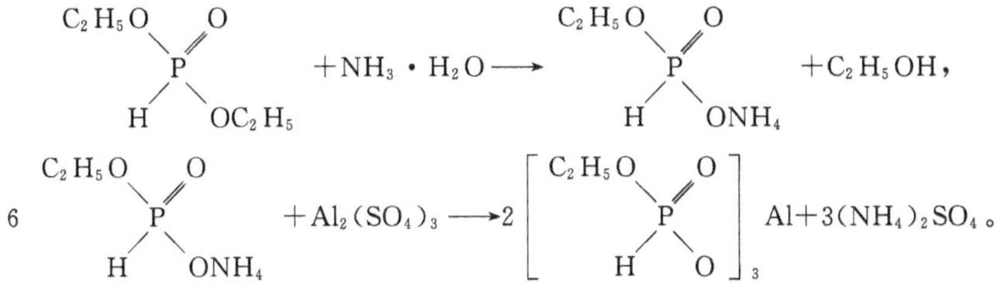

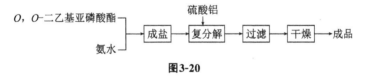

3. 工艺流程

O，O-二乙基亚磷酸酯、氨水 → 成盐 → 复分解（硫酸铝） → 过滤 → 干燥 → 成品

图3-20

4. 生产配方（kg/t）

O，O-二乙基亚磷酸酯	1148.5
浓氨水	938.0
硫酸铝（≥98%）	997.0

5. 生产工艺

在成盐反应釜中，投入 574.3 kg O，O-二乙基亚磷酸酯，于室温下搅拌加入 469 kg 浓氨水，控制加料速度，保持温度低于 30 ℃。加料完毕，控温在 40～50 ℃，得到的 O-乙基亚磷酸钠与 498.5 kg 硫酸铝发生复分解反应，经过滤，干燥得到乙

磷铝。

6. 产品用途

用于柑橘、蔬菜、烟草、棉花、橡胶、胡椒、剑麻等多种植物的藻菌、真菌、细菌等病害的防治。

7. 参考文献

[1] 李朝波，卓江涛，梁化萍. 乙磷铝工艺技术改进的应用 [J]. 山东化工，2012，41 (12)：89-91.

[2] 尹惟清. 乙磷铝生产过程优化的可行性分析 [J]. 精细化工化纤信息通讯，2001 (3)：10-12.

3.23 6，7-二甲氧基香豆素

6，7-二甲氧基香豆素（6，7-Dimethoxycoumarine）又称香豆素二甲醚。分子式 $C_{11}H_{10}O_4$，相对分子质量 206.20，结构式：

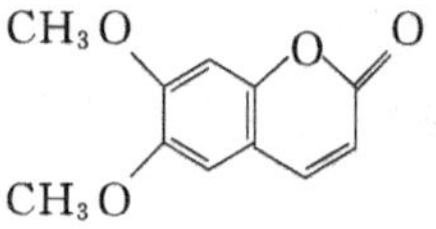

1. 产品性能

白色或黄白色针状结晶，无臭、味苦，熔点 144 ℃。易溶于丙酮、氯仿，溶于乙醇溶液和热氢氧化钠，不溶于石油醚和水。可作为安全农药用于防治各种植物病虫害。

2. 生产方法

（1）合成法

苯醌与乙酐酰化后与苹果酸环化，得 6，7-二羟基香豆素，香豆素再与硫酸二甲基醚化得 6，7-二甲氧基香豆素。

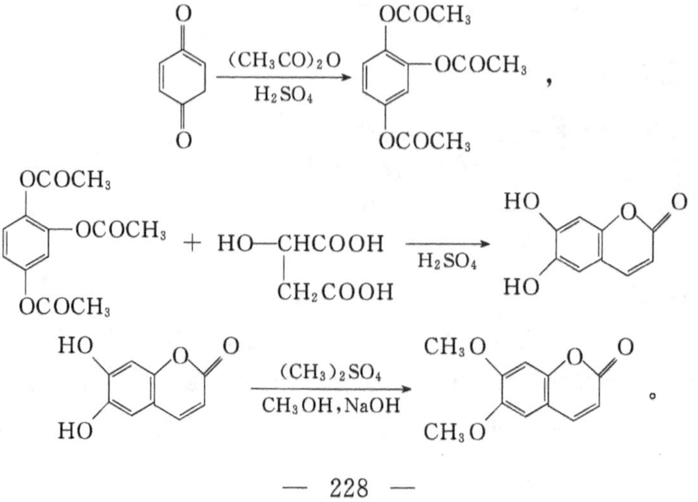

（2）提取法

将柑橘皮磨碎用丙酮提取，浓缩后柱层析分离，重结晶得 6，7-二甲氧基香豆素。该方法引自日本分开特许公报 JP 63.19483。

3. 工艺流程

（1）合成法

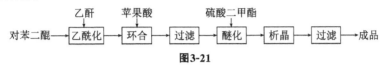

图3-21

（2）提取法

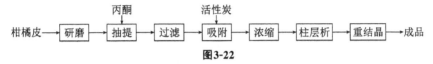

图3-22

4. 生产工艺

（1）合成法

在乙酰化反应锅中加入乙酐，冷却并搅拌下缓慢加入硫酸和苯醌，反应温度控制在 50 ℃ 以下，至反应液延凝固时加水稀释，搅拌，过滤，用水洗至中性，干燥得 1，2，4-三乙酰氧基苯。

在环化反应锅中，加入 1，2，4-三乙酰氧基苯和苹果酸，搅拌，缓慢加入硫酸。升温至 88～90 ℃ 停止加热，使反应温度自动升至 104 ℃ 左右，再稍加热至 108～110 ℃。待温度下降时即达环合终点。冷却至 40 ℃ 加水稀释。静置过夜，过滤，结晶用水洗至中性，得到 6，7-二羟基香豆素。

在醚化反应锅中，将 6，7-二羟基香素用 3.9 份甲醇溶解，搅拌加热至 55 ℃，加 0.1 份 17% 的氢氧化钠溶液。其余 0.72 份氢氧化钠和 3.58 份的硫酸二甲酯同时滴入醚化锅中，反应温度 55～60 ℃，pH 为 8。加完后保温反应 1 h。冷至室温，用氨水调节 pH 至 7.0～7.5，冷冻结晶，过滤，滤饼用氢氧化钠溶液洗涤，再用冰水洗至中性，得到 6，7-二甲氧基香豆素。

（2）提取法

将柑橘皮磨碎，用丙酮提取，过滤。将抽提物悬浊于蒸馏水中，用活性炭吸附，吸附后再用丙酮抽提，然后进行浓缩。将浓缩物用薄层色谱分离法或柱型色层分离法收集紫外线下发荧光的部分，再用丙酮-水（或乙醚）重结晶，得到白色针状物 6，7-二甲氧基香豆素。

5. 产品用途

本品可用作安全农药，对环境无污染。用 0.025%～0.050% 的 6，7-二甲氧基香豆素配成植物病害防治剂，可以用于防治柑橘黑点病、疮痂病、溃疡病、黄瓜炭疽病、杨梅灰色霉病、芝麻叶枯病及水稻稻瘟病。还可用作有机合成中间体。

本品也是一种药物，具有平喘、祛痰、镇咳作用。

6. 参考文献

[1] 刘显明，汤小芳. 6，7-二甲氧基香豆素的合成 [J]. 日用化学工业，2014，44（9）：517-520.

[2] 赵丽娟. 6，7-二甲氧基香豆素的合成与研究 [D]. 兰州：兰州交通大学，2012.

[3] 张树芬，马吉海，陈韶蕊，等. 6，7-二甲氧基香豆素的合成工艺改进 [J]. 河北科技大学学报，2007（1）：24-25.

3.24 二氯三唑醇

二氯三唑醇（Vigil）也称苄氯三唑醇，化学名称（2RS，3RS）-1-（2，4-二氯苯基）-4，4-二甲基-2-(1H-1，2，4-三唑-1-基）戊-3-醇；（R*，R*）-(+-)-β-[（2，4-二氯苯基）甲基]-α-(1，1-二甲基乙基)-1H-1，2，4-三唑-1-乙醇。分子式为 $C_{15}H_{19}Cl_2N_3O$，相对分子质量 329.10，结构式：

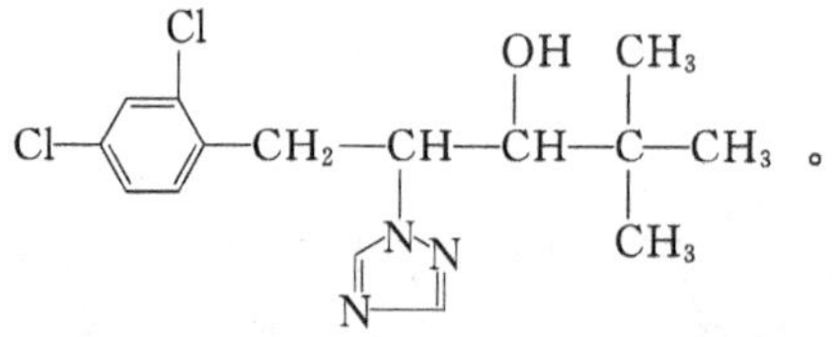

1. 产品性能

白色结晶，熔点 149～150 ℃。高效，广谱杀菌剂，对植物生长具有调节作用。

2. 生产方法

（1）2，4-二氯苄氯法

1，2，4-三唑与 α-溴代片呐酮反应制得中间体 1-(1，2，4-三唑-1-基)-3，3-二甲基丁-2-酮，制得的中间体与 2，4-二氯苄基氯缩合得 1-(2，4-二氯苯基)-2-(1，2，4-三唑-1-基)-4，4-二甲基-戊-3-酮，最后缩合物用 KBH$_4$（或 NaBH$_4$）还原得二氯三唑醇。

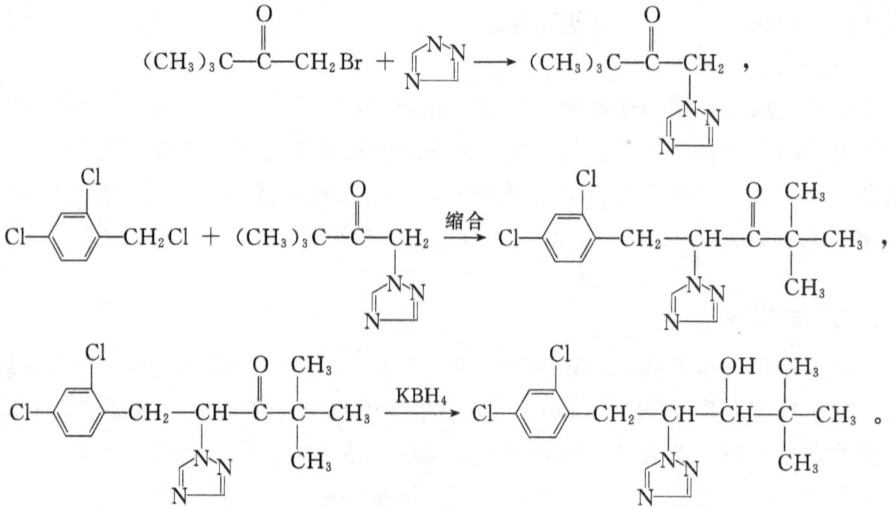

（2）2，4-二氯苯甲醛法

片呐酮氯化得到 α-氯代片呐酮，α-氯代片呐酮再与 1，2，4-三唑缩合得 1-（1，2，4-三唑-1-基）-3，3-二甲基丁-2-酮，得到的 1-（1，2，4-三唑-1-基）-3，3-二甲基丁-2-酮与 2，4-二氯苯甲醛发生缩合反应，然后用连二亚硫酸钠还原得二氯三唑醇。

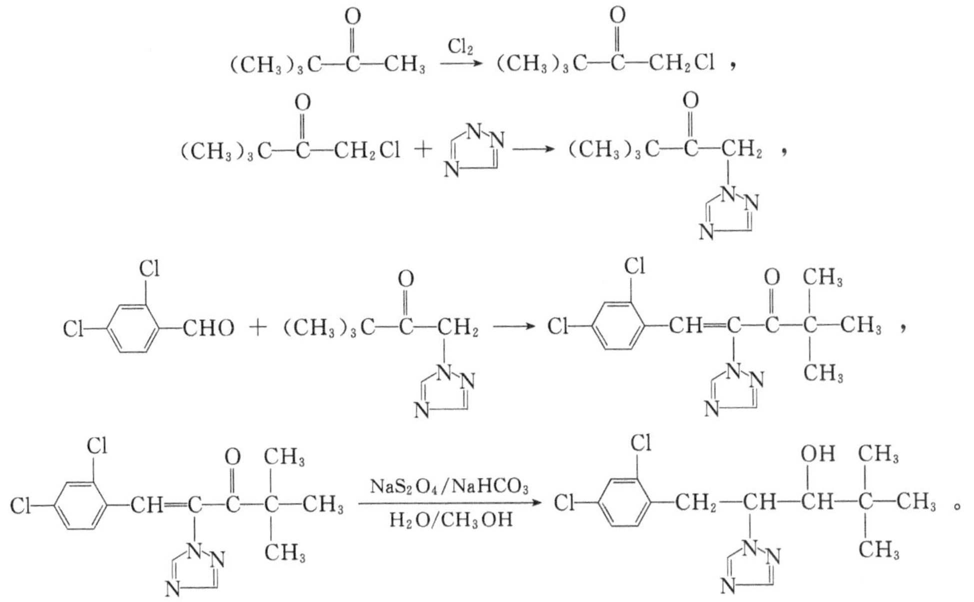

$$(CH_3)_3C-\overset{O}{\underset{}{C}}-CH_3 \xrightarrow{Cl_2} (CH_3)_3C-\overset{O}{\underset{}{C}}-CH_2Cl ，$$

$$(CH_3)_3C-\overset{O}{\underset{}{C}}-CH_2Cl + \text{(triazole)} \longrightarrow (CH_3)_3C-\overset{O}{\underset{}{C}}-CH_2-\text{(triazolyl)} ，$$

反应式（2，4-二氯苯甲醛 + 三唑丁酮 → 二氯烯酮），

$$\text{(二氯烯酮)} \xrightarrow[\text{H}_2\text{O}/\text{CH}_3\text{OH}]{\text{NaS}_2\text{O}_4/\text{NaHCO}_3} \text{(二氯三唑醇)} 。$$

3. 工艺流程

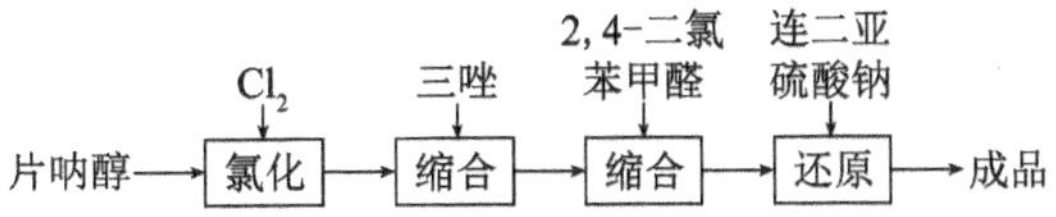

图3-23

4. 生产工艺

于反应瓶中加入 32.5 g 1-（2，4-二氯苯基)-4，4-二甲基-2-（1，2，4-三唑-1-基）戊-1-烯-3-酮（二氯烯酮），100 mL 甲醇，搅拌全溶后，加入 700 mL 含有 0.06 mol 碳酸氢钠的水溶液。反应物呈白色乳浊液。搅拌加热至回流。然后在 5 h 内分批加入 34.8 g 连二亚硫酸钠（保险粉，$Na_2S_2O_4$）。加完后继续搅拌回流 2 h。冷至室温，加入 300 mL 水，搅拌 0.5 h。过滤，固体用少量水洗涤，得浅灰白色固本，烘干后为白色固体二氯三唑醇 34.0 g，收率 95.5%。粗品经（乙腈）重结晶后为白色结晶体，熔点 149～150 ℃。

5. 产品用途

二氯三唑醇具有杀菌谱广，用药量低，内吸性强等优良特点。它对禾谷类的白粉病，锈病及许多其他病原菌引起的病害均有优异的防治效果。在 100 mg/kg 下能完全抑制隐匿锈菌和大麦白粉病菌。用 62.5～125.0 g/kg 剂量喷洒小麦，大麦等作物，对叶和穗的许多病害都能有效地进行防治，并可大幅增产。同时对冬大麦还具有防冻作用。此外，用其喷洒防治苹果白粉病、黑星病、葡萄白粉病、咖啡锈病等效果十分显著。

6. 参考文献

[1] 李靖，刘幸平，程康华，等. 三唑醇类化合物的合成及其抑菌性能的研究 [J]. 林产化学与工业，2013，33（3）：115-119.

[2] 刘超美，徐帆，梁爽，等. 3-取代三唑醇类化合物的合成及抗真菌活性 [J]. 中国药物化学杂志，2004（3）：7-11.

3.25　十二烷基二甲基苄基氯化铵

十二烷基二甲基苄基氯化铵（DodecyI dimethyl benzylammomum chloride）又称匀染剂 TAN（Levelling agent TAN）、1227 表面活性剂（1227 Surface active agent）、苯扎氯铵（Benzalkomum chlofide）、洁而灭、列韦如 PAN（Levegal PAN）。分子式 $C_{21}H_{38}ClN$，相对分子质量 340.0，结构式：

$$\left[C_{12}H_{25}-\overset{\underset{\displaystyle CH_3}{|}}{\underset{\displaystyle CH_3}{\overset{\displaystyle CH_3}{N}}}-CH_2-\phenyl \right]^{+} Cl^{-}$$

1. 产品性能

黄白色蜡状固体或胶状体。易溶于水，微溶于乙醇。具芳香气，味极苦。振摇时能产生大量泡沫。性质稳定，耐光、耐热，无挥发性，可长期贮存。在空气中易吸潮。是一种重要的季铵盐型阳离子表面活性剂，具有优良的泡沫性、杀菌、抑霉、防蛀性，还具有乳化、柔软调理和抗静电性。对皮肤和眼睛有刺激作用。对金属、塑料、橡胶等器皿无腐蚀作用。

2. 生产方法

该表面活性剂的制备有 3 种方法

（1）溴化法

以十二醇、氢溴酸、二甲胺、氯化苄等为生产原料，经溴化、胺化（先制成叔胺，再与氯化苄反应即季铵化）缩合而得。

①溴化。由十二醇，以硫酸为催化剂，与溴氢酸起反应，生成溴代十二烷。

$$C_{12}H_{25}OH + HBr \xrightarrow{H_2SO_4} C_{12}H_{25}Br + H_2O$$

②胺化。由溴代十二烷和二甲胺在 140~150 ℃ 下进行反应，生成十二烷基二甲基叔胺。

$$C_{12}H_{25}Br + NH(CH_3)_2 \xrightarrow{140\sim150 ℃} C_{12}H_{25}N(CH_3)_2 + HBr$$

③缩合。由十二烷二甲基叔胺与氯化苄加水缩合而成季铵盐化合物（烷基苄基氯化铵）。

$$C_{12}H_{25}-\overset{\underset{\displaystyle CH_3}{|}}{\overset{\displaystyle CH_3}{N}} + ClH_2C-\phenyl \xrightarrow{H_2O} \left[C_{12}H_{25}-\overset{\underset{\displaystyle CH_3}{|}}{\overset{\displaystyle CH_3}{N}}-CH_2-\phenyl \right]^{+} Cl^{-}$$

（2）十二胺法

以十二胺（伯胺）、甲酸、甲醛、氯化苄等为生产原料，经胺化（先制成叔胺再与氯化苄反应）缩合而成季铵盐化合物。先由十二胺、甲酸和甲醛起反应生成十二烷基二甲基叔胺。

$$C_{12}H_{25}NH_2 + HCOOH + HCHO \longrightarrow C_{12}H_{25}N(CH_3)_2 + CO_2 + H_2O,$$

再由十二烷基二甲基叔胺与氯化苄缩合而成十二烷基二甲基苄基氯化铵。

$$C_{12}H_{25}-N\overset{CH_3}{\underset{CH_3}{|}} + ClH_2C-C_6H_5 \xrightarrow{H_2O} \left[C_{12}H_{25}-\overset{CH_3}{\underset{CH_3}{\overset{|}{\underset{|}{N}}}}-CH_2-C_6H_5\right]^+ Cl^-。$$

（3）十二醇法

由十二醇与二甲胺直接进行胺化，但在生产过程中要用 14 M～15 MPa 压力的高压反应釜，技术条件要求较高。

先由十二醇与二甲胺，以三氧化铝作催化剂，在 14 M～15 MPa 下进行高压反应，生成十二烷基二甲基叔胺。

$$C_{12}H_{25}OH + NH(CH_3)_2 \xrightarrow{Al_2O_3} C_{12}H_{25}N(CH_3)_2 + H_2O。$$

再由叔胺与氯化苄缩合而成十二烷基二甲基苄基氯化铵。

$$C_{12}H_{25}-N\overset{CH_3}{\underset{CH_3}{|}} + ClH_2C-C_6H_5 \xrightarrow{H_2O} \left[C_{12}H_{25}-\overset{CH_3}{\underset{CH_3}{\overset{|}{\underset{|}{N}}}}-CH_2-C_6H_5\right]^+ Cl^-。$$

这里介绍十二胺法工艺工程、生产配方、生产工艺。

3. 工艺流程

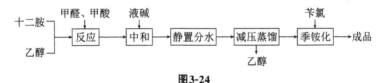

图3-24

4. 生产配方（kg/t）

十二胺（工业品）	367
乙醇（95%）	420
甲醛（37%）	316
液碱（40%）	334
甲酸（工业品）	295
氯化苄（工业品）	164

5. 生产设备

反应釜（回流）	减压蒸馏装置
贮液槽	季铵化反应釜

6. 生产工艺

先将 420 kg 95%的工业酒精和 367 kg 十二胺投入反应釜中，搅拌均匀，温度加热至 50 ℃，加入 295 kg 甲酸，搅拌几分钟后，于 60～65 ℃ 加入 316 kg 37%的甲醛。搅拌下升温至 75～80 ℃，回流反应 2 h。然后用 40%的液碱中和至 pH＞10（大约用 334 kg 40%的液碱）。静置分层。放出水层，减压蒸馏回收乙醇，得到纯度约为 75%的 N，N-二甲基十二胺 424 kg。

将 424 kg N，N-二甲基十二胺投入季铵化反应釜中，加水 400 kg，缓慢加入 164 kg 氯化苄，控制 2 h 内加完，温度 40～50 ℃，加完后，继续保持 40～50 ℃ 反应 1 h。用二甲基十二胺调 pH 至 6.7～7.0，放料，得约 1000 kg 成品。

7. 实验室制法

将十二烷醇加热到 100 ℃，通入干燥的溴化氢反应。反应后用水洗去反应物中剩余的溴化氢，然后用浓硫酸处理。将生成的十二烷基溴用等体积 50%的甲醇混合，加 25%的氨水至酚酞呈红色。将下层用 50%的甲醇洗涤，用氯化钙干燥，过滤，真空蒸馏，收集 134～136 ℃、6×133.3 Pa 馏分，即得十二烷基溴。

将十二烷基溴溶于稍过量的二甲胺溶液中，在室温保持 13～15 d，得到二甲基十二烷胺氢溴酸盐。将其溶解于乙醚中，用水洗涤，再用 5%的 HCl 萃取，用浓氢氧化钠成盐，干燥。在 111～114 ℃、2.5×133.3 Pa 真空蒸馏，收率 47%。

取 213.0 份二甲基十二烷胺，在不超过 100～110 ℃ 下投入 126.5 份苄基氯，在 120 ℃ 加热 2 h，得淡黄色黏稠液体，冷却成固体，收率 90%以上。

8. 产品标准

外观	无色透明黏稠液体
总胺	＜4%
活性物（季铵盐）含量	(45±1)%
pH	6～7

9. 质量检验

（1）活性物含量测定

阳离子表面活性剂（季铵盐）试样与阴离子表面活性剂在水溶液中生成不溶于水的物质。以待测的季铵盐溶液滴定阴离子表面活性剂标准溶液，当终点时，稍过量的季铵盐（阳离子表面活性剂）与溴酸蓝阴离子结合生成蓝色络合物而进入有机层，有机层出现蓝色即表示达到终点。

①试剂：0.003 mol/L 月桂醇硫酸钠标准溶液；溴酚蓝指示剂（50 mg 溴酚蓝溶解后定容为 100 mL）；缓冲溶液（取 43.2 mL 0.1 mol/L NaOH，加入 50 mL 0.1 mol/L Na_2HPO_4，加水至 100 mL，pH=12）；二氯乙烷（1% NaOH 水洗两次，脱水后蒸馏收取 82～84 ℃ 馏分，置棕色瓶中备用）。

②测定：吸收 5.0 mL 0.003 mol/L 月桂醇硫酸钠标准溶液于滴定瓶中，加 10 mL pH=12 的缓冲溶液，加入 0.5～2.0 g NaCl，10 mL 二氯乙烷和 8 滴溴酚蓝

指示剂；充分摇匀后，用待测季铵盐滴定，当二氯乙烷层出现蓝色为终点。

$$w(活性物含量) = \frac{c_1 V_1 \times 0.340}{m} \times 100$$

式中，c_1 为月桂醇硫酸钠标准溶液浓度，mol/L；V_1 为月桂醇硫酸钠标准溶液体积，mL；m 为滴入的试样质量，g。

（2）pH 测定

采用电位法或 pH 试纸测定。

10. 产品用途

在水溶液中离解成阳离子活性基团，具有净洁、杀菌作用。广泛用于杀菌、消毒、防腐、乳化、去垢、增溶等方面，是阳离子染料染腈纶纤维的匀染剂。用于餐馆、酿酒业、食品加工设备和手术器械的消毒杀菌，也用于日用化学品的配制。

11. 安全与贮运

①生产中使用十二胺、甲醛、苄氯等有毒或刺激性物质，其中苄氯具有催泪性。设备必须密闭，防止跑、漏，车间内保持良好的通风状态。

②密封包装，贮于通风、干燥处。防潮、防晒。

12. 参考文献

[1] 王亚林. 十二烷基二甲基苄基氯化铵合成新工艺 [J]. 辽宁化工，1991（1）：33-36.

3.26 三唑醇

三唑醇化学名称为 1-(4-氯苯氧基)-3，3-二甲基-1-(1，2，4-三唑-1-基)-2-丁醇 [1-(4-Chlorophenoxy)-3，3-dimethyl-1-(1H-1，2，4-trizol-1-yl)-2-butanol]。分子式 $C_{14}H_{18}ClN_3O_2$，相对分子质量 295.8，结构式：

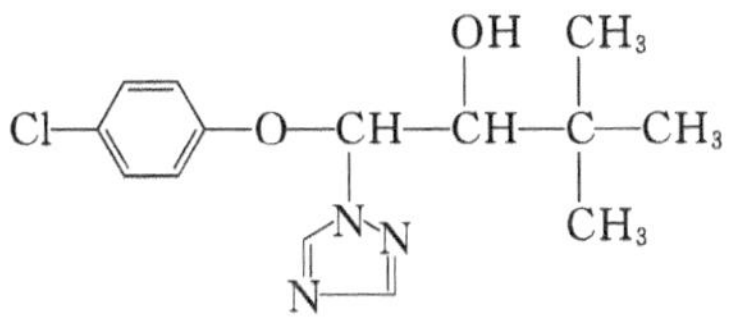

1. 产品性能

白色固体，熔点 112～116 ℃。通过抑制病原菌细胞膜结构成分麦角甾醇的生成而达到杀菌作用。

2. 生产方法

片呐酮用氯气直接氯化生成 α-氯化片呐酮，在碳酸钾存在下，对氯苯酚与 α-氯代片呐酮醚化，生成 1-(4-氯苯氧基)-3，3-二甲基-2-丁酮，再溴代，然后与 1，2，4-三唑缩合，得到的三唑酮用连二亚硫酸钠还原得三唑醇。

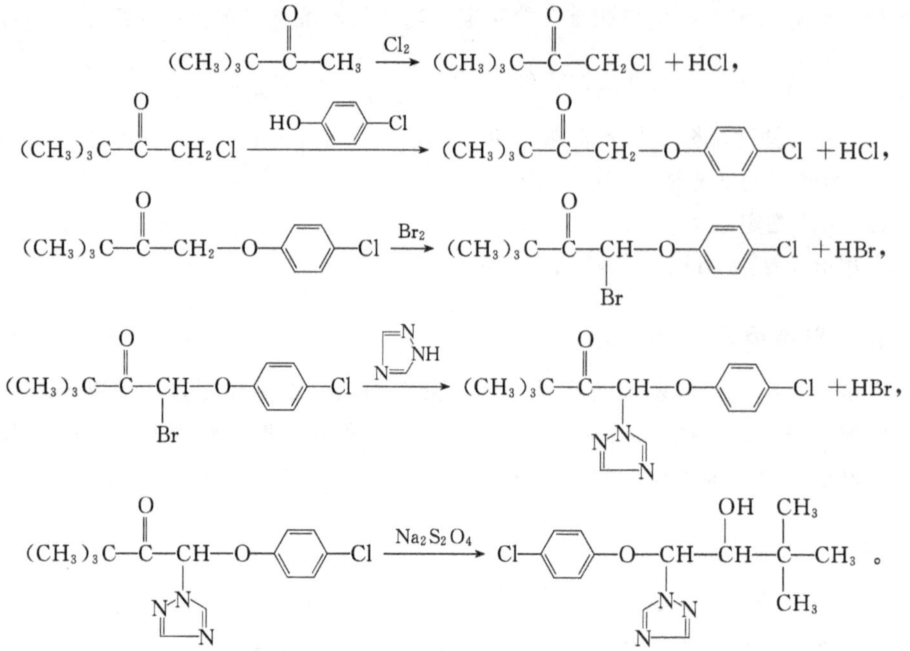

$$(CH_3)_3C-\overset{O}{\overset{\|}{C}}-CH_3 \xrightarrow{Cl_2} (CH_3)_3C-\overset{O}{\overset{\|}{C}}-CH_2Cl + HCl,$$

$$(CH_3)_3C-\overset{O}{\overset{\|}{C}}-CH_2Cl \xrightarrow{HO-\text{〈}\text{〉}-Cl} (CH_3)_3C-\overset{O}{\overset{\|}{C}}-CH_2-O-\text{〈}\text{〉}-Cl + HCl,$$

$$(CH_3)_3C-\overset{O}{\overset{\|}{C}}-CH_2-O-\text{〈}\text{〉}-Cl \xrightarrow{Br_2} (CH_3)_3C-\overset{O}{\overset{\|}{C}}-\underset{Br}{CH}-O-\text{〈}\text{〉}-Cl + HBr,$$

$$(CH_3)_3C-\overset{O}{\overset{\|}{C}}-\underset{Br}{CH}-O-\text{〈}\text{〉}-Cl \xrightarrow{\text{三唑}} (CH_3)_3C-\overset{O}{\overset{\|}{C}}-CH-O-\text{〈}\text{〉}-Cl + HBr,$$

$$(CH_3)_3C-\overset{O}{\overset{\|}{C}}-CH-O-\text{〈}\text{〉}-Cl \xrightarrow{Na_2S_2O_4} Cl-\text{〈}\text{〉}-O-\underset{}{CH}-\underset{OH}{CH}-\overset{CH_3}{\underset{CH_3}{C}}-CH_3 。$$

最后一步由三唑酮还原为三唑醇的还原方法还有胱磺酸还原法、硼氢化钠（钾）还原法、异丙醇铝还原法、甲醇/三乙胺加成物还原法、甲酸/甲酸钠/氯化亚铜还原法。

3. 工艺流程

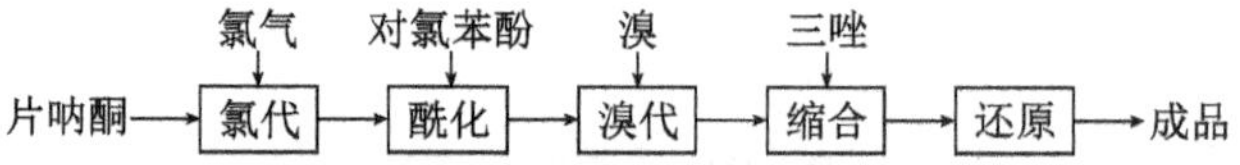

图3-25

4. 生产配方（kg/t）

α-氯代片呐酮	876
对氯苯酚	850
1，2，4-三唑	200
连二亚硫酸钠	1185

5. 生产工艺

在反应瓶中加入 31.9 g 92% 的三唑酮、100 mL 甲醇，搅拌全溶后加入 700 mL 含有 0.03 mol 碳酸氢钠的水溶液，搅拌加热至回流。然后在 4 h 内分批加入 34.8 g 连二亚硫酸钠，加完保险粉后，再回流 2 h。冷至室温，加入 300 mL 水，搅拌 0.5 h。滤出固体、水洗、干燥，得白色固体，熔点 112～116 ℃，收率 98.62%。

6. 产品标准

原药外观	白色或微黄色粉末
有效成分（一级品）	≥90%

水分	≤0.5%
酸度（以硫酸计）	≤0.3%
丙酮不溶物	≤0.5%

7. 产品用途

高效、广谱、内吸杀菌剂，特别是作为种子处理的拌种剂，防治谷物类的散黑穗病、腥黑穗病、锈病、白粉病等，比当前广泛应用的三唑酮效果更佳。

8. 参考文献

[1] 党宏斌，范志金，艾应伟. 三唑醇的高效液相色谱分析 [J]. 现代农药，2003（2）：21-22.

[2] 孙青奂，曹永兵，徐建明，等. 新型三唑醇衍生物的合成及抗真菌活性 [J]. 高等学校化学学报，2007（9）：1707-1709.

3.27 灭莠胺

灭莠胺（Mebenil）又称邻酰胺、2-甲基苯酰苯胺（2-Methylbenzanilide），是由巴斯夫公司开发的杀菌剂。分子式 $C_{14}H_{13}NO$，相对分子质量 211.26，结构式：

1. 产品性能

无色结晶固体，熔点 130 ℃，20 ℃ 的蒸气压为 3.6 Pa。溶于丙酮、二甲基甲酰胺、二甲基亚砜、甲醇、乙醇等大多数有机溶剂，难溶于水。对酸、碱、热均较稳定。对皮肤无明显刺激作用。

2. 生产方法

以甲苯为溶剂，邻甲苯甲酸在三氯化磷催化下与苯胺反应，得到产品；或者邻甲苯甲酸与三氯化磷先反应生成邻甲苯甲酰氯，生成的邻甲苯甲酰氯再与苯胺缩合得到邻酰胺。

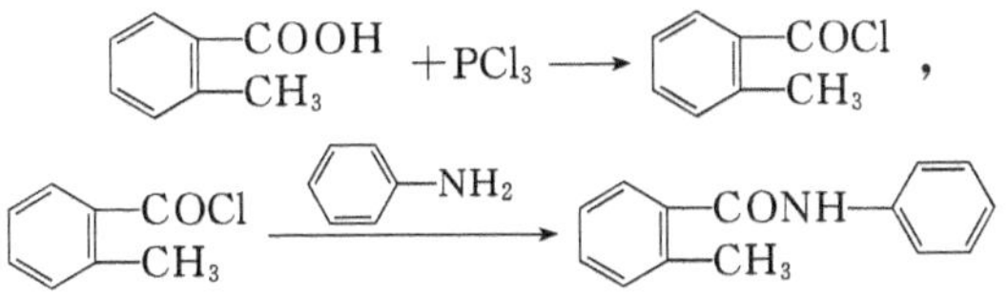

3. 工艺流程

图3-26

4. 生产配方（kg/t）

邻甲基苯甲酸（≥98.0%）	1310
苯胺（97%）	490
三氯化磷（95%）	740
氢氧化钠（100%）	1250

5. 生产设备

氯化反应锅	蒸馏锅
缩合反应锅	贮槽
水蒸气蒸馏釜	结晶锅
过滤器	干燥箱

6. 生产工艺

将 131 kg 邻甲苯甲酸、250 kg 甲苯和 74 kg 三氯化磷投入氯化反应锅，搅拌下加热至 65～70 ℃，保温反应 1 h，反应生成的氯化氢用水吸收，反应完毕，静置分层，放出亚磷酸。常压回收甲苯和未反应三氯化磷（釜温从 100 ℃ 升至 140 ℃，顶温从 70 ℃ 升至 105 ℃ 左右）。冷却后取样分析。若粗邻甲苯甲酰氯中三氯化磷质量分数低于 1.0%，则可转入缩合工序。

将 49.0 kg 苯胺、125 kg 氢氧化钠溶液［折 100%，按 n（NaOH）：n（苯胺）＝1.7：1.0］、200 kg 甲苯依次加入搪玻璃反应锅。在搅拌下常温滴加邻甲基苯甲酰氯，约 0.5 h 加完 106 kg。反应放热，加完时温度 70～80 ℃，再加热至 80～90 ℃ 反应 30 min。反应结束后，继续保温，加入 90～95 ℃ 的热水 200 L，搅拌水洗 20 min，使生成的氯化钠及未反应的原料溶于水中，静置分出下层废水。再加入热水 50～80 L，进行水蒸气蒸馏，回收溶剂甲苯及微量苯胺。然后冷至 30～40 ℃。搅拌下缓慢结晶出微黄色细小颗粒。经过滤，水洗，70～80 ℃ 干燥，得含量为 93%～98% 的邻酰胺。

7. 产品标准[①]

外观	灰白色胶状悬浮液
有效成分含量	≥25%
pH	7.0～7.5
悬浮率	≥98%

① 25% 的悬浮剂。

8. 产品用途

本品为内吸性杀菌剂，对担子菌有高效的防治效果，特别对小麦、谷类、花生的锈病，马铃薯立枯病，小麦菌核性根腐病及丝核菌引起的其他根部病害均有良好的防治效果。还可用于防治棉花苗期立枯病、棉红腐病、花生叶枯病，甜菜褐斑病、水稻稻瘟病、纹枯病等。施药后，本品对多种作物有一定抗倒伏作用。本品对水稻稻瘟病、纹枯病、小麦锈病，每亩以 100～150 g 喷 1～3 次。

9. 安全与贮运

①原料苯胺剧毒，三氯化磷为一级无机酸性腐蚀物品。设备必须密闭，防止冒漏，车间内保持良好的通风状态，操作人员应穿戴防护用具。

②低毒农药，贮存于阴凉干燥处。

10. 参考文献

［1］范德春. 邻酰胺胶悬剂的研制［J］. 农药，1990（1）：23-24，32.

［2］林荫年. 新杀菌剂灭锈胺-Mepronil［J］. 农药，1982（3）：59-60.

3.28　叶枯唑

叶枯唑（Yekuzuo）又称叶枯宁、噻枯唑、叶青双，化学名称 N，N'-亚甲基-双（2-氨基-5-疏基-1，3，4-噻二唑），英文名称 N，N-Methylene-bis（2-amino-5-mercapto-1，3，4-thiadiazole）。分子式 $C_5H_6N_6S_4$，相对分子质量 278.4，结构式：

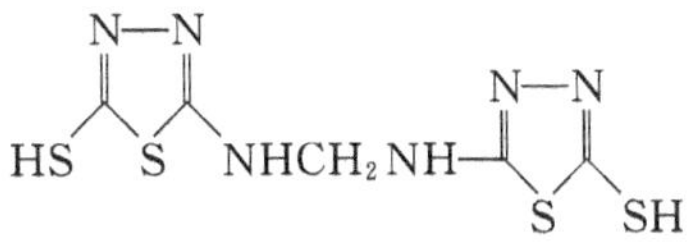

1. 产品性能

纯品为浅黄色细粉或白色柱状结晶，熔点 189～191 ℃。难溶于水，溶于乙醇、甲醇、吡啶、二甲基甲酰胺、二甲基亚砜等有机溶剂。

2. 生产方法

先由硫酸肼同硫氰酸铵作用制得双硫脲，再将双硫脲于盐酸催化闭环制得 2-氨基-5-疏基-1，3，4-噻二唑，然后同甲醛缩合制得叶枯唑。

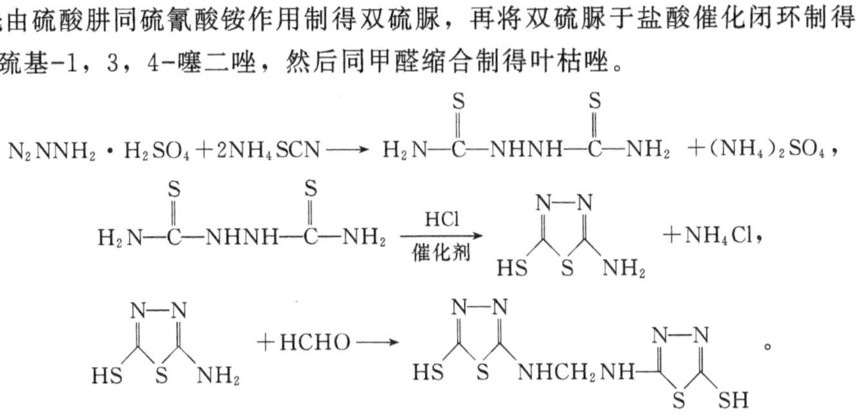

3. 工艺流程

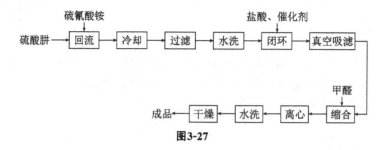

图3-27

4. 生产配方（kg/t）

水含肼（40%）	1700
硫氰酸铵	2130
硫酸	2250
甲醛	700

5. 生产设备

耐酸反应釜	过滤器
缩合反应釜	环化反应釜
离心机	干燥箱

6. 生产工艺

在带搅拌装置的反应釜中，加入 144 kg 硫酸肼和少量催化剂，于搅拌下加入 132 kg 硫氰酸铵，加热，进行回流反应。反应完成后将物料冷却，过滤，水洗、制得双硫脲。

在反应釜中加入 280 kg 工业盐酸，加入适量溶剂和少量催化剂。在搅拌下，投入上述制得的双硫脲，于 105 ℃ 下回流反应。反应完毕，过滤，洗涤滤饼，抽滤得 2-氨基-5-巯基-1，3，4-噻二唑。得到的 2-氨基-5-巯基-1，3，4-噻二唑投入缩合反应釜中，在搅拌下加入过量的甲醛，缓慢加入盐酸，调至 pH＜1.0。反应物料经离心分离后，水洗，干燥得到叶枯唑。

7. 实验室制法

在带搅拌装置的三口反应瓶中，加入 180 g 85% 的水合肼。启动搅拌，在冷却下滴加稀硫酸。控制温度 40 ℃，调节 pH 至 4.0～4.5，滴完后继续搅拌 10～15 min。再加入 285 g 96% 的硫氰酸铵。当温度自动下降至 30～35 ℃ 时，加入适量丙酮。搅拌下，缓慢加热升温至 112～114 ℃，回流反应。反应完成后，趁热倒入烧杯中。静置，冷却，析出黄色晶体。过滤后水洗，干燥即制得氨基硫脲。将所得氨基硫脲加入反应瓶中，再加入 N，N-二甲基甲酰胺和二硫化碳，搅拌、加热回流反应。反应完成后，减压脱溶，制得 2-氨基-5-巯基-1，3，4-噻二唑，然后 2-氨基-5-巯基-1，3，4-噻二唑与甲醛作用制得叶枯唑。

8. 产品标准①

外观	黄色疏松细粉
悬浮率	≥40%
有效成分	≥25.0%
水分	≤3.0%
湿润时间/min	≤1
细度（过200目筛）	≥95%
pH	5～6

①25%的可湿性粉剂。

9. 产品用途

用于防治早、中、晚稻秧田和本田的白叶枯病，是高效、安全的内吸杀菌剂，具有优良的预防和治疗效果，持效期15 d以上。

10. 安全与贮运

①大白鼠口服毒性（LD_{50}）：4600 mg/kg。本品毒性较低。使用中或使用后，身体不适时，应去医院检查治疗。

②生产过程中使用二硫化碳等有毒或腐蚀性物品，同时环合反应产生硫化氢气体，因此，设备必须密闭，车间应保持良好的通风状态，硫化氢气体须经吸收处理才能排空。

③按农药有关规定贮运。

11. 参考文献

[1] 叶挺镐，黄瑞明. 叶青双研究简报 [J]. 农药，1984 (4)：2-3.

[2] 李洪，魏华羽，万积秋. 叶枯唑原药高效液相色谱分析 [J]. 四川化工，2006 (4)：39-40.

3.29　甲霜安

甲霜安（Metalaxyl）又称甲霜灵、瑞毒霉，化学名称为 $DL-N-$(2-甲氧基乙酰基)-N-(2，6-二甲苯基)-外消旋-2-氨基丙酸甲酯。分子式 $C_{15}H_{21}NO_4$，相对分子质量279.2，结构式：

1. 产品性能

纯品为白色结晶体，熔点 71～72 ℃。相对密度（d_4^{20}）1.21。在不同介质中的溶解度（g/L）：水 7.1，苯 550，二氯甲烷 750，异丙醇 270，甲醇 650。20 ℃ 的蒸气压 293.3 mPa。在中性或酸性介质中稳定。工业品原粉（含量 90％）为黄色至褐色粉末，闪点约 155 ℃（闭杯），不易燃、不爆炸、无腐蚀。

2. 生产方法

首先 2，6-二甲基苯胺在碳酸氢钠存在下与 2-溴丙酸甲酯发生亲核取代反应，得到 D，L-N-(2，6-二甲基苯基)-α-氨基丙酸甲酯。然后 D，L-N-(2，6-二甲基苯基)-α-氨基丙酸甲酯与甲氧基乙酰氯进行酰化反应，得甲霜安。

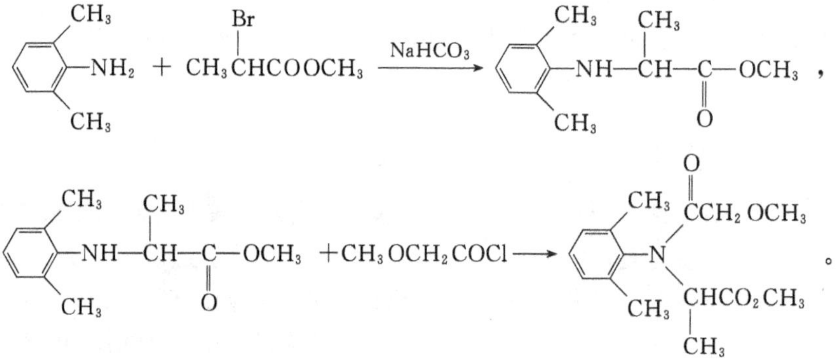

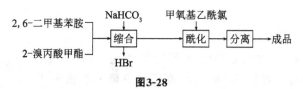

3. 工艺流程

图3-28

4. 生产配方（kg/t）

2，6-二甲基苯胺	1166
2-甲氧基乙酰氯	940
2-溴丙酸甲酯	1390
碳酸氢钠	156

5. 生产设备

缩合反应釜	酰化反应釜
贮槽	过滤器

6. 生产工艺

将 187 kg 10％的碳酸氢钠溶液投入缩合反应釜中，加入 141 kg 2，6-二甲基苯胺和 167 kg 2-溴丙酸甲酯。启动搅拌并加热至 92 ℃，保温缩合 8～9 h，生成的

HBr 经冷凝器排出后用碱液吸收。冷却后分出油层。将油层转入酰化反应釜中，加入 110 kg 甲氧基乙酰氯，搅拌并升温至 125 ℃，回流反应 10～12 h。生成的副产物氯化氢用碱吸收。反应完毕，冷却后过滤，得到甲霜安约 120 kg。

7. 产品标准

（1）原药

	优级品	一级品	二级品
外观		橙色至褐色固体	
含量	≥90%	≥85%	≥80%
酸度（以硫酸计）	≤0.30%	≤0.30%	≤0.30%
丙酮不溶物	≤0.30%	≤0.30%	≤0.30%

（2）35% 的粉剂

外观	浅黄色或玫瑰色疏松粉末
有效成分	34.0%～37.0%
水分	≤4.0%
pH	5～8
细度（过 320 目筛）	≥98%

8. 质量检验

（1）含量测定

采用色谱法。

（2）水分测定

按 GB 1600—2001《农药水分测定方法》进行。

9. 产品用途

该品是高效内吸杀菌剂，可被植物根、茎、叶吸收，可透入亲脂性小的卵菌的细胞膜，起到杀菌作用。主要用于防治黄瓜、葡萄、大白菜、洋葱、烟草等霜霉病，以及番茄早疫病、烟草黑胫病、马铃薯晚疫病、苗期猝倒病、绵腐病等。可喷雾、灌根或拌种。一般每公顷使用有效成分 200～300 g。

10. 安全与贮运

①大鼠口服毒性（LD_{50}）为 669 mg/kg。对兔的眼、耳有轻微刺激作用。对鱼类和野生动物毒性低。

②生产设备应密封，操作人员应穿戴防护用具，车间内应保持良好的通风状态。

③密封包装，不能与食品饲料混放，注意防潮、防日晒。

11. 参考文献

[1] 黄文平，汪正发. 甲霜安的一种高效合成方法 [J]. 咸宁学院学报，2005，25（3）：101-103.

[2] Kerkenaar A. Metalaxyl synthesis [J]. Pestic. Biochem. Physol.，1981（15）：

71—74.

[3] 徐朝洁. 精甲霜灵的合成工艺研究 [D]. 石家庄：河北科技大学，2017.

3.30　四氯苯醌

四氯苯醌（Tetrachloroquinone）又称四氯醌；2，3，5，6-四氯-1，4-苯醌（2，3，4，6-Tetrachloro-1，4-benzoquinone）。分子式 $C_6Cl_4O_2$，相对分子质量 245.89。结构式：

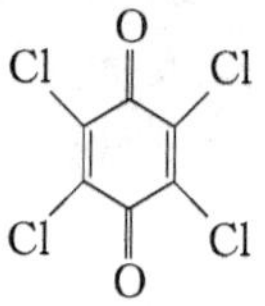

。

1．产品性能

黄色叶状结晶，熔点 290 ℃（升华）。在室温水中溶解度为 0.25 g/L，微溶于热乙醇，溶于乙醚。稳定，无腐蚀性。大白鼠口服（LD_{50}）为 4000 mg/kg。

2．生产方法

五氯苯酚氧化制得四氯苯醌。

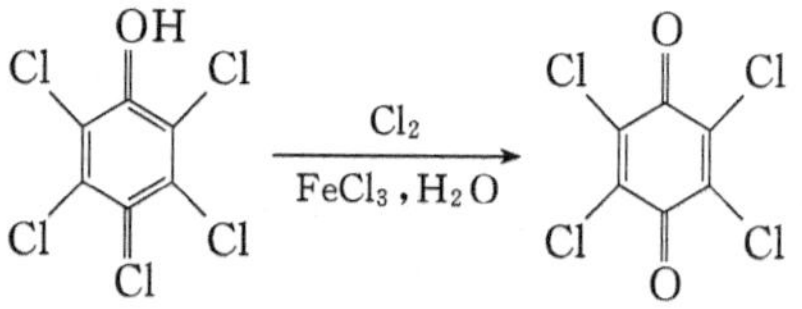

。

3．工艺流程

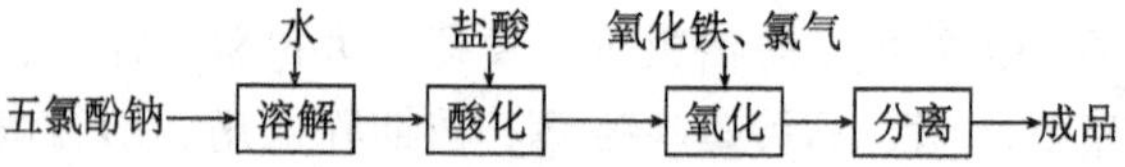

图3-29

4．生产工艺

在溶解锅中，加入 80 kg 水，再加入 20 kg 五氯酚钠，溶解，配成 20%的五氯酚钠溶液，加入 7.83 kg 35%的盐酸进行酸化，搅拌成糊状，加入 1.2 kg 无水氯化铁，升温至 70 ℃ 以上，开始通入氯气，保持反应温度 95 ℃ 以上，至反应油状物完全澄明无颗粒为终点。分去水层，取油状物加浓硫酸酸化，得到四氯苯醌。

5．产品标准

外观	黄色叶状体或菱柱形晶体
含量	≥96%
熔点/℃	≥286

6. 质量检测

用 KI 和乙酸将四氯苯醌还原为四氯氢醌，然后滴定游离碘。

7. 产品用途

非内吸性杀菌剂，主要用于蔬菜种子处理（拌种剂）。

8. 参考文献

[1] 陈小明. 氯气氧化法合成四氯苯醌的研究 [J]. 广东化工，2012，39 (14)：65，52.

[2] 申利群，尹笃林，吴志鸿，等. 过氧化氢氧化法合成四氯苯醌的研究 [J]. 精细化工中间体，2005 (3)：17-18.

3.31 代森环

代森环（Milneb）分子式 $C_{12}H_{22}N_4S_4$，相对分子质量 350.24，结构式：

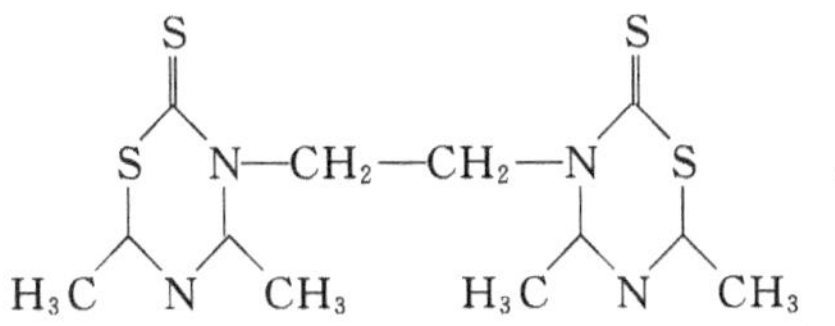

。

1. 产品性能

纯品为无色结晶，原药为黄色或灰白色粉末，剂型为可湿性粉剂。不溶于水和乙醇，可溶于硝基苯和硝基甲烷等。对光、热较稳定，可燃烧，遇碱性物质易分解失效。代森环是一种有机硫杀菌剂。对人畜低毒，大鼠口服（LD_{50}）5000 mg/kg。果品中最高容许含量为 0.6 mg/kg。

2. 生产方法

在乙二胺、氨水混合液中，滴加二硫化碳，于 30 ℃ 下反应得代森铵，然后与乙醛缩合环化得代森环。

$$\begin{array}{l} CH_2NH_2 \\ | \\ CH_2NH_2 \end{array} + CS_2 + 2NH_3 \cdot H_2O \longrightarrow \begin{array}{l} CH_2NHC(S)SNH_4 \\ | \\ CH_2NHC(S)SNH_4 \end{array} + 2H_2O,$$

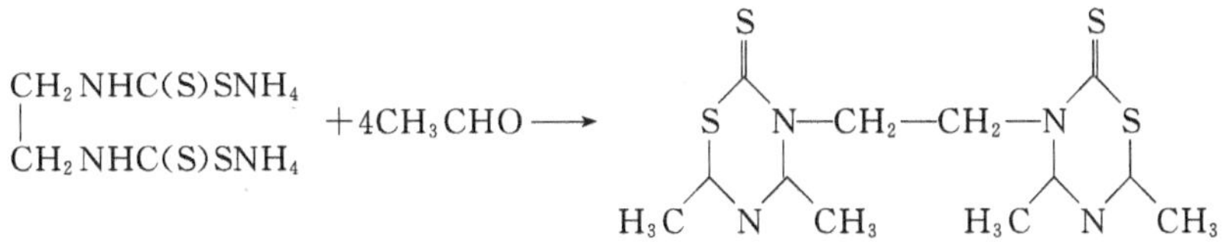

。

3. 工艺流程

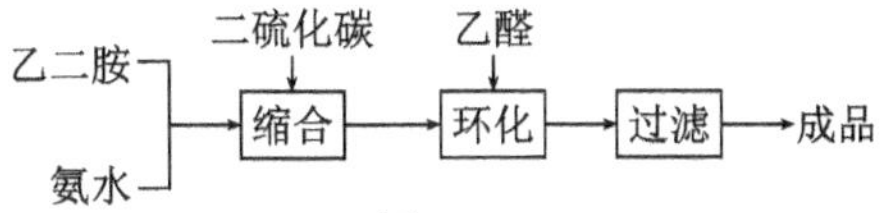

图3-30

4. 生产配方（kg/t）

乙二胺（98%）	130.0
二硫化碳（98%）	340.0
氨水（20%）	430.0
乙醛（30%）	1640.0

5. 生产工艺

（1）缩合

将 15 kg 70%的乙二胺加入搪瓷反应釜中，开启搅拌，滴加 40.3 kg 17.5%的氨水，通过调整反应釜夹套冷却水调节反应液温度至 28 ℃ 左右，1 h 内滴加 29.4 kg 95%的二硫化碳，控制滴加温度不超过 35 ℃，在此温度下反应 6 h，停止反应，得 50%的代森铵 84 kg，收率 97%。

注意滴加二硫化碳时反应温度升高，控制反应温度不超过 40 ℃，保温反应时也不能超过 40 ℃，温度太高易引起产品分解。

（2）环化

将 47.2 kg 50%的代森铵投入反应釜中，调节反应液温度 28 ℃，搅拌下 75 min 内加入 77.4 kg 30%的乙醛，环化反应为放热反应，控制反应不超过 40 ℃，加完后保温 10 min，离心过滤，干燥得 32.4 kg 代森环，含量 96%，收率 92.4%。

6. 产品用途

代森环与代森系列其他品种相比，除药效高外，还能刺激植物的生长，对多种病害均有良好的防治效果。主要用于防治果树、烟草、麦类、水稻等作物上的藻菌纲和半知菌类所引起的霜霉病、斑病、疫病、赤霉病等。

3.32　代森锌

代森锌（Zineb）的化学名称为亚乙基双二硫代氨基甲酸锌（Zinc ethylene-1, 2-bisdithiocarbamate）。分子式为 $C_4H_6N_2S_4Zn$，相对分子质量 275.75，结构式：

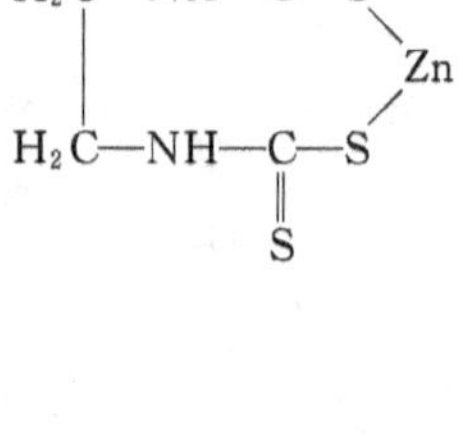

1. 产品性能

纯品为白色粉末，熔化前分解，对光、热和潮气不太稳定。溶于吡啶和二硫化碳，室温下在水中的溶解度为 10 mg/kg，不溶于大多数有机溶剂。遇碱性物质，或含铜、汞的物质易分解为二硫化碳而失效。大白鼠口服毒性（LD_{50}）为 5200 mg/kg。

2. 生产方法

在乙二胺溶液中，滴加二硫化碳，再滴加烧碱，得到中间体代森钠。在代森钠溶液中，于 pH 6.5 条件下滴加氯化锌溶液，即生成代森锌。

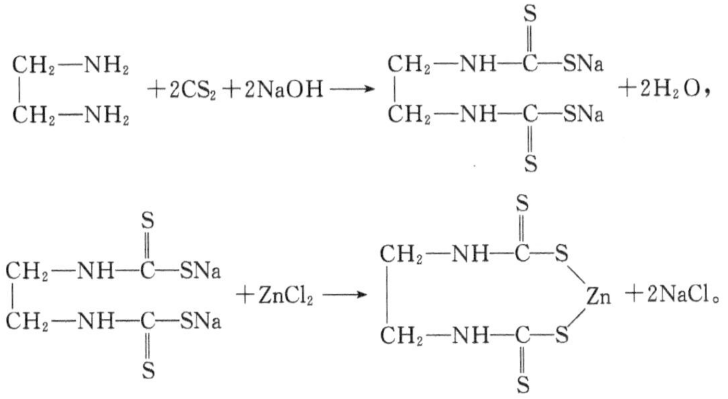

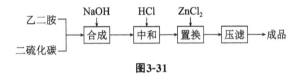

第二步置换反应中，除用氯化锌外，还可用氧化锌、硫酸锌等锌盐。

3. 工艺流程

乙二胺、二硫化碳 → 合成（NaOH）→ 中和（HCl）→ 置换（ZnCl₂）→ 压滤 → 成品

图3-31

4. 生产配方（kg/t）

乙二胺（98%）	258
氯化锌（98%）	580
二硫化碳（98%）	650
氢氧化钠（30%）	1140

5. 生产设备

反应罐	中和罐
置换反应罐	板框压滤机
贮槽	

6. 生产工艺

先用真空泵将乙二胺吸入反应罐中，加水配成 22.5% 的溶液；然后逐渐加入二硫化碳，控制反应温度在 28～30 ℃；最后滴入碱液，加碱液速度以维持 pH 至 9～10，加完碱继续搅拌 10 min，反应完毕，转入中和罐用盐酸中和 pH 至 6.0～6.5。用压缩空气将 15% 的氯化锌溶液压入置换罐中，再将中和罐中的合成反应液压入置换罐中，控制温度为 50～55 ℃，加毕继续反应 10 min，即生成代森锌悬浮液，打入压滤机，经压滤后真空干燥得成品。

若使用氧化锌，则将代森钠和氧化锌加入水中，搅拌，于 20～25 ℃反应 1.5 h，

过滤，水洗。滤饼真空下干燥，得到代森锌原药。

7. 实验室制法

15％的氯化锌溶液与 24％的亚乙基双二硫代氨基甲酸钠等摩尔反应，反应温度 50～55 ℃。生成代森锌悬浮液，抽滤即得。

8. 产品标准

（1）原药

外观	灰白色或浅黄色粉状物	
含量	≥90％（一级品）	≥85.0％（二级品）
水分	≤2.0％	

（2）80％的可湿性粉剂

外观	灰白色或浅黄色粉状物
含量	≥8.0％
润湿时间/min	5.0
细度（通过 320 目筛）	396％
水分	≤2.0％
pH	6～8

9. 质量检验

（1）含量测定

用酸分解，将生成的二硫化碳导入 KOH-甲醇溶液中，首先通过 10％的 $CdSO_4$ 溶液吸收 H_2S，然后滴定所生成的黄原酸盐（CIPAC 法）。

HG 2-1462—1982《代森锌原粉》中的测定方法如下：

准确称取样品 0.5 g（准至 0.0002 g）放入反应瓶中，经分液漏斗缓慢加入 0.55 mol/L 硫酸溶液 50 mL，加热使其沸腾 45 min，待试样全部分解后停止加热。反应瓶所连冷凝管上端排出的气体经第一吸收管（装有 50 mL 10％的乙酸铅溶液）吸收后，进入第二吸收管（装有 60 mL 2 mol/L 氢氧化钠-乙醇溶液）。反应完成后，将第二吸收管中的溶液定量移入 500 mL 锥形瓶中，加酚酞指示剂 2～3 滴，用 30％的乙酸溶液中和，并过量 4～5 滴。然后用 0.05 mol/L 碘溶液滴定至近终点时，加 200 mL 水及 10 mL 淀粉指示液，继续滴定至刚呈现蓝色即为终点。以同样条件作空白试验。

含量按下式计算：

$$w(代森锌)=\frac{2c(V_1-V_2)\times 0.1379}{m}\times 100$$

式中，V_1 为滴定样品耗用碘标准溶液体积，mL；V_2 为滴定空白所消耗碘标准溶液的体积，mL；c 为碘标准溶液的摩尔浓度，mol/L；m 为样品质量，g。

（2）水分含量测定

按 GB/T 1600—2001《农药水分测定方法》中"共沸蒸馏法"进行。

10. 产品用途

代森锌为叶面保护性杀菌剂，主要用于防治麦类、蔬菜、苹果、烟草等多种真菌病毒，对白菜霜霉病、番茄炭疽病、葡萄白腐病、苹果及梨的黑星病、小麦锈病、水稻叶枯病等都有良好的防治效果。一般施用 80％的可湿粉剂的 500～800 倍稀释液。

11. 安全与贮运

①本品对人黏膜有刺激作用。对植物安全，不易引起药害。本药剂不可与铜、汞药剂和碱性药剂混用。

②纸袋外加塑料袋（1 kg）包装，贮于干燥阴凉处。防止吸潮或受热。不得与食物、饲料、种子混放。

12. 参考文献

[1] 黄志刚. 代森锌合成新工艺：1648120 [P]. 中国专利，2005-08-03.

[2] 陈翔峰，曾庆磊，曾登峰，等. 代森锌检测方法综述 [J]. 材料开发与应用，2017，32（2）：105-112.

3.33　百菌清

百菌清（Chlorothalonil）又称 2，4，5，6-四氯-1，3-苯二甲腈；四氯间苯二腈（Tetrachloroisophthalonitrile；Daconil；Bravo）。分子式 $C_8Cl_4N_2$，相对分子质量 265.91，结构式：

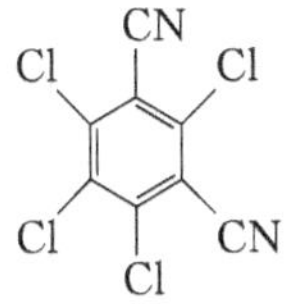

1. 产品性能

纯品为白色结晶体，熔点 250～251 ℃，沸点 350 ℃。25 ℃ 时溶解度：水中 0.6 mg/kg，丙酮中 2 g/kg，环己醇中 3 g/kg，二甲基甲酰胺中 3 g/kg，二甲苯中 8 g/kg，丁酮中 2 g/kg，二甲亚砜中 2 g/kg。对碱和酸性水溶液及对紫外光的照射均稳定。无腐蚀作用，有刺激味。

2. 生产方法

(1) 气相催化氯化法

采用载于活性炭上的三氯化铁作催化剂，由间苯二腈在不锈钢反应器中进行气相催化氯化，制得百菌清。

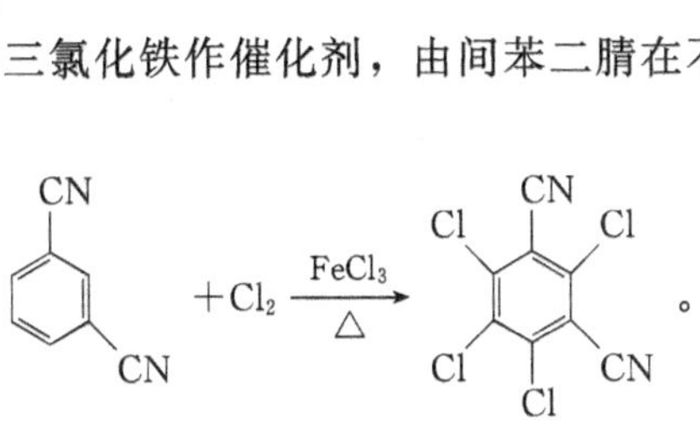

（2）氨化、氧化、氯化法

由间二甲苯经氨化、氧化制得间苯二腈，然后在催化剂存在下，通入氯气氯化，制得百菌清。

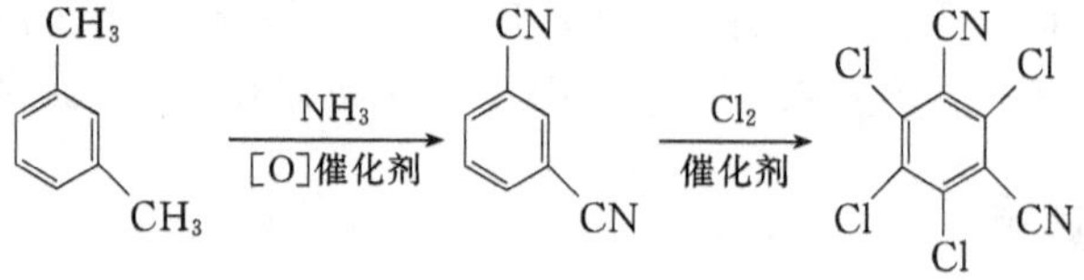

3. 工艺流程

（1）气相催化氯化法

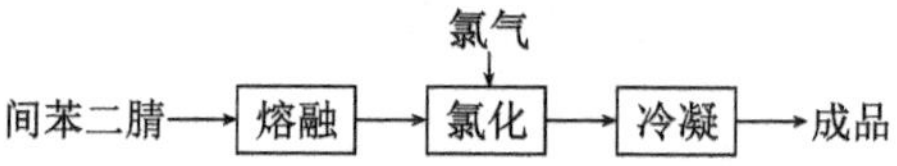

图3-32

（2）氨化、氧化、氯化法

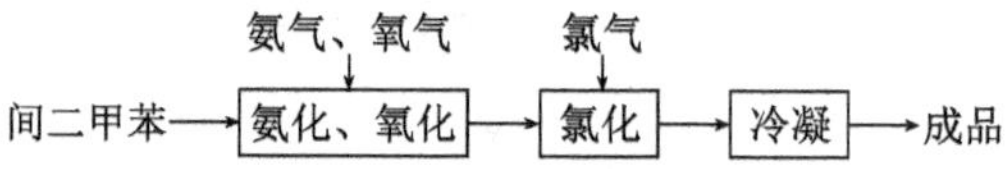

图3-33

4. 生产配方（kg/t）

间苯二腈	480
氯气	3410

5. 生产设备

氯化反应器	真空干燥器
气化器	过滤器
干燥箱	捕集器
熔融罐	气体计量器

6. 生产工艺

将活性炭于 100 ℃ 左右真空干燥后，趁热倒入 18％的三氯化铁水溶液中（80～90 ℃），再加入少量盐酸，搅拌一定时间后，于搅拌下加热蒸出一半水分，然后冷至室温、过滤、烘干，即制得催化剂。

将催化剂装入氯化反应器，加热升温至 100 ℃ 左右，通氮气，并逐渐升温至反应温度；继续通氮，除去催化剂中残余的水分，然后改通氯气进行预氯化。另将粉状间苯二腈于熔融罐中预熔后输入气化器中，氯气经干燥计量后与气化器输出的间苯二腈蒸汽一并通入氯化反应器的预反应底部，经主催化阶段进行反应。反应后的混合气体进入冷凝器，即得成品。少量未冷凝产品由捕集器收集。

7. 产品标准

（1）原药

	优等品	一等品	合格品
外观	白色至灰白色或微黄色疏松粉末，有微臭		
百菌清含量	96%	90%	85%
pH		5.0～7.0	
丙酮不溶物		≤0.3%	
堆积密度/(g/mL)		≤0.6	

（2）75%的可湿性粉剂

外观	疏松粉末，无团块
百菌清含量	≤75.0%
pH	5.0～8.0
悬浮率	≥60%
润湿性/min	≤2.5
细度（过 320 目筛）	≥98.0%

（3）10%的油剂

外观	绿黄色油状均相液体
挥发度	22.7%
有效成分含量	≥10%
相对密度（d_4^{20}）	1.17
酸度（以 H_2SO_4 计）	≤0.3%
水分	≤0.3%

8. 质量检验

（1）内标溶液的制备

称取内标物 8 g 邻苯二甲酸二丁酯，置于 1000 mL 容量瓶中，用二甲苯定容并充分混合。

（2）标准溶液的制备

称取 3 g 百菌清，准确到 0.2 mg，置于 100 mL 容量瓶中，加 100 mL 内标溶液，盖上瓶塞并振摇至固体全部溶解。

（3）样品溶液的制备

称 1 g 75%的样品百菌清称准至 0.2 mg，置于 50 mL 容量瓶中，加 25 mL 内标溶液，盖上瓶塞振摇至固体溶解。

（4）样品的测定

使适当的百菌清和内标的浓度进入气谱流路，并重复注射 1 μL 标准溶液校正这个方法。然后再注射 1 μL 的样品溶液，由数据系统打印出结果，即测得百菌清的百分含量。

9. 产品用途

高效、广谱、安全的农、林用杀菌剂及植物保鲜剂。具有预防和治疗作用，持效期长,而且稳定。还有一定的熏蒸作用。可叶面施药和种子处理。广泛用于防治果树、蔬菜、小麦、水稻及棉花等农作物的多种病虫害。一般每亩用 75％的可湿性粉剂 125～150 g,兑 100 kg 水,喷施;或者兑水稀释成 20 倍溶液后,取适量稀释液拌湿种子。

10. 安全与贮运

①原料间苯二腈和氯气均有毒,生产设备必须严格密闭,防止泄漏。

②产品易燃、有毒,用铁桶包装,内衬塑料袋。贮运时远离火源和防止日晒。

③产品对人的皮肤及黏膜有刺激作用,接触后立即用肥皂水洗净。若溅入眼内,立即用大量清水冲洗 15 min,涂上眼药。

11. 参考文献

[1] 褚意新,张仟春,谢笑天. 60％百菌清水分散粒剂制备工艺研究 [J]. 价值工程,2014,33 (2):310-311.

[2] 陈赛玉. 百菌清生产工艺技改 [J]. 云南化工,2008,35 (6):37-38.

[3] 刘扬. 百菌清复合床氯化循环合成新工艺 [J]. 中国氯碱,2002 (11):30.

3.34 杀菌灭藻剂 JC-963

1. 产品性能

本品为橙红色液体,主要成分的化学名称为二硫氰基甲烷或二硫氰基甲撑酯。对细菌、霉菌、藻类是一种高效广谱的杀菌剂,它可以同液氯等杀菌剂交替使用,也可与其他水处理剂同时使用而不影响药效。

JC-963 杀菌灭藻剂在水中易于降解,投药 24 h 后已检不出药剂,排放符合环保要求。

JC-963 的半衰期与 pH 的关系:

pH	6	7	8	9	11
半衰期/h	12	19	5	1	数秒

从表中可见,溶液的 pH 越高,半衰期越短。

2. 生产配方(质量,份)

二氯甲烷(工业级)	85
硫氰化钠(工业级)	162
乙醇(工业级)	150
去离子水	300

3. 生产方法

二氯甲烷在乙醇水介质中,在 75 ℃、0.3 M～0.4 MPa 下与 2 mol 的硫氰化钠反应制成本品。

$$ClCH_2Cl + 2NaSCN \xrightarrow[\text{加压}]{\triangle} NCS-CH_2-SCN + 2NaCl。$$

在乙醇-水混合溶剂中，能加大产品的溶解度。

4. 生产工艺

在夹套反应釜中，加入配方量的乙醇和水，加入硫氰化钠和二氯甲烷后，不断搅拌下升温至 75 ℃，并用氮气对反应物料加压至 0.3 M～0.4 MPa，维持反应 2 h 左右反应完成。降温至 40 ℃ 出料，即得产品。

5. 产品标准

外观	橙红色液体
二硫氰基甲烷含量	≥16%
其他成分及溶剂含量	≤84%
相对密度（d_4^{20}）	1.15～1.20
pH	3～4

6. 说明

原料硫氰化钠和产品二硫氰基甲烷有一定毒性，应注意保管。

7. 产品用途

本品广泛用于造纸厂、炼油厂、化肥厂、热电厂等循环冷却水系统，控制细菌、霉菌和藻类繁殖。

本品一般使用质量浓度为 20 mg/L，也可与其他杀菌剂交替使用。可根据菌灌生长情况确定投加周期。本品 pH 适用范围为 2～8。

8. 参考文献

[1] 孙彩霞，陈燕敏，张敏，等. 杀菌灭藻剂复配工艺研究 [J]. 工业水处理，2012，32（12）：69-71，77.

[2] 鲁逸人，赵林，谭欣，等. 我国工业用水杀菌灭藻剂的应用现状与展望 [J]. 陕西工学院学报，2004（3）：62-66.

3.35 多菌灵

多菌灵（Carbendazim）又名棉萎灵、棉萎丹，化学名称 2-（甲氧基氨基甲酰）苯并咪唑。分子式 $C_9H_9N_3O_2$，相对分子质量 191.2，结构式：

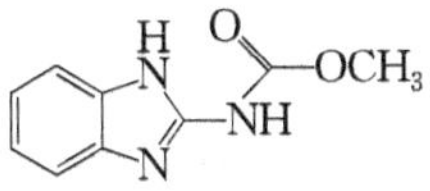

1. 产品性能

本品为白色结晶，在 215～217 ℃ 时开始升华，大于 290 ℃ 时熔融，熔点 302～

307 ℃（分解）。不溶于水，微溶于丙酮、氯仿和其他有机溶剂，可溶于无机酸及醋酸，并形成相应的盐，化学性质稳定。24 ℃ 的溶解度：在 pH 为 4 的水中为 29 mg/L，pH 为 7 的水中 8 mg/L，乙醇中为 300 mg/L，二氯乙烷中为 68 mg/L。

棉萎灵多菌灵是一种广谱性杀菌剂，对多种作物由真菌（如半知菌、多子囊菌）引起的病害有防治效果。可用于叶面喷雾、种子处理和土壤处理等。

2. 生产配方（质量，份）

石灰氮〔氰胺化钙 Ca (CN)$_2$，100%〕	92
氯甲酸甲酯（100%）	50
邻苯二胺（100%）	44

3. 生产方法

多菌灵有多种合成方法，我国采用氰胺化钙法，即由氰胺化钙（石灰氮）与水作用制取氰胺氢钙，过滤分离产生的氢氧化钙和残渣（也可以不先过滤，利用氢氧化钙作为后续工序的脱酸剂，在合成氰胺基甲酸甲酯后再过滤，这称为后过滤法。但此法分离的残渣含有毒的有机杂质），然后将氰胺氢钙溶液与氯甲酸甲酯在氢氧化钠存在下进行反应，生成氰胺基甲酸甲酯溶液，生成的氰胺基甲酸甲酯溶液再与邻苯二胺缩合得到多菌灵。

$$Ca(CN)_2 \xrightarrow{H_2O} Ca(HCN)_2 ,$$

$$Ca(HCN)_2 \xrightarrow{ClCOCH_3} NCNHCOOCH_3 ,$$

4. 生产工艺

①氰胺氢钙的合成。将 400 L 水加入到 500 L 氰胺化锅内，并在搅拌下投入 92 kg 石灰氮（100%）控制反应温度在 25～28 ℃，反应 1 h 后放入离心机过滤，并用 40 L 水分 2 次洗涤滤饼，得到氰胺氢钙溶液（滤渣为氢氧化钙残渣）。

②氰胺基甲酸甲酯溶液制备。将上述氰胺氢钙溶液加到 500 L 搪玻璃反应锅，搅拌冷至 20 ℃ 以下，滴加 50 kg 氯甲酸甲酯，滴加温度控制在 35 ℃ 以下，约 0.5 h 加完。在 45 ℃ 以下滴加氢氧化钠溶液，加料完毕，在 40～45 ℃ 继续反应 1 h，即得氰胺基甲酸甲酯溶液。

③多菌灵的合成。将制得的氰胺基甲酸甲酯溶液在 65～75 ℃、60×133.3～160×133.3 Pa 下减压浓缩蒸馏水，当蒸出的水量达原体积的 60% 时，停止蒸水，然后降温到 50 ℃，投入 44 kg 邻苯二胺（以 100% 计）。将 88 L 盐酸分两批加入，在第二批加酸时，应掌握加酸速度，使反应液的 pH 维持在 6 左右。加酸结束后，在 98～100 ℃ 下保温 2 h，出料用离心机甩水，以 300 L 水洗 3 次，干燥后得多菌灵，收率

约 88%。

5. 产品用途

多菌灵为苯并咪唑类杀菌剂。该品可被植物吸收并经传导转移到其他部位，干扰病菌细胞的有丝分裂，抑制其生长。它的杀菌谱较广，通常加工成粉剂、可湿性粉剂和悬浮剂使用，作种子处理或叶面喷洒，用于防治粮、棉、油、果、蔬菜、花卉的多种真菌病害，还可用于水果的保鲜。

6. 参考文献

[1] 王学林，李榆庆，王勇. 40%硫黄·多菌灵悬浮剂配方筛选和优化 [J]. 云南化工，2017，44（4）：110-114.

[2] 魏中华，徐娟，郭明霞，等. 国内多菌灵的研究进展 [J]. 今日农药，2015（11）：18-21.

3.36　异稻瘟净

异稻瘟净（Iprobenfos）又称 S-苄基-O，O-二异丙基硫代磷酸酯；O，O-二异丙基-S-苄基硫化磷酸酯；O，O-双（1-甲基乙基）-S-（苯基甲基）硫代磷酸酯。分子式 $C_{13}H_{21}O_3PS$，相对分子质量 288.3，结构式：

$$(CH_3)_2CH-OO$$

$$(CH_3)_2CH-O \quad P-S-CH_2-\bigcirc \quad 。$$

1. 产品性能

异稻瘟净纯品为无色透明油状液体；工业品为淡黄色，有臭味。熔点 22.5～23.8 ℃，沸点 126 ℃（5.3 Pa）。折光率 1.5106。难溶于水（18 ℃ 时水中溶解度为 100 mg/L），易溶于多种有机溶剂。对光照及酸性介质较稳定，在碱性介质中易分解失效，不宜与碱性农药混合使用。

2. 生产配方（kg/t）

三氯化磷	145.0
异丙醇	189.0
氯化苄	133.0
硫黄	33.0
甲苯（用作溶剂，可回收）	适量

3. 生产方法

由异丙醇与三氯化磷反应制取中间体异丙基亚磷酸酯（$C_6H_{15}O_3P$），再将其与氨、氯化苄和硫黄反应制得本品。

$$3(CH_3)_2CHOH + PCl_3 \longrightarrow \begin{array}{c}(CH_3)_2CH-O \\ \diagdown \\ (CH_3)_2CH-O\end{array} \!\! PH + 2HCl + (CH_3)_2CHCl,$$

$$\begin{array}{c}(CH_3)_2CH-O \\ \diagdown \\ (CH_3)_2CH-O\end{array} \!\! PH \xrightarrow[\text{甲苯}]{NH_3,S} \begin{array}{c}(CH_3)_2CH-O \\ \diagdown \\ (CH_3)_2CH-O\end{array} \!\! PSNH_4,$$

$$\begin{array}{c}(CH_3)_2CH-O \\ \diagdown \\ (CH_3)_2CH-O\end{array} \!\! PSNH_4 \xrightarrow{CH_2Cl} \begin{array}{c}(CH_3)_2CH-O \\ \diagdown \\ (CH_3)_2CH-O\end{array} \!\! P-S-CH_2 + NH_4Cl.$$

4. 生产工艺

异丙醇以 215 kg/h、三氯化磷以每小时 150 kg/h [n（异丙醇）：n（三氯化磷）≈ 3：1] 的速度连续进料，混合后猛烈反应，产生的氯化氢气体通过真空泵从混料锅迅速排除，生成的粗酯进入降膜式甩盘脱酸器。加热，进一步脱酸，以 120～130 ℃ 的温度离开脱酸器。冷却至 40 ℃ 以下，得含量为 92%～95% 的中间体，收率 95%～98%。混料锅抽出的气体尚含异氯丙烷，当用氯化氢吸收后，常压冷冻可作为副产物回收。O,O-二异丙基硫代磷酸铵及原药合成在同一反应锅内进行合成。将异丙基亚磷酸酯、氯化苄、硫黄 [n（异丙基亚磷酸酯）：n（氯化苄）：n（硫黄）＝ 1.00：1.05：1.02] 加入甲苯中，缓慢通入氨，控制温度 85～90 ℃，通氨 1.5 h，按摩尔比氨用量为亚磷酸酯的 1.3 倍。通氨后继续保温搅拌 2 h，使反应完全。加水洗去杂质和氯化铵，所得粗品进行连续蒸馏脱除水分和溶剂甲苯，即得含量 85%～90% 的异稻瘟净原油，收率约 90%。

5. 产品标准

（1）原油

外观	淡黄色或浅棕色液体
有效成分	≥80%
水分	≤0.5%

（2）乳油

	40%的乳油	50%的乳油
外观		
指标名称	浅黄色或浅棕色透明油状液体	
有效成分	≥40%	≥50%
水分	≤0.5%	≤0.5%
酸度（以 H_2SO_4 计）	≤0.5%	≤0.5%
乳液稳定性	合格	合格

6. 产品用途

内吸性杀菌剂，具有良好的内吸杀菌力，通过植物根部和水面下的叶鞘吸收。主要用于防治早稻晚稻穗颈瘟，对水稻小球菌核病等也有效。

7. 参考文献

[1] 王阳阳. 异稻瘟净和毒死蜱乳粒剂的制备 [D]. 杭州：浙江大学，2012.

[2] 张怀信. 水相氨法一步合成异稻瘟净的研究 [J]. 农药，1989（3）：18，4.

3.37 麦穗宁

麦穗宁（Fuberidazole）化学名称 2-(2-呋喃基）苯并咪唑，英文名称 2-(2-Furyl) benzimidazole。分子式 $C_{11}H_8N_2O$，相对分子质量 184.2，结构式：

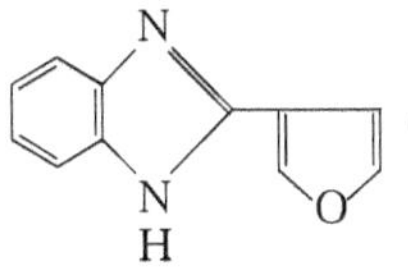

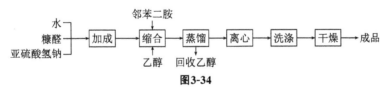

1. 产品性能

结晶性粉末，熔点 284～288 ℃。室温下的溶解度：二氯甲烷中 10 g/kg，异丙醇中 50 g/kg，水中 0.078 g/kg。对光很不稳定。毒性：大白鼠 LD_{50} 为 1100 mg/kg（急性口服）。

2. 生产方法

将糠醛与亚硫酸氢钠浓溶液反应生成呋喃基羟基甲磺酸钠，生成的呋喃基羟基甲磺酸钠然后与邻苯二胺缩合得麦穗宁。

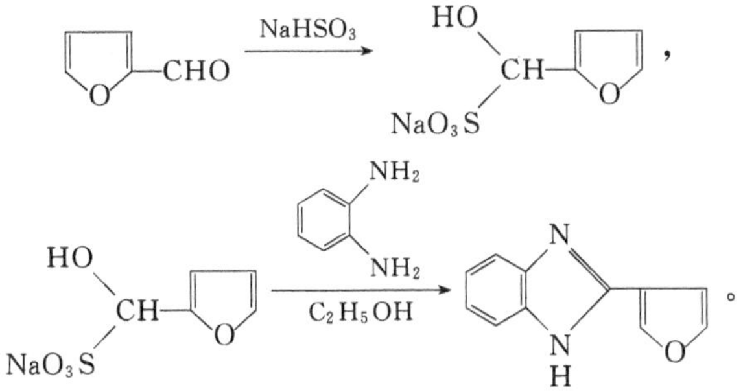

3. 工艺流程

图3-34

4. 生产配方（质量，份）

亚硫酸氢钠（87.6%）	125
乙醇（92%，可回收）	760
糠醛（工业品）	96
邻苯二胺（85.6%）	93

5. 生产设备

加成反应锅	缩合反应锅
贮槽	离心机
干燥箱	

6. 生产工艺

在搪玻璃的加成反应锅中加入 34 kg 水、32.8 kg 87.6%的亚硫酸氢钠，搅拌 20 min。分次加入 25.2 kg 糠醛，控制温度不超过 50 ℃。静置 2.0～2.5 h，生成浅黄色稠浆状的呋喃基羟基甲磺酸钠（加成物），降温至 30 ℃ 以下。

在缩合反应锅内加入 200 kg 92%的乙醇，搅拌升温至 20～30 ℃，加入 24.4 kg 85.6%的邻苯二胺，搅拌至完全溶解。将上述加成物加入，缓慢升温至 85 ℃ 左右，回流 4 h，然后搅拌升温，蒸馏回收乙醇 75～80 kg，在搅拌下趁热出料。静置，离心过滤，水洗，干燥得麦穗宁（专利 DAS 1209799）。

7. 产品标准

外观	白色结晶粉末
熔点/℃	≥282

8. 产品用途

内吸性杀菌剂，1966 年作为杀菌剂推广。本品用作拌种剂，可防治小麦黑穗病、大麦条纹病、白霉病，瓜类蔫萎病。也可用作塑料、橡胶制品的杀菌剂、胶片乳液防霉剂，以及牛羊的驱虫剂。

9. 安全与贮运

①生产中使用的糠醛能刺激人的皮肤和黏膜，1%以下的蒸气具有与催泪气体相同的作用。邻苯二胺有毒，可经皮肤吸收或吸入粉尘而引起中毒。生产设备必须密闭，操作人员应穿戴防护用具。

②按农药有关规定包装、贮运。

10. 参考文献

[1] 邓旭忠，梁亮，李红. 相转移催化合成麦穗宁 [J]. 农药，2007 (1)：22-23.
[2] 曹红，张丽，马宁，等. 农药麦穗宁合成工艺研究 [J]. 河南化工，2000 (1)：17-18.

3.38 克菌丹

克菌丹（Captan）又称开普顿，化学名称 N-三氯甲硫基-4-环己烯-1，2-二甲酰亚胺，英文名称 Orthocide；N-Trichloromethylthio-4-Cyclohexene-1，2-dicarboximide。分子式 $C_9H_8Cl_3NO_2S$，相对分子质量 300.57，结构式：

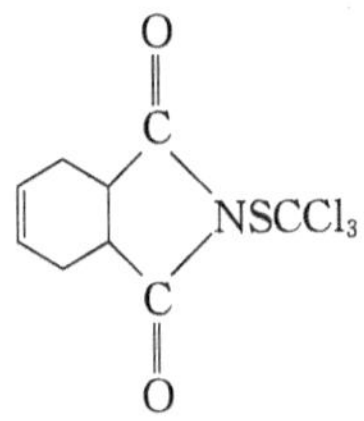

$$\text{(structure: tetrahydrophthalimide N-SCCl}_3\text{)} \quad 。$$

1. 产品性能

白色结晶，熔点 178 ℃，25 ℃ 的蒸气压小于 1.33 MPa。室温时水中溶解度小于 0.05 mg/kg，不溶于矿油。25 ℃ 的溶解度：二甲苯 70 g/kg，氯仿 50 g/kg，环己酮 23 g/kg，丙酮 21 g/kg。工业品为带有刺激性气味的黄色或白色无定形粉末，纯度 90%～95%，熔点 160～170 ℃。遇碱不稳定，接近熔点时分解。能与许多农药混配。无腐蚀性，但分解产物有腐蚀性。

2. 生产方法

由二硫化碳在盐酸存在下与氯气作用制得三氯甲次磺酰氯。另由顺丁烯二酸酐与丁二烯作用，再与氨水反应制得 1，2，3，6-四氢苯二甲酰亚胺，该亚胺与三氯甲次磺酰氯反应制得灭菌丹。

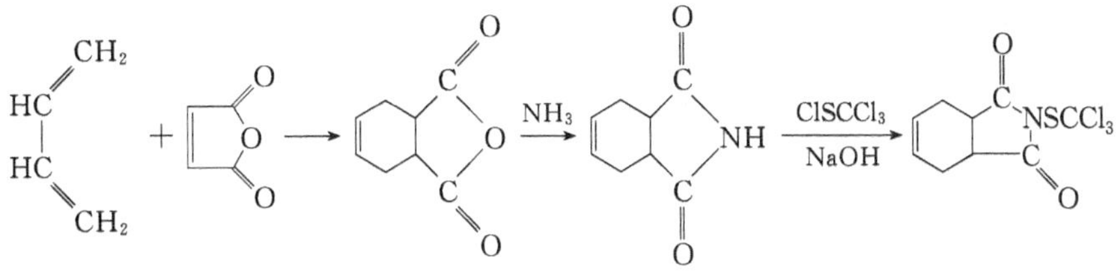

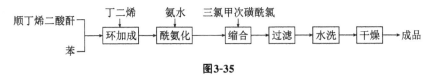

3. 工艺流程

顺丁烯二酸酐、苯 → 【环加成】←丁二烯 → 【酰氨化】←氨水 → 【缩合】←三氯甲次磺酰氯 → 【过滤】 → 【水洗】 → 【干燥】 → 成品

图3-35

4. 生产配方（kg/t）

二硫化碳（95%）	480
顺丁烯二酸酐（95%）	510
氯气	1200
氨水（30%）	680
丁二烯（70%）	390

5. 生产设备

氯化器	环加成反应釜
氨化反应釜	缩合反应釜
结晶槽	过滤器
干燥箱	

6. 生产工艺

将顺丁烯二酸酐的苯溶液投入反应釜中，搅拌加热溶解，70 ℃ 时通入等摩尔的丁二烯，保温 75 ℃ 左右，通丁二烯约 20 h，直至 5 倍量，反应到达终点。将反应料倒入结晶槽，冷却至室温，过滤，回收溶剂。滤饼于 50～70 ℃ 干燥，即得 1，2，3，6-四氢苯二甲酸酐结晶，熔点 97～102 ℃，含量 95％ 以上。将氨水加入反应釜，加热升温至 50 ℃ 以下时，边搅拌边逐渐加入 1，2，3，6-四氢苯二甲酸酐。加料后反应温度逐渐升至 105～110 ℃，保温反应 4～5 h，再逐渐升温至 230～250 ℃，保温反应 5～6 h。将物料放出冷却到 80 ℃，加热水溶解，然后冷却结晶。过滤。滤饼于 80 ℃ 干燥，即得 1，2，3，6-四氢苯二甲酰亚胺。

先将水、二硫化碳、36％ 的盐酸溶液加入氯化器中，搅拌控制温度在 28～30 ℃，通入氯气，反应 2～3 h。分出油层，经水洗，制得三氯甲次磺酰氯，备用。另将 5％～6％ 的氢氧化钠溶液加入缩合反应釜中，冷却至 -2 ℃，加入溶于苯中的亚胺，搅拌混合 15～20 min，在 0～5 ℃ 下，滴加入三氯甲次磺酰氯。当反应物料 pH 达 8 以下时反应完成，出料过滤。滤饼用水洗至中性，于 100～105 ℃ 干燥，即得成品。

7. 产品标准

原粉	略带棕色的粉末
熔点/℃	172
有效成分含量	≥93％
可湿性粉剂含量	50％

8. 质量检验

采用气相色谱法或液相色谱法进行克菌丹含量的测定。

9. 产品用途

有机杀菌剂，主要用于农作物叶面保护。可防治苹果疮痂病、黑星病，梨黑星病，葡萄蔓霜霉病，黑腐病，草莓灰霉病，用 50％ 的可湿性粉剂的 300～500 倍液喷施；对三麦、水稻、玉米、棉花、瓜果、蔬菜、烟草等作物多种病害均有良好的防治效果。与五氯硝基苯混用，可防治棉花苗期病害；拌种可防治玉米病害。

10. 安全与贮运

①生产中使用氯气等有毒原料，设备要密闭，严防泄漏。产品对皮肤有刺激作用，防止药液溅在皮肤上或眼内，操作人员应穿戴防护用具。
②产品贮运时不能与碱性农药和化肥混放。

11. 参考文献

[1] 丁教，万春林，熊龙云，等. 克菌丹原药毛细管气相色谱分析方法研究 [J]. 江西化工，2015 (6)：78-80.
[2] 周慧，王元有. 50％克菌丹分散颗粒剂高效液相色谱分析 [J]. 辽宁化工，

2012，41（7）：714-716.

3.39　谷种定

谷种定（Guazthine）又称双胍辛乙酸盐，化学名称 1，1′-亚胺基二辛基甲撑三醋酸双胍盐。分子式 $C_{24}H_{52}N_7O_6$，相对分子质量 535.7，结构式：

$$\left[\begin{array}{c} NH_2 & NH_2 \\ \parallel & \parallel \\ H_2N-C-NH(CH_2)_8-NH-(CH_2)_8-NH-C-NH_2 \end{array}\right]^+ \cdot 3(CH_3COO^-)。$$

1. 产品性能

白色粉末，熔点 140 ℃。溶解度（g/100 mL）：水中 74.6 g/100 L，甲醇中 77.7 g/100 L，乙醇中 11.7 g/100 L。不溶于有机溶剂。谷种定是新的广谱杀菌剂，对农业和园艺的主要真菌有很高的生长抑制活性，其作用方式是抑制类酯的生物合成。

2. 生产配方（质量，份）

二辛基撑三胺	271.0
S-甲基异硫脲盐（ $CH_3S-\overset{NH}{\underset{\parallel}{C}}-NH_2$ ）	90.0
纯碱	适量

3. 生产方法

以 1，17-二氨基-9-氮杂十七烷（简称三辛胺）和 S-甲基异硫脲硫酸盐为原料进行反应而得。

$$NH_2(CH_2)_8NH(CH_2)_8NH_2 + CH_3S-\overset{NH}{\underset{\parallel}{C}}-NH_2 \cdot \frac{1}{2}SO_3 \longrightarrow$$

$$\begin{array}{cc} NH_2 & NH_2 \\ \parallel & \parallel \\ H_2N-C-NH(CH_2)_8-NH(CH_2)_8-NH-C-NH_2 \end{array}。$$

4. 生产工艺

（1）辛三胺的制备

将辛二胺冷却凝固，小心地分次加入浓硝酸至物料全部熔融。开动搅拌，导入氮气加热缓慢升温。待料温升至 160 ℃ 时，水已蒸发完。用水吸收反应过程中释放的氨，待料温升至 205 ℃ 时，保持反应 5 h。反应完毕，自然降温至 80 ℃，停通氮气。加入碱液，使胺游离出来，分出水层，用苯萃取，收集苯萃取液，先脱苯，后减压蒸馏，收集 110 ℃、11×133.3 Pa 馏分即为辛二胺，再收集 210 ℃、3×133.3 Pa 馏分即为辛三胺，冷却呈无色蜡状物。

（2）谷种定的制备

将 10 g 辛三胺、14 g S-甲基异硫脲硫酸盐加水 200 mL，加热回流 1 h。冷至室温，加入 12 mL 1.5 mol/L 硫酸得硫酸双胍盐沉淀。过滤，用 50% 的乙醇洗涤沉淀物，合并滤液洗液浓缩而得硫酸双胍盐。将其溶于热水，与碳酸钠水溶液混合，迅速出现大量白色沉淀。经冷却，过滤，洗涤，干燥，得谷种定。再将它溶于计算量的乙酸水溶液中，得双胍辛乙酸盐，配成 3% 的膏剂或 25% 的液剂。

5. 产品用途

谷种定用于防治谷类种子和柑橘贮藏防腐，如抑制青绿霉、酸腐、黑腐、蒂腐等非常有效。

6. 参考文献

[1] 户安军. iNOS 抑制剂的设计与合成及 iNOS 抑制活性测定 [D]. 南京：南京理工大学，2004.

3.40　担菌宁

担菌宁（Mepronil）又称灭锈胺，化学名称 N-(3-异丙氧基苯基)-2-甲基苯甲酰胺，分子式 $C_{17}H_{19}NO_2$，相对分子质量 269.35，结构式：

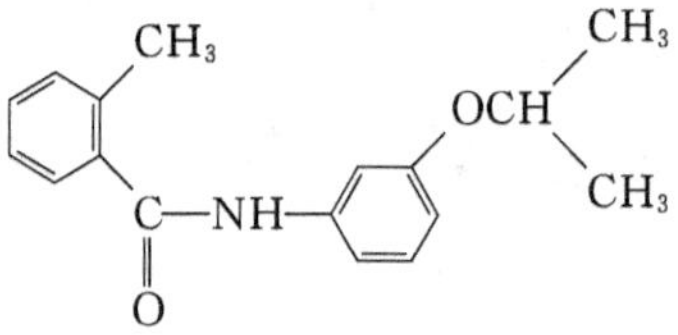

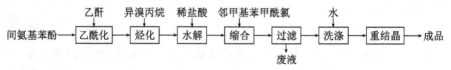

1. 产品性能

白色棱状结晶，熔点 92～93 ℃。沸点：186 ℃ (10.7 Pa)，143～145 ℃ (1.33 Pa)。相对密度 (d_4^{15}) 1.222。20 ℃ 时蒸气压为 $5.6×10^{-5}$ Pa。20 ℃ 时水中溶解度大于 12.7 mg/L，丙酮、甲醇中溶解度大于 50 mg/L，苯中溶解度为 28.2 mg/L。在水和弱酸弱碱（pH 为 5～9）中稳定，对光、热也较稳定。

2. 生产配方（质量，份）

间氨基苯酚	251.0
乙酸	180.0
乙酐	269.0
氢氧化钠	88.0
异溴丙烷	320.0
三乙胺	222.0
邻甲基苯甲酰氯	309.0

3. 工艺流程

间氨基苯酚 → 乙酰化（乙酐）→ 烃化（异溴丙烷）→ 水解（稀盐酸）→ 缩合（邻甲基苯甲酰氯）→ 过滤（废液）→ 洗涤（水）→ 重结晶 → 成品

图3-36

4. 生产方法

由间氨基苯酚、乙酐、异溴丙烷、邻甲基苯甲酸、三氯化磷经下述步骤制得：

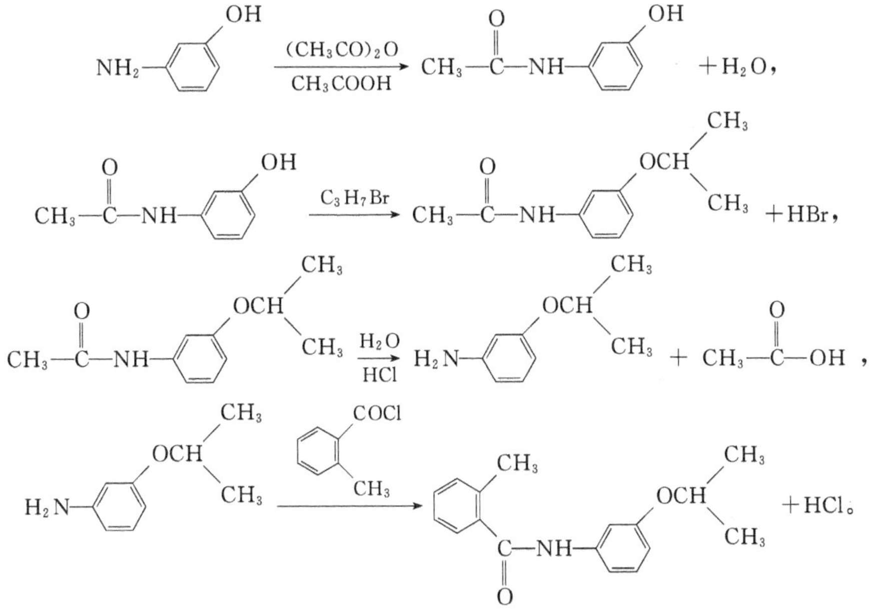

5. 生产工艺

（1）N-乙酰基间氨基苯酚的制备

将 0.23 mol 间氨基苯酚、0.3 mol 乙酸、0.264 mol 乙酐加入水中，搅拌溶解。冷至 5 ℃ 过滤，水洗、干燥而得 N-乙酰基间氨基苯酚，熔点 146～148 ℃。

（2）N-乙酰基间异丙氧基苯胺的制备

将 N-乙酰基间氨基苯酚与异丙基溴发生醚化，制得 N-乙酰基间异丙氧基苯胺。将 0.2 mol N-乙酰基间异丙氧基苯胺，35％的盐酸和水一起搅拌加热，在 100～100 ℃ 反应 2 h。然后用 30％的氢氧化钠溶液中和至中性，分出油层，水层用乙醚萃取，将萃取液与油层合并，经干燥、脱溶，减压蒸馏，收集 92～94 ℃、66.7 Pa 馏分得 N-乙酰基间异丙氧基苯胺的制备。

（3）担菌宁的制备

方法 1：将 0.1 mol 间异丙氧基苯胺、0.1 mol 三乙胺加入乙醚中搅拌冷却，在 5 ℃ 时滴加 0.1 mol 邻甲基苯甲酰氯的乙醚溶液（由邻甲基苯甲酸与三氯化磷制得），保持在 10 ℃ 以下滴加完毕。过滤，水洗，脱溶，重结晶得担菌宁。

方法 2：将 0.1 mol 间异丙氧基苯胺、0.05 mol 碳酸钠和丙酮一起搅拌，冷却至 −5～−3 ℃，缓慢地滴加 0.1 mol 邻甲基苯甲酰氯，保持 0 ℃ 左右，反应 2 h，过滤，滤液蒸除丙酮，水洗、干燥、重结晶即得担菌宁（灭锈胺）原粉。国内市售品 20％的灭锈胺乳油。

6. 产品用途

对担子菌纲真菌有特效，能有效地防治水稻纹枯病、小麦根腐病、马铃薯丝核菌病及疫病、梨树锈病、棉花立枯病等。残效期长，无药害，可在水面、土壤中施用，也可用于种子处理。同时，也是良好的木材防腐，防霉剂。

7. 参考文献

[1] 冯友建，魏广斌，梅圣远. 杀菌剂灭锈胺的合成 [J]. 徐州师范学院学报（自然科学版），1984（3）：64-67.

[2] 赵孟霞. 杀菌剂灭锈胺的气相色谱分析 [J]. 农药，1989（1）：18-19.

3.41 三氯异氰尿酸

三氯异氰尿酸又称氯氧三嗪，分子式 $C_3Cl_3N_3O_3$，相对分子质量 232.41，结构式：

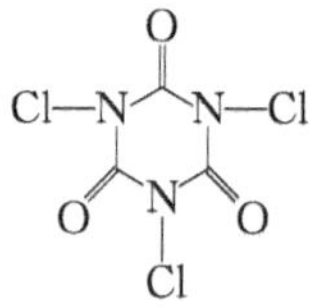

1. 产品性能

白色结晶性粉末或粒状固体，具有强烈的氯气刺激味，含有效氯在 90% 以上，25 ℃时水中的溶解度为 1.2 g/L，遇酸或碱易分解。三氯异氰尿酸是一种极强的氧化剂和氯化剂，具有高效、广谱、较为安全的消毒作用，对细菌、病毒、真菌、芽孢等都有杀灭作用，对球虫卵囊也有一定杀灭作用。

2. 生产方法

脲在高温下脱氨环化生成氰尿酸。氰尿酸在碱性条件下通氯进行氯化得到三氯异氰尿酸。氯化也可采用次氯酸钠进行氯化，即将氰尿酸配成浆液，以预制的次氯酸钠氯化，反应迅速，收率高。由于氯化剂与被氯化物可采用化学计算量取，爆炸性副产物 NCl_3 的生成比氯气法少，而且尾气也较少，用碱液吸收后循环使用，可大幅改善操作环境；同时采用敞口反应器，在轻微负压下合成，可使偶尔产生的 NCl_3 能够即时排除。

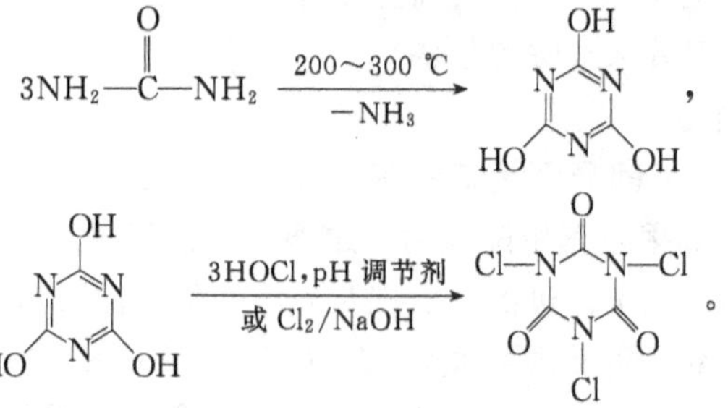

3. 工艺流程

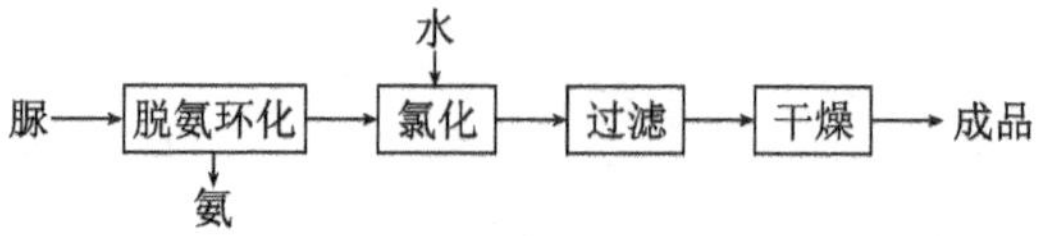

图3-37

— 264 —

4. 生产工艺

（1）脱氨环化

将 500 g 尿素和 25.0 g 氯化铵置于瓷盘中拌和均匀，放进缩合炉中加热缩合。炉温升至约 150 ℃ 后，保持 0.5 h，充分溶化后，再继续升温至 190～220 ℃ 缩合 2 h，最后在 250 ℃ 保持 0.5 h。冷却得白色粗氰尿酸。捣碎后加入带有回流冷凝管的反应瓶中，加入 100 mL 10％ 的盐酸，加热回流酸解 2 h，冷却，过滤，洗至中性，120 ℃ 烘 2 h，得白色氰尿酸 260.0 g，纯度 98.0％，收率 72％。

（2）氯化

将 77.4 g 氰尿酸加入装有一定量水和表面活性剂的氯化器中，然后向反应液导入次氯酸钠，用电极控制 pH 至 3～4，于低温，微带负压下进行反应。反应完毕，过滤，冷水洗涤，滤饼于 110 ℃ 干燥，得白色结晶状三氯异氰脲酸 128.0 g，有效氯含量为 89％，收率为 92％。

5. 产品用途

新型高效消毒杀菌剂。用于家庭、医院（如病房、浴室、手术器械、卧具、餐具等）的消毒杀菌，也用于日用化学品的制造中。

6. 参考文献

[1] 张亨. 三氯异氰脲酸的生产和应用 [J]. 江苏氯碱，2016（1）：7-12.

[2] 钟瑛，袁向前，宋宏宇. 管道化制备三氯异氰脲酸工艺研究 [J]. 中国氯碱，2013（3）：19-21.

3.42 拌种灵

1. 产品性能

拌种灵的化学名称 2-氨基-4-甲基噻唑-5-甲酰苯胺，2-氨基-4-甲基-5-甲酰苯胺噻唑。产品为白色结晶粉末，熔点 222～224 ℃，275～285 ℃ 分解。易溶于二甲基甲酰胺，难溶于水及一般有机溶剂。在碱性介质中易分解。

2. 生产配方（kg/t）

乙酰乙酰苯胺（＞98％）	880
亚硫酰氯（100％）	700
硫脲（＞95％）	410
氨水（25％）	520

3. 生产方法

乙酰乙酰苯胺与亚硫酰氯发生氯化生成 α-氯化乙酰乙酰苯胺，再与硫脲缩合，然后中和，过滤，烘干，得产品。

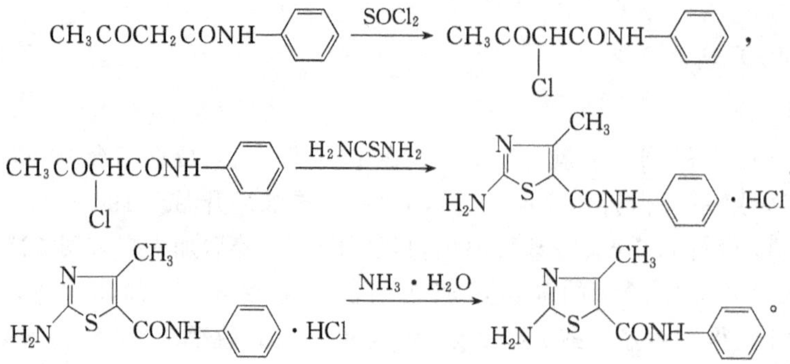

$$CH_3COCH_2CONH-\bigcirc \xrightarrow{SOCl_2} CH_3COCHCONH-\bigcirc,$$
$$\underset{Cl}{}$$

$$CH_3COCHCONH-\bigcirc \xrightarrow{H_2NCSNH_2} \underset{H_2N}{} \overset{CH_3}{\underset{S}{\bigvee}}-CONH-\bigcirc \cdot HCl,$$
$$\underset{Cl}{}$$

$$\underset{H_2N}{} \overset{CH_3}{\underset{S}{\bigvee}}-CONH-\bigcirc \cdot HCl \xrightarrow{NH_3 \cdot H_2O} \underset{H_2N}{} \overset{CH_3}{\underset{S}{\bigvee}}-CONH-\bigcirc_\circ$$

4. 生产工艺

将乙酰乙酰苯胺和甲苯加入反应器，搅拌下在 20 ℃ 左右滴加亚硫酰氯，控制反应温度在 25～30 ℃，0.5 h 滴加完毕，继续保温反应 2.5 h，即得 α-氯代-乙酰乙酰苯胺的甲苯悬浮液。

将上述得到的甲苯悬浮液，加入硫脲和水，升温至回流，反应 0.5 h。反应完毕，静置分层，上层为甲苯层，可继续循环套用，下层为拌种灵盐酸盐水溶液。分出水层，并加水稀释，搅拌下加氨水中和 pH 至 8，过滤生成的沉淀用水洗至近中性，烘干得白色粉末状产品，含量约 96%，总收率约 88%。

5. 产品用途

本品是一种内吸性拌种用杀菌剂。能有效防治禾谷类作物黑穗病及其他作物炭疽病等。用 0.25% 的拌种灵浸种或拌种，防治红麻炭疽病效果在 98% 以上。以种子质量的 0.25% 用量用 40% 的可湿性粉剂拌种，对棉花炭疽病防效 82%。一般用量为种子质量的 0.3%～0.5% 拌种，或者 40% 的可湿性粉剂 160～350 倍液浸种或 500 倍液喷雾。

3.43　春雷霉素

春雷霉素（Kasugamycin）的化学名称 [5-氨基-2-甲基-6-(2，3，4，5，6-五羟基环己基氧代) 吡喃-3-基] 氨基-2-亚氨乙酸盐酸盐。分子式 $C_{14}H_{26}ClN_3O_9 \cdot H_2O$，相对分子质量 433.84，结构式：

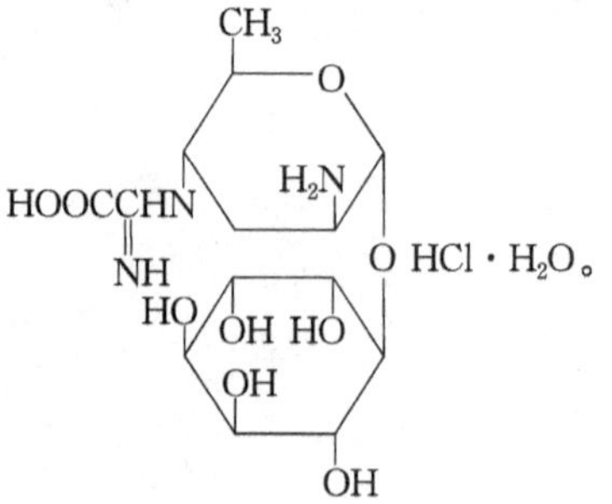

1. 产品性能

白色针状或片状结晶，熔点 206～210 ℃（分解），有甜味。含有效成分约 65%

的原粉为棕色粉末。春雷霉素是弱碱性、水溶性抗生素，在酸性溶液中稳定，在碱性溶液中易破坏失活。它易溶于水，不溶于甲醇、乙醇、丙酮、苯、氯仿。其水溶液的 pH 为 4～6。对人、畜、禽、鱼都无毒。

2. 生产方法

由小金色放线菌（Actinomyces microaureus）的培养液经强酸性离子交换树脂分离而得。

3. 工艺流程

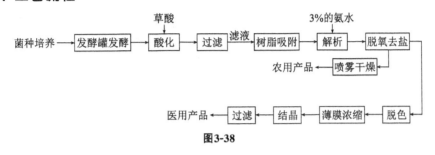

图3-38

4. 生产工艺

（1）斜面孢子的制备

培养基成分为 1% 的黄豆饼粉（热榨）、1% 的葡萄糖、0.3% 的蛋白胨、0.25% 的氯化钠、0.2% 的碳酸钙、2.0%～2.5% 的琼脂，pH 7.2～7.3。将黄豆饼粉加入 10 倍量体积水，于 80～85 ℃ 加热搅拌 10 min，用 4 层纱布过滤；取滤液，稀释至 1%，再加入其他成分做成培养基。将培养基分装入试管，在 120 ℃、高压灭菌 30 min，取出后放成斜面。于 37 ℃ 培养 2～4 d，无杂菌及表面无冷凝水者可使用。培养好的斜面孢子取出放入冰箱保存备用。保存时间以不超过一个半月。

（2）种子瓶培养

培养基成分为 1.5% 的葡萄糖、1.5% 的黄豆饼粉（冷榨）、0.3% 的氯化钠、0.1% 的磷酸二氢钾、0.05% 的硫酸镁，pH 6.5～7.0。装于 750 mL 三角瓶中，每瓶装 200 mL，120 ℃、高压灭菌 30 min，接种后于 28 ℃ 振荡培养。

（3）种子罐培养

培养基与种子瓶的培养基相同，只是将 1.5% 的葡萄糖改为 1% 的玉米油（或豆油）。120 ℃ 蒸汽灭菌 30 min，接种量约 1% 左右。罐温（28±0.5）℃，通气量每分钟为 1.0∶（0.5～0.6）（体积比），连续搅拌。当 pH 上升至 6.8 左右，镜检菌丝量多而长，原生质尚未分化或部分分化，无杂菌即可。种龄 20～24 h。

（4）发酵罐

发酵培养基成分为 5% 的黄豆饼粉（冷榨）、4% 的玉米油、0.3% 的氯化钠，接种量 5%～10%。发酵条件同种子罐，泡沫大时可以加少量消泡剂。

接种后 16 h 左右，pH 上升至 7.8 以上，即加入 0.2%～0.5% 的玉米浆（依 pH 上升幅度而定），4 h 后若 pH 仍在 7.8 左右，可再加入 0.2%～0.5% 的玉米浆，直至 pH 降到 7.2 以下。在发酵 144 h 后，发酵液表面无残油或很少残油，效价不再上升，即可放罐。

(5) 提取发酵液

用草酸酸化后过滤，滤液用南开强酸 1×3 氢型树脂吸附，再用 3％的氨水解析。解析液用强酸 1×25 树脂脱氨去盐，脱氨液用盐酸调 pH 至 5.0，经喷雾干燥得农用春雷霉素。脱氨液用间苯二胺树脂脱色。脱色液采用薄膜浓缩，浓缩液加 95％的乙醇，冷却、结晶后过滤，经干燥得医用口服春雷霉素。医用注射用品须进一步精制。

5. 产品标准（农用）

指标名称	6％的液剂	4％的液剂	2％的液剂	0.4％的液剂
有效成分	(6.0±0.2)％	(4.0±0.2)％	(2.0±0.1)％	(0.40±0.02)％
矿物细粉等	≥88.80％	≥90.80％	≥92.90％	≥98.58％
水分	≤5％	≤5％	≤5％	≤1％
细度（通过 200 目）	≥90％	≥90％	≥90％	≥95％

6. 产品用途

本品是农医两用抗生素。春雷霉素对稻瘟病有强烈抑制作用，用春雷霉素 400 $\mu g/mL$（每亩用量 4 g）喷雾，对苗瘟、叶瘟、穗颈瘟具有显著的治疗和保护作用，防治效果达 70％～85％，略优于或相当于 600 倍稻瘟净。与稻瘟净混用，可将防治效果提高到 97％，还可延缓抗药菌株的产生。医用级用于绿脓杆菌、大肠杆菌等创面感染和尿道感染。

7. 安全与贮运

①该品为农医两用抗生素类药，医用级必须严格执行药用级标准。

②农用抗生素采用纸箱包装，贮存于阴凉、通风处。

8. 参考文献

[1] 汪桂，吴蕴，袁子雨，等. 春雷霉素的研究现状及展望 [J]. 生物加工过程，2016，14（4）：70-75.

[2] 任朝君，赵国忠，杨森，等. 春雷霉素生产发酵工艺优化的研究 [J]. 中小企业管理与科技，2015（6）：241.

3.44 蚁酸乙酯

蚁酸乙酯（Ethyl methanoate）也称甲酸乙酯，分子式 $C_3H_6O_2$，相对分子质量 74.08。结构式：

$$HCOOC_2H_5。$$

1. 产品性能

无色透明易流动液体，有芳香气味，熔点 -80 ℃，沸点 54.3 ℃，折射率 1.359 75，闪点 -20 ℃（开杯）。相对密度（d_4^{20}）0.9168。微溶于水，能与苯、乙醚、乙醇混溶。

2. 生产方法

由甲酸与乙醇在硫酸存在下进行酯化反应，再经干燥，过滤，精馏，得甲酸乙酯。

$$HCOOH + CH_3CH_2OH \xrightarrow{H_2SO_4} HCOOC_2H_5 + H_2O。$$

3. 生产配方（kg/t）

甲酸	160
乙醇	132
浓硫酸	2
氯化钙（无水）	18

4. 工艺流程

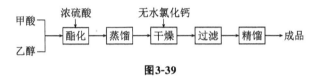

图3-39

5. 生产工艺

在搪瓷反应釜中加入 160 kg 甲酸和 132 kg 乙醇，向冷凝器中通入冷凝水，再向反应釜夹套中通蒸汽，控制温度低于 50 ℃，将 2 kg 浓硫酸缓慢滴入反应釜中，加热使温度维持在 67 ℃ 左右，回流 2 h，进行酯化反应。回流期间不断将分水器中的水分出，提高产率。

酯化反应完成后继续向夹套中通入蒸汽，蒸馏物料，收集 64～100 ℃ 的馏分，并将其转入干燥釜内，再加入 18 kg 无水氯化钙进行干燥，密封干燥 1 h，然后过滤。将滤液转入蒸馏釜，向蒸馏釜夹套内通入蒸汽进行精馏，收集 53～58 ℃ 的馏分，即得甲酸乙酯成品。

6. 产品标准

外观	无色透明易流动液体
含量	≥98%
相对密度	0.917～0.921
沸程 54～56 ℃ 时馏出量	≥95%
折射率	1.359～1.361
不挥发物	≤0.02%
水分	合格

7. 产品用途

可用作食品、谷类、干燥水果、香烟和杀菌剂、杀幼虫剂和熏蒸剂。还可作食品和酒类的香料，以及有机合成工业、医药工业的合成中间体。

8. 参考文献

[1] 王秋霞，颜冬冬，王献礼，等. 土壤熏蒸剂研究进展 [J]. 植物保护学报，2017，44 (4)：529-543.

[2] 杨峰. 甲酸乙酯废水工艺研究 [J]. 江苏科技信息，2014 (12)：25-27.

3.45 蚁酸甲酯

蚁酸甲酯（Methyl methanoate）也称甲酸甲酯，分子式 $C_2H_4O_2$，相对分子质量 60.05。结构式：

$$CH_3—COOH。$$

1. 产品性能

无色透明液体，有愉快的气味，在潮湿空气中易水解。熔点 $-99.8\ ℃$，沸点 $31.8\ ℃$，相对密度（d_4^{20}）0.950，折射率 1.344，闪点 $-19\ ℃$，自燃点 $456\ ℃$。能与醇混溶，$20\ ℃$ 时水中溶解度为 $30\ mL/100\ mL$。其蒸气有麻醉和刺激作用，严禁吸入。严格密封，按易燃有毒品贮存。

2. 生产方法

由甲酸与甲醇在回流条件下酯化，然后经冷却，蒸馏，无水碳酸钠干燥及过滤，即得甲酸甲酯。

$$HCOOH+CH_3OH \longrightarrow HCOOCH_3。$$

3. 生产配方 (kg/t)

甲酸	108.0
甲醇	75.6

4. 工艺流程

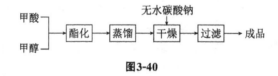

图3-40

5. 生产工艺

在搪瓷反应釜中加入 108.0 kg 甲酸和 75.6 kg 甲醇，在反应釜夹套内通入蒸汽升温至回流，冷凝器上通冷却水，回流时不断将分水器中的水分出，使反应向生成产物的方向进行，提高产率。加热回流 2.5 h，使酯化反应完成。

酯化反应完成后，继续在夹套内通入蒸汽，收集馏出液，即为甲酸甲酯粗品，15 ℃ 的相对密度为 0.974。将粗品甲酸甲酯加入干燥釜中，再加入少量无水碳酸钠进行干燥，密封干燥 1 h，然后过滤即得成品。

6. 产品标准

外观	无色透明液体
含量	≥98%
相对密度	0.972～0.976
沸程（95%）	31.5～34.5
不挥发物	≤0.006%

7. 产品用途

用作杀虫剂、杀菌剂、军用毒气等的合成中间体，还可作谷类和烟草的处理剂。

8. 参考文献

[1] 陈文龙，刘海超. 甲醇脱氢和选择氧化制备甲酸甲酯的催化剂与反应路径 [J]. 科学通报，2015，60 (16)：1502-1512.

[2] 章江洪. 甲醇羰基化制甲酸甲酯的研究 [D]. 昆明：昆明理工大学，2001.

3.46 对氨基苯磺酸钠

对氨基苯磺酸钠（Sodium sulfanilate）又称敌诱钠、磺胺酸钠。分子式 $C_6H_{10}NNaO_5S$，相对分子质量 231.2，结构式：

$$H_2N-\!\!\!\bigodot\!\!\!-SO_3Na \cdot 2H_2O \text{ 。}$$

1. 产品性能

纯品为有光泽的白色结晶，含两个结晶水，原药为红褐色或浅玫瑰色结晶。易溶于水，水溶液呈中性。不溶于一般有机溶剂，遇钙产生沉淀。

2. 生产方法

苯胺与浓硫酸发生磺化后，用纯碱中和即得。

3. 工艺流程

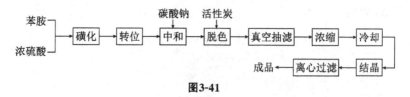

图3-41

4. 生产配方（kg/t）

苯胺（99%）	460
硫酸（98%）	492
碳酸钠（98%）	265

5. 生产设备

转鼓反应器	脱色锅
离心机	贮槽
结晶槽	

6. 生产工艺

先在转鼓反应器内加入 246 kg 98% 的硫酸，开动转鼓在 1 h 内缓慢加入 230 kg 99% 的苯胺。加热，使转鼓内温度升至 160 ℃，用喷射泵抽真空至 5.32×10^4 Pa 以上。再将转鼓内温度升至 200 ℃，保温 0.5 h，再继续升温至 260 ℃，保温，直至视镜出现黑粉并发出响声，即达终点。真空经回转 10 min 后，排风冷却至 80 ℃。加水开动转动混合，放入贮槽。将槽内物料升温至 70～80 ℃，加入 132 kg 碳酸钠中和 pH 至 7.0～7.5。然后送到已有母液的反应锅中，调整密度至约 1.12 g/cm³，加热至沸腾，加入活性炭脱色并搅拌 0.5 h。趁热过滤，滤渣用热水洗剂；滤液浓缩至密度为 1.18 g/cm³，送入结晶槽，经 8 h 冷却至 30 ℃。离心过滤，滤液作下批母液，滤饼即为产品。

7. 实验室制法

在 125 mL 干燥的三口烧瓶中加 9.3 g 99 ℃ 苯胺，边振摇边滴加 10 g 98% 的 H_2SO_4。在 400×133 Pa 下加热使温度缓慢升至 200 ℃，保温 0.5 h，再继续升温至 260 ℃，保温约 10 min。冷却，使温度降至 70～80 ℃，加入饱和 Na_2CO_3 溶液，调 pH 至 7.0～7.5，加热至沸腾。稍冷后加入适量活性炭脱色，搅拌煮沸，趁热过滤。冷却析出结晶，抽滤，水洗，抽干即得。

8. 产品标准

外观	粉红色或浅玫瑰色结晶
含量	≥97%
水不溶物	≤0.2%
游离苯胺	≤0.2%

9. 质量检验

（1）含量测定

准确称取 25 g 试样（准确至 0.000 2 g），置于 500 mL 烧杯中，加 200 mL 蒸馏水，加热溶解后冷却至室温，移入 500 mL 容量瓶中。定容后用移液管取 50 mL 试液于 600 mL 烧杯中，加 300 mL 蒸馏水、120 mL 盐酸、10 mL 10％的 KBr 溶液，冷却至 10～15 ℃，以 0.5 mol/L NaNO₂ 标准溶液滴定。近终点用 KI-淀粉试纸滴定，用玻璃棒取 1 滴被滴试液滴在 KI-淀粉试纸上，出现浅蓝色斑点。3 min 后，再取 1 滴试液作同样试验仍出现浅蓝色斑点即为终点。同时作一空白试验。

$$w(\text{对氨基苯磺酸钠}) = \frac{c(V-V_1) \times 0.2312}{m} \times \frac{500}{50} \times 100$$

式中，c 为亚硝酸钠标准溶液的摩尔浓度，mol/L；V 为滴定试样耗用亚硝酸钠标准溶液体积，mL；V_1 为空白试验耗用亚硝酸钠标准溶液体积，mL；m 为试样质量，g。

（2）苯胺含量测定

将样品溶于水并酸化，蒸馏。馏出物加溴化钾，以 0.01 mol/L 亚硝酸钠滴定，用 KI-淀粉试纸确定终点。并在同样条件下作空白试验。1 mmol 亚硝酸钠相当于 0.093 g 苯胺。

10. 产品用途

本品可用于防治小麦锈病及其他作物锈病，用原药 250～300 倍液喷雾。也是染料的重要中间体，还用于制造印染助剂、香料及有机合成中。

11. 安全与贮运

①生产中使用苯胺、浓硫酸等有毒或腐蚀性物品，设备应密闭，车间保持良好通风状态。操作人员应穿戴防护用品。

②内衬塑料铁桶包装。贮于阴凉、通风、干燥库房，防止受潮变质。

12. 参考文献

[1] 武玉民，邢存章，于耀芹. 磺胺酸钠合成工艺的改进 [J]. 精细石油化工，1994（6）：47-48.

3.47　2-羟基联苯

2-羟基联苯（2-Hydroxydiphenyl）又称邻苯基苯酚（o-Pheny phenol）；2-苯基苯酚（2-Biphenylol）。分子式 $C_{12}H_{10}O$，相对分子质量 170.21，结构式：

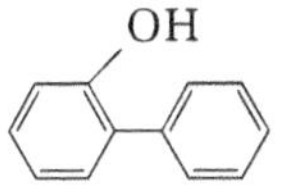

1. 产品性能

白色针状结晶或结晶性粉末，有轻微苯酚臭。熔点 55.5～57.5 ℃，沸点 154 ℃

（1.87 kPa）。易溶于脂肪、植物油及大部分有机溶剂，几乎不溶于水，溶于碱溶液。大白鼠经口毒性（LD$_{50}$）2.7～3.0 g/kg。

2. 生产方法

一般由磺化法生产苯酚的蒸馏残渣中分离得到。

磺化法生产苯酚的蒸馏渣中约含 40％的混位（对位和邻位）苯基苯酚，用分馏和在三氯乙烯中溶解度的不同，分离回收 2-羟基联苯。将蒸出苯酚的蒸馏残渣在 53.3～66.7 kPa 的真空度下减压分馏，收集 65～100 ℃ 的馏分，即为混位苯基苯酚。将混位物加热溶解于三氯乙烯中，冷却后先析出对位苯基苯酚。离心过滤后，用碳酸钠溶液洗涤母液，使邻苯基苯酚成为钠盐。静置后取上层钠盐，经酸化得 2-羟基联苯。

3. 工艺流程

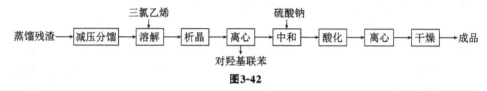

图3-42

4. 生产工艺

碘化法生产苯酚的蒸馏残渣，经真空蒸馏，分离出邻苯基苯酚和对苯基苯酚混合物馏分段，真空度为 53.3～66.7 kPa，温度在 65～75 ℃ 开始截取至 100 ℃ 以上，但不得超过 135 ℃。然后利用邻位羟基联苯、对位羟基联苯在三氯乙烯中溶解度的不同，将二者分离为纯净物。将混合物（主要是 2-羟基联苯和 4-羟基联苯）加热溶解于三氯乙烯中，经冷却，先析出 4-羟基联苯结晶，经离心过滤，干燥得到 4-羟基联苯。母液用碳酸钠溶液洗涤，再加稀碱液使 2-羟基联苯转变为 2-苯基苯酚钠盐。静置分层后，取上层 2-羟基联苯钠盐减压脱水，即得钠盐成品。2-羟基联苯钠盐为白色至淡红色粉末。极易溶于水，在 100 g 水中可溶 122 g，2％的水溶液 pH 为 11.1～12.2；也易溶于丙酮、甲醇，溶于甘油，但不溶于油脂。2-羟基联苯钠盐经用盐酸酸化可制得 2-羟基联苯，经离心分离得 2-羟基联苯成品。

5. 产品标准

含量	≥97.0％
熔点/℃	55～58
灼烧残渣	≤0.050％
对苯基苯酚	≤0.100％
重金属（以 Pb 计）	≤0.002％

6. 产品用途

用作水果贮藏期防腐剂、防霉剂。我国 GB 2760 规定，用于柑橘保鲜，最大用量为 3.0 g/kg，残留量应小于 12 mg/kg。主要采用其钠盐，以 0.3％～2.0％的水溶液浸渍、喷洒或槽式洗涤。也可采用添加 0.68％～2.00％于蜡中，然后涂膜保鲜。

7. 参考文献

[1] 赵连俊. 邻苯基苯酚的合成与应用研究进展 [J]. 广州化工，2009，37（3）：61-63.

[2] 贾鹏飞，唐恒丹，王吉红，等. 邻苯基苯酚的工业化生产工艺 [J]. 化学工程，2013，41（3）：72-74.

3.48　咪菌腈

咪菌腈（Fenapanil）化学名称是 α-丁基-α-苯基-1H-咪唑-1-丙腈。分子式 $C_{16}H_{19}N_3$，相对分子质量 253.35，结构式：

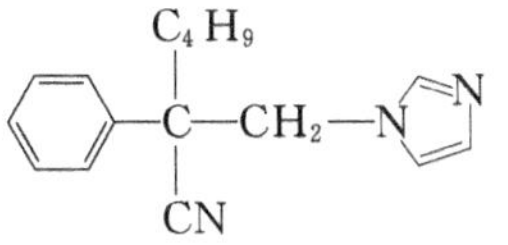

1. 产品性能

黏稠的深褐色液体。沸点 200 ℃（93 Pa），25 ℃ 的蒸气压为 0.133 Pa。溶解度：在水中为 1 g/100 g，在乙二醇中为 25 g/100 g，在丙酮和二甲苯中均为 50 g/100 g。在酸性或碱性介质中稳定。其盐酸盐的熔点为 160~162 ℃。咪菌腈是一种新的广谱内吸杀菌剂，系麦角甾醇生物合成抑制剂。对子囊菌、担子菌、半知菌等许多真菌有良好的生物活性。

2. 生产配方（kg/t）

苯乙腈	119.20
氢氧化钠（50%）	569.00
四丁基溴化铵	12.37
二甲亚砜	330.70
氯丁烷	185.20
二氯甲烷	140.50
咪唑	218.20
二甲苯	165.30

3. 生产方法

以苯乙腈、氯丁烷、咪唑为原料经烷基化、氯甲基化、缩合而得。

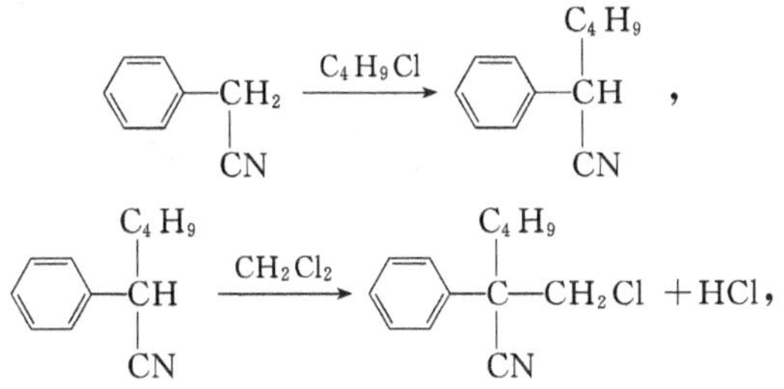

$$\underset{\substack{\\ CN}}{\overset{\substack{C_4H_9\\ |}}{C}}-CH_2Cl \xrightarrow{\raisebox{0.5em}{\begin{array}{c}H\\ |\\ N\\ \diagup\diagdown\\ N\end{array}}} \underset{\substack{\\ CN}}{\overset{\substack{C_4H_9\\ |}}{C}}-CH_2-N\diagdown\underset{N}{\diagup} \quad +HCl。$$

4. 生产工艺

（1）α-正丁基苯乙腈的制备

将 119.2 g 98％的苯乙腈、185.2 g 氯丁烷、1.61 g 四丁基溴化铵，在不断搅拌下缓慢加入 160 g 50％的氢氧化钠溶液中。反应液由浅黄色逐渐变为棕红色，因反应放热，1 h 内温度由 25 ℃ 升至 88 ℃，并开始回流，然后缓慢降温至 65 ℃ 继续反应 4～5 h。加 300 mL 水，静置分层，分出有机层，减压蒸馏，收集 70 ℃、2×133.3 Pa 的馏分，即为 α-正丁基苯乙腈。

（2）1-氯-2-氰基-2-苯基己烷的制备

将 91 g 98％ α-正丁基苯乙腈、85 g 二氯甲烷、5.6 g 四丁基溴化铵，在氮气保护下，均匀搅拌，缓慢地加入 160 g 50％的氢氧化钠溶液。反应放热，温度升至 65 ℃，回流 4～5 h。冷却后加水 300 mL，静置分层，分出有机层，减压蒸馏即得 1-氯-2-氰基-2-苯基乙烷。

（3）咪菌腈的制备

在反应器中加入 132 g 咪唑、200 g 二甲基亚砜及 87.6 g 50％的氢氧化钠溶液，搅拌加热，待温度升至 85 ℃ 时，减压蒸馏出前馏分。当料温达 120 ℃ 时，部分水和低沸物被蒸出来。继续升温至 135 ℃ 时，将 1-氯-2-氰基-2-苯基乙烷 109 g 逐渐加入，于 135 ℃ 反应 8 h，减压蒸出前馏分，加 150 mL 水，通氮气保护，加 100 g 二甲苯，静置分层。分出有机层，减压脱溶而得褐色液体，再经处理后得白色固体，含量 95％～99％。加工成 25％的乳油使用。

5. 产品用途

用作禾谷类和园艺作物的多种真菌病害防护，具有内吸杀菌活性，对小麦叶锈病、锈秆病、蚕豆灰毒病、花生褐斑病、棉花枯萎病和立枯病等均有较好的防效。还用作拌和剂。

6. 参考文献

[1] 方仁慈，王笃祜，杨金来，等. 新型广谱内吸性杀菌剂咪菌腈的研究 [J]. 农药，1986（3）：20，29.

[2] 吴仲芳，王九斤. 唑类杀菌剂咪菌腈和腈菌唑的合成 [J]. 农药，1989（5）：1-2.

3.49　水稻综合杀菌剂

1. 产品性能

本剂是以春雷霉素和克瘟散为有效成分混配而成的多效杀菌剂，对多种水稻病害具有显著的防治效果。

2. 生产配方（质量，份）

克瘟散（40%的乳油）	40.0
春雷霉素盐酸盐（2000 IU）	3.0
白炭黑	30.0
木质素磺酸	6.0
十二烷基硫酸钠	10.0
黏土	111.0

3. 生产工艺

将各物料充分混合均匀，粉碎得水稻综合杀菌剂。

4. 产品用途

用于防治稻瘟病、稻穗枯病、叶枯病、纹枯病等，具有综合防治效果。也用于防治谷子瘟病、玉米叶斑病、麦类赤霉病。使用时用水稀释春雷霉素至 0.001 0%～0.001 5%。

3.50 可湿性杀菌粉剂

1. 产品性能

该剂由杀菌剂、润湿剂、分散剂、填料等助剂组成，其杀菌谱由配方中的杀菌剂决定。

2. 生产配方（质量，份）

（1）配方一

福美甲胂	13.0
福美锌	13.0
多硫化物（总硫）	23.5
皂角粉	6.0
拉开粉	3.0
陶土	加至 100.0

该配方为 50%的退菌特可湿性粉剂的生产配方。

（2）配方二

拌种灵	15.0
福美双	15.0
润湿分散剂	5～6
增稠剂	0.5～4.0
防冻剂	5
消泡剂	适量

该配方为拌福可湿粉的生产配方。可以 1∶1 的比例加水配制成 30%胶悬剂。主

要用于防治橡胶炭疽病。

3.51　多效灭腐灵

1. 产品性能

该品为复配型粉剂，对果树菌病害具有良好的防治效果。

2. 生产配方（质量，份）

硫酸锌	5.0
硼砂	5.0
赤霉素	0.08～0.11
细胞分裂素	0.03～0.06
平平加	4.0～5.0
可湿性福美砷（40%）	40.0～50.0

3. 生产工艺

将硫酸锌、硼砂粉碎后，与其余物料混合均匀，得多效灭腐灵。

4. 产品用途

可用于根治果树腐烂病疤，还可防治果树干腐病、炭疽病、心腐病和白粉病。使用时，用 50 倍水稀释，喷涂果树。也可用三年 1 次的果园整体喷涂除菌。

3.52　杀菌防霉剂

1. 产品性能

该剂由双组分组成，使用前混合喷雾，对霉病有良好防效。

2. 生产配方（质量，份）

A 组分

次氯酸钠	10.0
氢氧化钠（98%）	1.0
水	89.0

B 组分

α-烯烃磺酸钠	5.0
聚乙烯醇	1.0
水	93.5
亮蓝	0.5

3. 生产工艺

将次氯酸钠、氢氧化钠按配方量溶于水得 A 组分。将 α-烯烃磺酸钠、聚乙烯醇、亮蓝按配方量溶于水中，分散均匀得 B 组分。A、B 组分分别包装。

4. 产品用途

将 A、B 组分分别置于两层板机型喷雾器的两层中，喷雾前混合。用于植物霉病的防治。

3.53 土壤消毒剂

1. 产品性能

该剂含有杀菌剂、杀虫剂和除草剂，能消除栖息和生存于土壤中的病虫害、菌类和杂草。

2. 生产配方（质量，份）

（1）配方一

氯化苦	35.0
溴甲烷	15.0
聚甲基丙烯酸甲酯	12.0
煤油	38.0

（2）配方二

溴甲烷	45.0
氯化苦	105.0
聚甲基丙烯酸甲酯	12.0
煤油	138.0

（3）配方三

氯化苦	8.0
二氯丙烯	2.0
聚甲基丙烯酸甲酯	1.0
二甲苯	9.0

3. 生产工艺

将各物料按配方量溶于煤油或二甲苯中，搅拌均匀，得土壤消毒剂。

4. 产品用途

适用于农业园艺作物、珍贵药材栽培土壤和连作作物栽培土壤的消毒。

5. 参考文献

[1] 冯国明. 五种常用土壤消毒剂及其应用 [J]. 福建农业，2010 (12)：19-20.

第四章　除草剂

4.1　氯酸钠

氯酸钠（Sodium chlorate）也称氯酸碱、白药钠、氯酸曹达，分子式 $NaClO_3$，相对分子质量 106.44。

1. 产品性能

通常是白色或微黄色等轴晶体，在介稳定状态呈晶体或斜方晶体。无臭，味咸而凉。易溶于水，微溶于乙醇。加热至 300 ℃ 左右开始放出氧气，温度再升高即完全分解。在酸性溶液中有强氧化作用。与磷、硫及有机物混合受撞击时，易发生燃烧和爆炸。易吸潮，潮解后变成溶液。熔点 248～261 ℃，相对密度 2.49，折光率 1.513。有毒，可经人体皮肤、黏膜吸收，以强血液毒性作用于血红蛋白及正铁血红素。

2. 生产方法

电解法是工业制造氯酸钠的主要方法。将食盐加水溶解后，在精制槽中加入纯碱、烧碱和氯化钡，除去钙、镁和硫酸根等杂质，调酸并加入红矾钠，送入电解槽进行电解，电解过程中需不断地补加盐酸。所得氯酸钠电解液，加盐酸保温除去溴酸盐、次氯酸和游离氯，再将过滤澄清的电解液进行蒸发，溶解度小的氯化钠析出结晶，分离后放出浓液经保温沉降、过滤除去固相杂质，进入结晶器，再经分离，干燥，冷却，即得氯酸钠成品。

$$NaCl + 3H_2O \xrightarrow{\text{电解}} NaClO_3 + 3H_2 \ 。$$

3. 生产配方（质量，份）

食盐（NaCl＞90%）	287
盐酸（31%）	41

4. 工艺流程

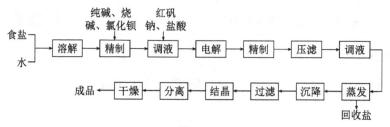

图 4-1

5. 生产工艺

将食盐在化盐槽内用清水（70 ℃）溶解，将溶解完全的饱和食盐水送入钙镁处理槽，除去原料食盐中所含的 Ca^{2+}、Mg^{2+} 等杂质离子及泥沙等污物。若让这些杂质随盐水进入电解槽，会与电解槽阴极的碱发生反应，生成氢氧化物沉淀，沉淀物增加了电解槽的电阻，使槽电压升高，电能消耗增加。另外，Mg^{2+} 生成的氢氧化物还会使电解液起泡沫，对电解过程不利。在钙镁处理槽中，加入氢氧化钠，除去 Mg^{2+}，使其生成絮状 $Mg(OH)_2$ 沉淀。加入碳酸钠除去 Ca^{2+}，使其生成 $CaCO_3$ 沉淀。所加氢氧化钠和碳酸钠的用量根据盐水中所含 Mg^{2+} 和 Ca^{2+} 的量而定。处理完后，将物料送入钙镁沉降槽，加入助沉剂聚丙烯酸钠，使生成的碳酸钙、氢氧化镁和污泥一起沉淀除去。将沉淀槽中的上层液与沉淀物分离，送到砂滤器进行过滤，沉淀物用水洗涤、压滤，滤渣需进行三废处理，洗液回收至化盐槽用于溶解食盐制饱和食盐水。由沉淀槽中分离出的上层液送入硫酸根处理槽。

用于电解的盐水溶液中，含有一定量的硫酸盐，若硫酸根离子含量较多时，当电解槽电压达到一定值，特别是当电解过程进行到末期，电解液中的氯化钠浓度降低时，硫酸根会在阳极放电，电化学反应的结果放出氧气和生成硫酸根，如此反复不断，使电能消耗在生产不必要的氧气上。另外，如果电解槽使用石墨作阳极，上述电解反应中生成的氧与石墨中的碳化合生成二氧化碳，加速了电极的腐蚀，缩短了石墨电极的使用寿命。由于石墨电极的损耗，使阴阳两极间的距离增加，也增加了电能的消耗，因此，必须除去盐水中的硫酸根离子（SO_4^{2-}）。去除硫酸根离子主要采用加入氯化钡溶液到盐水中沉淀出硫酸钡的方法。氯化钡溶液的加入量由盐水中所含硫酸根的量确定。在加入氯化钡溶液之前，先将盐水用盐酸酸化 pH 至 5～6，以防止盐水中的添加剂铬酸盐与钡离子形成沉淀。将盐水和生成的硫酸钡沉淀送入硫酸钡沉淀槽静置，充分分离，过滤后将滤渣硫酸钡进行三废处理。上层盐水送入除溴设备中进行除溴处理。

由工业食盐制得的盐水，常混有一定数量的溴盐（NaBr），使溶液中含溴离子（Br^-），如果不除去溴离子，盐水进行电解时，溴离子与氯离子相似，也能形成 $NaBrO_3$，消耗电能，同时溴酸盐混入氯酸盐中，使产品的吸湿性更强，严重影响产品质量。除溴的具体操作有 2 种方式：

①在盐水中加入盐酸调节 pH 至 5 呈微酸性，通入氯气或加入次氯酸钠溶液，将溴离子氧化为溴分子。将饱和盐水加热至 70 ℃ 左右。并通入压缩空气进行搅拌，将盐水中的溴分子吹出，吹出的溴分子在吸收塔中被碱液吸收成溴酸钠或溴化钠后回收。

②用吸附法除去盐水中的溴。采用苯乙烯型碱性阴离子交换树脂或其他对溴选择性强的吸附剂进行吸附操作。先将盐水酸化 pH 至 4，通入氧气或次氯酸钠将 Br^- 氧化成 Br_2，氧化完全后，将盐水通过硬聚氯乙烯交换柱设备内的碱性阴离子交换树脂，经吸附除去盐水中的溴。若离子交换树脂采用 717 号树脂，当树脂颜色由浅黄转为黄色，溴的吸附达饱和。一个交换柱内的树脂达饱和后，将盐水转到另一个交换柱内进行吸附。达饱和的交换柱内则通入洗涤水逆流冲洗交换柱内的杂物和使酸性变小。然后再通入氢氧化钠溶液，将 Br_2 转为 NaBr，离子交换树脂即得再生，重复使

用。除溴完成后的盐水，即可送入电解槽内，通过电解制备氯酸钠。

盐水在进行电解时，有间歇电解和连续电解 2 种操作方式。

①间歇式电解。电解槽在未通电之前先充满盐水，然后通电。通电后 0.5 h 内应经常检查电极是否发生火花、发热，以免因为阴阳极短路造成电解槽爆炸。通电后盐水中的次氯酸钠和氯酸钠的浓度不断增加，氯化钠浓度不断降低，因此必须经常添加酸盐水。当氯化钠浓度降低到规定的操作数值后，停止送电，将电解槽内的电解液全部放出，送下一工序蒸发（或冷却）结晶。这样完成了一个周期的操作，对电解槽进行维修后，再充入盐水进行下一周期的操作。

②连续式电解。连续电解生产氯酸钠可提高生产效率。具体方式是在导电线路的连接上，电解槽电流接线大多是串联的。电解槽排列成阶梯形，每槽位差约 25 cm 以上，盐水从最高位的电解槽流入，再从第 1 槽溢流出进入第 2 槽至最后从最低一个电解槽流出已是电解完成液。一般由 4～7 个电解槽串联成组，在同一组内的各个电解槽生产工艺指标不同，氯化钠浓度变化的每一个时期均处于电解最佳状态，使电解效率最高。因在电解过程中，随着氯化钠浓度的降低，氯酸钠浓度的上升，电流效率逐渐降低。在连续电解操作中，可及时把反应生成的氯酸钠移走，并及时补充氯化钠进入电解液中，即在串联的第 2 槽里补充氯化钠，并在冷却槽里析出小部分氯酸钠结晶，然后电解液才流入第 3 槽。从第 3 槽流出的电解液也不马上流入第 4 槽，而是在冷却槽补充氯化钠达饱和状态，同时冷却析出少量氯酸钠后进入第 4 槽。这样可以保证串联电解中的任何一个槽内的氯化钠质量浓度不低于 140～150 g/L，维持正常的电解效率。

电解操作完成后，通过蒸发浓缩和冷却结晶 2 种方法从电解液中分离出氯酸钠。

①蒸发浓缩法。蒸发浓缩结晶是在双效蒸发器内进行，电解完成液先进入第 2 效蒸发器，将电解完成液蒸发至含氯酸钠 500 g/L 左右后进入第 1 效蒸发器继续蒸发，蒸发至溶液含氯酸钠 800 g/L 以上，氯化钠 80～90 g/L 左右。在 90～100 ℃ 温度下，溶液先被氯化钠饱和，因此在蒸发过程中氯化钠先形成结晶析出，在蒸发器的盐从分离罐中分离出来，回收送到盐水工段配制精盐水或用来配制酸盐水。自蒸发器内放出的浓氯酸钠溶液送至结晶器中，冷却至 30 ℃ 析出固体氯酸钠，经离心机甩干，送入干燥器内于 100 ℃ 以下烘干，包装，并进行防结块处理后即得成品。

②冷却结晶法。用冷却法结晶析出氯酸钠时，电解的深度应加深，使电解完成液的氯酸钠质量浓度提高至 550～600 g/L，氯化钠为 120～140 g/L（蒸发结晶法中，电解完成液中氯酸钠为 400～450 g/L，氯化钠为 140 g/L）。电解液先经自然冷却至室温 30 ℃ 左右，再用冰水冷至 15 ℃，最后经冷冻盐水继续冷却到 −5 ℃ 以下。此时氯酸钠含量在母液中因结晶析出固体氯酸钠而降低。电解液分离出固体氯酸钾后补加氯化钠，使之质量浓度达 170～180 g/L，氯酸钠质量浓度为 460～500 g/L，送回电解槽作为电解原料液循环进行电解。

③盐析冷却结晶法

将含氯酸钠 540 g/L、氯化钠 100 g/L 的电解完成液送入除杂槽。澄清除去杂质后转入加热器，在加热器内将电解液加热到 50～60 ℃ 后进入饱和塔。饱和塔内填充固体氯化钠，高度在 600 mm 以上，电解完成液流过氯化钠层时控制操作温度在 35～40 ℃，这时氯化钠溶解于电解液中，当电解液流出饱和塔时，氯化钠质量浓度

增加到 $150\sim160$ g/L 送入结晶器。结晶器为强制循环真空结晶器，使用泵循环溶液，促进溶液的均匀混合，以维持有利的结晶条件。利用水喷射泵使结晶器造成真空，结晶器夹套内通冷却盐水，使结晶温度维持在 $-4\sim-2$ ℃。析出的氯酸钠经离心机或真空吸滤罐与溶液分离，所得结晶经干燥后包装，并作防结块处理，即制得氯酸钠成品。

氯酸钠易燃，因而干燥时不能使用明火等，只能使用蒸汽，采用干燥橱或气流式干燥器。氯酸钠成品在烘干包装后贮存时有结块现象，应采取以下方式防止结块：

①结晶操作时，尽可能生产大颗粒的晶体，对太细的结晶则筛去。

②降低成品包装温度，在干燥后不可将未冷至室温的成品装袋，应使温度下降，水分充分逸出后包装，降低成品中的水。

③用一些惰性粉末隔开颗粒表面，防止颗粒之间接触面过大而产生搭桥作用。添加少量（即控制在成品纯度达到要求的质量标准内）固体 NaOH 粉末，无定型长石、镁粉、轻质碳酸镁等。

④降温包装时，在包装袋内另加一小袋干燥剂 $CaCl_2$、CaO，以保持袋内产品干燥。

⑤添加微量表面活性剂烷基苯磺酸钠、烷基醇磺酸钠、二烃基磺化丁二酸钠等，用量 0.01% 左右，改变氯酸钠晶体表面的亲水性及其他表面特性。

6. 产品标准

外观	白色或略带黄色晶体
含量（$NaClO_3$）	≥99.000%
氯酸钾	≤0.600%
氯化钠	≤0.060%
溴酸盐	≤0.070%
铬酸盐	≤0.007%
碳酸镁	0.23%～0.35%
水分	≤0.010%
水不溶物	≤0.030%

7. 产品用途

用于农药除草剂的制备。还广泛用于制造二氧化氯、亚氯酸钠及其他高氯酸盐、氯酸盐；也可用于氧化剂、造纸、印染、鞣革、医药及冶金矿石处理等方面。

8. 参考文献

[1] 葛艳丽，舒继胜，李欣. 氯酸钠真空结晶工艺粒度控制 [J]. 无机盐工业，2010，42（7）：12-14.

[2] 林凤君. 氯酸盐生产及开发综述 [J]. 氯碱工业，2006（8）：26-27.

[3] 童效平，王惠君，陈康宁. 电解法生产氯酸钠的阳极研究 [J]. 无机盐工业，2000（1）：14-15.

4.2　氯酸钙

氯酸钙（Calcium chlorate）分子式 $Ca(ClO_3)_2$，相对分子质量 206.98。

1. 产品性能

针状晶体（氯酸钙的二水合物），加热到 100 ℃ 时熔化脱水，加热至 334 ℃ 以上分解。有潮解性，相对密度 2.711，易溶于水、醇和丙酮。

2. 生产方法

由石灰水中通入氯气制得氯酸钙。

$$6Ca(OH)_2 + 6Cl_2 \longrightarrow Ca(ClO_3)_2 + 5CaCl_2 + 6H_2O。$$

3. 工艺流程

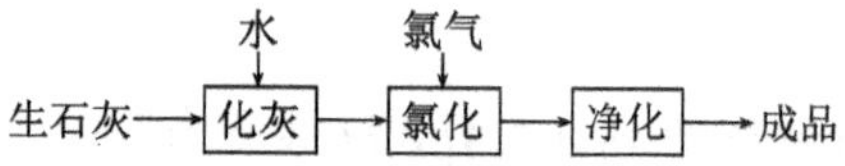

图 4-2

4. 生产工艺

将原料生石灰在化灰池内加水，搅拌化成石灰乳，质量浓度为 130～140 g/L，$CaCl_2$ 的质量浓度小于 13 g/L。经自然沉淀式的曲流钩或水力除砂器除去石灰渣沉淀，制得石灰乳。将制成的石灰乳用泵打入氯化塔与氯气进行氯化反应。氯化塔一般采用波纹填料，附设冷却蛇管。塔体材料用塑料、陶瓷，钢板内衬瓷砖或铸石制成。将氯气用空气冲稀至 55% 左右，抽入氯化塔，塔内保持微负压 300～400 Pa 下操作，防止氯气逸出造成环境污染。间歇操作的氯化过程需要 1.5～2.0 h，至游离石灰完全消失为止。反应终点判定：取一小杯物料，滴加酚酞溶液，若不显红色即反应完全。反应控制的最佳温度 70 ℃ 左右，反应液的最佳 pH 为 7.0～7.4。

氯化完成后的物料放入衬有防腐材料的净化池中，开动净化池中的搅拌器，打开蛇管加热器的蒸汽阀门，将物料加热至沸腾，加入细木屑或 $Ca(SH)_2$，还原次氯酸钙和少量氯气。其他金属杂质也同时被破坏形成沉淀。用淀粉-碘化钾试液滴入少量物料中，不显蓝色即表示净化完成。净化完成后，将物料静置，充分沉淀，过滤，将滤液浓缩，得氯酸钙成品，滤渣用水洗涤，洗涤水用于石灰乳配制。

5. 产品标准

外观	针状结晶
含量	≥98%

6. 产品用途

主要用作无选择性除草剂和去叶剂；也可用于杀虫剂、消毒剂和农药制造；还可用于制造氯酸钾和其他氯酸盐。

7. 参考文献

[1] 林凤君. 氯酸盐生产及开发综述 [J]. 氯碱工业，2006 (8)：26-27，30.

[2] 沈君朴，张金玲，陈秀增. 氯酸盐系列化合物的制备 [J]. 杭州师范学院学报，1998 (S1)：19-21.

4.3　乳氟禾草灵

乳氟禾草灵（Lactofen）分子式 $C_{19}H_{15}F_3ClNO_7$，相对分子质量 461.78，结构式：

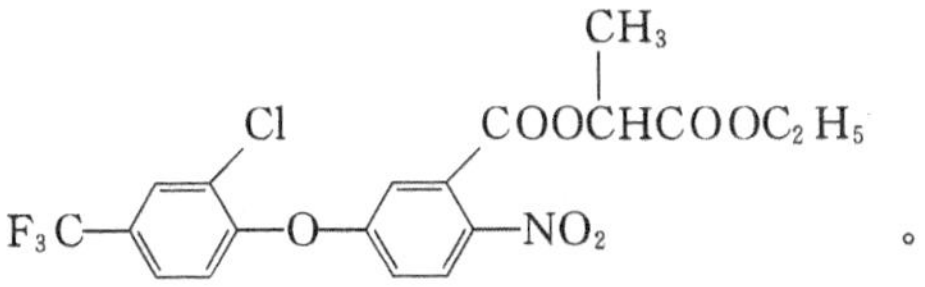

1. 产品性能

乳氟禾草灵是具有选择性的芽后使用的除草剂。

2. 生产方法

间羟基苯甲酸与 3，4-二氯三氟甲苯在碱催化下成醚，然后与混酸硝化，硝化产物与 2-氯丙酸乙酯成酯，得乳氟禾草灵。

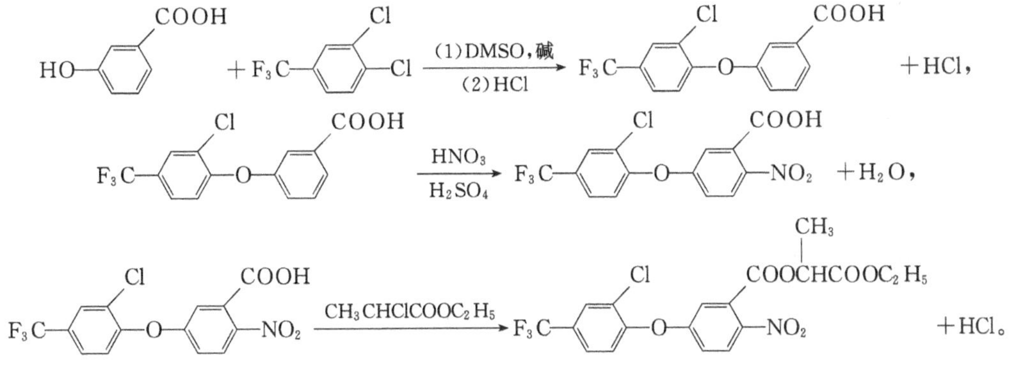

3. 工艺流程

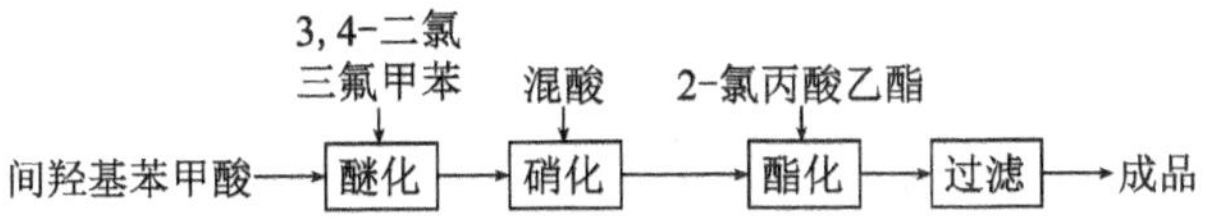

图 4-3

4. 生产工艺

（1）醚化

在装有温度计、回流冷凝器和搅拌器的三口反应烧瓶内，投入 176 g 间羟基苯甲酸钾盐、250 mL 二甲基砜和碱性催化剂，升温至 100 ℃，1 h 内滴加 215 g 3，4-二氯三氟甲苯，滴毕后升温至 135 ℃；保温反应 15 h，减压回收二甲基亚砜，加入

400 mL 甲苯和 200 mL 水，用盐酸调 pH 至 1～2，充分搅拌后静置分层，分出水相，用 2×100 mL 甲苯萃取，合并有机相，用 3×200 mL 水洗，脱溶后倒入培养皿中，干燥，得白色固体 3-[2-氯-4-(三氟甲基)苯氧基]苯甲酸 273 g，收率 82.5%。

（2）硝化

向装有搅拌器、温度计、平衡滴液漏斗及回流冷凝器（出口与碱水吸收瓶相连）的四口烧瓶中，加入 63.5 g 3-[2-氯-4-(三氟甲基)苯氧基]苯甲酸、50 mL 乙酸酐、150 mL 二氯甲烷，搅拌溶解后 1 h 内滴加预先配好的 24 g 63% 硝酸、48 g 98% 的硫酸的混酸，升温回流 5 h，分出下层无机酸，用 2×100 mL 二氯甲烷萃取，合并有机相，用 3×100 mL 水洗，脱溶后倒入培养皿中干燥，得浅黄色固体的 5-[2-氯-4-(三氟甲基)苯氧基]-2-硝基苯甲酸 71.4 g，收率 84.5%。

（3）酯化

向装有搅拌器、温度计、滴液漏斗及回流冷凝器的四口烧瓶中，加入 85.3 g 85% 的 5-[2-氯-4-(三氟甲基)苯氧基]-2-硝基苯甲酸、28 g 无水碳酸钾、200 mL 乙腈、1.0 g 催化剂，室温下滴加 36.4 g 90% 的氯丙酸乙酯，滴加完毕后 2 h 内缓慢升温至回流，保温回流 5 h 后降至室温，滤出无机盐，滤液脱溶，得到棕黑色黏稠液状产品乳氟禾草灵 98.8 g，收率 86.2%。

5. 产品用途

乳氟禾草灵是具有选择性的芽后除草剂，能有效地防除大豆、花生、棉花、水稻、葡萄等多种作物田间的阔叶杂草。乳氟禾草灵与同一系列其他除草剂比较，具有杀草谱和除草效果相近但用药量低的特点。

6. 参考文献

[1] 阎峰，胡耀坤，滕旭，等. 除草剂乳氟禾草灵的合成 [J]. 沈阳化工学院学报，2008（1）：10-13.

[2] 孙克，吕良忠，瞿树德，等. 乳氟禾草灵的化学合成 [J]. 农药，1996（2）：17-18.

4.4 草灭平

草灭平（Chloramben）又称豆科威，化学名称 3-氨基-2，5-二氯甲酸。分子式 $C_7H_5Cl_2NO_2$，相对分子质量 206.03，结构式：

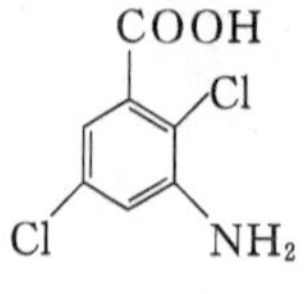

1. 产品性能

熔点 200～201 ℃，100 ℃ 的蒸气压 9.3 Pa。25 ℃ 时的溶解度：在水中 700 mg/L，在乙醇中 17.23 g/100 g，其碱金属盐可溶于水。制剂有铵盐水剂、10%

的颗粒剂及甲酯的乳油。

2. 生产配方（kg/t）

对二氯苯	133.0
多聚甲醛（94%）	60.0
氢氧化钾（90%）	89.3
高锰酸钾	211.5

3. 生产工艺

将 300 g 92.5% 的硫酸和 360 g 20% 的发烟硫酸混合，搅拌冷却至 20 ℃，加入 60 g 94% 的多聚甲醛，冷却至 5 ℃，待溶解完全后，逐渐加入 135 g 无水氯化钙，此时温度逐渐上升至 10 ℃，在 0.5 h 内加完，温度上升至 25 ℃。加入 133 g 对二氯苯，25～30 ℃ 搅拌 0.5 h。此时物料呈均匀稠厚糊状，升温至 60 ℃，保温搅拌 5 h，静置过夜，取上层油层，减压蒸馏出未反应的对二氯苯（约 10 g），取 121～124 ℃、14×133.2 Pa 的馏分，即为 2，5-二氯氯苄 94 g，收率 53.4%。

将 94 g 2，5-二氯氯苄与 89.3 g 90% 的氢氧化钾和 1400 mL 水一起搅拌加热，在 90～95 ℃ 下分批加入固体高锰酸钾，约在 6 h 内加完，共加入 211.5 g，加完后保温搅拌 3 h。取样用水稀释，若不呈红色则到达终点。趁热过滤，除去二氧化锰沉淀。滤液冷后用稀盐酸酸化，析出 2，5-二氯苯甲酸沉淀，过滤，水洗，烘干，得白色粉状物 2，5-二氯苯甲酸 152 g，收率 83%。

将 60 g 2，5-二氯苯甲酸和 300 mL 96% 的硫酸搅拌混合，再滴加 160 mL 硝酸（相对密度 1.52），控制温度防止升温过快。硝酸加完后再缓慢升温至 80 ℃，继续反应 2 h。然后将反应混合物水析，过滤水洗，干燥，得 2，5-二氯-3-硝基苯甲酸，粗品 54 g，收率接近 73%。

硝化反应时放出大量氧化氮，升温宜慢，防止冲料。硝化物有爆炸性，干燥操作应严格控制温度。

粗品可用氯苯重结晶。2，5-二氯-3-硝基苯甲酸可直接用作除草剂，但药效不及草灭平。

将 12 g 2，5-二氯-3-硝基苯甲酸、10 g 锡粒、50 mL 36% 的盐酸与 50 mL 水配成的溶液依次加入反应器搅拌加热，温度缓慢升至 90～100 ℃，反应液渐变澄清，继续保温反应 6 h，趁热过滤。滤液冷却至 0 ℃ 过滤，母液浓缩后再冷却过滤，将两批滤饼干燥，得成品 7.5 g，收率 71.6%。

4. 产品用途

用作大豆田的选择芽前除草，也可用于小麦、玉米、西红柿及蔬菜田中的除草。对多种一年生阔叶杂草和禾本科杂草有效。作用对象主要是稗草、马唐、看麦娘、狗尾草等一年生杂草。药害少，不受雨天的影响。

5. 参考文献

[1] 童哲. 百草敌和豆科威 [J]. 植物杂志，1988（3）：35-36.

4.5 草甘膦

草甘膦（Glyphosate）又称 N-（膦羧甲基）甘氨酸、N-（膦酰基甲基）甘氨酸、N-（膦酰基甲基）氨基乙酸，英文名称 Phosphonomethyl imino acetic acid。分子式 $C_3H_8NO_5P$，相对分子质量 169.08，结构式：

$$\underset{O}{\overset{O}{HOCCH_2NHCH_2P(OH)_2}} 。$$

1. 产品性能

白色固体，为内吸传导型广谱灭生性除草剂。约在 230 ℃ 溶化并分解。25 ℃ 水中溶解度为 12 g/L，不溶于有机溶剂，其异丙胺盐完全溶解于水。

2. 生产方法

（1）常压法

以氯乙酸、氨水、氢氧化钙为原料，合成亚氨基二乙酸。然后亚氨基二乙酸与甲醛三氯化磷反应，生成双甘膦，双甘膦用浓硫酸氧化，得草甘膦。

$$ClCH_2COOH + NH_3 \xrightarrow{Ca(OH)_2} \xrightarrow{HCl} NH(CH_2COOH)_2 \xrightarrow{HCHO} \overset{(1)PCl_3}{\underset{(2)H_2O}{}}$$

$$(HOOCCH_2)_2NCH_2\overset{O}{P}(OH)_2 \xrightarrow{\text{浓} H_2SO_4} HOCCH_2NHCH_2\overset{O}{\underset{O}{P}}(OH)_2 。$$

（2）甲醛亚磷酸二烷基酯法

甘氨酸与甲醛亚磷酸二烷基酯缩合，然后水解，酸化，得草甘膦。

下面介绍常压法的工艺流程、生产配方、生产工艺。

3. 工艺流程

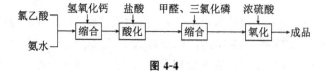

图 4-4

4. 生产配方（kg/t）

氯乙酸（96%）	3350
盐酸（30%）	7810
三氯化磷（95%）	1920
硫酸（98%）	2310

5. 生产工艺

由氯乙酸、氨水、消石灰、盐酸、甲醛和三氯化磷等为原料，在常压的条件下，经制备亚氨基二乙酸而合成双甘膦。双甘膦用浓硫酸氧化，得到与 H_2SO_4 混合的草甘膦。草甘膦再加氨水中和，产品为含草甘膦 10% 的水剂，褐色或深棕色，还含 25%～30% 的 $(NH_4)_2SO_4$，长时间放置或遇低温天气，会有少量 $(NH_4)SO_4$ 晶体析出。

将 10 kg 10% 的草甘膦水剂投入反应锅，加入 0.2～0.3 kg 活性炭，加热至 95～100 ℃，搅拌，脱色 5～10 min，抽滤，去炭渣，取滤液，滤液为淡棕色至透明浅蓝色。

取经脱色的草甘膦滤液，真空或常压浓缩，至草甘膦含量大于 25%，停止浓缩，冷却至 10 ℃ 以下，静置 16 h，结晶硫酸铵，然后过滤，回收 $(NH_4)_2SO_4$ 晶体。液相草甘膦含量一般在 26%～30%。

由于草甘膦的溶解度很小（25 ℃ 为 1.2 g/100 mL 水），所以水溶液草甘膦一般以铵盐或钠盐的形式存在，pH 不同而存在一盐、二盐和三盐。

草甘膦氨盐浓缩液，如果加入过量的盐酸，直接析出晶体草甘膦；如果加入适量的盐酸，在常温条件下，需经过 24 h 左右，以结晶形式析出晶体草甘膦；用盐酸调 pH 至 1.5，加入少量晶种，结晶 16 h 析出晶体，经烘干，粉碎，得含量 50%～60% 的白色粉状草甘膦。

称取经盐酸处理析出的草甘膦，以 m（粗品）∶m（水）＝1∶（3～4），加热回溶，滴加适量盐酸，常温重结晶 16 h，抽滤烘干可得到含量 90% 左右的草甘膦原粉。

6. 产品标准

（1）水剂

外观	红棕色	
有效成分	10%	15%
pH	4～7	4～7

（2）原药

外观	白色或微黄色粉状物
有效成分（一级品）	≥93%
干燥减量	≤1.0%
水不溶物	≤1.0%

7. 产品用途

草甘膦为内吸传导型广谱灭生性除草剂。可用于玉米、棉花、大豆田和非耕地防除一年生和多年生禾本科、莎草科、阔叶杂草、藻类、蕨类和杂灌木丛；对茅草、香附子、狗牙棉等恶性杂草的防效也很好，因而广泛用于森林、橡胶园、果园、茶园、桑园、甘蔗、农田，以及铁路、机场、仓库、油库附近和牧场更新方面除草。

8. 参考文献

[1] 周垂帆，李莹，张晓勇，等. 草甘膦毒性研究进展 [J]. 生态环境学报，2013，22 (10)：1737-1743.

[2] 陈丹，李健，李国儒，等. 草甘膦合成工艺研究进展 [J]. 化工进展，2013，32
(7)：1635-1640.

[3] 胡志鹏. 草甘膦生产工艺路线比较 [J]. 化学工业，2008 (2)：31-35.

4.6　草枯醚

草枯醚（Chlorinitrofen）化学名称 2，4，6-三氯苯基-4′-硝基苯醚（2，4，6-Tri-
chlorophenyl-4′-nitrophenyl ether），分子式 $C_{12}H_6Cl_3NO_3$，相对分子质量 318.43，
结构式：

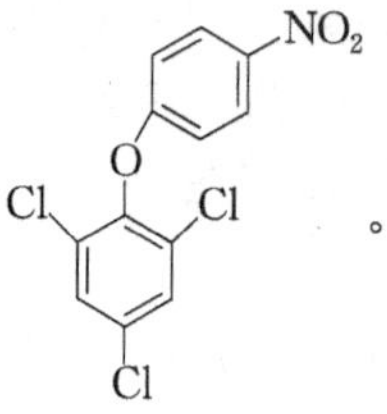

1. 产品性能

该品为黄色结晶粉末，熔点 107 ℃，沸点 210 ℃ [(6~7) ×133.3 Pa]，相对密
度 1.6424。易溶于苯、甲苯，微溶于醚，难溶于水。

2. 生产配方（质量，份）

苯酚	94
氯气	216
对氯硝基苯	157

3. 生产工艺

将熔融的苯酚加入氯化锅，在 60~65 ℃ 通入氯气，副产物氯化氢气体用水吸
收。随着氯化的进行，锅内出现三氯苯酚结晶，将反应温度提高到 70~75 ℃，至反
应液相对密度（d_4^{75}）达到 1.498~1.501 时，停止通氯。反应完成后，得到的 2，4，
6-三氯苯酚用亚硫酸钠溶液处理（相当于三氯酚重量 5% 的亚硫酸钠，用 40 倍重量
的水溶解）。得到精制的 2，4，6-三氯苯酚，收率 97.3%。

将 2，4，6-三氯苯酚加入反应锅中，搅拌加热到 70 ℃，缓慢加入碱液，成盐后
升温脱水，当温度达 120 ℃ 时，加入熔融的对硝基氯苯。然后再升温至 230~250 ℃
保温 10 h，出料至水洗锅，加水搅拌 0.5 h。静置降温分层，吸去上层废水，再水洗
一次。减压蒸馏，得成品草枯醚，收率 85% 左右。

4. 产品用途

草枯醚为高效低毒低残留的除草剂，具有适应性强、杀草谱广、药效稳定、残效
期长（40 d）及使用安全等特点。对防除水田瓜皮草、鸭舌草、稗草等有效，也可用
于旱地作物马唐、狗尾草杂草的防治。

5. 参考文献

[1] 龙世大. 草枯醚中间体 2、4、6-三氯酚制备技术 [J]. 湖南化工，1980（2）：10-13.

[2] 童哲. 二苯醚类除草剂 [J]. 植物杂志，1987（6）：26-27.

4.7　氟甲消草醚

氟甲消草醚（Fluorodifen）又称消草醚，化学名称 2-硝基-1-(4-硝基苯氧基)-4-(三氟甲基) 苯。分子式 $C_{13}H_7F_3N_2O_5$，相对分子量328，结构式：

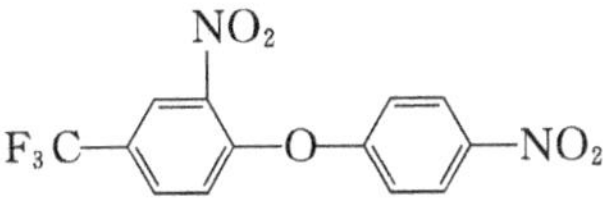

1. 产品性能

黄棕色结晶，熔点93～94 ℃，蒸气压（20 ℃）9.3×10^{-6} Pa。溶解度（20 ℃）：水中为 2 mg/kg，丙酮为 75 g/100 g，苯为 52 g/100 g，二氯甲烷为 68 g/100 g，异丙酮为 12 g/100 g。

2. 生产配方（质量，份）

对甲基氯苯（95%）	133.1
氯气（99%）	215.0
氟化氢（100%计）	62.0
硝酸（100%计）	69.0
对硝基苯酚	139.0
氢氧化钠（98%）	42.0

3. 生产方法

对甲基氯苯氯化后，用无水氢氟酸氟化，得到的对三氟甲基氯苯用混酸消化，最后在碱性条件下与对硝基苯酚发生醚化得氟甲消草醚。

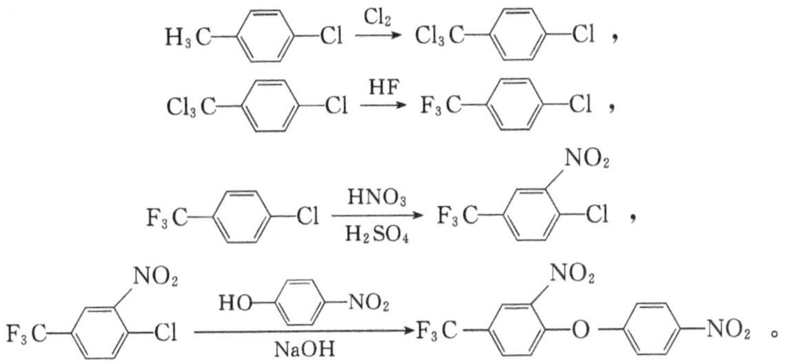

4. 工艺流程

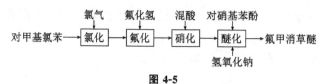

图 4-5

5. 生产工艺

对氯三氯甲苯的制备。将 506 g（4 mol）对氯甲苯加热至 80～90 ℃，通入氯气，用高压汞灯光照，维持 110～130 ℃ 反应 5～10 h。用氮气吹赶余氯及溶解的氯化氢气体，得浅黄色透明液体，相对密度 1.4881，为纯度 96%～97% 的对氯三氯甲苯。

对氯三氟甲苯的制备。将 460 g（2 mol）对氯三氯甲苯和 120 g（6 mol）无水氟化氢和少量催化剂加入高压釜中，于 50～60 ℃ 反应 5～10 h，取出反应液，洗涤，干燥，常压蒸馏，收集 135～136 ℃ 的馏分，得纯度为 97% 以上的对氯三氟甲苯。

3-硝基-4-氯三氟甲苯的制备。先加入相对密度为 1.83 的浓硫酸 1000 g，低温下边搅拌边缓慢滴加相对密度为 1.40 的浓硝酸 210 g。滴加完毕，升温至 55～60 ℃，小心地滴加 361 g 对氯三氟甲苯，滴加时温度控制在 55～60 ℃。滴加毕，冷却至室温，分离，水洗，干燥，得纯度 95% 的 3-硝基-4-氯-三氟甲苯。

氟甲消草醚的制备。将 14 g 对硝基苯酚、6.1 g 氢氧化钾、50 mL N,N-二甲基甲酰胺及 22.6 g 3-硝基-4-氯三氟甲苯搅拌加热，回流 3～5 h，脱溶而得块状物。水洗，过滤，得氟甲消草醚粗品，经 95% 的乙醇重结晶得浅黄色针状晶体，即氟甲消草醚原粉。

6. 产品用途

本品为触杀型芽前或芽后除草剂。适用于大豆、花生、水稻田间除草，持效 8～12 星期。

7. 参考文献

［1］ Hutson D H. 除草剂的生物活化作用 ［J］. 晓岚，译. 农药译丛，1989（6）：1-5.

［2］ 岳永德. 取代脲类和二苯基醚类除草剂的表面光化学相互作用研究 ［J］. 安徽农业大学学报，1997（2）：3-10.

4.8 绿黄隆

1. 产品性能

绿黄隆（Chlorsulfuron），化学名称 1-（2-氯苯基磺酰）-3-（4-甲氧基-6-甲基-1，3，5-三嗪-2-基）脲，分子式为 $C_{15}H_{12}ClN_5O_4S$，相对分子质量 357.78，结

构式：

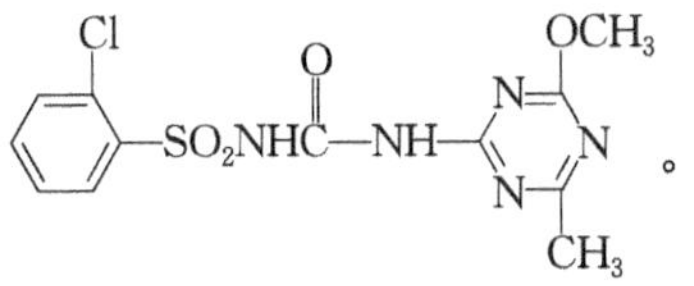

原药纯品为白色无味的晶体，熔点 174～178 ℃，分解温度 192 ℃，不易光解。20 ℃的溶解度：丙酮中 5.7 g/100 mL；二氯甲烷中 10.2 g/100 mL，甲醇中 1.4 g/100 mL。

2. 生产方法

以邻氯苯胺为原料经重氮化、磺酰氯化、氨解、异氰酸酯化后得到邻氯苯磺酰异氰酸酯；另将双氰胺经亲核加成后再成环，得 2-氨基-4-甲氧基-6-甲基-1，3，5-三嗪。然后将邻氯苯磺酰异氰酸酯与 2-氨基-4-甲氧基-6-甲基-1，3，5-三嗪进行加成得绿黄隆。

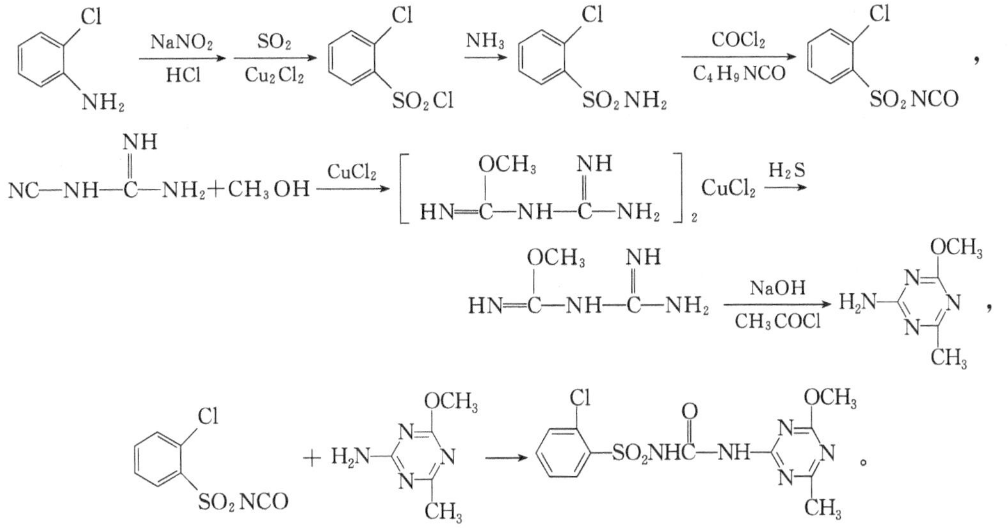

3. 生产工艺

（1）邻氯苯磺酰基异氰酸酯的合成

将 57.4 g 邻氯苯胺、150 mL 浓盐酸、45 mL 冰醋酸加入反应瓶中，不断搅拌，于 0 ℃下缓慢滴加含亚硝酸钠 31.5 g 的水溶液 40 mL，重氮化后加入 600 mL 含氯化亚铜 6 g 的二氧化硫-冰醋酸溶液，反应 1.5 h 后，倒入冰水后，用乙醚提取，提取液用碱水洗至中性干燥，先蒸出乙醚，然后减压蒸馏收集 96～98 ℃、133.3 Pa 的馏分，得邻氯苯磺酰氯。

先加入 275 mL 浓氨水，搅拌下缓慢滴加 28.5 g 邻氯苯磺酰氯和 40 mL 乙醚的混合液，于 70 ℃下反应 1 h，过滤，干燥，得邻氯苯磺酰胺。

将 9.5 g 邻氯苯磺酰胺和 85 mL 氯苯，升温至回流温度，加入异氰酸正丁酯催化剂，在回流下通入光气，反应完毕，用氮气赶走光气，先脱去溶剂后，减压蒸馏，收集 130～140 ℃、133.3 Pa 的馏分，得邻氯苯磺酰基异氰酸酯。

（2）2-氨基-4-甲氧基-1，3，5-三嗪的合成

将 173 g 二水合氯化铜、800 mL 甲醇投入反应锅中，然后缓慢加入 176 g 双氰胺，回流 4 h，得桃红色铜络合物。将 100 g 铜络合物和 600 mL 水加到另一反应器中，通入硫化氢，反应完毕，滤去硫化铜沉淀，滤液减压脱去大部分溶剂后，加入异丙醇即析出白色晶体，过滤，再重结晶得到 O-甲基-3-肼基异脲盐酸盐。

将 50 g 上述产品、250 mL 乙腈投入反应锅中，冷却至 0 ℃ 以下，加入 200 mL 含 40 g 氢氧化钠的水溶液。另将 50 g 乙酰氯溶于 100 mL 乙腈中，滴加到上述溶液中，控制温度在 0 ℃ 以下。反应完毕，静置，减压脱去溶剂后得粗品 2-氨基-4-甲氧基-6-甲基-1，3，5-三嗪。

（3）绿黄隆的制备

将 28 g 2-氨基-4-甲氧基-6-甲基-1，3，5-三嗪溶于 400 mL 无水乙腈中，另将 43.5 g 邻氯苯磺酰基异氰酸酯溶于 100 mL 无水乙腈中，室温下滴入上述液中，搅拌反应 6~8 h 后，过滤得白色粉末，洗涤，干燥，得绿黄隆。

4. 产品用途

绿黄隆是广谱的磺酰脲类新型除草剂。其突出特点是具有超高活性，每公顷用药量为 5~35 g，即可防除大多数阔叶杂草和某些禾木杂草。该除草剂已引起世界各国的高度重视。

5. 参考文献

[1] 陈磊，张俊喜，仇彩云，等. 甲、绿黄隆合剂的配制优选及配套应用技术 [J]. 大麦科学，1998 (1)：31-32.

[2] 孙观和，谢红月，张美芳. 绿黄隆的合成 [J]. 上海化工，1995 (1)：15-17.

4.9 喹禾灵

喹禾灵（Quizalofop-ethyl）禾草克、精禾草克，化学名称 2-[4-(6-氯-2-喹噁啉氧基)-苯氧基] 丙酸乙酯；(R，S)-2-[4-(6-氯-2-喹喔啉氧基) 苯氧基] 丙酸乙酯；2-[4-(6-氯-2-喹喔啉氧基) 苯氧基] 丙酸乙酯 {2-[4-(6-Chloro-2-quinoxalinyl)-phenoxy] ethyl propionate}。分子式 $C_{19}H_{17}ClN_2O_4$，相对分子质量 372.81。结构式：

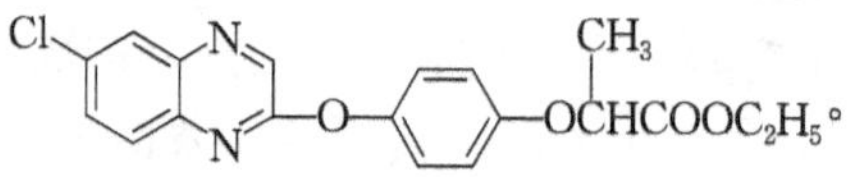

1. 产品性能

白色结晶体，难溶于水，在常用有机溶剂中溶解度亦不大。是一种内吸性高效选择性苗后除草剂，可有效防除一年生及多年生禾本科杂草。叶片吸收可向上向下传导到整株，并在分生组织积累，对多年生禾本科杂草，能抑制地下根茎的生长，一般施药后 7~10 d 能使杂草死亡。处理后 1~2 h 遇雨不影响药效。

2. 生产方法

（1）氯乙酰氯法

2-硝基-4-氯苯胺与氯乙酰氯缩合、还原后环合，环合产物再与亚硫酰氯氯化得 2，6-二氯喹喔啉，然后 2，6-二氯喹喔啉与对苯二酚成醚，最后醚与 2-氯丙酸乙酯缩合得喹禾灵。

（2）双烯酮法

2-硝基-4-氯苯胺与双烯酮缩合，在碱性条件下环合，生成物经选择性还原后用亚硫酰氯氯化制得 2，6-二氯喹喔啉，最后 2，6-二氯喹喔啉与 2-（4-羟基苯氧基）丙酸乙酯缩合，得喹禾灵。

3．工艺流程

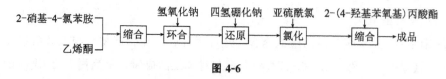

图 4-6

4．生产工艺

（1）缩合

在三口瓶中，加入 34.6 g 2-硝基-4-氯苯胺、320 mL 苯，加热至 80 ℃，搅拌下缓慢滴加 18.6 g 双烯酮和 40 mL 苯的混合液，加毕，回流反应 4 h，蒸去苯，残余物用乙醇重结晶，得 2-硝基-4-氯乙酰乙酰苯胺 45.6 g，收率 89％。

（2）环合

在三口瓶中，加入 25.7 g 2-硝基-4-氯乙酰乙酰苯胺和 200 mL 10％的氢氧化钠溶液。混合物加热至 60～65 ℃ 反应 1 h，冷却至室温，用 500 mL 水稀释，过滤，滤液碳化，再过滤，滤得的固体用水洗，干燥，得 18.1 g 2-羟基-6-氯喹喔啉-4-氧，收率 92.1％。

（3）还原

在三口反应瓶中，依次加入 39.3 g 2-羟基-6-氯喹喔啉-4-氧、120 mL 10％的氢氧化钠溶液、100 mL 5％的硼氢化钾溶液，室温反应 3 h。冷却下缓慢加入适量 5％的盐酸，调 pH 至 5～6，过滤，得固体，水洗，干燥，得 32.7 g 2-羟基-6-氯喹喔啉，收率 90.6％。

（4）氯化

在三口反应瓶中，依次加入 21.6 g 2-羟基-6-氯喹喔啉、360 mL 甲苯，加热至 110 ℃，缓慢滴加 28.6 g 亚硫酰氯。加毕，回流反应 3 h。冷却后倾入 300 mL 5％的氢氧化钠溶液中。分出有机层，用水洗至中性。蒸去甲苯，残余物用乙醇重结晶，得 20.8 g 2,6-二氯喹喔啉，收率 87.1％。

（5）缩合

在三口反应瓶中，依次加入 20 g 2,6-二氯喹喔啉、21 g 2-（4-羟基苯氧基）丙酸乙酯、10.6 g 无水碳酸钠、300 mL 乙腈，加热回流 10 h。蒸去乙腈，残余物溶解于 600 mL 甲苯中，用水洗涤，然后用无水硫酸钠干燥，过滤，蒸去甲苯，得到的粗品用乙醇重结晶，得喹禾灵 32.8 g，收率 88％，含量 95.4％。

5．产品用途

喹禾灵是芽后选择性除草剂。它除草性能高，对一年生及多年生的禾本科杂草，在任何生育期间均有防效；对阔叶作物安全，可广泛用于棉花、油菜、大豆、花生等田禾本科杂草的防除。

6．参考文献

[1] 鞠光秀，陈蔚燕，许良忠. 喹禾灵衍生物的合成与生物活性 [J]. 现代农药，2015，14（4）：5-7.

[2] 高学民，罗卫平，沈雪芳，等. 喹禾灵的合成 [J]. 农药，1998 (7)：14-15.

4.10 2，4-滴丁酯

2，4-滴丁酯（2，4-D-butylate），化学名称2，4-二氯苯氧乙酸正丁酯，英文名称2，4-Dichlorophenoxyacetic butyl ester；Butyl-2，4-dichloro phenoxyacetate。分子式 $C_{12}H_{14}Cl_2O_3$，相对分子质量277.15，结构式：

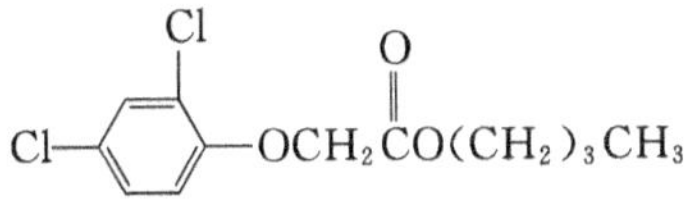

1. 产品性能

纯品为无色油状液体，沸点169 ℃（266.6 Pa），相对密度1.2428，凝固点9 ℃。难溶于水，易溶于多种有机溶剂。挥发性强，遇碱分解。原油为褐色液体，20 ℃时相对密度为1.2100。

2. 生产方法

苯酚氯化后在碱性条件下与氯乙酸钠缩合，缩合产物经酸化后，酸化产物与正丁醇酯化，即得2，4-滴丁酯。

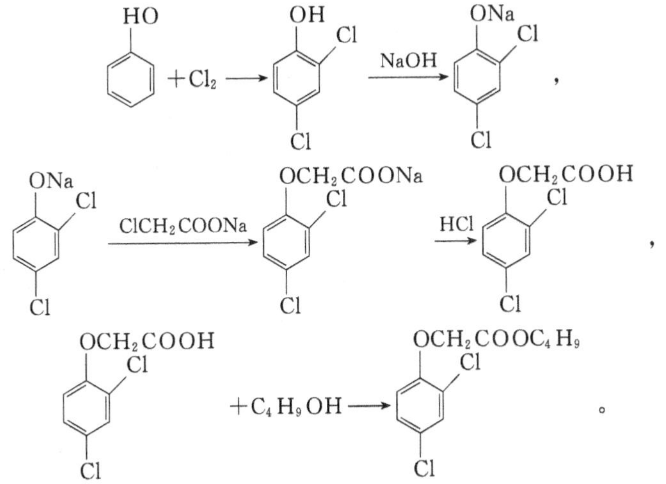

3. 工艺流程

图 4-7

4. 生产配方（kg/t）

苯酚	480
液氯	720
氯乙酸	510

盐酸（30%）	520
丁醇	320
液碱（100%）	630

5. 生产设备

氯化反应器	缩合反应器
酸化器	酯化器
抽滤器	干燥箱

6. 生产工艺

将苯酚熔融后放入氯化反应器中，通夹套水冷却至 45～65 ℃。通氯气氯化，控制通入量并保持氯化温度 45～65 ℃。通氯气 8～9 h 后，取样测定相对密度。当相对密度（d_4^{40}）1.406 时，物料容积增加 30%～33%，为氯化终点。将氯化产物 2，4-二氯酚于 50～70 ℃ 加入 30% 的氢氧化钠溶液中，使物料 pH 为 10。升温至 105 ℃，开始滴加氯乙酸钠溶液，回流 4～5 h 至缩合反应完成，得 2，4-滴钠悬浮液。将物料降温至 70% 左右，加入 30% 的盐酸，调 pH 至 1～2。然后加入苯，使 2，4-二氯苯氧乙酸全部溶解。趁热分出有机层，然后冷却，析出白色结晶，抽滤，干燥，得 2，4-二氯苯氧乙酸。

将正丁醇加入溶解锅，搅拌下加入 2，4-二氯苯氧乙酸，加热至 100～110 ℃，保温 2 h，脱除部分水，正丁醇回流。然后补加正丁醇，氮气压料至酯化釜。升温至 120～140 ℃，维持 4 h，充分酯化。由醇水分离器分除水分，正丁醇回流，当不再出水时停止回流。升温至 160～170 ℃，减压蒸出正丁醇，即得 2，4-滴丁酯。

7. 实验室制法

将苯酚熔融后加入反应瓶，水浴降温至 45～65 ℃，通氯气氯化，即生成 2，4-二氯酚。将 2，4-二氯酚用 30% 的氢氧化钠调节 pH 至 10，升温至 105 ℃，加入氯乙酸钠进行缩合反应，反应期间维持 pH 为 9，沸腾下保温反应 2 h。加 30% 的盐酸调节物料 pH 为 5，蒸馏回收未反应的 2，4-二氯酚，然后在 70～80 ℃，调节 pH 为 1～2，冷却到 30 ℃，过滤，水洗，得 2，4-二氯苯氧乙酸。另将正丁醇加入反应瓶中，于搅拌下加入湿的 2，4-二氯苯氧乙酸进行酯化反应，保持温度为 120～140 ℃，反应 4 h，即得 2，4-滴丁酯。

8. 产品标准

(1) 原油

外观	褐色油状液体
含量	≥90%

(2) 72% 的乳油

外观	褐色油状液体
游离碱	≤2%
含量	≥（72.5%±0.5%）

pH	5～7
游离2，4-滴含量	≤2.5%
乳液稳定性	合格
酚	≤3.5%

9. 质量检验

（1）2，4-滴丁酯含量测定（液相色谱法）

称取含有相当 0.3 g 2，4-滴的样品（准确至 0.2 mg），置于具塞玻璃瓶中，准确加入 25 mL 皂化-内标溶液溶解，摇匀。样品溶液和标准溶液应同时配制。分别注射标准溶液和样品溶液于色谱仪中，测出 2，4-滴与内标物峰高比。

（2）2，4-滴丁酯的百分含量

2，4-滴丁酯的百分含量按下式计算：

$$w(2,4-滴丁酯) = \frac{R_2 \times m_1 \times P \times 1.254}{R_1 \times m_2} \times 100\%$$

式中，R_1 为标准品与内标物峰面积（或峰高）的比值；R_2 为样品与内标物峰面积（或峰高）的比值；m_1 为标准品质量，g；m_2 为样品质量，g；P 为标准品纯度，%；1.254 为 2，4-滴丁酯与 2，4-滴的相对分子质量比。

10. 说明

（1）测定原理

分离出样品中 2，4-滴丁酯皂化生成的游离酸。在内标物对溴苯酚存在下，通过酸性流动相的反相柱，用带有 280 nm 紫外检测器的高压液相色谱仪定量测定。

（2）皂化-内标溶液

称取 4 g 分析纯对溴苯酚，溶于 1000 mL 0.2 mol/L 氢氧化钾的异丙醇溶液中。必要时可调节异丙醇和水的比例，以使样品完全溶解。

（3）2，4-滴标准品

纯度≥99%；在 100 ℃ 烘箱中干燥 15 min 备用。

（4）2，4-滴标准溶液

称取干燥过的 2，4-滴标准品 0.3 g（准确至 0.2 mg），置于具塞玻璃瓶中，准确加入 25 mL 皂化-内标溶液溶解，摇匀。

11. 产品用途

内吸选择性除草剂。主要防除禾本科作物田中的双子叶杂草、阔叶杂草、异性莎草科和某些恶性杂草。

12. 安全与贮运

①生产中使用的原料及产品均有一定毒性，生产设备应密闭，特别是氯化反应器应严防泄漏，生产场地应通风良好，操作人员必须穿戴防护用具。

②产品用玻璃瓶或铁桶包装。防水、防潮，贮存于阴凉干燥处。严禁与酸、碱类物质接触。

13. 参考文献

[1] 庞仕巍，王春梅，赵晓宇，等. 催化合成 2，4-二氯苯氧乙酸正丁酯的研究 [J]. 黑龙江农业科学，2014 (5)：70-72.

[2] 宁东涛，张梁栋，李玉文. 分子碘催化合成 2，4-滴丁酯 [J]. 山东化工，2011，40 (6)：18-20.

[3] 李书涛，李玉文，王俊. 磺化硅胶催化合成 2，4-滴丁酯 [J]. 应用化工，2011，40 (11)：1882-1884.

4.11　燕麦枯

燕麦枯（Difenzoquat；Avenge；Finaven）又称野燕枯、双苯唑快、草吡唑，化学名称为 1，2-二甲基-3，5-二苯基-1H-吡唑硫酸甲酯盐（1，2-Dimethyl-3，5-diphenyl-1H-pyrazolium methyl sulfate）。分子式 $C_{18}H_{20}N_2O_4S$，相对分子质量 360.43，结构式：

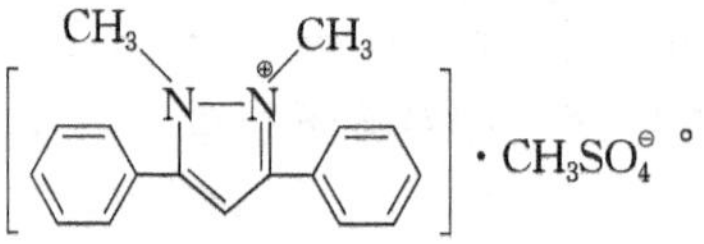

1. 产品性能

白色固体，略有吸湿性。相对密度（d_4^{25}）1.13。熔点 155～157 ℃。水中溶解度：25 ℃ 时为 760 g/L，37 ℃ 时为 580 g/L。稍溶于乙醇和乙二胺，不溶于石油烃类。对光和酸稳定，对碱不稳定，120 ℃ 放置 169 h 无分解性。20 ℃ 时蒸气压为 13.33 μPa，是选择性苗后茎叶处理剂。

2. 生产方法

（1）环氧化法

苯乙酮在碱性条件与苯乙醛缩合得到 1，3-二苯基-2-丙烯-1-酮（查耳酮）。缩合物与双氧水发生环氧化得环氧化物，得到的环氧化物与水合肼发生 1，3-环加成，得到 3，5-二苯基吡唑，最后 3，5-二苯基吡唑与硫酸二甲酯甲基化、成盐，得燕麦枯。

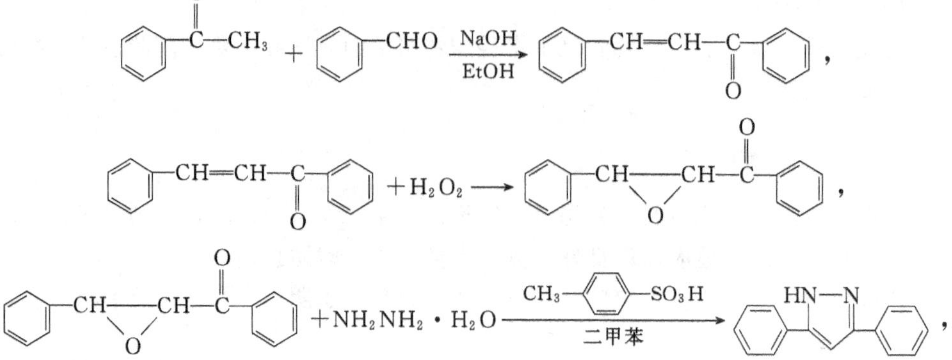

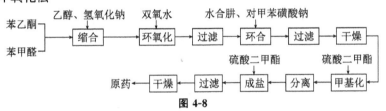

（2）氯化法

查尔酮与氯加成后得二氯查耳酮，得到的二氯查耳酮与水合肼环化，环化产物再与硫酸二甲酯发生甲基化、成盐得燕麦枯。

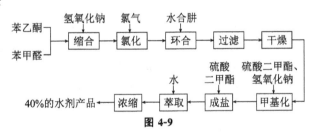

3. 工艺流程

（1）环氧化法

苯乙酮、苯甲醛 → [缩合] →（乙醇、氢氧化钠）[环氧化] →（双氧水）[过滤] →（水合肼、对甲苯磺酸钠）[环合] → [过滤] → [干燥] → [甲基化] →（硫酸二甲酯）[分离] → [成盐] →（硫酸二甲酯）[过滤] → [干燥] → 原药

图 4-8

（2）氯化法

苯乙酮、苯甲醛 → [缩合] →（氢氧化钠）[氯化] →（氯气）[环合] →（水合肼）[过滤] → [干燥] → [甲基化] →（硫酸二甲酯、氢氧化钠）[成盐] →（硫酸二甲酯）[萃取] →（水）[浓缩] → 40%的水剂产品

图 4-9

4. 生产配方

（1）环氧化法 （kg/t）

苯乙酮（≥95%）	654
双氧水（30%）	769
苯甲醛（≥95%）	589
对甲苯磺酸（工业品）	21
水合肼（NH₂NH₂·H₂O，≥85%）	288

硫酸二甲酯（95%）	711
氢氧化钠（98%）	184
二甲苯（工业品）	267
乙醇（95%）	134

（2）氯化法（质量，份）

苯乙酮（≥95%）	126
氢氧化钠（98%）	8
苯甲醛（≥95%）	113
水合肼（85%）	56
氯气（99%）	70
硫酸二甲酯（95%）	137

5. 生产设备（环氧化法）

缩合反应釜	过滤器（3台）
环合反应釜	分水器（2台）
甲基化反应釜	成盐反应釜
冷凝干燥箱	贮罐

6. 生产工艺

在缩合反应釜中，加入 65.4 kg 95%的苯乙酮、58.9 kg 95%的苯乙醛、13.4 kg 乙醇及适量氢氧化钠，于 20～30 ℃下反应 4 h。将反应物料冷却至 20 ℃以下，加入 76.9 kg 30%的双氧水，控制温度低于 60 ℃。反应生成大量白色固体，再继续搅拌 0.5 h，冷却至室温，过滤。滤饼用水洗涤，压干，得对应的环氧化物。

在环合反应釜中，加入上述制得的环氧化物、28.8 kg 85%的水合肼、2.1 kg 对甲苯磺酸和 26.7 kg 溶剂二甲苯，搅拌加热回流 1 h。稍冷后，继续加热回流和分水，直至分水器中上层的二甲苯透明为止。冷至室温，过滤，滤饼用少量二甲苯洗涤一次，干燥得黄褐色结晶，3，5-二苯基吡唑。

在甲基化反应釜中，加入 3，5-二苯基吡唑、二甲苯和氢氧化钠，加热至 120 ℃。于搅拌下滴加硫酸二甲酯。滴加完毕，回流 0.5 h。降温至 80 ℃时加水，再用 50%的氢氧化钠调整 pH 至 10～11，继续搅拌 15 min。静置分层，分出的二甲苯层，用水洗涤一次，得到 1-甲基-3，5-二苯基吡唑的二甲苯溶液。转入成盐反应釜，蒸出约 75%的二甲苯，加入二氯乙烷，加热到 60 ℃，加入硫酸二甲酯，回流 4 h。冷却，过滤，干燥，得燕麦枯。

7. 实验室制法

将 800 mL 乙醇、126 g 苯乙酮、116 g 苯甲醛加入三口反应瓶中，加入 8 g 氢氧化钠，室温反应 2 h。反应完毕，加热蒸出全部乙醇，趁热加入 1200 mL 氯苯，静置。分出水相，得到查耳酮（即 1，3-二苯基-2-丙烯-1-酮）的氯苯溶液，于 1 h 内向该溶液通入 70 g 氯气。通氯结束后，加热反应物料以驱赶未反应的氯气，水洗，得二氯查耳酮。再加入 50 g 85%的水合肼及 50 g 氢氧化钠，在 80 ℃反应 5 h。趁热分出水相，有机相冷却后，过滤析出二苯基吡唑，干燥。按苯乙酮计，收率约为84％。

在三口反应瓶中，加入二苯基吡唑、氯苯、氢氧化钠和四丁基溴化铵，加热回流。然后滴加硫酸二甲酯进行甲基化，控制滴加速度，勿使反应过于剧烈。反应1～2 h后，降温，水洗，以除去硫酸钠，即得1-甲基二苯基吡唑氯苯溶液。再加入稍过量的硫酸二甲酯，升温至100 ℃以上反应2～3 h。反应结束后，加入适量的水，萃取所生成的燕麦枯，浓缩，制得燕麦枯40％的水剂。

8. 产品标准

40％的水剂外观	棕红色透明液体
有效成分/(g/100 mL)	≥40.0
pH	≥2

9. 产品用途

主要用于小麦田、大麦田防除野燕麦，也用于油菜、亚麻等作物田除草。

10. 安全与贮运

①原料水合肼属无机碱性腐蚀品，有毒，具有强腐蚀性、渗透性。双氧水为一级无机酸性腐蚀品，为强氧化剂，能使有机物质燃烧。硫酸二甲酯剧毒，对呼吸系统黏膜和皮肤有强烈的刺激和腐蚀作用，空气中最高允许质量浓度为0.5 mg/m^3。生产设备必须密闭，操作人员应穿戴防护用具。

②燕麦枯毒性：雄大白鼠急性经口毒性（LD$_{50}$）为470 mg/kg，雄兔急性经皮毒性（LD$_{50}$）为3540 mg/kg。对眼睛和皮肤无刺激作用。中毒者如神志清醒，可先服15～50 mL吐根糖浆，再喝一杯水，为中毒者催吐后，立即送医院治疗。

③用玻璃瓶或内涂塑料的钢桶密封包装。贮于通风干燥处。

11. 参考文献

[1] 李稳宏，严建亚，孙晓红，等. 盐析法制备燕麦枯原粉中间试验研究 [J]. 化学工程，1998（3）：42-44.
[2] 王百顺. 新型除草剂燕麦枯在武功试车生产 [J]. 陕西化工，1989（6）：55.
[3] 薛平，杜静雄，王茂，等. 硫黄脱氢法合成燕麦枯原粉工艺：1331075 [P]. 中国专利，2002-01-16.

4.12 甲黄隆

甲黄隆（Metsulfuron）化学名称为2-[（4-甲氧基-6-甲基-1，3，6-三嗪-2-基脲基）磺酰基]苯甲酸甲酯。英文名有Ally；Escort；Finesse；DPX-T6376等。分子式C$_{14}$H$_{16}$N$_5$O$_6$S，相对分子质量381.4，结构式：

1. 产品性能

纯品为白色结晶固体，熔点 163~166 ℃。水中溶解度因 pH 不同而异，pH 4.59 时为 270 mg/L，pH 6.11 时为 9500 mg/L。酸性离解度 $pKa=33$。在土壤中，因微生物降解及水解而被破坏，其半衰期为 7~30 d。雄大鼠口服毒性（LD_{50}）为 5000 mg/kg，对鱼类毒性低。

2. 生产方法

将糖精用甲醇进行醇解后，在异氰酸正丁酯催化下，与光气反应得到 2-（磺酰基异氰酸酯）苯甲酸甲酯，然后 2-（磺酰基异氰酸酯）苯甲酸甲酯与 2-氨基 4-甲氧基-6-甲基均三嗪缩合得到甲黄隆。

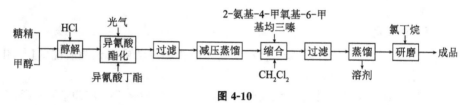

3. 工艺流程

图 4-10

4. 生产配方（质量，份）

糖精（100%计）	183
光气（$COCl_2$）	118
甲醇（工业品）	48
2-氨基-4-甲氧基-6-甲基均三嗪	112

5. 生产设备

醇解反应釜	光气化反应釜
减压蒸馏釜	蒸馏釜
过滤器	缩合反应罐
研磨机	贮槽

6. 生产工艺

将糖精钠和过量二甲醇投入醇解反应釜，冷却至 0 ℃ 通入氯化氢气体。反应后蒸馏回收过量的甲醇，残余物经重结晶得为熔点 122～124 ℃ 的 2-磺酰胺基苯甲酸甲酯。然后以二甲苯为溶剂，加入 2-磺酰胺基苯甲酸甲酯和催化量的异氰酸正丁酯及二胺。加热至 120 ℃ 通入光气。反应完毕，升温至 136 ℃ 以驱赶反应器内的残余气体，然后冷却，过滤。滤液先蒸去二甲苯，然后减压蒸馏收集 140～150 ℃、266.4 Pa 的馏分，得 2-(磺酰基异氰酸酯）苯甲酸甲酯。

将上述得到的中间体投入盛有二氯甲烷溶剂的缩合反应罐中，加入 2-氨基-4-甲氧基-6-甲基均三嗪。于室温下反应 14～16 h。过滤，滤液蒸发回收二氯甲烷，残留物加氯丁烷研磨，得白色晶体（即原药甲黄隆）。

7. 实验室制法

在三口反应瓶中加入 30 g 糖精和 250 mL 甲醇，于 0 ℃ 下通氯化氢气体进行反应。反应完成后，蒸馏物料，除去过量的甲醇。再在物料中加入乙酸乙酯，过滤，除去未反应的糖精。蒸馏滤液，除去乙酸乙酯，所得固体经重结晶即制得熔点为 122～124 ℃ 的 2-磺酰胺基苯甲酸甲酯。取 13.4 g 上述所得 2-磺酰胺基苯甲酸甲酯，加入反应瓶中，再加入 100 mL 二甲苯和催化量的异氰酸正丁酯，以及少量 1，4-二氮杂二环 [2，2，2] 辛烷。搅拌，并加热，于 120 ℃ 时通入光气。反应完成后，升温至 136 ℃，然后冷却至室温。过滤，滤液脱溶后减压蒸馏，收集 140～150 ℃、2.0×133.3 Pa 的馏分，即得 2-磺酰基异氰酸酯苯甲酸甲酯。

取 2.4 g 2-磺酰基异氰酸酯苯甲酸甲酯加入反应瓶中，再加 1.4 g 2-氨基-4-甲氧基-6-甲基均三嗪和 30 mL 二氯甲烷，于室温搅拌反应 16 h。然后静置，过滤。滤去溶剂得固体用氯丁烷，磨碎得白色晶体，熔点为 158～164 ℃ 的甲黄隆。配制成 20％的乳油或 5％的颗粒剂即为成品。

8. 产品标准

外观	白色结晶固体
熔点/℃	161～165

9. 产品用途

禾谷类作物田间的高效广谱除草剂。施药时间在杂草苗前或苗后均可。每亩施量为 0.26～0.53 g 有效成分。对阔叶杂草及小麦芽前芽后除草尤为有效。

10. 安全与贮运

①生产过程中使用光气等有毒或腐蚀性物品，设备必须密封。操作人员应穿戴防护用具。严格执行操作规程。

②产品毒性，雄大白鼠口服毒性（LD_{50}）5000 mg/kg。对眼睛有刺激。

③密封包装，按农药的有关规定贮运。

11. 参考文献

[1] 刘建荣. 麦田超高效除草剂：甲黄隆 [J]. 农村科技，1995 (7)：4.

[2] 陈圣春. 甲基三嗪及其脲类衍生物的合成和生物活性研究 [D]. 南京：南京工业大学，2004.

4.13 二甲四氯钠盐

二甲四氯钠盐又称 2 甲 4 氯钠，化学名称 4-氯-2-甲基苯氧乙酸钠，分子式 $C_9H_8ClNaO_3$，相对分子质量 222.6。

1. 产品性能

二甲四氯钠盐工业品为黄橙色固体，熔点 99～107 ℃。纯品为白色固体，熔点 118～129 ℃，难溶于水，易溶于醇、醚、苯及四氯化碳等有机溶剂，其钠盐能溶于水。干燥粉末极易吸潮结块，但不变质。为激素类型选择性除草剂。可被植物根茎叶吸收并传导，对禾本科作物安全，对阔叶作物敏感，可有效地防除阔叶杂草和莎草科杂草，对禾本科杂草无效。

2. 生产配方 （kg/t）

邻甲酚（96.5%）	650
氯气（工业品，＞99%）	531
氯乙酸（97%以上）	609
烧碱（工业品，＞95%）	476
盐酸（31%）	251

3. 生产方法

先将邻甲酚与烧碱配制成邻甲酚钠，氯乙酸与烧碱配制成氯乙酸钠，二者在碱性介质中进行缩合，制成 2-甲基苯氧乙酸钠盐，2-甲基苯氧乙酸钠盐酸化后生成 2-甲基苯氧乙酸，然后再以卤代芳烃（如氯苯）作溶剂，三氯化铁作触媒，进行氯化，制成 2-甲基-4-氯苯氧乙酸，再加烧碱中和成钠盐，并蒸去溶剂，即得二甲四氯钠盐产品。

$$\text{（CH}_3\text{)—OCH}_2\text{COOH} + \text{Cl}_2 \longrightarrow \text{Cl—（CH}_3\text{)—OCH}_2\text{COOH} + \text{HCl},$$

$$\text{Cl—（CH}_3\text{)—OCH}_2\text{COOH} + \text{NaOH} \longrightarrow \text{Cl—（CH}_3\text{)—OCH}_2\text{COONa} + \text{H}_2\text{O}。$$

4. 生产工艺

（1）缩合

首先将配制好的邻甲酚钠投入缩合釜中，然后加一定量的烧碱液和水，加热至95～100 ℃，搅拌 0.5 h，逐渐加入氯乙酸钠的水溶液，并在一定温度下反应 1.5～2.0 h 即缩合反应结束，缩合液冷却后，放入中和釜中，加适量的盐酸中和全微酸性（pH 为 5～6），然后加入氯苯以提取未反应的邻甲酚钠。中和液抽至分离器中分层，上层萃取液放入蒸馏釜，下层水层送至酸化釜中加盐酸酸化 pH 至 1～2 之后，又加入氯苯溶剂，抽提出 2-甲基苯氧乙酸氯苯提取液放入蒸馏釜中，蒸出的氯苯和水混合物经蒸馏塔、冷凝器及分离器，使氯苯与水分离，氯苯回收使用。蒸馏釜中留下的 2-甲基苯氧乙酸、氯苯溶液放入氯化釜中以进行氯化。

（2）合成

从蒸馏釜放至氯化釜中的 2-甲基苯氧乙酸氯苯液，加热至 50～100 ℃ 时，在催化剂无水三氯化铁存在下，通氯气进行氯化，氯化结束后，用氮气排除氯化氢，然后将氯化液送至成盐锅中，加入烧碱中和成盐。中和后，又压至蒸馏釜蒸去氯苯和水，待完全除去氯苯之后，趁热放出二甲四氯钠盐，粉碎，包装，即得产品。

5. 产品标准

外观	深褐色粉末
二甲四氯（钠盐）含量	≥56.0%
干燥减重	≤9.0%
水不溶物含量	≤1.0%

6. 产品用途

二甲四氯钠盐是一种优良的除草剂，可用于水稻、麦类、玉米和高粱等作物防除双子叶杂草和某些单子叶杂草，如鸭舌草、三棱草、水白菜、水芹、衫叶藻、狼巴草、水葱、水上漂等杂草。

7. 参考文献

[1] 徐巧明，高清，董红春，等. 农药 2 甲 4 氯钠的高效液相色谱分析 [J]. 现代农药，2004（4）：19-20.

4.14 甲酯除草醚

甲酯除草醚（Modown）又称治草醚（Bifenox），化学名称 5-(2，4-二氯苯氧基)-2-硝基苯甲酸甲酯，分子式 $C_{14}H_9Cl_2NO_5$，相对分子质量 342.16，结构式：

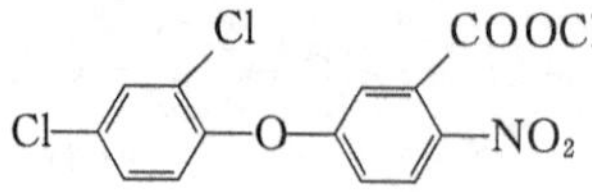

1. 产品性能

该品是黄色结晶，熔点 84～86 ℃，290 ℃ 时分解，相对密度 1.155。30 ℃ 的蒸气压为 $3.2×10^{-4}$ Pa。溶解度（g/kg）：在丙酮中 400 g/kg，在二甲苯中 300 g/kg，在氯苯中 50 g/kg，在乙醇中 10 g/kg，在水中 0.35 mg/kg。其水溶液 pH 为 5.0～7.3 时是稳定的，当 pH 为 9 时则立刻分解。

2. 生产方法

苯甲酰氯氯化得到间氯苯甲酰氯，然后与甲醇发生酯化反应，得到的间氯苯甲酸甲酯用混酸硝化，生成 2-硝基-5-氯苯甲酸甲酯，最后在碱性条件下 2-硝基-5-氯苯甲酸甲酯与 2,4-二氯苯酚发生威廉逊醚化得到甲酯除草醚。

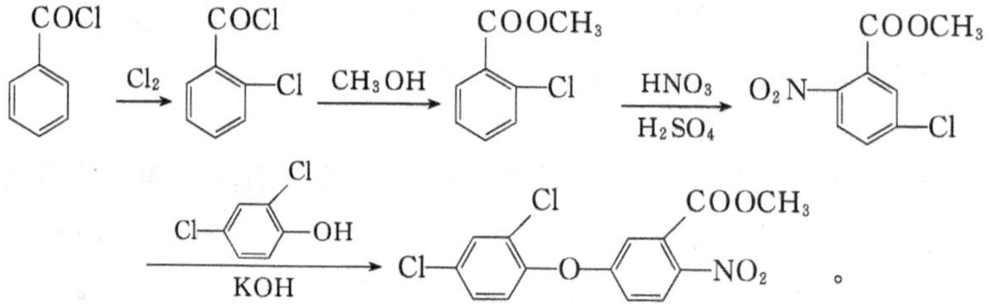

3. 生产配方（kg/t）

苯甲酰氯（98%）	143.5
氯气（99%）	71.0
甲醇（98%）	35.2
硝酸（100%计）	76.0
2,4-二氯苯酚	163.0

4. 生产工艺

（1）间氯苯甲酰氯的制备

将 281 g 苯甲酰氯、1.4 g 铁粉及 0.56 g 硫黄投入反应瓶中，保持温度 20 ℃，通氯氯化，约 2.5 h。然后通氮气赶除光气和反应生成的氯化氢气体而得。

（2）间氯苯甲酸甲酯的制备

将甲醇缓慢加入在搅拌下的间氯苯甲酰氯［n（酰氯）：n（甲醇）＝1.0：1.1］，在 25～68 ℃ 进行酯化反应，回流 2～3 h，反应过程中有大量氯化氢放出，回收过量的甲醇得间氯苯甲酸甲酯。

（3）5-氯-2-硝基苯甲酸甲酯的制备

向反应瓶中加入 853 g 间氯苯甲酸甲酯和 500 g 1,2-二氯乙烷，冷却至 −10 ℃，滴加 338 g 95% 的发烟硝酸（5.1 mol）和 816 g 96% 的硫酸（8 mol）的混合酸，约 3 h 滴完。在 −10 ℃ 下搅拌反应 2 h，再升温至 30 ℃ 搅拌反应 3 h。分出有机层，过滤，干燥，得 5-氯-2-硝基苯甲酸甲酯。

（4）甲酯除草醚的制备

将 189 g 97％的固体碳酸钾，加入在搅拌下的 419 g 97％的 2，4-二氯苯酚及 960 mL 二甲基甲酰胺溶剂中，加热回流 1 h，伴有二氧化碳放出，约 50％的二甲基甲酰胺蒸出之后，将 638 g 80％的 5-氯-2-硝基苯甲酸甲酯加入搅拌下的 95 ℃ 的酚盐中。加完后，在 100 ℃ 反应 3 h，脱溶后加甲醇使产品溶解，冷却，滤除氯化钾，滤液冷却结晶而得甲酯除草醚，熔点 84～86 ℃。配制成 10％的颗粒剂、21％的乳油、25％的可湿性粉剂。

5. 产品标准

原药外观	黄色或黄棕色粉末
有效成分	≥90％
熔点/℃	≥71
水分	<2％
pH	7～8

6. 产品用途

光合作用抑制剂，能被叶片较快地吸收，但在植物体内传导速度较慢。它是芽前除草剂，主要用于大豆除草。具有施药量少、除草谱广、对土壤适应性强、不受气温影响等特点。

7. 参考文献

[1] 薛超，宁斌科，刘军，等. 甲羧除草醚的合成 [J]. 农药科学与管理，2011，32（3）：20-22.

[2] 岳永德. 取代脲类和二苯基醚类除草剂的表面光化学相互作用研究 [J]. 安徽农业大学学报，1997（2）：3-10.

4.15　杀草丹

杀草丹（Benthiocarb）又称禾草丹、稻草完、灭草丹，化学名称为 S-（4-氯苄基）-N，N-二乙基硫代氨基甲酸酯 [S-（4-Chlorobenzyl）$-N$，N-diethylthiocarbamate]，对应商品名有 Saturn；Saturno；Thiobencarb。分子式 $C_{12}H_{16}ClNOS$，相对分子质量 257.8，结构式：

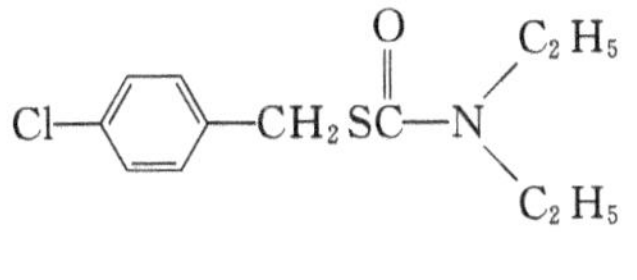

1. 产品性能

琥珀色液体（纯品为无色透明油状液体），熔点 3.3 ℃。沸点 126～129 ℃（1.07 kPa）。23 ℃ 的蒸气压 $2.93×10^{-3}$ Pa。相对密度 1.145～1.180，闪点 172 ℃。

易溶于二甲苯、丙酮、醇类等有机溶剂，20 ℃ 时在水中的溶解度约为 30 mg/L。在酸和碱性条件下稳定，对热、光较稳定。

2. 生产方法

以甲苯为溶剂，氧硫化碳与二乙胺反应，生成 N，N-二乙基硫代氨基甲酸二乙胺盐，N，N-二乙基硫代氨基甲酸二乙胺盐再进一步与对氯苄基氯反应得到杀草丹。

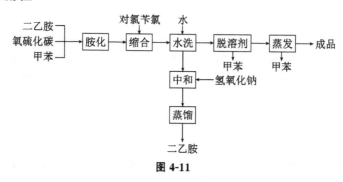

3. 工艺流程

图 4-11

4. 生产配方（kg/t）

二乙胺（98%）	420
氧硫化碳（≥97.5%）	600
对氯苄氯（≥99%）	700

5. 生产设备

胺化反应罐	缩合反应罐
高位槽	水洗罐
中和罐	脱溶器
薄膜蒸发器	

6. 生产工艺

在胺化反应罐中加入二乙胺和适量溶剂甲苯，然后在搅拌下通入气态氧硫化碳，并循环至反应终点。反应液压入缩合反应罐，加入对氯苄氯进行缩合反应。缩合反应完毕，物料进入水洗罐，加水洗涤后静置分层。水层进中和罐用烧碱中和后，蒸馏回收二乙胺。有机层进入脱溶器，回收溶剂甲苯，然后进入薄膜蒸发器，进一步浓缩回收溶剂，得到杀草丹。通常制剂有 50% 的乳油和 10% 的颗粒剂。

7. 产品标准

	优级	一级	合格
外观	淡黄色至棕色油状液体		
有效成分	≥93.0%	≥90.0%	≥85.0%
水分	≤0.2%	≤0.2%	≤0.4%
酸度（以 H_2SO_4 计）	≤0.2%	≤0.4%	≤0.5%
丙酮不溶物	≤0.05%	≤0.05%	≤0.10%

8. 质量检验

采用气相色谱法。气相色谱仪：带有火焰离子化检测器。色谱柱：长 1 m，内径 3 mm 不锈钢柱。固定相：5% 的 DEGA 涂于 Celite545 60～80 目担体上。柱温：180 ℃。载气：N_2，流速 60 mL/min；H_2 流速 50 mL/min；空气，流速 0.85 L/min。进样量：3 μL。

先绘制标准曲线，再测定样品杀草丹和内标的峰高，从标准曲线上查出相应的质量比。

$$w(杀草丹) = \frac{m_1 \times k}{m_2} \times 100$$

式中，m_1 为内标物质量，mg；m_2 为样品质量，mg；k 为按样品与内标物的峰高比由曲线图上查出质量之比值。

9. 产品用途

主要用于水田防除杂草，如稗草、牛气毡、三棱草、鸭舌草等；也可用于棉花、大豆、花生等旱地作物防除马唐、藜、苋、繁缕等杂草。

10. 安全与贮运

①生产中使用氧硫化碳、对氯苄氯等有毒化学品，生产设备必须密闭，操作人员应穿戴防护用具，车间内保持良好的通风状态。

②本产品毒性：大白鼠急性口服（LD_{50}）1300 mg/kg。鲤鱼 TL_m（48 h）为 1.7～3.6 mg/kg。

③铁桶包装，贮放于阴凉干燥处，远离火源。

11. 参考文献

[1] 章稳宏，张春兰，储西平. 42% 吡嘧·杀草丹可湿性粉剂的高效液相色谱分析 [J]. 杂草科学，2011，29（4）：37-39.

[2] 张江，李聪. 水稻田新型除草剂：杀草丹 [J]. 四川农业科技，1996（2）：22-23.

[3] 雷得漾. 杀草丹合成路线评述 [J]. 农药工业，1980（5）：33-36.

4.16 杀草胺

杀草胺（Shacaoan）化学名称 N-异丙基-α-氯代乙酰基邻乙基苯胺（N-α-Chloroacetyl-N-isopropyl-o-ethylaniline）。分子式 $C_{13}H_{18}ClNO$，相对分子质量 239.59，结构式：

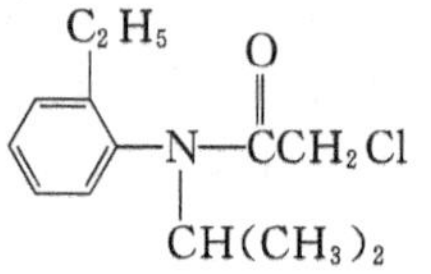

1. 产品性能

纯品为白色晶体，凝固点 38～40 ℃，沸点 159～161 ℃（6×133.3 Pa）。难溶于水，易溶于乙醇、丙酮、苯、甲苯、二氯乙烷。一般对稀酸稳定，碱性下可水解。工业品为红棕色油状液体。小白鼠急性经口毒性（LD_{50}）432 mg/kg。对皮肤有刺激，接触高浓度药液有灼痛感，对鱼有毒。

2. 生产方法

邻硝基乙苯在酸性条件下用铁粉还原得邻硝基乙苯，得到的邻氨基乙苯与异丙溴发生烃化，然后烃化产物与氯乙酸发生酰化得到杀草胺。

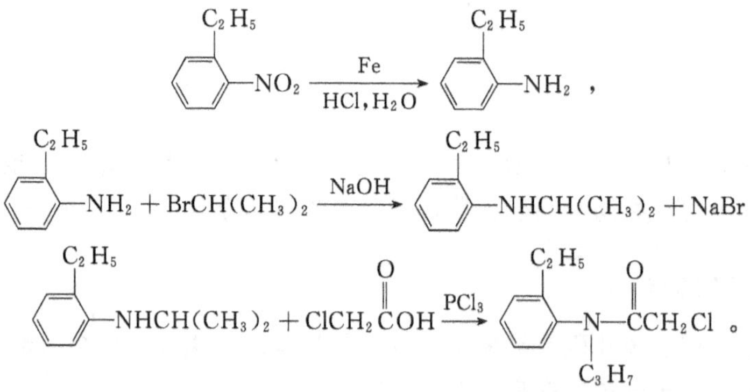

3. 工艺流程

图 4-12

4. 生产配方（kg/t）

2-硝基乙苯（95%）	600.0
铁粉（40～60 目）	579.0
盐酸（30%）	65.0
溴化钠（70%）	220.0

异丙醇（95%）	304.0
氢氧化钠（40%）	440.0
氯乙酸（≥95%）	540.0
三氯化磷（≥95%）	230.0
硫酸（98%）	795.0

5. 生产工艺

（1）还原

在搪瓷还原反应釜中，加入 250 kg 水，于搅拌下加入 21.5 kg 30% 的盐酸，再加入 191 kg 铁粉，通过夹套蒸汽加热，升温至 98～102 ℃，滴加 198 kg 2-硝基乙苯，滴加完毕，保温回流反应 2 h。然后蒸汽蒸馏，5 h 左右蒸完。分出油层，得到含量大于 93% 的 2-氨基乙苯，收率 95%。

（2）烃化

将 200 kg 2-氨基乙苯投入烃化反应釜中，搅拌下升温至 130 ℃，蒸出残余水分，然后降温至 110～114 ℃，滴加 182 kg 2-溴丙烷，于 5 h 内滴加完毕。保温反应 2 h，冷却至 90 ℃ 滴加 40% 的氢氧化钠中和 pH 至 9～10，静置分层，分出水层（含有溴化钠，用以制备 2-溴丙烷）。油层洗涤 pH 至 8，得到含量大于 80% 的 N-异丙基-2-乙基苯胺。

烃化反应分出的水层，即溴化钠溶液 200 kg，边搅拌边加 196 kg 异丙醇，于 25 ℃ 滴加 300 kg 浓硫酸，1 h 内滴完，控制滴加速度，使体系温度≤50 ℃。加料完毕，蒸出 2-溴丙烷，用水洗 pH 至 5～6，静置 0.5 h，分出下层 2-溴丙烷，含量大于 95%，用于烃化反应。

（3）氯乙酰化

将 179 kg 95% 的氯乙酸加入干燥的搪瓷反应釜中，再加入 76 kg 三氯化磷，搅拌下滴加 208 kg N-异丙基-2-乙基苯胺，约 1 h 加完。然后在 90～106 ℃ 分段提高温度，反应 4 h。用水吸收副产物氯化氢气体。反应完毕，降温至 90 ℃，加水洗涤，将油层洗 pH 至 2，得到含量 90% 的杀草胺。

6. 产品标准

外观	红棕色油状液体
有效成分含量	≥60%
乳液稳定性	合格

7. 产品用途

芽前除草剂。土壤处理可杀死萌芽期杂草。持效期 15～20 d。主要用于水稻田、大豆等旱田作物防除一年生单子叶和部分双子叶杂草。例如，水稻田的稗草、鸭舌草、水马齿苋、球三棱、牛毛草，以及旱田的狗尾草、马唐、灰菜、马齿苋等。

8. 参考文献

[1] 李建星. 邻乙基苯胺的综合开发利用 [J]. 黎明化工，1994（5）：23-24.

4.17 异丙隆

异丙隆（Isoproturon；Arelon）的化学名称为 N-4-异丙基苯基-N'，N'-二甲脲。分子式 $C_{12}H_{18}N_2O$，相对分子质量 206.29，结构式：

$$(CH_3)_2CH-\text{〇}-NHCON(CH_3)_2。$$

1. 产品性能

纯品为无色结晶，熔点 155～156 ℃，相对密度 1.16。20 ℃ 时在水中溶解度为 0.005 5％，溶于大多数有机溶剂。20 ℃ 时蒸气压为 3.33 μPa。大白鼠经口毒性（LD_{50}）为 4640 mg/kg，属取代脲类选择性除草剂。

2. 生产方法

（1）光气法

异丙苯经混酸硝化，生成对硝基异丙苯。然后用铁粉还原生成对异丙基苯胺，以氯苯为溶剂，对异丙基苯胺与光气反应，开始反应温度 0～5 ℃，然后升温至 60～70 ℃，生成对异丙基苯基异氰酸酯。最后在常温下与二甲胺反应生成异丙隆。

$$(CH_3)_2CH-\text{〇} \xrightarrow[HNO_3]{H_2SO_4} (CH_3)_2CH-\text{〇}-NO_2，$$

$$(CH_3)_2CH-\text{〇}-NO_2 \xrightarrow[HCl]{Fe} (CH_3)_2CH-\text{〇}-NH_2，$$

$$(CH_3)_2CH-\text{〇}-NH_2 \xrightarrow{COCl_2} (CH_3)_2CH-\text{〇}-N=C=O，$$

$$(CH_3)_2CH-\text{〇}-N=C=O \xrightarrow{(CH_3)_2NH} (CH_3)_2CH-\text{〇}-NHCON(CH_3)_2。$$

（2）非光气法

将对异丙基三氯乙酰苯胺与二甲胺在无机碱的催化作用下，于 60～80 ℃ 反应 0.5 h，得到异丙隆。

$$(CH_3)_2CH-\text{〇}-NHCOCCl_3 + HN(CH_3)_2 \xrightarrow[溶剂]{碱} (CH_3)_2CH-\text{〇}-NHCON(CH_3)_2 + CHCl_3。$$

3. 生产配方（kg/t）

（1）光气法

对异丙基苯胺（95％）	980.0
二甲胺（40％）	950.0
光气（80％）	840.0

（2）非光气法

对异丙基苯胺	135.0
三氯化磷	140.0
三氯乙酸（95％）	172.0
二甲胺（40％）	205.0

4. 生产工艺

（1）酯化

将 135.0 g 对异丙基苯胺和 172.0 g 95% 的三氯乙酸加入反应瓶中，搅拌下滴加 140 g 三氯化磷，温度控制在 100~110 ℃，滴加完毕，恒温反应 0.5 h，然后加入 1000 mL 冰水，抽滤收集固体并用水洗至中性，用乙醇/水重结晶，得白色晶体对异丙基乙酰苯胺，收率 91%，熔点 123~125 ℃。

（2）取代

将 140.0 g 对异丙基三氯乙酰苯胺、50 g 氢氧化钠、112.5 g 40% 的二甲胺和 800 mL 二甲亚砜加入反应器中，加热搅拌 0.5 h，温度控制在 60~80 ℃，反应结束之后，将反应液倾入水中，抽滤收集固体，用乙醇/水重结晶，得白色固体异丙隆，收率 95%，熔点 155~156 ℃。

5. 产品用途

本除草剂适用于小麦、大麦、大豆、马铃薯、花生、玉米、番茄、水稻、棉花等作物，可防除看麦娘、野燕麦、早熟米、雀舌草、藜、繁缕等一年生禾本科杂草和阔叶杂草。

6. 参考文献

[1] 夏天喜，陈萍. 除草剂异丙隆的合成研究 [J]. 江苏石油化工学院学报，2001（2）：23-25.

[2] 郭佃顺，黄汝骐，高蓉华，等. 非光气工艺合成除草剂异丙隆 [J]. 农药，1994（5）：13-14.

4.18 异噁草酮

异噁草酮（Clomazone）又称广灭灵，化学名称 2-(2-氯苯甲基)-4, 4-二甲基-3-异噁唑酮。分子式 $C_{12}H_{14}ClNO_2$，相对分子质量 239.70，结构式：

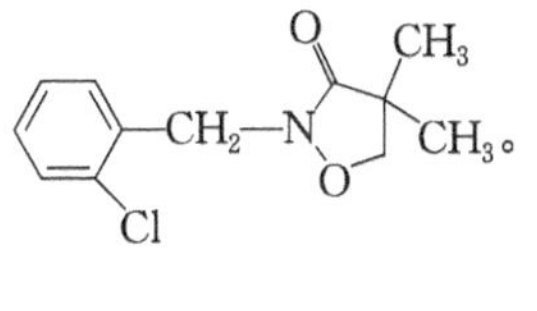

1. 产品性能

油状物，在植物体内抑制叶绿素及叶绿素保护色素的产生，使植物在短期内死亡。

2. 生产方法

（1）邻氯苄基溴法

三甲基乙酸经氯代后与羟胺缩合，环合得 4, 4-二甲基-3-异噁唑酮，然后在碱性条件下 4，4-二甲基-3-异噁唑酮与邻氯苄基溴烃化得异噁草酮。

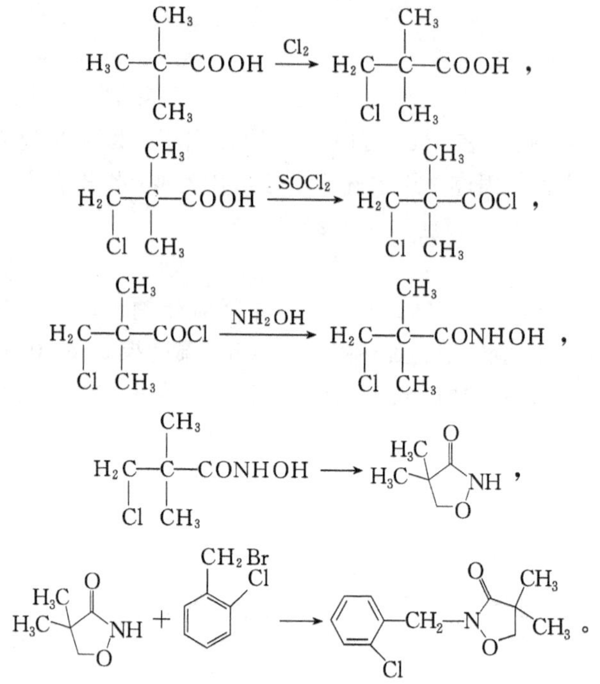

（2）邻氯苯甲醛法

邻氯苯甲醛与羟胺成肟，肟还原得邻氯苄基羟胺，邻苄基羟胺再与 2，2-二甲基-3-氯丙酰氯缩合，环化得异噁草酮。

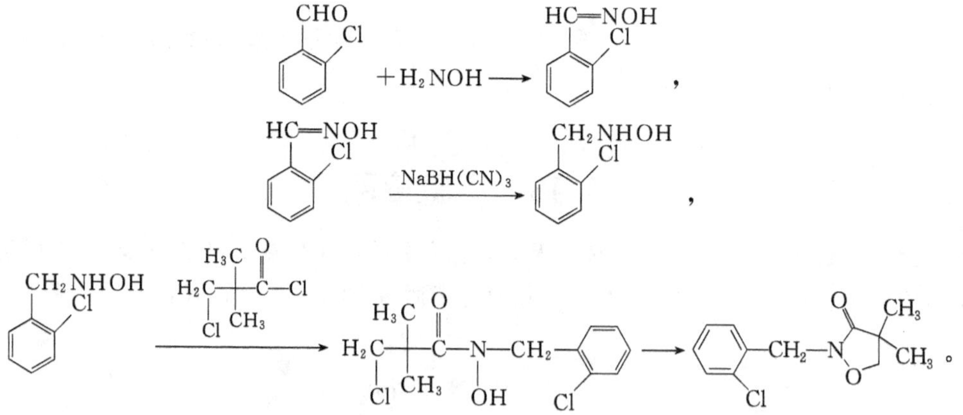

（3）3-羟基-2，2-二甲基丙醛法

3-羟基-2，2-二甲基丙醛与乙酸发生酯化，再氧化，溴代溴化，得 3-溴-2，2-二甲基丙酰氯，然后与羟胺酰化、成环，最后与邻氯苄氯发生 N-烃化得异噁草酮。

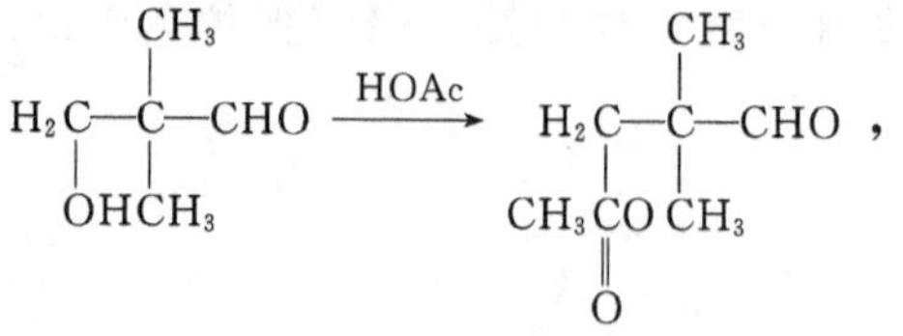

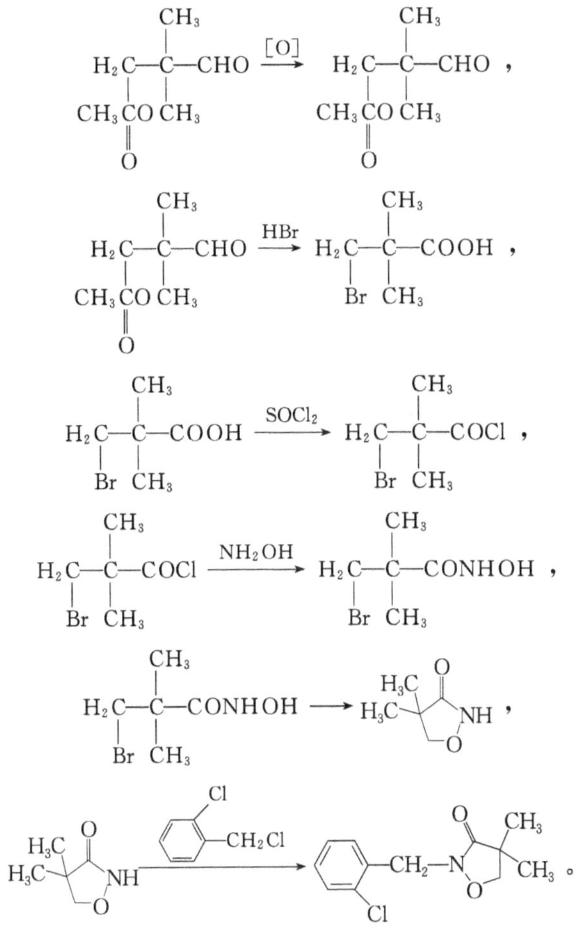

这里介绍3-羟基-2，2-二甲基丙醛法。

3. 工艺流程

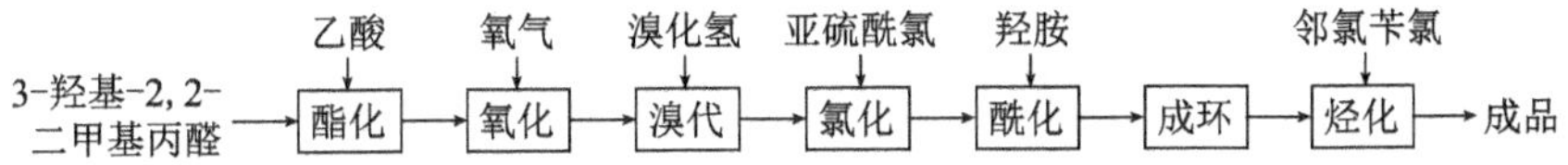

图 4-13

4. 生产工艺

（1）酯化，氧化

在配有分水器、回流冷凝管的圆底烧瓶中，以苯为溶剂，加入3-羟基-2，2-二甲基丙醛及乙酸，回流酯化7 h，蒸去苯及少量乙酸。减压蒸馏（85 ℃、14×133.3 Pa），得3-乙酰氧基-2，2-二甲基丙醛，将其溶于丙酮中，通氧反应2 h，反应完成后，蒸去丙酮，粗产品用丙酮重结晶得3-乙酰氧基-2，2-二甲基丙酸，熔点60～61 ℃，收率75%。

（2）溴代，氯代

将上述产物投入圆底烧瓶中，加入适量氢溴酸，加热回流10 h，石油醚萃取，蒸去石油醚，得3-溴-2，2-二甲基丙酸，熔点48 ℃，收率80%。

3-溴-2,2-二甲基丙酸与亚硫酰氯混合，回流反应 4 h，蒸去二氯亚砜，减压蒸馏（98～100 ℃、65×133.3 Pa）得 3-溴-2,2-二甲基丙酰氯，收率 98%。

（3）缩合

将盐酸羟胺溶于水中，滴加等摩尔的氢氧化钠水溶液。然后，滴加 3-溴-2,2-二甲基丙酰氯，搅拌反应 16 h，过滤，水洗并干燥，得 N-羟基-3-溴-2,2-二甲基丙酰胺，熔点 153～155 ℃，收率 60%。

（4）环合，烃化

将 N-羟基-3-溴-2,2-二甲基丙酰胺溶解在甲醇中，滴加氢氧化钠的甲醇溶液。搅拌过夜，加水稀释后，用二氯甲烷萃取。蒸去二氯甲烷，得 4,4-二甲基-3-异噁唑酮，熔点 64～67 ℃，收率 75%。

将等摩尔的 4,4-二甲基-3-异噁唑酮和邻氯氯苄投入到圆底烧瓶中，加入 N,N-二甲基甲酰胺及适量 K$_2$CO$_3$，室温下搅拌反应 18 h。减压除去二甲基甲酰胺，用二氯甲烷萃取，蒸去二氯甲烷，得 2-（2-氯-苯甲基）-4,4-二甲基-3-异噁唑酮，即异噁草酮，收率 40%。

5. 产品用途

异噁草酮是一种色素抑制类除草剂，在植物体内抑制叶绿素及叶绿素保护色素的产生，使植物在短期内死亡。但当它被大豆吸收后，经过代谢作用，异噁草酮的有效杀草性质会转变为无杀草能力的降解物，使大豆植株不受其害。为此，特别适用于大豆田的除草，且具有很高的除草、增产效果。

6. 参考文献

[1] 李璟，魏顺金，侯伟利，等. 广灭灵的合成研究 [J]. 河北化工，2006（3）：26-27.

[2] 何怡锐. 2-（2-氯苯基）甲基-4,4-二甲基-3-异噁唑酮合成方法的研究 [D]. 长春：吉林大学，2008.

[3] 张所波. 新除草剂异噁草酮的合成 [J]. 农药，1993，32（2）：25-27.

4.19　苄嘧黄隆

苄嘧黄隆（Iondax；DPX-F5384；Bensulfuronmethyl）又称苄黄隆、农得时，化学名称 2-｛[（4,6-二甲氧基嘧啶-2-基）氨基酰基] 氨磺酰甲基｝苯甲酸甲酯。分子式 C$_{16}$H$_{18}$N$_4$O$_7$S，相对分子质量 410.41，结构式：

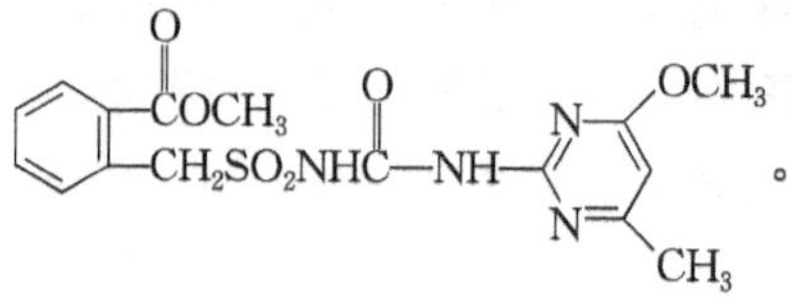

1. 产品性能

外观为白色结晶固体，熔点 185～188 ℃，蒸气压（200 ℃）1.73×10^{-3} Pa。在

微碱性水溶液（pH 为 8）中稳定，酸性条件下缓慢分解，在乙酸乙酯、二氯甲烷、乙腈、丙酮中稳定，但在甲醇要降解。20 ℃ 的溶解度：丙酮中 1380 mg/kg，二氯甲烷中 11720 mg/kg，乙腈中 5380 mg/kg，乙酸乙酯中 1660 mg/kg，甲醇中 990 mg/kg。小白鼠急性口服毒性（LD_{50}）10985 mg/kg。

2. 生产方法

首先邻甲基苯甲酸与甲醇酯化后氯化得邻甲酸甲酯氯苄。得到的邻甲酸甲酯氯苄与硫脲反应，再经氯化、酰胺化得邻（甲酸甲酯）苄基磺酰胺。然后其与光气缩合得邻甲酸甲酯苄基磺酰基异氰酸酯。最后缩合物与 2-氨基-4，6-二甲氧基嘧啶加成得苄嘧黄隆。

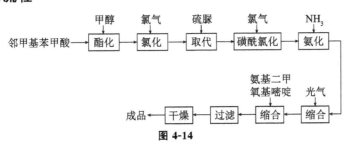

3. 工艺流程

图 4-14

4. 生产配方（质量，份）

邻（甲酸甲酯）苄基磺酰异氰酸酯	255
2-氨基-4，6-二甲基嘧啶	155

5. 生产设备

酯化反应釜	氯化反应罐
磺酰氯化反应锅	取代反应锅
氨化反应锅	缩合反应锅
过滤机	析晶锅
干燥箱	

6. 生产工艺

邻（甲酸甲酯）苄基磺酰异氰酸酯和2-氨基-4,6-二甲氧嘧啶的制备参见实验室制法。在缩合反应釜中，加入300份乙腈，然后搅拌下加入51份邻（甲酸甲酯）苄基磺酰异氰酸酯、31份2-氨基-4,6-二甲氧嘧啶及少许三亚乙基二胺。于室温下搅拌反应10 h。过滤，滤液回收乙腈。用氯丁烷洗涤，干燥后得苄嘧黄隆原药。配制成10%的可湿粉剂。

7. 实验室制法

（1）邻（甲酸甲酯）苄基磺酰基异氰酸酯的制备

将100 g 90%的邻甲基苯甲酸、290 mL甲醇投入反应瓶中，搅拌下滴加29 mL浓硫酸。然后加热回流6 h，蒸除过量的甲醇后，倒入水中，用乙醚抽提。提取液洗至中性、干燥、蒸馏收集221～224 ℃馏分得到邻甲基苯甲酸甲酯。将820 g邻甲基苯甲酸甲酯和8 g偶氮二异丁腈投入反应瓶中，加热至80 ℃，通入氯气。控制温度（在85 ℃左右）及氯化程度，通氯完毕，减压蒸馏得到邻（甲酸甲酯）苄氯。将450 g硫脲、1500 mL无水乙醇和1070 g邻（甲酸甲酯）氯苄投入反应瓶中。加热回流1 h，冷却至60 ℃，加入1500 g氯丁烷，冷却至室温而产生沉淀。过滤，洗涤，干燥而得白色固体成品，熔点208～210 ℃，即邻（甲酸甲酯）苄基异硫脲盐酸盐。

将600 g邻（甲酸甲酯）苄基异硫脲盐酸盐和4000 mL水投入反应瓶中，在冰水冷却下，通入氯气1 h，并在15～20 ℃下搅拌反应0.5 h。过滤，水洗，干燥得白色固体，熔点82～86 ℃，即磺酰氯。再将700 g邻（甲酸甲酯）苄基磺酰氯、3500 mL无水乙醚投入反应瓶中，在5～15 ℃下通氨、并在15～20 ℃下搅拌反应1.5 h。蒸出乙醚，加入水，过滤、水洗，干燥而得白色晶体，熔点98～100 ℃，即磺酰胺。将47 g邻（甲酸甲酯）苄基磺酰胺、380 mL二甲苯及催化剂异氰酸正丁酯和三亚乙基二胺投入反应瓶中，搅拌并于120 ℃时通入光气。反应完毕，通氮气赶出多余的光气，然后蒸出二甲苯，得邻（甲酸甲酯）苄基磺酰基异氰酸酯。

（2）2-氨基-4,6-二甲氧嘧啶的制备

在反应瓶中，依次加入2000 mL乙醇钠溶液（2.8 mol/L）、365 g丙二酸二乙酯和278 g硝酸胍，加热搅拌回流8 h，冷却过滤。所得白色固体物溶于水中，用5%的乙酸酸化。过滤，水洗，干燥得2-氨基-4,6-二羟基嘧啶。将60 g 2-氨基-4,6-二羟基嘧啶和460 mL三氯氧磷投入反应瓶中，加热搅拌回流4～5 h。冷却后，倒入冰水中。然后加浓氨水调节pH至8，用乙醚抽提，蒸除乙醚而得淡黄色固体成品，熔点220～224 ℃，即2-氨基-4,6-二氯嘧啶。将75 mL甲醇和2.35 g金属钠投入反应瓶中，待其溶解后，再加入6.5 g 2-氨基-4,6-二氯嘧啶。加热回流4 h，冷却后过滤，甲醇洗涤，滤液减压蒸除甲醇。残留物中加水，析出固体，过滤，干燥而得淡黄色固体，熔点94～95 ℃。

（3）苄嘧黄隆的制备

将32 g邻（甲酸甲酯）苄基磺酰异氰酸酯、200 mL乙腈、19 g 2-氨基-4,6-二甲氧嘧啶及少许三亚乙基二胺投入反应瓶中，于室温下搅拌反应10 h，过滤，用氯丁烷洗涤，干燥即得成品，熔点184～186 ℃。

8. 产品标准

有效成分	≥10%
悬浮率	≥80%
pH	约为 7.0

9. 产品用途

苄嘧黄隆是一种新型的广谱稻田除草剂，用于芽前和早期芽后处理，可高效地防除许多一年生和多年生的阔叶杂草和莎草，施入水田后迅速释出有效成分，被植物吸收，很快抑制敏感杂草的生长。施药量每亩 13.3～26.6 g 10%的可湿粉。

10. 安全与贮运

①生产中使用光气、氯气有毒气体、有毒或腐蚀性化学品，设备必须密闭，防止泄漏，车间内保持良好的通风状态，操作人员应穿戴防护用具。

②密封包装，贮于阴凉、干燥处，应远离火源、食物、饲料和种子。按农药的有关规定贮运。

11. 参考文献

[1] 吴仲芳. 稻田除草剂苄嘧黄隆的合成 [J]. 农药，1991 (5)：7-11，21.
[2] 林长福，崔季方，魏晓莉，等. 苄嘧黄隆的应用研究 [J]. 农药，1992 (2)：59-60.

4.20　莠去津乳液

莠去津是一种有效的除草剂。该乳液贮存稳定、使用方便。

1. 生产配方（质量，份）

莠去津（工业品）	184.00
汉生胶	0.32
多聚甲醛	0.40
丙二醇	30.00
分散剂（Darvan No 6）	8.00
四甲基癸炔二醇	2.00
水	165.70
三乙醇胺	调 pH 至 7

2. 生产方法

将丙二醇和水混合，加入分散剂、多聚甲醛、莠去津和炔二醇，经研磨机分散后，再加入汉生胶，研磨至完全溶解分散后，添加三乙醇胺，调 pH 至 7。

3. 产品用途

除草剂，用水稀释后喷雾施药。

4. 参考文献

[1] 杨梅，林忠胜，姚子伟，等. 三嗪类除草剂莠去津的研究进展 [J]. 农药科学与管理，2006（11）：31-37.

4.21 可湿性除莠粉

除莠粉即除草剂，多为氨基甲酸酯衍生物，由于原药是油性有机物，故难以直接用水稀释使用。这种可湿性除莠粉通过将除草剂原药与乳化剂等助剂进行处理，制得可直接用水稀释的可湿性除莠粉。日本公开专利 JP 92-5204（1992）。

1. 生产配方（质量，份）

3-叔丁基苯基-6-甲氧基-2-吡啶基甲基硫代氨基甲酸酯	50.0
烷基烯丙基醚硫酸铵（50%）	3.5
壬基酚聚氧乙烯醚-甲醛缩合物（50%）	3.5
三聚磷酸钠	1.0
炭黑	1.0
桂酮乳液	0.1
白土	40.9

2. 生产方法

将各物料按配方量混合均匀后，研磨得可湿性粉状除莠剂。

3. 产品用途

用作除草剂。

4.22 利谷隆

利谷隆（Linuron）化学名称 3-（3，4-二氯苯基）—1-甲氧基-1-甲基脲；N-（3，4-二氯苯基）-N'-甲氧基-N'-甲基脲（N-3，4-Dichlorophenyl）-N'-methoxy-N'-methy N'-urea。分子式 $C_9H_{10}Cl_2N_2O_2$，相对分子质量 249.11，结构式：

1. 产品性能

白色结晶，熔点 93～94 ℃。24 ℃ 时蒸气压为 2.0×10^{-3} Pa。25 ℃ 时水中溶解度为 0.0075 g/100 L。微溶于脂肪烃，在乙醇、芳烃溶剂中具有中等溶解度，溶于丙酮。可被酸、碱及湿土缓慢分解，无腐蚀性。大白鼠急性口服（LD_{50}）4000 mg/kg。

2. 生产配方（质量，份）

3，4-二氯苯异氰酸酯	188
硫酸羟胺	82
硫酸二甲酯	126

3. 生产方法

由 3，4-二氯苯异氰酸酯与硫酸羟胺反应生成 3，4-二氯苯羟基脲，然后 3，4-二氯苯羟基脲与硫酸二甲酯反应制得利谷隆。

4. 生产工艺

（1）3，4-二氯苯羟基脲的制备

将 3，4-二氯苯异氰酸酯甲苯溶液、硫酸羟胺水溶液、氢氧化钠溶液按计算量分别抽入各计量槽。将水和硫酸羟胺同时加入搪玻璃反应锅，搅拌冷却，在 20 ℃ 左右开始滴加氢氧化钠溶液，约 1 h 滴完，温度控制在 20 ℃ 左右。滴加完毕 pH 应在 7.5～7.9（否则补加氢氧化钠或硫酸羟胺）。然后开始滴加 3，4-二氯苯异氰酸酯的甲苯溶液，此时控制温度（30±2）℃，约 1.5 h 内滴完，并在此温度下继续反应 2 h。静置 2 h 后，将上层甲苯清液抽出。下层物料加水搅拌后进行离心分离，得固体湿品 3，4-二氯苯羟基脲，收率 87%。

（2）利谷隆的制备

将上述湿品 3，4-二氯苯羟基脲加入搪玻璃反应釜，然后加入计算量的硫酸二甲酯，搅拌 20 min。滴加 20% 的氢氧化钠溶液，温度控制在 20～30 ℃，约 1.5 h 内滴加完毕。在 30 ℃ 左右反应 2 h，pH 至 7 为反应终点。若偏酸性时，可适当补加氢氧化钠。反应结束后加水搅拌，甩滤，干燥，即得利谷隆原粉，收率 90%。

5. 产品用途

利谷隆可用于玉米、小麦、棉花、大豆、高粱、花生、豌豆、马铃薯、陆稻、向日葵、甘蔗、亚麻，以及多种蔬菜和果树、森林苗圃等作物田中，防治各种单、双子叶杂草及某些多年生杂草。

6. 参考文献

[1] 赵进英. 三种苯脲类除草剂高效液相色谱分析方法及其环境行为研究 [D]. 长春：东北师范大学，2003.

[2] 王嫱. 利谷隆原药的高效液相色谱分析 [J]. 农药，2002 (1)：18.

4.23 伴地农

伴地农（Pardner）又称溴苯腈辛酸酯，化学名称 2，6-二溴-4-氰基苯基辛酸酯。分子式 $C_{15}H_{17}Br_2NO_2$，相对分子质量 403.11，结构式：

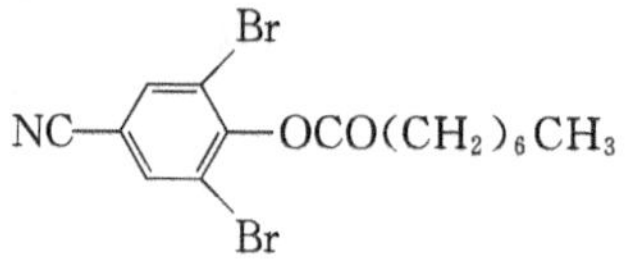

$$NC \diagr OCO(CH_2)_6CH_3 。$$

1. 产品性能

该产品为 32.7% 的溴苯腈辛酸酯乳油，乳液分散性和稳定性好。32.7% 的溴苯腈辛酸酯乳油小鼠急性经口毒性（LD_{50}）1532 mg/kg（属中等毒性农药），是选择性苗后茎叶处理触杀型除草剂。

2. 生产方法

2，6-二溴-4-氰基苯酚与辛酰氯缩合，然后缩合物与表面活性剂、溶剂混合乳化得成品。

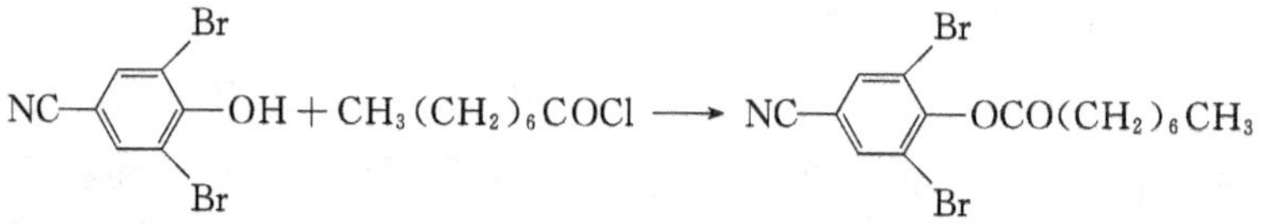

$$NC \diagr OH + CH_3(CH_2)_6COCl \longrightarrow NC \diagr OCO(CH_2)_6CH_3 。$$

3. 工艺流程

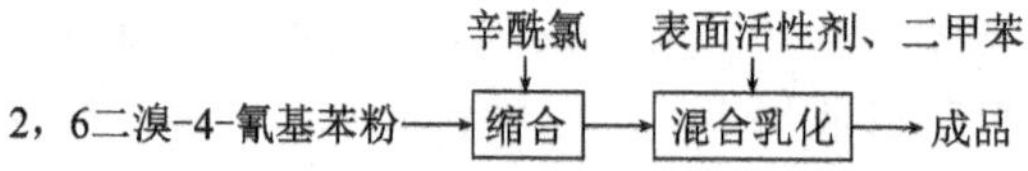

图 4-15

4. 生产配方（kg/t）

辛酰氯	212.2
溴苯腈	285.3
十二烷基苯磺酸钙	27.4
辛基酚聚氧乙烯醚	44.1
二甲苯	加至 1 192.7 L

5. 生产工艺

（1）缩合

在装有搅拌器、温度计、回流冷凝管（接干燥管和尾气吸收装置）和加料器的四口烧瓶中，加入 212.2 g 辛酰氯和 142.6 g 溴苯腈，开动搅拌，升温至 130 ℃ 进行反应。当反应器中 HCl 逸出不明显时，再加入 92.1 g 溴苯腈。如此重复一次，直至累积加入 285.3 g 溴苯腈为止。再反应 8 h，通入氮气鼓泡，以赶净 HCl 和过量辛酰氯，辛酰氯通入冷凝器回收。然后冷却到室温，得到 406.4 g 蜡状固体溴苯腈辛酸酯，熔点 44～46 ℃，收率 96.8%，纯度 96%。

（2）乳化

在 2000 mL 烧杯中，分别加入 406.4 g 96% 的溴苯腈辛酸酯、71.5 g 乳化剂 [由 27.4 g 十二烷基苯磺酸钙和 44.1 g 辛基酚聚氧乙烯（10）醚调配而成]、650 mL 二甲苯，搅拌至溴苯腈辛酸酯溶解，然后补加二甲苯，二甲苯的加入总量 1192.7 mL，并搅拌至混合均匀得伴地农乳油。

6. 产品标准

溴苯腈辛酸酯含量/(g/L)	≥320
分散性	合格
乳油稳定性	合格

7. 产品用途

伴地农乳油是选择性苗后茎叶处理触杀型除草剂，主要用于麦田、玉米、高粱、亚麻等旱田，防除蓼、藜、苋、麦瓶草、龙葵、苍耳、猪毛菜、麦家公、田旋花、荞麦蔓等阔叶杂草。

8. 参考文献

[1] 廖道华，徐秋梅，薛仲华. 32.7% 溴苯腈辛酸酯乳油的研究与应用 [J]. 农药，1997（6）：23-25.

[2] 佘永红，李文明，孙淑君，等. 溴苯腈辛酸酯原药的气相色谱分析 [J]. 河南化工，1997（7）：21-22.

4.24 苯达松

苯达松（bentazone）又称灭草松；排草丹；百草克；苯并硫二嗪酮；3-异丙基-(1H)-苯并-2，1，3-噻二嗪-4-酮-2，2-二氧化物（Basagran；Thianon；3-Isopropyl-1H-2，1，3-ben；Zothiadiazin-4（3H）-one-2，2-dioxode）。分子式 $C_{10}H_{12}N_2O_3S$，相对分子质量 240.28，结构式：

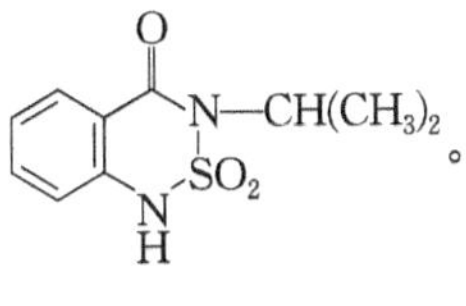

1. 产品性能

白色结晶，熔点 137～139 ℃，200 ℃ 分解。20 ℃ 时在不同溶剂中的溶解度：

水 0.05 g/100 g，丙酮 150.7 g/100 g，苯 3.3 g/100 g，乙醇 86.1 g/100 g，氯仿 18 g/100 g。原药有效成分含量 60%，深褐色液体，相对密度约为 1.23。

2. 生产方法

由异丙胺与盐酸反应得异丙胺盐酸盐后，与硫酰氯作用，制得异丙胺基磺酰氯，异丙胺基磺酰氯再与邻氨基苯甲酸甲酯缩合，最后缩合产物在甲醇钠存在下进行闭环，即得苯达松。

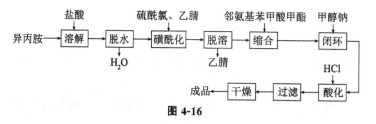

3. 工艺流程

异丙胺 → 溶解（盐酸）→ 脱水（H₂O）→ 磺酰化（硫酰氯、乙腈）→ 脱溶（乙腈）→ 缩合（邻氨基苯甲酸甲酯）→ 闭环（甲醇钠）→ 酸化（HCl）→ 过滤 → 干燥 → 成品

图 4-16

4. 生产配方（kg/t）

异丙胺（98%）	465
甲醇钠（30%）	2535
硫酰氯（SO₂Cl₂）	2475
甲苯（工业品）	440
乙腈（98%）	270
盐酸（30%）	1488
邻氨基苯甲酸甲酯（工业品）	960
液氨（99%）	80

5. 生产设备

溶解锅	磺酰化反应釜
缩合反应锅	贮槽
过滤器	干燥器

6. 生产工艺

在溶解锅中加入盐酸，然后加入异丙胺，加热脱去水分制得异丙胺盐酸盐。在磺酰化反应釜中加入 520 kg 乙腈、96 kg 异丙胺盐酸盐，搅拌下加入 405 kg 硫酰氯，加热回流反应 16 h，反应最终温度 65~70 ℃。反应完毕，蒸出乙腈（回收）和剩余的硫酰氯（回收），得异丙胺磺酰氯粗品，收率 90% 以上。

在缩合反应锅中，加入 550 kg 甲苯、136 kg 邻氨基苯甲酸甲酯（100% 计）和 157.5 kg 异丙胺磺酰氯（100% 计），以氨为缚酸剂，于 50~55 ℃、pH 5.0~6.5 条件下缩合反应 1 h，生成 N-异丙胺磺酰基邻氨基苯甲酸甲酯。然后加入 360 kg 30% 的甲醇钠，于 60~65 ℃ 闭环反应 0.5 h。反应液用盐酸酸化 pH 至 5，析晶，过滤，洗涤，干燥，得到有效成分 >82% 的苯达松原药。商品有 25% 的水剂和 48% 的液剂。

7. 实验室制法

在圆底烧瓶中加入盐酸，冷却后加异丙胺，制得异丙胺盐酸盐后，于 150 ℃ 下脱净水分。冷却后，按 n（异丙胺盐酸盐）:n（硫酰氯）:n（乙腈）=1:3:6 加入硫酰氯和乙腈。换上回流装置，加热回流反应，回流温度维持 60 ℃ 以上，回流时间 16 h。制得异丙胺磺酰氯，蒸出反应体系中的乙腈和剩余的硫酰氯。将所制得产品按 n（异丙胺磺酰氯）:n（邻氨基苯甲酸甲酯）:n[甲苯（溶剂）]=1.0:0.9:6.0 的比例加入圆底烧瓶中，加适量氨水，控制料液 pH 为 5.0~6.5，进行缩合反应，反应温度 50~55 ℃，反应时间 1 h。缩合反应完成后，按 n（异丙胺磺酰氯）:n（甲醇钠）=1:2 的比例加入甲醇钠，反应温度控制在 60~65 ℃，反应时间 30 min，进行闭环反应，即得苯达松。

8. 产品标准

	25% 的水剂	48% 的液剂
外观	深黄色或褐色液体	黄褐色液体
苯达松含量	(25±1)%	≥48%
pH	7~8	—
相对密度	1.20~1.30	1.19
酸度（以硫酸计）	≤0.5%	—

9. 产品用途

选择性、触杀性除草剂，可防除恶性难除杂草。为内吸传导型除草剂，主要用于防除水稻、三麦、玉米、高粱、豆类、花生等作物中多年生深根性杂草。对阔叶杂草和莎草科杂草有优异的防治效果。具有高效、低毒、广谱杀草、无药害、与其他除草剂混用性好等优点。

10. 安全与贮运

①生产中使用异丙胺、硫酰氯、邻氨基苯甲酸酯、甲醇钠等有毒或强腐蚀性原料，反应设备应密闭，防止冒漏，操作人员应穿戴保护用具，车间内加强通风。

②本品有毒。25％的水剂用埋料桶包装。贮存于阴凉、通风处。不能与食物、饲料、种子等混放。

11. 参考文献

[1] 牛立中. 除草剂苯达松的合成工艺研究 [D]. 哈尔滨：黑龙江大学，2009.

[2] 成四喜. 国内外除草剂苯达松的合成方法 [J]. 湖北化工，1990（1）：31-35.

4.25 苯黄隆

苯黄隆（Tribenuron）分子式 $C_{15}H_{17}N_5O_6S$，相对分子质量 395.40，结构式：

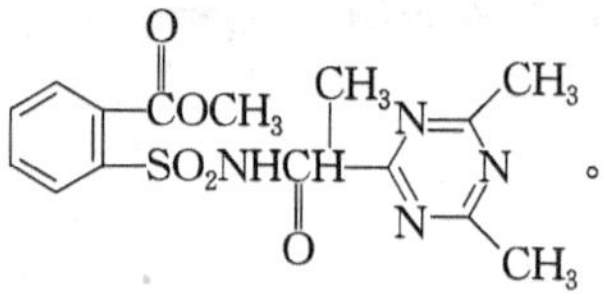

1. 产品性能

白色结晶固体，酸性解离度 pKa＝33。雄性大白鼠急性经口毒性（LD_{50}）＞5000 mg/kg。属高效广谱除草剂，其性能与甲黄隆类似。

2. 生产方法

邻甲氧基羰基苯磺酰胺与氯甲酸三氯甲酯作用，生成邻甲氧基羰基苯磺酰异氰酸酯，然后生成的邻甲氧基羰基苯磺酰异氰酸酯与 2-甲氨基-4-甲基-6-甲氧基-1，3，5 三嗪（简称甲基三嗪胺）加成得苯黄隆。

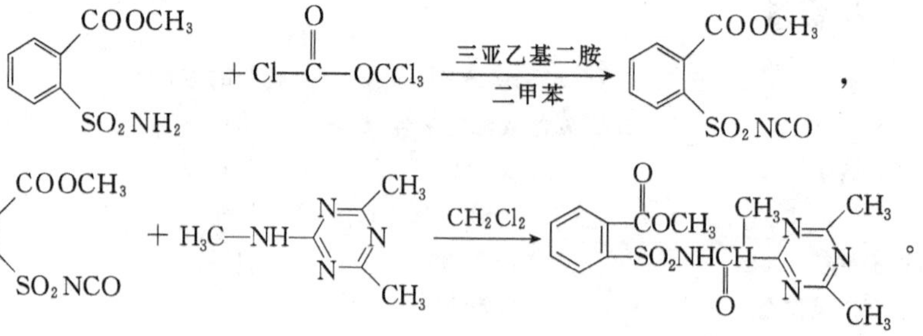

3. 工艺流程

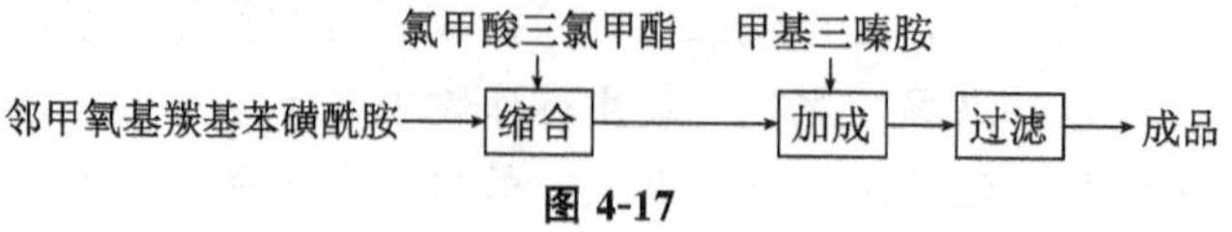

图 4-17

4. 生产工艺

（1）缩合

在装有搅拌器、温度计、回流冷凝管及恒压滴液漏斗的四口烧瓶中，加入 43 g 邻甲酸甲酯苯磺酰胺、240 g 二甲苯、0.4 g 无水三亚乙基二胺、200 g 10％的异氰酸正丁酯二甲苯液加热回流 2.5 h，降温至 90 ℃，开始滴加氯甲酸三氯甲酯（冷凝管用 −15 ℃ 的盐水冷凝，管出口接液碱吸收系统）。3 h 左右滴完 79.1 g 氯甲酸三氯甲酯，逐渐升温至 139 ℃，回流 2 h，反应结束后，用水循环泵负压脱溶，回收异氰酸正丁酯二甲苯液，残液冷却，加入 160 mL 二氯甲烷，搅拌 0.5 h，装入恒压滴液漏斗中，待用。

（2）加成

在装有搅拌器、温度计、冷凝管、恒压滴液漏斗的四口烧瓶中，加入 30.8 g 甲基三嗪胺、200 mL 无水二氯甲烷，室温下搅拌 0.5 h，滴加前面制备的邻甲酸甲酯苯磺酰异氰酸酯溶液，0.5 h 内滴完，室温下搅拌 3 h，加热升温，常压脱出二氯甲烷，加入 300 mL 乙醇，搅拌 15 min，过滤，滤饼烘干，得苯黄隆。

5. 产品用途

苯黄隆是禾谷类作物田中的高效广谱除草剂。可有效防除阔叶杂草，对黑麦草等禾本科杂草也有效。

6. 参考文献

[1] 曹顺民，杨一葵，薛兵. 双光气法合成苯黄隆 [J]. 农药，1997，36（1）：3-4.

[2] 孔繁，胡兴华，王兰青，等. 新型除草剂苯黄隆的合成 [J]. 化学世界，1992（3）：117-118.

第五章 化学肥料

5.1 磷酸三铵

磷酸三铵（Triammonium phosphate）又称磷酸铵（Ammonium phosphate）、三盐基磷酸铵（Ammonium orthophosphate）。分子式（NH$_4$）$_3$PO$_4$，相对分子质量 167。

1. 产品性能

无色透明薄片或棱形结晶，易溶于水，不溶于乙醇及乙醚。性质不稳定，水溶液加热则失去两分子氨，生成磷酸二氢铵。露置空气中能失去部分的氨。

2. 生产方法

氨与磷酸或氨与磷酸二铵反应，得到磷酸三铵。

$$3NH_3 + H_3PO_4 \longrightarrow (NH_4)_3PO_4,$$
$$NH_3 + (NH_4)_2PO_4 \longrightarrow (NH_4)_3PO_4 。$$

3. 工艺流程

图 5-1

4. 生产工艺

将磷酸氢二铵在反应器中加热水使其溶解，当完全溶解后，即缓慢地通入氨水（27%～28%），边加边搅拌以防止磷酸二氢铵析出，一直加至 pH 为 14，反应生成磷酸三铵。

放置冷却，直至磷酸三铵全部析出。再经离心分离，充分除去母液后即得成品。可采用重结晶法来提高产品中磷酸三铵含量。

5. 实验室制法

将 60 g 磷酸氢二铵溶解于 600 mL 水中，再与 75 g 氯化铵溶于 600 mL 水的溶液相互混合，加热至 60 ℃，加入 600 mL 19% 的氨水，于密闭容器中充分冷却析晶。吸滤，用浓氨水洗涤，干燥，得磷酸三铵。

6. 产品用途

在农业上用作氮磷复合肥料，也用作无土栽培营养液的添加剂。可用作木材等的防火剂。用于显像管生产。

7. 参考文献

[1] 关筱清. 生产磷酸三铵的探讨 [J]. 广东化工，2004（6）：9-15.

5.2 磷酸二氢铵

磷酸二氢铵（Ammonium dihydrogen phosphate）也称磷酸一铵（mono-Ammonium phosphate）。分子式 $NH_4H_2PO_4$，相对分子质量 115.03。

1. 产品性能

无色至白色结晶或结晶性粉末，无臭。相对密度 1.803，在空气中稳定，加热变为偏磷酸盐。易溶于水，1%的水溶液 pH 为 4.3～5.0。微溶于乙醇。加热至 190 ℃ 熔融，并放出氮气，转变成偏磷酸铵。

2. 生产方法

由磷酸和氨气进行中和反应制得。

3. 生产配方（质量，份）

磷酸（100%）	93.5
氨（100%）	16.2

4. 工艺流程

图 5-2

5. 生产工艺

将磷酸用水稀释 $[V(H_3PO_4)：V(H_2O)=1.0：（1.3～1.4）]$ 后加入反应釜，或者在反应釜内稀释，再通入氨气，控制 pH 为 3～4。通氨时应不断搅拌并不断冷却。中和反应完成后，将物料进行浓缩，浓缩至液面刚出现结晶薄膜为止，趁热抽滤，将滤液转入结晶器中进行冷却结晶，然后经离心分离，干燥后即得磷酸二氢铵成品。

离心分离后的母液，可回收磷酸二氢铵。若母液中含铁量较高，则需先用氨调整 pH 为 4 以上，再加入硫化铵除铁。除去铁后的溶液用磷酸调整 pH 至 3～4，送回反应器中浓缩，再经趁热过滤、冷却结晶、离心分离、干燥等工序而制得成品磷酸二氢铵。

6. 产品标准

外观	无色结晶或白色结晶粉末
含量	96%～102%

氟化物/(mg/kg)	≤10
砷（以 As 计）/(mg/kg)	≤3
重金属（以 Pb 计）/(mg/kg)	≤10

7. 产品用途

在农业上用作氮磷复合肥料，也用作无土栽培营养液的添加剂；主要用作酿造发酵促进剂，可促进酵母的增值和发酵；还可作缓冲剂、面团调节剂、膨松剂、酵母食料。

8. 参考文献

[1] 张宇超，董正亚，赵玉潮，等. 微反应器内自热结晶法制备磷酸二氢铵 [J]. 化学反应工程与工艺，2016，32（5）：392-399.

[2] 石磊. 磷酸脲制备工业级磷酸二氢铵实验研究 [J]. 硫磷设计与粉体工程，2017（3）：42-44.

5.3 磷酸二氢钾

磷酸二氢钾（Potassium dihyrogen phosphate）又称磷酸一钾（Monopotassium phosphate）。分子式 KH_2PO_4，相对分子质量 136.09。

1. 产品性能

无色易潮解结晶或白色粉末，熔点 252.6 ℃，相对密度 2.338。溶于水，水溶液呈酸性，pH4.4～4.7，不溶于乙醇。400 ℃ 失水生成偏磷酸二氢钾。小鼠经口服毒性（LD_{50}）2.33 g/kg 体重（雌性），1.60～3.39 g/kg 体重（雄性）。

2. 生产方法

（1）中和法

磷酸用碳酸钾或氢氧化钾中和生成磷酸二氢钾。

$$H_3PO_4 + KOH \longrightarrow KH_2PO_4 + H_2O$$

或

$$2H_3PO_4 + K_2CO_3 \longrightarrow 2KH_2PO_4 + CO_2 \uparrow + H_2O$$

（2）复分解法

饱和的氯化钾溶液与过量的 75% 磷酸于 120～130 ℃ 下进行复分解反应。副产物氯化氢用水吸收得盐酸，用氢氧化钾中和过量的磷酸 pH 至 4.2～4.6。经冷却，离心，干燥，得磷酸二氢钾。

3. 工艺流程

（1）中和法

图 5-3

（2）复分解法

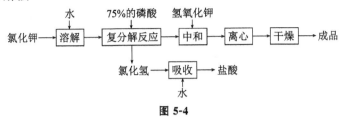

图 5-4

4. 生产原料

（1）中和法

磷酸（50%）	1400
氢氧化钾（工业品）	450

（2）碳酸钾法

碳酸钾	538
磷酸（50%）	1480

5. 生产工艺

在反应器中，加入 2 L 水，搅拌下加入 0.7 L 相对密度为 1.7 的磷酸，加入氢氧化钾或碳酸钾进行中和反应，至刚果红试纸呈紫色为止，加热 1 h，过滤，滤液浓缩到相对密度为 1.32。冷却，吸滤，约得 1000 g 磷酸二氢钾。

6. 产品标准

指标名称	FCC（IV）	日本食品添加物公定书
含量	≥98.0%	≥98.0%
不溶物	≤0.2%	—
干燥失重	≤1.0%	≤0.5%
氟化物	≤0.0010%	—
重金属（以 Pb 计）	≤0.0015%	≤0.0020%
砷	≤0.0003%（以 As 计）	≤0.0004%（以 As_2O_3 计）
铅（Pb）	≤0.0005%	—
硫酸盐（以 SO_4 计）	—	≤0.019%
氟化物	—	≤0.011%
溶液澄清度和颜色	—	合格
pH（10%的水溶液）		4.4～4.9

7. 产品用途

在农业上用作磷钾复合肥料，也用作无土栽培营养液的添加剂。还用作食品品质改良剂、发酵助剂、膨松剂、水分保持剂、缓冲剂。

8. 参考文献

[1] 丁一刚，韩永红，骆万智，等. 反应结晶制备工业级磷酸二氢钾过程的粒度控制

[J]．化工进展，2017，36（10）：3590-3595.

[2] 周权宝，李步通，吴颖乔，等. 高效制取磷酸二氢钾的优化中和法工艺研究
[J]．无机盐工业，2017，49（9）：31-34.

5.4　硝酸铵

硝酸铵（Ammonium nitrate）又称硝铵，分子式 NH_4NO_3，相对分子质
量80.04。

1. 产品性能

外观为无色、无臭的透明结晶体或白色小颗粒。25℃时密度1.725 g/cm³，熔点
69.6℃。具有刺激性。有潮解性，极易溶于水，溶解度随温度升高而迅速增加，溶
于水时大量吸热。溶于丙酮、氨，微溶于乙醇，不溶于乙醚。缓慢加热到210℃时，
开始分解，生成水和一氧化二氮，继续加热即爆炸。

硝酸铵具有氧化性，与有机物可燃物，与酸类及金属屑等接触能发生燃烧或爆炸。

2. 生产方法

硝酸铵的生产方法有转化法和中和法两种。

转化法是利用硝酸磷肥生产过程的副产四水硝酸钙为原料，与碳酸铵溶液进行反
应，生成硝酸铵和碳酸钙沉淀，经过滤得。滤液加工成硝酸铵产品或返回硝酸磷肥生
产系统。中和法的中和反应可以在常压、加压或真空条件下进行。若有价廉的蒸汽来
源，可采用常压中和，以节约设备投资，简化操作。加压中和可以回收反应热，副产
蒸汽，用于预热原料和浓缩硝酸铵溶液。氨中和浓度为64%的硝酸时，每吨氨可副
产蒸汽约1 t。采用真空中和是与结晶硝酸铵生产相结合的，其设备与硫酸铵生产的
饱和结晶器相似。

工业上采用较多的是加压中和工艺。加压中和在0.4 M～0.5 MPa和175～180°
C下操作，硝酸含量为50%～60%，先用氨中和 pH 至3～4，以减少氨损失，再加
氨调整 pH 至约为7，得到的硝酸铵溶液含量为80%～87%。回收的蒸汽用来蒸发液
氨或作为真空蒸发硝酸铵溶液的热源。中和得到的稀硝酸铵溶液，用真空蒸发或降膜
蒸发的方法浓缩至95～99%，然后用不同方法造粒。塔式喷淋造粒是应用最广泛的
硝酸铵造粒方法。

$$NH_3 + HNO_3 \longrightarrow NH_4NO_3。$$

3. 工艺流程

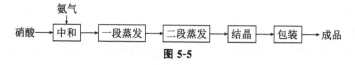

图 5-5

4. 生产配方 （kg/t）

氨气（以100%计）	215.0
硝酸（以100%计）	719.5

5. 生产工艺

将气体氨和 47%～49%的硝酸加入中和器中，中和器是由两个套在一起的圆筒组成的，内部的空间是中和部分称中和室，内筒与外壳之间的环状空间是溶液的蒸发部分称蒸发室。氨和硝酸在中和器的中和室内进行反应生成硝酸铵溶液，即溢流到蒸发室，借反应生成的热量使硝酸铵溶液中水分得到初步蒸发。将生成的硝酸铵溶液用泵加入一段蒸发器中，利用中和反应生成的蒸发蒸汽并保持在一定真空度下进行蒸发，使溶液含量提高到 82%～84%，并由蒸发器中部放出流入硝酸铵溶液槽中。然后用泵加入二段蒸发器中，也在一定的真空度下进行蒸发，使溶液浓缩至 92%左右。借真空泵抽送到真空结晶机中，进行最后的浓缩，此时，硝酸铵即结晶析出。

6. 产品标准

指标名称	工业 结晶状		农业 颗粒状	
	一级	二级	一类	二类
硝酸铵含量	≥99.5%	≥99.5%		
水分含量	≤0.4%	≤0.7%	≤1.0%	≤1.7%
总氮含量（以干基计）	—	—	≤34.6%	≤34.4%
酸度（以硝酸计）	≤0.02%	≤0.02%	≤0.02%	≤0.02%
水不溶物含量	≤0.05%	≤0.05%		
填料含量（以硝酸钙计）	—	—		0.4%～1.2%

7. 质量检验

（1）硝酸铵含量（总含氮量）

①试剂：氢氧化钠（45 g/L 水溶液）；硫酸（0.25 mol/L 水溶液）；氢氧化钠（0.5 mol/L 标准溶液）；甲基红；亚甲基蓝；95%的乙醇溶液；硅脂；混合指示剂（溶解 0.1 g 甲基红于 50 mL 乙醇中，再加亚甲基蓝 0.05 g，用乙醇稀释至 100 mL）。

②测定操作：称取 10 g 试样（称准至 0.001 g）溶于少量水中，转移至 500 mL 容量瓶中，再用水稀释至刻度。摇匀，备用。

a. 蒸馏。用移液管移取试样溶液 50 mL 于蒸馏瓶中，加水约 350 mL，再加少量防爆沸石。用移液管加入 0.25 mol/L 硫酸 50 mL 于吸收瓶中，并加入水 80 mL 左右（使水能封住双连球与瓶连接口）和混合指示液 4～6 滴，然后将装置连接好，各连接处涂以硅脂，并固定以确保蒸馏装置的严密性。然后通入冷却水于冷凝器中，经滴液漏斗往蒸馏烧瓶中注入 30 mL 氢氧化钠溶液，用少量水冲洗漏斗，并使漏斗中保留数毫升水。加热蒸馏，直至吸收瓶中收集到 250～300 mL 溜出液（蒸馏时间 45 min）停止加热，打开漏斗上活塞，拆出防溅球管，仔细冲洗冷凝管。将洗涤液并入馏出液，最后拆下吸收瓶。

b. 滴定。用 0.5 mol/L 氢氧化钠标准溶液回滴吸收瓶中过量的硫酸。直至溶液呈现灰色即为终点。

c. 空白试验：按上述过程进行空白试验，除不加试样外，操作手续和应用的试剂均与测定样品时相同。

③计算：

$$w(硝酸铵)=\frac{(V_1-V_2)\times N\times 0.08004}{\dfrac{V_3}{V_4}\times m\times\dfrac{100-X_1}{100}}\times 100=\frac{(V_1-V_2)\times N\times 800.4\times V_4}{V_3\times m\times(100-X_1)}$$

$$w(总氮,以干基计)=\frac{(V_1-V_2)\times N\times 0.01401\times 2}{\dfrac{V_3}{V_4}\times m\times\dfrac{100-X_1}{100}}\times 100$$

$$=\frac{(V_1-V_2)\times N\times 800.4\times V_4}{V_3\times m\times(100-X_1)}$$

$$含填料硝酸铵总氮(以干基)=\frac{(V_1-V_2)\times N\times 0.01401\times 2}{\dfrac{V_3}{V_4}\times m\times\dfrac{100-X_1}{100}}\times 100+0.1707X_2$$

$$=\frac{(V_1-V_2)\times N\times 280.2\times V_4}{V_3 m\times(100-X_1)}+0.1707X_2$$

式中，V_1 为空白试验时用去氢氧化钠标准溶液的体积，mL；V_2 为滴定试样时用去氢氧化钠标准溶液的体积，mL；V_3 为所取试样溶液的体积，mL；V_4 为试样溶于水后的总体积，mL；N 为氢氧化钠标准溶液的摩尔浓度，mol/L；m 为试样质量，g；2 为由氨态氮换算为总氮的系数；0.1707 为填料（以硝酸钙计）含量折算为氮含量的系数；X_1 为按二项所得硝酸铵中水分含量，%；X_2 为按五项所测得填料含量，%。

（2）水分含量的测定

①测定操作：用预先干燥，并在 $100\sim105\ ℃$ 恒重的称量瓶称取试样 5 g（称准至 0.0002 g），打开瓶盖放入温度控制在 $100\sim105\ ℃$ 的恒温烘箱中，干燥至恒重。

②计算

$$w(硝酸铵中水分)=\frac{m_1}{m}\times 100\%$$

式中，m_1 为干燥前试样质量，g；m 为干燥失重，g；

（3）酸度测定—滴定法

①应用试剂：氢氧化钠（0.1 mol/L 标准溶液）；甲基红；亚甲基蓝（95% 乙醇）；混合指示剂（溶解 0.1 g 甲基红于 50 mL 乙醇中，再加亚甲基蓝 0.05 g，并用乙醇稀释至 100 mL）。

②测定操作：溶样水。将 1 mL 混合指示剂加于 1000 mL 水中，此时水溶液应呈灰色，如不呈灰色，可用氢氧化钠中和至灰色为止。

称取 20 g 试样，称准对 0.1 g。溶于 100 mL 水中（如试样混浊，可用于速滤纸过滤，收集滤液于另一个 250 mL 锥形瓶中，再补加一滴混合指示剂）。如试样水溶液呈现紫红色，则此试样为酸性，用氢氧化钠标准溶液定至溶液呈灰色即为终点，记下消耗氢氧化钠标准溶液的体积。如试样呈现绿色，则此试样为碱性。

③计算

$$酸度（以硝酸计）=\frac{V\times N\times 0.063}{m}\times 100$$

式中，V 为滴定用去氢氧化钠标准溶液的体积，mL；N 为氢氧化钠标准溶液的摩尔浓度，mol/L；m 为试样质量，g；

8. 产品用途

硝酸铵在农业上用作农作物的肥料，效果特别好。还用于制造含钾、磷、钙等的复合肥料。在炸药工业上用作制造高氯酸盐炸药，铵油炸药和浆状炸药等的原料。硝酸铵与木屑、硝基化合物和其他有机化合物按一定比例混合后就成为混合炸药。在医药工业上用于制造一氧化二氮（麻醉剂）、维生素 B。玻璃工业上用于制造无碱玻璃。此外，还可用于制造冷冻剂、微生物菌种培养剂、烟花、杀虫剂、催化剂等。

9. 参考文献

[1] 孙彬峰. 硝酸铵热危险性综合研究 [D]. 太原：中北大学，2017.

[2] 李向远，李云岗. 硝酸铵生产工艺新进展 [J]. 大氮肥，2016，39（1）：1-3.

[3] 张鹏. 管式反应器在硝酸铵生产中的应用 [J]. 安徽化工，2016，42（2）：85-86.

5.5　硝酸钠

硝酸钠（Sodium nitrate）又称钠硝石、发蓝粉、粒硝、盐硝。分子式 $NaNO_3$，相对分子质量 84.99。

1. 产品性能

无色透明或白微带黄色菱形结晶，相对密度（d_4^{20}）2.257，熔点为 309.5 ℃。味咸微苦。易溶于水和液氨，微溶于甘油和酒精中。易潮解，在含有极少量氯化钠杂质时，更易潮解。在 380 ℃ 开始分解，在 400～600 ℃ 时放出 N_2 和 O_2，加热至 700 ℃ 时放出 NO，从 775～865 ℃ 时才有少量 NO_2 和 N_2O 生成，分解残物为 Na_2O。硝酸钠为氧化物，与有机物、硫黄或亚硫酸氢钠混在一起能爆炸。

2. 生产方法

（1）中和法

用硝酸和纯碱反应而得。

$$2HNO_3 + NH_2CO_3 \longrightarrow 2NaNO_3 + H_2O + CO_2\uparrow。$$

（2）吸收法

用纯碱溶液吸收硝酸尾气中氧化氮而得。

$$Na_2CO_3 + NO_2 + H_2O \longrightarrow NaNO_2 + H_2O + CO_2\uparrow。$$

（3）复分解法

用硝酸钙和硫酸钠或硝酸铵与氢氧化钠反应而得。

$$Ca(NO_3)_2 + Na_2SO_4 \longrightarrow 2NaNO_3 + CaSO_4\downarrow，$$

$$NH_4NO_3 + NaOH \longrightarrow NaNO_3 + NH_3\uparrow + H_2O。$$

这里主要介绍复分解法的工业生产法。

3. 生产配方（kg/t）

硝酸钙	900
硫酸钠（工业用）	900
蒸气量/(m³/t)	2000
水	10000

4. 生产设备

粉碎机	反应器
过滤器	压滤机
蒸发器	结晶器
离心机	干燥器

5. 工艺流程

图 5-6

6. 生产工艺

在反应器中加入 50%～52% 的硝酸钙溶液和粉碎过的工业硫酸钠，保持反应温度 50～55 ℃，在搅拌下反应 3～4 h。

用真空过滤机滤去沉淀物 $CaSO_4$，滤液送入压滤机，进一步过滤除去杂质。硫酸钙滤渣用水洗涤两次后排出，洗液与滤液合并。合并液的一部分经蒸发浓缩，冷却结晶，离心分离，干燥，即得成品。

将上步的合并液中另一部分返回反应器中稀释料浆，分离出的母液返回蒸发器。

7. 化学试剂制法

（1）制法一

在瓷皿中加入 1000 g 工业硝酸钠、200～300 mL 水，使水面稍能盖住结晶。搅拌 3～4 h，抽滤干结晶，每次用 30 mL 水洗涤 2～3 次。可制得纯度较高的硝酸钠 800 g，氯离子含量可由原来的 0.50% 降至 0.01% 以下。

提纯后的硝酸钠，用格利斯试剂测定其亚硝酸盐含量，若超过 0.0005%，可按下述法处理。将 500～600 g 硝酸钠溶于 400～430 mL 热水中，按计算量加入硝酸铵，加热沸腾 2 h，以分解亚硝酸根。趁热过滤，滤液冷却至室温，抽滤析出的结晶，每次用 30 mL 水洗涤 2～3 次，产量约 350 g。

（2）制法二

将工业硝酸钠的饱和溶液加热至沸，加入相对密度为 1.35 的硝酸，其重量为硝酸钠重量的 1/10。搅拌至冷却，析出的结晶用 10% 的硝酸洗涤。然后小心加热以除去附着的硝酸。

（3）制法三

将 100 g 工业硝酸钠加 200 g 水，加热溶解，用碳酸钠溶液调至弱碱性。所含杂质形成沉淀，过滤除去。滤液浓缩至 150 g，不时搅拌下冷却至析出结晶，抽滤，用少量水洗涤结晶，将所得的结晶用水重结晶 3 次，可得高纯度产品。

8. 产品标准

	一类		二类	
	一级	二级	一级	二级
$NaNO_3$	≥99.2%	98.3%	99.2%	98.3%
NaCl	≤0.40%	—	0.40%	
$NaNO_2$	≤0.02%	0.15%	0.02%	0.15%
NaCl	≤0.10%	—	0.10%	
水分	≤2.00%	2.00%	2.00%	2.00%
水不溶物	≤0.08%		0.08%	
铁（Fe）	≤0.005%	—	0.005%	
松散度	≤10.0	10.0	—	

（筛分试验）

注：①外观允许带淡灰色或淡黄色；②从 $NaNO_3$ 至 Na_2CO_3 4 个项目指标均为干基计；③水分含量以出厂测定为准；④一类产品为添加防结块剂的硝酸钠，不适用于医药卫生及食品工业；⑤一类产品的松散度指标，以出厂日期为准，稳定期应保证 6 个月。

用作食品添加剂的硝酸钠应符合下列产品标准。

	白色结晶，允许带浅灰色或浅黄色
$NaNO_3$（以干基计）	≥99.3%
干燥失重	≤2.00%
水不溶物	≤0.10%
重金属（以 Pb 计）	≤0.002%
砷	≤0.0002%

9. 产品用途

在农业上用作氮肥。用以制硝酸、药物、火药、炸药、烟火、玻璃、颜料、染料等，以及保藏食物和腌肉等。还用于金属清洗剂、铝合金热处理剂、烟草助燃剂等。

10. 安全与贮运

本品属一级无机氧化剂。与可燃物、有机物、硫黄或亚硫酸氢钠接触可形成爆炸混合物，立即着火燃烧或爆炸。燃烧时火焰呈黄色，爆炸后产生有毒和刺激性氧化氮气体。安全要求同硝酸钡。失火时先用砂土盖，再用水扑救，但应注意防止水溶液流到易燃货物处。

11. 参考文献

[1] 褚颖颖. 硝酸钠粗盐分离提纯工艺研究 [D]. 武汉：武汉工程大学，2016.

[2] 锡秀屏. 亚硝酸钠、硝酸钠生产工艺的改进和污染防治 [J]. 小氮肥设计技术，

2003 (2)：9-11.

5.6 硝酸铜

硝酸铜（Cupric nitrate），分子式 $Cu(NO_3)_2 \cdot 3H_2O$，相对分子质量 241.60。

1. 产品性能

深蓝色三棱形晶体。相对密度（d_4^{20}）为 2.32，熔点为 114.5 ℃，易潮解，极易溶于水和乙醇。溶于浓氨水中，生成二硝酸四氨铜的络盐［$Cu(NH_3)_4 \cdot (NO_3)_2$］。此络盐加热即爆炸。硝酸铜于 114.5 ℃ 分解生成难溶的碱式盐 $Cu(NO_3)_2 \cdot Cu(OH)_2$，继续加热则转化为氧化铜。

2. 生产方法

（1）用金属铜与稀硝酸反应：

$$3Cu + 8HNO_3(稀) \longrightarrow 3Cu(NO_3)_2 + 4H_2O + 2NO\uparrow 。$$

（2）用工业含铜废料提取氧化铜与硝酸反应：

$$CuO + 2HNO_3 \longrightarrow Cu(NO_3)_2 + H_2O 。$$

这里主要介绍金属铜法的工业生产方法。

3. 生产配方（kg/t）

铜（不含铅铁等杂质）	190
稀硝酸（工业品，不溶物应少于 1%）	900

4. 生产设备

耐酸反应器	蒸发器
离心机	过滤器
结晶器	

5. 工艺流程

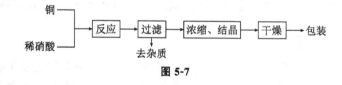

图 5-7

6. 生产工艺

①在硝酸容器中加入计量 30%～32% 的硝酸，分批加入铜屑。反应放出大量 NO 用碱吸收。反应 6～8 h 完成。再将反应液加热到 60～70 ℃，至反应体系无 NO 放出时即达终点。

②将反应液稍加水稀释后，过滤，将沉淀用离心机甩干。在滤液中加适量浓硝酸酸化，再注入蒸发器，于 60～70 ℃ 下蒸发结晶，至相对密度为 1.78～1.80。

③将浓缩后的溶液在结晶器中冷却结晶，2～3 d后结晶用离心机甩干，稍用水洗一下，放在温室中干燥，即得成品。

7. 化学试剂制法

在瓷皿中加入220 mL水及220 mL相对密度为1.40的硝酸，在毒气橱中分次加入55 g铜丝。反应完毕后，加热溶液到60 ℃保持到氮的氧化物不再放出为止。加入110 mL水，混匀过滤，于60～70 ℃蒸发滤液至相对密度为1.79～1.80，冷却。吸滤结晶并用少量水洗，抽干后立即装瓶，产量150～170 g。

8. 产品标准

硝酸铜 [$Cu(NO_3)_2 \cdot 3H_2O$]	≥99.0%
氯化物（以Cl^-计）	≤0.005%
硫酸盐（以SO_4^{2-}计）	≤0.02%
水不溶物	≤0.005%
硫化氢不沉淀物	≤0.1%

9. 产品用途

在农业上用作肥料，也可用作铜触媒。用于无土栽培营养液添加剂，也用于染料和印染工业、搪瓷着色、电镀铜等。

10. 安全与贮运

本品属二级无机氧化剂。易于氧化物品接触发生急剧反应，着火、剧烈燃烧或爆炸。与炭末、硫黄或其他可燃物加热、撞击或摩擦，能引起燃烧或爆炸。本品有毒，在170 ℃分解并放出有毒的一氧化氮气体。

11. 参考文献

[1] 刘少文. 硝酸铜生产过程中废气处理研究 [J]. 武汉化工学院学报，1996（4）：28-30.

[2] 王犇，孟韵，王民爽. 硝酸与金属铜反应制备硝酸铜新工艺研究 [J]. 无机盐工业，2002（3）：30-31.

5.7　硝酸锌

硝酸锌（Zinc nitrate）分子式 $Zn(NO_3)_2 \cdot 6H_2O$，相对分子质量297.47。

1. 产品性能

无色棱形或四方结晶，相对密度（d_4^{14}）2.065，熔点36.4 ℃。溶于水和乙醇，易潮解，常温下六水物最稳定。水溶液呈酸性（pH＝4）。硝酸锌加热时，先变成碱式盐 $Zn(NO_3)_2 \cdot 3Zn(OH)_2$，然后形成氧化锌，分解放出一氧化氮气体。有氧化性，有腐蚀性。

2. 生产配方 (kg/t)

氧化锌 (100%)	280
浓硝酸 (100%, 工业)	471
锌粉	适量

3. 生产设备

反应器	过滤器
精制槽	蒸发器
结晶器	

4. 工艺流程

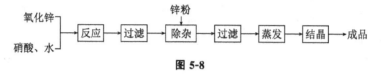

图 5-8

5. 生产工艺

在反应器中加入一定量水,在搅拌下边加硝酸边加氧化锌,配料比为 m(HNO$_3$):m(ZnO)=1.6:1.0,反应至溶液 pH 为 3.5~4.0 时为止。

将反应液静置 24 h,用叶片真空过滤机将清液抽入精制槽,加水稀释到 30%~36%,用硝酸调 pH 至 3,投入锌粉。搅拌数分钟。锌粉可置换出 Cu^{2+}、Pb^{2+} 等离子。经澄清,抽滤得清液。

将清液酸化后送入蒸发器,减压蒸发,至 60%~63%,然后放入结晶器中,在搅拌下冷却至 50 ℃ 以下,直接装入内衬塑料袋的铁桶中,即得成品。

氧化锌与硝酸反应后的锌盐废渣,用少量硝酸酸化,以热水反复洗涤,吸滤后的洗液可作投料用,废渣中含有的稀有元素如镉、锗、铟等可分别提炼。

6. 化学试剂制法

取 450 mL 水及 320 mL 硝酸(相对密度 1.4)置于大瓷皿中。加热至 50 ℃,在通风下将 125 g 锌粒(或 160 g 氧化锌)分次少量加入溶液内。至全部溶解后静置,过滤,蒸发滤液至相对密度为 1.61 时,在搅拌下冷却至 5~10 ℃。吸滤出结晶,置于磨口瓶中保存。产量 380~400 g,产率 66~70%。其中反应如下:

$$3Zn+8HNO_3 \!=\!\!=\!\! 3Zn(NO_3)_2+2NO+4H_2O,$$

或

$$ZnO+2HNO_3 \!=\!\!=\!\! Zn(NO_3)_2+H_2O。$$

7. 产品标准

	固体产品	液体产品
Zn(NO$_3$)$_2$·6H$_2$O	≥98.0%	≥80.0%
游离酸 (HNO$_3$)	≤0.03%	≤0.03% (pH=3~4)
含铅 (Pb)	≤0.5%	≤0.400%
含铁 (Fe)	≤0.01%	≤0.008%

8．产品用途

农业上可用作锌肥，也用作无土栽培的营养液。用于工业电镀、媒染剂，配制钢铁磷化剂及化学试剂等。

9．安全与贮运

本品属二级无机氧化剂。与有机物或易氧化的物品接触，会增加燃烧和爆炸的可能性。燃烧时放出有毒的氧化氮气体。安全要求同硝酸银。

5.8　硝酸镁

硝酸镁（Magnesium nitrate），分子式 $Mg(NO_3)_2 \cdot 6H_2O$，相对分子质量 256.40。

1．产品性能

白色单斜晶体。有苦味，易潮解，易溶于水、液氨和乙醇中。相对密度（d_4^{25}）1.4663，熔点 95 ℃。在高于熔点时，即脱水生成碱式硝酸盐。在 330 ℃ 分解；在 400 ℃ 则完全分解为氧化镁和氧化氮气体，有强氧化作用。

2．生产方法

（1）氧化镁法

用氧化镁或氢氧化镁与硝酸反应而得。

$$MgO+2HNO_3 \Longrightarrow Mg(NO_3)_2+H_2O,$$

或

$$Mg(OH)_2+2HNO_3 \Longrightarrow Mg(NO_3)_2+2H_2O_。$$

（2）碳酸镁法

用碳酸镁或菱镁矿与硝酸反应而得。

$$MgCO_3+2HNO_3 \Longrightarrow Mg(NO_3)_2+CO_2 \uparrow +H_2O$$

这里主要介绍碳酸镁法的工业生产方法。

3．生产配方（kg/t）

菱镁矿（以 100％计，使用 75％～85％）	350
硝酸（以 100％计，使用 39％～41％）	520

要求菱镁矿含 MgO 在 75％～85％，使用的硝酸含量在 39％～41％。

4．生产设备

搪瓷反应釜	颚式破碎机
粉碎机（40～50 目筛）	过滤器
结晶器	三足式离心机（或真空吸滤器）

5．工艺流程

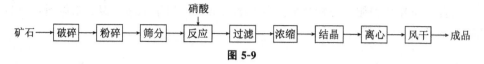

图 5-9

6．生产工艺

先用破碎机将矿石破碎成 3～5 cm 大小的颗粒。再用粉碎机粉碎以后，过 40～50 目的钢筛。

将 39%～41% 的硝酸加入反应釜中，再把矿石粉缓慢加入反应釜中，不断搅拌。反应中溶液温度很快上升，是由于产生了大量二氧化碳。为防止溢釜，在减慢加入矿粉的同时，再用水冷却，且停止搅拌。控制反应温度在 40～50 ℃ 为宜。

当溶液不冒气泡时表示反应完毕。此刻物料中应过剩 2%～3% 的矿石粉。将物料过滤，用少量水洗滤渣，洗液和过滤液合并送去浓缩 [滤液中含 $Mg(NO_3)_2$ 520～600 g/L，$Ca(NO_3)_2$ 8～10 mL]。溶液浓缩到相对密度为 1.46～1.52，$Mg(NO_3)_2$ 含量为 50%～75% 时为止，让其自然冷却、结晶。再将结晶放入离心机中甩水。后将结晶自然风干，即可密封包装。

母液送到浸溶工段溶解矿石或送去浓缩。

7．制化学试剂法

（1）制法一

将 84 mL 60% 的硝酸注入 100 mL 水中，在搅拌下分次少量加入 36 g 三水合碱式碳酸镁。待不再产生 CO_2 后，过滤，除去不溶物。滤液在水浴上加热浓缩至原体积的 1/3。于室温下放置数小时。抽滤析出的结晶，用少量水洗涤，置于空气中自然干燥。产量约 90 g。其反应如下：

$$3MgCO_3 \cdot Mg(OH)_2 + 8HNO_3 \!=\!\!=\!\! 4Mg(NO_3)_2 + 3CO_2\uparrow + 5H_2O。$$

（2）制法二

将 200 g 工业氧化镁分次少量加入 700 mL 相对密度为 1.4 的硝酸中。反应终止后，应有部分未反应的氧化镁，加 20 mL 饱和硫化氢水，沉出重金属杂质，加热，过滤。滤液用硝酸酸化后，浓缩至表面结成结晶膜，冷却，抽滤析出的结晶，产量约 600 g。再用水重结晶数次。其反应为：

$$MgO + 2HNO_3 \!=\!\!=\!\! Mg(NO_3)_2 + H_2O。$$

8．产品用途

在农业上用作小麦灰化剂，也用作无土栽培营养液添加剂。用于制烟火、炸药、催化剂、浓缩硝酸的脱水剂和化学试剂。

9．安全与贮运

本品属二级无机氧化剂。与有机物及易被氧化的物品接触会燃烧、爆炸。燃烧时放出有毒的氧化氮气体。

10. 参考文献

[1] 吴旋，卜玉山，刘亚楠，等. 硝酸钙泥、硝酸镁泥肥料化的土壤效应 [J]. 天津农业科学，2014，20 (6)：86-89.

5.9 硝酸钙

硝酸钙 (Calcium nitrate) 分子式 Ca (NO$_3$)$_2$・4H$_2$O，相对分子质量 236.15。

1. 产品性能

透明菱形结晶，在空气中潮解，溶于水、甲醇、乙醇、戊醇、乙酸甲酯和丙酮，遇有机物、硫黄等即发生燃烧和爆炸。相对密度为 1.80，熔点 42.5 ℃ (α-晶体)。无水硝酸钙灼烧后即转为 CaO。硝酸钙是氧化剂，遇有机物、硫黄即发生燃烧和爆炸，并发出红色火焰。

2. 生产方法

（1）氢氧化钙法

氢氧化钙与硝酸铵反应，生成硝酸钙。

$$Ca(OH)_2 + 2NH_4NO_3 \longrightarrow Ca(NO_3)_2 + 2NH_3 \uparrow + 2H_2O。$$

（2）高纯硝酸钙制法

由分析纯硝酸钙经除杂提纯制得。

3. 生产工艺

（1）氢氧化钙法

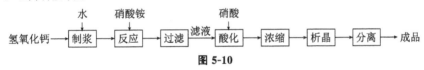

图 5-10

（2）高纯品制法

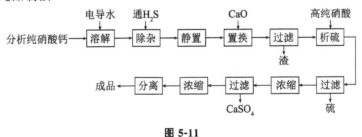

图 5-11

4. 生产流程

（1）工业品制备

用破碎机把石灰石破碎成小块，再用粉碎机将其粉碎成粉末，用 100 目筛过筛。若用轻质碳酸钙，可以省去粉碎。

将计量的石灰石粉装入反应釜中，加入计量约 25% 的稀硝酸。加温，在沸腾温度下发生中和反应，反应约为 1 h；反应完毕后，再煮 0.5 h，此时溶液的 pH 约为 0.75。

将溶液送到澄清桶澄清，除去杂质泥沙，如沉淀不好，可加石灰乳调至弱碱性，即可澄清。过滤，过掉沉淀，把溶液调成弱酸性。

将溶液送到蒸发器浓缩，到 60%±2% 为止；把溶液入结晶器，在搅拌下冷却到 50 ℃ 以下，静置 1.0~2.5 h，即得结晶，然后用分离机分离。过滤后母液返回到蒸发器，浓缩后参加循环。干燥，在 150~200 ℃ 下烘干滤饼，包装。

（2）氢氧化钙法

将 200 mL 水加入瓷皿中，加入 110 g 硝酸铵。另取 31.5 g 氧化钙加 35 mL 水制得氢氧化钙。将氢氧化钙分次少量加入硝酸铵溶液中，混合后，水浴加热，不时补加因蒸发而失去的水分。当微弱氨味消失，停止加热。过滤，用水洗涤不溶物。向滤液中滴加 65% 的硝酸，直至滤液对石蕊呈弱酸性。加热至 40~50 ℃，热滤。滤液浓缩至 200 mL 时，趁热除去硫酸钙结晶。滤液进一步浓缩至体积 175 mL 左右，加少许四水合硝酸钙作晶种。冷却至室温，分离晶体，得到试剂纯四水合硝酸钙。

（3）化学试剂制法

将 220 g 硝酸铵溶于 400 mL 水中，置于瓷皿中，放在通风橱内。再取 63 g 氧化钙，加 70 mL 水制得氢氧化钙。将此粉状氢氧化钙分次缓慢加入硝酸铵溶液中。混合后，于水浴上加热。不时搅拌并补充因蒸发失去的水分。当微弱的氨味刚刚消除时，停止加热。过滤，用水洗涤不溶物。向滤液中滴加相对密度 1.4 的硝酸，直至滤液对石蕊呈弱酸性。加热至 40~50 ℃，过滤。滤液浓缩至体积约为 400 mL 时，趁热过滤以除去硫酸钙结晶。滤液继续加热蒸发至体积约为 350 mL，加少许 $Ca(NO_3)_2 \cdot 4H_2O$ 作为晶种。冷却至室温，吸滤析出的结晶，即得硝酸钙，产量为 140 g 的产品。

（4）高纯品制备

将 1000 g 分析纯硝酸钙，溶于 1000 mL 电导水中，加入 10~15 mL 分析纯 $(NH_4)_2S$，或通入 H_2S 0.5 h 左右。放置 48 h，先倾出上面透明的溶液，再进行过滤。将滤液移至烧杯中，加入高纯 CaO 数克，使溶液内有过量的 CaO 存在，然后放在电炉上煮沸，冷却至室温，过滤。滤液用高纯硝酸调 pH 至 2，即有大量的白色硫黄析出，过滤，浓缩。在浓缩过程中可能有白色沉淀物 $CaSO_4$ 生成，再过滤除去之。浓缩至 125 ℃ 左右，待完全冷却后，投入 99.99% $Ca(NO_3)_2$ 晶体，立即出现结晶，然后进行吸干或甩干。可得 600 g 99.99% 的高纯硝酸钙。

5. 说明

①硝酸钙溶解后，加硫化铵，过数小时即过滤。滤液中加入 CaO 静置过夜，由于未经煮沸，这样虽经重结晶后，但重金属离子及镁离子都不能除尽。

②硝酸钙溶解后，加硫化铵静置两天两夜，过滤，或者在滤液中加入 CaO 静置过夜，经煮沸，可不进行重结晶。此时，重金属离子亦能合格，但 Mg^{2+} 不稳定。

6. 产品标准

阳离子	符合光谱规定
酸度	合格
碱度	合格
水不溶物	$\leqslant 2\times 10^{-3}\%$
氯化物（Cl^-）	$\leqslant 5\times 10^{-4}\%$
硫酸盐（SO_4^{2-}）	$\leqslant 1\times 10^{-3}\%$
铵（NH_4^+）	$\leqslant 2\times 10^{-3}\%$
砷（As）	$\leqslant 2\times 10^{-4}\%$

7. 产品用途

在农业上用作肥料，也用作无土栽培营养液添加剂，还用作烟火材料和分析试剂。用于电子、仪表及冶金工业。

8. 安全与贮运

本品属一级无机氧化剂。加热放出氧，遇有机物、硫黄即发生燃烧爆炸。火灾时放出有毒的氧化氮气体。安全要求与硝酸钡相同。

9. 参考文献

[1] 宋佳. 黄磷渣制备白炭黑联产硝酸钙工艺研究 [D]. 郑州：郑州大学，2014.

[2] 程干华. 硝酸磷肥工艺中硝酸钙结晶的分离过程 [J]. 磷肥与复肥，2001（4）：34-36.

5.10　硝酸锰

硝酸锰（Manganese nitrate）又称硝酸亚锰（Manganous nitrate），分子式$Mn(NO_3)_2 \cdot 6H_2O$。相对分子质量287.03。

1. 产品性能

浅玫瑰色长针状菱形晶体，熔点 25.9 ℃，沸点 129.4 ℃。易潮解，极易溶于水，溶于乙醇。于 160～200 ℃ 氧化分解为二氧化锰。

2. 生产方法

（1）单质锰法

单质锰与硝酸反应，经提纯、浓缩得硝酸锰。

$$3Mn+8HNO_3 =\!=\!= 3Mn(NO_3)_2+2NO\uparrow+4H_2O。$$

（2）复分解法

碳酸锰与硝酸反应生成硝酸锰。

$$MnCO_3+2HNO_3 =\!=\!= Mn(NO_3)_2+CO_2\uparrow+H_2O。$$

3. 工艺流程

（1）单质锰法

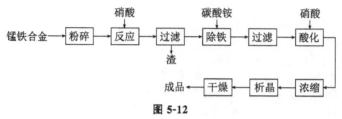

图 5-12

（2）碳酸锰法

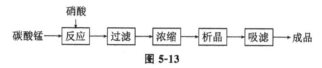

图 5-13

4. 生产工艺

（1）单质锰法

将含锰 76% 的锰铁合金粉碎，取 100 g 锰铁合金粉末于通风条件下搅拌少量分次加入 500 mL 34% 的硝酸中。待反应完毕（不再产生氧化氮气体），置沙浴加热，过滤。取出滤液 100 mL，加碳酸铵至溶液呈弱碱性，产生氢氧化铁和碳酸锰沉淀，过滤，沉淀用水洗涤后，加至其余的 400 mL 滤液中。于 90～95 ℃ 加热 30 min，此时 Fe^{3+} 以氢氧化铁形式沉淀出来，趁热过滤。滤液用硝酸酸化，在低于 70 ℃ 下浓缩，冷却析晶（必要时加六水合硝酸锰晶种），分离，于氢氧化钠干燥器中放置一昼夜，以除去游离硝酸。得六水合硝酸亚锰。

（2）碳酸锰法

将 200 g 碳酸锰加入 400 mL 35% 的硝酸中，至溶解反应完全。过滤，滤液用硝酸调至微酸性，于 60～70 ℃ 浓缩，至 40 ℃ 时相对密度 1.65，析晶，分离，得六水合硝酸锰。

耐酸容器中加定量的硝酸（所加硝酸不能超过容器的 2/3），再加入稍过于计算量的碳酸锰。不断搅拌。反应液中未溶解的碳酸锰可除去杂质铁。溶液中若有 SO_4^{2-}，需加适量硝酸钡，并在 70～80 ℃ 下保温 2～3 h。将反应液过滤，滤液转入蒸发器，加适量硝酸酸化，于 60～70 ℃ 下减压蒸发。滤液蒸发至含硝酸锰 85% 左右，缓慢冷却至 0～5 ℃，自然结晶，约需 12 h［在 −29.0～23.5 ℃ 的范围内，析出的是 $Mn(NO_3)_2 \cdot 6H_2O$］。再将结晶用离心机甩干，即可密封包装。

5. 产品用途

在农业上用作无土栽培营养液添加剂。高纯硝酸锰用于钽电容器生产及制备 MnO_2 半导体涂层。

6. 安全与贮运

本品属二级无机氧化剂。与有机物和易氧化物品接触立即着火燃烧或爆炸。本品有毒，燃烧时放出有毒的氧化氮气体。

7. 参考文献

[1] 李永锋，董考仲，焦健. 四水合硝酸锰的制备 [J]. 河北轻化工学院学报，1994 (4)：72-75.

5.11　硝酸钾

硝酸钾（Potassium nitrate）又称硝石、盐硝、火硝。分子式 KNO_3，相对分子质量 101.10。

1. 产品性能

无色透明斜方或菱形晶体或白色粉末。相对密度（d_4^{15}）2.1091。易溶于水，不溶于无水乙醇与乙醚。在空气中不易潮解。在 334 ℃ 熔融，400 ℃ 分解放出氧，并转变成亚硝酸钾，继续加热则生成氧化钾。

2. 生产方法

（1）复分解法

氯化钾与硝酸钠或硝酸铵发生复分解反应，得硝酸钾。

$$KCl + NaNO_3 \rightleftharpoons KNO_3 + NaCl,$$

或

$$KCl + NH_4NO_3 \rightleftharpoons KNO_3 + NH_4Cl。$$

（2）硝酸法

硝酸与氯化钾在较低温度下反应，生成硝酸钾。

$$KCl + HNO_3 \rightleftharpoons KNO_3 + HCl。$$

（3）吸收法

苛性钾（或碳酸钾）吸收硝酸生产中的尾气，经加硝酸及后处理得硝酸钾。

$$NO_2 + NO + H_2O \rightleftharpoons 2HNO_2,$$
$$N_2O_4 + H_2O \rightleftharpoons HNO_3 + HNO_2,$$
$$2KOH + 2HNO_2 \rightleftharpoons 2KNO_2 + 2H_2O,$$
$$2KOH + HNO_3 + HNO_2 \rightleftharpoons KNO_2 + KNO_3 + 2H_2O,$$
$$3KNO_2 + 2HNO_3 \rightleftharpoons 3KNO_3 + 2NO + H_2O。$$

3. 工艺流程

（1）复分解法

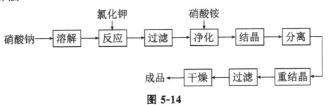

图 5-14

（2）吸收法

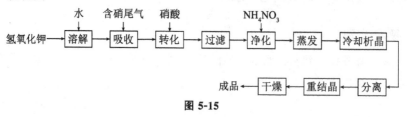

图 5-15

4. 生产配方（kg/t）

硝酸钠	930
氯化钾	920
硝酸铵	50

5. 生产工艺

在反应器内加入适量的水，用蒸汽加热，在搅拌下，使硝酸钠全部溶解，再按 $m(NaNO_3) : m(KCl) = 100 : 85$ 配料比逐渐加入氯化钾。当反应物料加热蒸发至含量为 $45\% \sim 48\%$，温度达 119 ℃ 时，氯化钠首先析出。经真空过滤，用少量热水洗涤氯化钠晶体，以减少硝酸钾的损失。滤液送入结晶器。用滤液量 $10\% \sim 15\%$ 的水稀释，边搅拌边冷却，24 h 后，硝酸钾呈晶体析出，再经真空过滤，水洗，控制 Cl^- 的百分含量在 0.5% 以下。经过滤、离心分离后，送至气流干燥器，在 80 ℃ 以上干燥，即得成品。

分离母液送入反应器，循环使用。若母液中含 Mg^{2+} 高时需加 NaOH 溶液以除去 $Mg(OH)_2$ 沉淀。

6. 实验室制法

将 150 g 工业硝酸钾溶于 120 mL 热水中。加入 0.15 g 碳酸钾，煮沸，以除去杂质铁。过滤，滤液在搅拌下冷却。吸滤，干燥得试剂纯产品。

7. 产品标准

	一级品	二级品	三级品
硝酸钾（KNO₃）含量	≥99.80%	≥99.00%	≥98.50%
水分	≤0.10%	≤0.30%	≤0.60%
氯化物（以 NaCl 计）	≤0.03%	≤0.20%	≤0.60%
碳酸盐（以 K₂CO₃ 计）	≤0.01%	≤0.010%	≤0.10%
水不溶物	≤0.03%	≤0.05%	≤0.10%
可氧化物	≤0.01%	≤0.10%	
钙镁盐	≤0.01%	≤0.10%	
铁（Fe）	≤0.001%	≤0.010%	≤0.100%
硫酸盐（以 K₂SO₄ 计）	≤0.001%	≤0.010%	≤0.100%

8. 产品用途

在农业上用作钾肥，也用作无土栽培营养液添加剂，也用作氧化剂、助熔剂、玻璃澄清剂。用于制显像管、玻璃、火药，也用于电镀业。

9. 参考文献

[1] 段正康，谢帆，张涛，等. 硝酸钾生产工艺概述及复分解法存在的问题与对策 [J]. 无机盐工业，2015，47（5）：4-8.

[2] 李雅芙，刘素芹. 硝酸钾生产工艺综述 [J]. 海湖盐与化工，2005（3）：27- 30.

5.12　硫酸锌

硫酸锌（Zinc sulfate）又称皓矾（White vitriol），无水物分子式 $ZnSO_4$，分子量 161.54；七水合物分子式 $ZnSO_4 \cdot 7H_2O$，相对分子质量 287.54。

1. 产品性能

一般应用的硫酸锌均含结晶水。在 $-5.8 \sim 38.8$ ℃ 含 27.87 ％ $ZnSO_4$ 的冰盐共晶点，从水溶液中结晶出来的硫酸锌是无色斜方结晶 $ZnSO_4 \cdot 7H_2O$，在 $7.6 \sim 24.9$ ℃ 出现介稳的 $ZnSO_4 \cdot 7H_2O$ 单斜晶型结晶。$ZnSO_4 \cdot 6H_2O$ 结晶的稳定范围是 $38.8 \sim 70.0$ ℃。低于 11.4 ℃ 时，介稳的 $ZnSO_4 \cdot 6H_2O$ 不可逆的转变为单斜结晶 $ZnSO_4 \cdot 7H_2O$。高于 70 ℃ 时结晶出 $ZnSO_4 \cdot H_2O$。超过 280 ℃ 转变为无水硫酸锌，767 ℃ 分解为 ZnO 和 SO_3。

七水合硫酸锌为无色结晶，相对密度 (d_4^{25}) 1.957。在干燥空气中逐渐风化，低毒性，小白鼠经口毒性 (LD_{50}) 1.18 g/kg。

2. 生产方法

（1）复分解法

硫酸与氧化锌、氢氧化锌或其他含锌原料发生复分解反应，经精制得硫酸锌。将锌料缓慢加入相对密度 1.16 的稀硫酸中，温度控制在 80～90 ℃，约 2 h 后溶液 pH 至 5.1～5.4 反应完毕，此时溶液相对密度约 1.35。加入少量的高锰酸钾或漂白粉，使铁、锰氧化沉淀，过滤弃渣。滤液倒入置换桶，加入少量锌粉，在 75～90 ℃ 下搅拌 40～50 min，置换出铜、铅、镉等重金属杂质。过滤后，滤液再用少量的高锰酸钾或漂白粉氧化，进一步除去少量的铁、锰，过滤得相对密度为 1.28～1.32 的硫酸锌溶液，此溶液冷却后在结晶锅中结晶 2～3 d，分离结晶，并甩干后在 40～50 ℃ 下烘干得成品。

$$ZnO + H_2SO_4 =\!\!=\!\!= ZnSO_4 + H_2O,$$
$$Zn(OH)_2 + H_2SO_4 =\!\!=\!\!= ZnSO_4 + 2H_2O.$$

（2）煅烧法

闪锌矿在 600 ℃ 下氧化焙烧得硫酸锌。

$$ZnS + 2O_2 =\!\!=\!\!= ZnSO_4.$$

（3）菱锌矿法

菱锌矿用盐酸浸取，氧化、除铁后水解富集锌，与镁分离。富集的锌用硫酸溶解，除重金属后，蒸发，冷却析晶得硫酸锌。

$$ZnCO_3 + 2HCl =\!=\!= ZnCl + H_2O + CO_2 \uparrow,$$

$$MgCO_3 \cdot CaCO_3 + 4HCl =\!=\!= MgCl_2 + CaCl_2 + 2CO_2 \uparrow + 2H_2O,$$

$$ZnCl + 2H_2O =\!=\!= Zn(OH)_2 \downarrow + 2HCl,$$

$$Zn(OH)_2 + H_2SO_4 =\!=\!= ZnSO_4 + 2H_2O,$$

$$MgCl_2 + Ca(OH)_2 =\!=\!= Mg(OH)_2 \downarrow + CaCl_2。$$

（4）高纯硫酸锌制法

将 150 g 99.99％的金属锌，放入 1000 mL 烧杯中，加入 50 mL 高纯电导水，再加 50％的高纯酸，使锌溶解（可加热至 100 ℃加快反应）。冷却，过滤，蒸至形成一整片结晶膜出现为止。冷却并进行搅拌，析晶后离心甩干，得光谱纯硫酸锌。

$$Zn + H_2SO_4 =\!=\!= ZnSO_4 + H_2。$$

另外，制备超纯硫酸锌的方法还有吸附络合沉淀色层法、重结晶法、配合沉淀法、硫化氢分步沉淀法、萃取法和离子交换法。

用离子交换法制备超纯硫酸锌的基本原理是在普通硫酸锌溶液中添加一种配合剂，它能与 Fe^{3+}、Ni^{2+}、Co^{2+} 等杂质阳离子形成稳定的配合阴离子，而难以与 Zn^{2+} 形成稳定的配合阴离子，锌仍以阳离子状态存在于溶液中，然后利用阴子离子交换树脂交换吸附配合阴离子，从而使硫酸锌溶液中的杂质得以除去。配合剂的选择十分重要。通常选 α-亚硝基 β-萘酚磺酸盐（简称亚基 R 盐）作为配合剂。阴离子交换树脂可选用 370 型和 390 型树脂，它们均属于弱碱性阴离子交换树脂。

树脂通过水洗、碱、酸处理后装柱。普通硫酸锌配制成含量 15％、密度为 1.17 g/mL 左右的 $ZnSO_4$ 溶液，调节 pH 至 5～6。按 1％的亚基 R 盐 3 mL 加 15％的 $ZnSO_4$ 100 mL 配制亚基 R 盐溶液，调节 pH 至 4.5 左右，然后进行交换反应。树脂通过淋洗、转型再生可循环使用。

3. 工艺流程

（1）复分解反应法

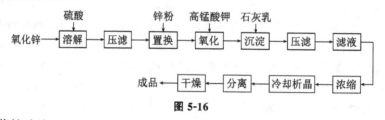

图 5-16

（2）菱锌矿法

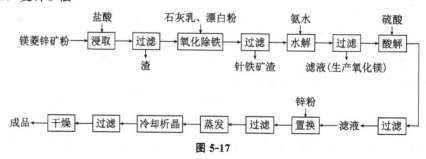

图 5-17

4. 生产配方（kg/t）

硫酸（98%）	369
氧化锌（100%）	240

注：该生产配方为复分解法的生产配方。

5. 生产工艺

（1）复分解法

含锌物料经球磨机粉碎，用18%～25%的硫酸溶解。溶解是在衬有耐酸材料（如衬铅）并有搅拌器的反应釜中进行。由于反应放热，温度上升至80～100℃（锌矿溶解时温度在90～95℃），如果物料中含有大量金属锌时，因产生氢气，反应器必须装有强烈的排风装置。为了加速反应后期的反应速度，可以加过量的含锌物料。反应结束后（此时溶液中的游离酸含量降至1～2 g/L）。溶液经澄清压滤，滤液中$ZnSO_4$约400 g/L，并有$FeSO_4$、$CuSO_4$、$CdSO_4$等杂质。锌矾溶液中这些杂质的除去，可分两步进行，先是置换除铜镍等，然后氧化除铁。前者是在滤液中加入锌粉，并强烈搅拌4～6 h，因为锌的还原电位较Cu、Ni、Cd等低，则金属锌可从盐溶液中置换出这些金属。其中铜的沉淀作用快而完全，Ni和Cd因为与Zn的电位序非常接近，使分离困难。为使Ni充分凝聚要求锌粉过量很多，同时需高温。用于除去Cu、Ni等的锌粉应预先用少量稀硫酸处理，除去金属表面的氧化物薄膜。置换后的溶液经压滤，除去细泥状金属渣。滤液进行除铁，可加氧化剂使Fe^{2+}变Fe^{3+}。常用氧化剂是二氧化锰、高锰酸钾、次氯酸钠等。氧化后加适量石灰乳使高铁的氢氧化物沉淀，石灰不要过量，以免形成锌的碱式盐沉淀。在沉淀析出后，应把溶液煮沸，破坏剩余的漂白粉等，然后经过滤，其洗涤水送回反应器供稀释硫酸用。滤液经浓缩、结晶、分离、干燥得七水合硫酸锌。过滤后的滤泥回收铅、锡、镉、锗等金属。

制备一水硫酸锌的反应及除杂过程与七水合硫酸锌大致相同。制备一水合硫酸锌，可将生产七水合硫酸锌的溶液在置换器中加热至90℃，再加入锌粉置换除去杂质，经过滤、澄清，得精制硫酸锌溶液，蒸发至溶液密度约为1.53 g/mL，然后在浓缩器中进一步浓缩，至析出大量结晶为止，经离心脱水，干燥后即得一水合硫酸锌。母液经冷却可得七水合硫酸锌。

（2）氧化锌法

在耐酸反应器中配制20%的稀硫酸，在搅拌下，将氧化锌粉缓慢加入，并用蒸汽加热至80～90℃，约2 h后，溶液pH至5.1～5.4，当含量为38%时，反应完毕。

在已反应完的溶液中加入少许高锰酸钾（或漂白粉），使铁、锰氧化沉淀，过滤，滤渣弃去。在滤液中加入锌粉（或锌料），控制温度75～90℃，含量30%～35%，搅拌40～50 min，置换出铜、铅、镉等杂质。再过滤，滤液用高锰酸钾氧化，进一步除去少量的铁、锰后，过滤得80～85℃的精制硫酸锌溶液。

将浓缩好的热液，移入结晶器中冷却结晶。需2～3 d，每天搅动2～3次。将结晶投入离心机中离心脱水，再放入瓷盘中，在40～45℃烘箱中烘干。烘干冷透后，用箅筛过筛（头子用打粉机轧细），即得纯度为98%以上的成品。

（3）菱锌铁法

菱锌矿经粉碎后。以液固比为 3：1 调成矿粉浆，搅拌下缓慢加入浓盐酸至无明显气泡冒出后，再过量少许盐酸，保持 pH 至 1.0 左右，继续搅拌浸取 0.5 h，过滤、洗涤滤渣。

根据浸出液中亚铁含量，加入过量 5％的氧化剂（如漂白粉），加热到 90 ℃ 以上时，搅拌下缓慢加入石乳中和游离酸，使铁以针铁矿形式沉淀。pH 控制在 4.0～5.0 范围内，除铁率可稳定在 98％以上，而锌、镁损失甚微。

滤液主要阳离子含量：Zn^{2+} 的含量 32.23 g/L，Mg^{2+} 的含量 38.74 g/L。将锌、镁有效分离是综合利用菱锌矿制硫酸锌的关键。可以用氟化铵来沉淀镁离子、钙离子，实现锌、镁分离，但该法不经济。也可用氨水做沉淀剂使硫酸锌水解成碱式硫酸锌 $ZnSO_4 \cdot 3Zn(OH)_2$ 沉淀，但锌的水解沉淀率最高只能达到 94％，并且用氨水调节 pH 时，必须严格控制，否则过量氨水将与锌形成配合物，降低锌、镁分离效果。

利用氢氧化锌与钙、镁氯化物在溶解度上的差异可将锌、镁有效分离。分离镁、钙后的滤饼成分主要是氢氧化锌。

氢氧化锌用 18％～25％的硫酸于搅拌下溶解，溶解完成后，料液经压滤，沉渣可加硫酸进行二次浸出。滤液除硫酸锌外，还含铁、铜、镍等杂质。在滤液中加入锌粉，并强烈搅拌 4 h，置换出铜、镍、镉等，而锌则生成硫酸锌。向滤液中加入适量氧化剂（MnO_2、$KMnO_4$ 等），氧化后加入适量石灰乳，使高价铁生成氢氧化铁沉淀（石灰乳不要过量）。杂质沉淀析出后，溶液煮沸以破坏剩余的氧化剂，然后过滤、洗涤液返回配硫酸用。滤液经浓缩，冷却析晶，离心分离，干燥得七水合硫酸锌。

（4）化学试剂制法

在室外或通风橱中向 1150 g 20％的硫酸中缓慢加入 170 g 锌粒（注意防止锌中杂质砷形成的三氢化砷中毒）。反应完毕后加热，溶液中应留有少量锌，于溶液中加入由 1 mL 过氧化氢、2 g 碳酸锌或氧化锌和 2 mL 水所组成的糊状物，搅拌后静置，使杂质铁以氢氧化铁形式充分沉出，过滤。蒸发滤液至出现结晶膜。在不断搅拌下用冷水冷却、过滤所得结晶，于室温下干燥。

$$Zn + H_2SO_4 =\!=\!= ZnSO_4 + H_2 \uparrow 。$$

6. 产品标准

	化学级	一级	二级
硫酸锌（$ZnSO_4 \cdot 7H_2O$）	≥98.0％	≥99.0％	≥98.0％
铁（Fe）	≤0.001％	≤0.005％	≤0.01％
铜（Cu）	≤0.003％	—	—
锰（Mn）	≤0.03％	≤0.01％	—
氯化物（Cl^-）	≤0.20％	≤0.05％	≤0.2％
水不溶物	≤0.15％	≤0.02％	≤1.05％
游离酸（H_2SO_4）	—	≤0.05％	≤0.10％
遇 H_2S 试验	液体呈乳白色		

7. 产品用途

微量元素肥料之一。在农业上用作锌肥，用于土壤补锌。镀锌电镀液和无机颜料锌钡白及锌盐的原料。常用作人造纤维的凝固剂，印染工业的媒染剂，木材、皮革的防腐剂，可以用来防治果树的病虫害。还广泛用于电解工业。

8. 参考文献

[1] 佟志芳，杨光华. 由含锌烟尘制备高纯硫酸锌溶液的工艺研究 [J]. 中国有色冶金，2009（4）：65-68.

[2] 姚根寿. 铜转炉烟灰生产七水硫酸锌的实践 [J]. 有色冶炼，2003（3）：41-43.

5.13　硫酸锰

硫酸锰（Manganese sulfate）又称硫酸亚锰，分子式 $MnSO_4 \cdot H_2O$，相对分子质量 169.02。

1. 产品性能

淡玫瑰红色细小晶体，属单斜晶系。易溶于水，不溶于醇。在空气中风化，相对密度 2.95。850 ℃ 开始分解，因条件不同放出 SO_3、SO_2 或 O_2，残留黑色的不溶性 Mn_3O_4，约在 1150 ℃ 完全分解。

2. 生产方法

（1）软锰矿法

将软锰矿用碳粉还原，再用硫酸浸取。

$$2MnO_2 + C + 2H_2SO_4 =\!=\!= 2MnSO_4 + CO_2\uparrow + 2H_2O。$$

（2）菱锰矿法

用菱锰矿与硫酸作用，再经精制而得硫酸锰。

$$MnCO_3 + H_2SO_4 =\!=\!= MnSO_4 + H_2O + CO_2\uparrow。$$

（3）副产法

生产氢醌时有大量的硫酸锰副产物。由苯胺氧化生产氢醌时反应如下：

$$2C_6H_5NH_2 + 4MnO_2 + 5H_2SO_4 =\!=\!= 2\ HO-\!\!\!\bigcirc\!\!\!-OH + 4MnSO_4 + (NH_4)_2SO_4 + 4H_2O。$$

这里主要介绍软锰矿法的工业生产方法。

3. 生产配方（kg/t）

软锰矿粉（MnO_2，100%）	5740
煤粉	1780
硫酸（100%）	6750

4. 生产设备

破碎机	还原焙烧炉
钢反应器	水夹套转鼓
冷却器	压滤机
蒸发器	离心机
结晶器	

5. 工艺流程

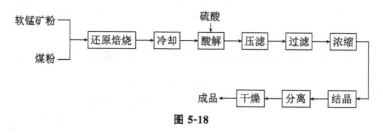

图 5-18

6. 生产工艺

将 MnO_2 含量在 65% 以上的 m（软锰矿粉）：m（白煤粉）＝100：20 的配料比混合，在还原焙烧炉中进行还原焙烧生成 MnO。

在水夹套转鼓冷却器中，于隔绝空气的条件下冷却至室温。将冷却后的 MnO 在稀硫酸中进行酸解，硫酸含量为 15%～20%。

软锰矿粉中杂质（Ca、Mg、Fe、Al 等）皆在酸解过程中生成相应的硫酸盐，可借 MnO_2 作氧化剂使 Fe^{2+} 变为 Fe^{3+}，控制 $pH \leqslant 5.2$，Fe^{3+} 与部分 Al^{3+} 可水解而生成氢氧化物沉淀。经压滤和静置可除去 Fe^{3+}、部分铝及一些酸不溶物。

上述反应液静置 48 h 后，再经压滤得硫酸锰精滤液，精滤液经蒸发、浓缩、结晶、离心分离后，再经热风干燥而得成品。

7. 产品标准

	一级	二级	三级
硫酸锰（$MnSO_4 \cdot H_2O$）	$\geqslant 98.0\%$	$\geqslant 95.0\%$	$\geqslant 90.0\%$
铁（Fe）	$\leqslant 0.004\%$	$\leqslant 0.008\%$	$\leqslant 0.015\%$
氯化物（Cl^-）	$\leqslant 0.02\%$	$\leqslant 0.05\%$	$\leqslant 0.10\%$
水不溶物	$\leqslant 0.05\%$	$\leqslant 0.10\%$	$\leqslant 0.20\%$

8. 产品用途

在农业上用作锰肥，用于土壤补锰；也用于无土栽培营养液添加剂。用作油墨、油漆的催干剂，合成脂肪酸的催化剂，用于制取其他锰盐。农业中作微量元素肥料、饲料添加剂，以及用于冶金、国防工业等。在印染、造纸、陶瓷等工业上，也有着广泛的应用。

9. 参考文献

[1] 崔益顺，唐荣，黄胜，等. 软锰矿制备硫酸锰的工艺现状 [J]. 中国井矿盐，2010，41（2）：18-21.

[2] 田宗平. 硫酸锰生产新工艺的研究 [J]. 中国锰业，2010，28（2）：26-29.

5.14　硫酸镁

硫酸镁（Magnesium sulfate）又称七水合硫酸镁。分子式 $MgSO_4 \cdot 7H_2O$。相对分子质量 246.469。

1. 产品性能

硫酸镁系透明棱柱形结晶，易溶于水而不溶于乙醇，有苦咸味。相对密度 1.68，在空气中微微风化，脱水即形成合 6 分子水、2 分子水、5 分子水、1 分子水和 0.5 分子水的含水结晶物。无水 $MgSO_4$ 是白色粉末。

2. 生产方法

（1）硫酸法

硫酸与含氧化镁 85% 的菱苦土中和反应经分离提纯得到。

在中和罐中先将菱苦土缓慢加入水和母液中，然后用硫酸中和，颜色由土白色变为红色为止。控制 pH 至 5，相对密度 1.37～1.38（含量 39%～40%）。中和液于 80 ℃ 下过滤，然后用硫酸调节 pH 至 4，加入适量的晶种，并冷至 30 ℃ 结晶。分离后于 50～55 ℃ 干燥得成品，母液返回中和罐。

低浓度的硫酸也可以与氧化镁含量 65% 的菱苦土中和反应，经过滤，沉淀，浓缩，结晶，离心分离，干燥，制得七水合硫酸镁。

$$MgO + H_2SO_4 + 6H_2O \Longrightarrow MgSO_4 \cdot 7H_2O。$$

（2）海水晒盐苦卤法

将海水晒盐得到苦卤，用兑卤法蒸发后，得到高温盐，其组成为 $w(MgSO_4) > 30\%$、$w(NaCl) < 35\%$、$w(MgCl_2) \approx 7\%$、$w(KCl) \approx 0.5\%$。苦卤可用 200 g/L 的 $MgCl_2$ 溶液在 48 ℃ 浸溶，NaCl 溶解较少，而 $MgSO_4$ 溶解较多。分离后，浸液冷却至 10 ℃ 便析出粗的 $MgSO_4 \cdot 7H_2O$。粗品经二次重结晶得硫酸镁。

由高纯氧化镁（制法见氧化镁）和高纯稀硫酸在电导水中反应制得。

$$MgO + H_2SO_4 \Longrightarrow MgSO_4 + H_2O。$$

3. 工艺流程

（1）工艺一

图 5-19

（2）工艺二

图 5-20

4. 生产工艺

（1）工艺一

将 4 kg 氧化镁放入白瓷缸内，加 4000 mL 水将氧化镁搅拌成糊状；然后缓慢滴加 30％的稀硫酸，反应激烈，伴有泡沫，待泡沫较少时，停止加酸，少留一些氧化镁（如不小心加酸过量，可再加入一些氧化镁），静置 15 min，过滤。将滤液移到搪玻璃的反应锅中，用蒸汽加热浓缩，待溶液上层四周形成一层薄膜时停止蒸发，放出热水，通入冷水冷却，并搅拌之。取出结晶，用离心机甩干，并用冷水洗涤两次，将结晶铺在白搪瓷盘内，在电烘箱中进行低温干燥，得到硫酸镁。

注：合成中留少量氧化镁使溶液呈弱碱性，这样通过过滤可分离一部分金属阳离子（以氢氧化物沉淀的形式除去）。产品结晶用冷水洗涤可以除去 Cl^-、NO_3^- 等阴离子杂质。

（2）工艺二

将 4 kg 高纯氧化镁放入小白瓷缸内，用 4000 mL 电导水将氧化镁搅成糊状；然后缓慢滴加 30％的高纯稀硫酸，反应剧烈，伴有泡沫，待泡沫较少时，停止加酸，少留一些氧化镁（如不小心加酸过量，可再加入一些氧化镁），静置 15 min，过滤。将滤液移到搪玻璃的反应锅中，用蒸汽加热浓缩，待溶液上层四周形成一层薄膜时停止蒸发，放出热水，通入冷水冷却，并搅拌之。取出结晶，用小型不锈钢离心机甩干，并用冷电导水洗涤两次，将结晶铺在白搪瓷盘内，在电烘箱中进行低温干燥。得到光谱纯硫酸镁（如不能达到产品标准，可再重结晶一次）。

注：①合成中留少量氧化镁使溶液呈弱碱性，这样通过过滤可分离一部分金属阳离子（以氢氧化物沉淀的形式除去）。产品结晶用冷电导水洗涤可以除去 Cl^-、NO_3^- 等阴离子杂质。

②也可采用试剂级硫酸镁重结晶得到高纯硫酸镁。提纯时在碱性条件下过滤一次，可除去一部分能生成氢氧化物的阳离子杂质；蒸发浓缩前用少量高纯硫酸调 pH 至 5～6，可使蒸发出来的结晶成为中性，且溶液呈透明状。

5. 产品标准

指标名称		FCC（IV）	日本食品添加物
$MgSO_4$ 含量（灼烧后）		≥99.5％	≥99.0％
砷		≤0.0030％（以 As 计）	≤0.0004％（As_2O_3 计）
重金属（以 Pb 计）		≤0.001％	≤0.001％
灼烧失重	一水物	13％～16％	25％～35％（干燥品）
	三水物	22％～28％	40％～52％（结晶品）
	硒	≤0.003％	—
溶液澄清度颜色		—	合格
氯化物		—	≤0.014％

光谱级纯：

酸度（以 H_2SO_4 计）	≤0.005
阳离子	符合光谱规定
水不溶物	≤0.002
氯化物（Cl^-）	≤0.001
磷酸盐（PO_4^{3-}）	≤0.001
钙（Ca）	≤0.02
铁（Fe）	≤0.000 4
砷（As）	≤0.000 05
锌（Zn）	≤0.000 4

6. 产品用途

微量元素肥料之一。在农业上用作镁肥，用于土壤补镁。也用于无土栽培营养液添加剂。用作食品镁强化剂。光谱纯氧化镁用于显像管生产。

7. 参考文献

[1] 赵良庆，潘利祥，史利芳，等. 镁法烟气脱硫副产物生产硫酸镁工艺研究 [J]. 环境工程，2014，32（2）：91-94.

[2] 李杰，郭学东，光明，等. 富硼渣硫酸法制取硼酸和一水硫酸镁 [J]. 中国有色金属学报，2014，24（11）：2943-2950.

[3] 程芳琴，董川. 硫酸镁的生产方法及发展前景 [J]. 盐湖研究，2006（2）：62-66.

5.15　硫酸铜

硫酸铜（Cupric sulfate）又称蓝矾（Blue vitriol）、胆矾（Salzbur vitriol）、结晶硫酸铜。分子式 $CuSO_4 \cdot 5H_2O$，相对分子质量 249.68。

1. 产品性能

蓝色结晶，温度高于 100 ℃ 时，开始失去结晶水，依次转变为天蓝色水合物：$CuSO_4 \cdot 4H_2O$、$CuSO_4 \cdot 3H_2O$ 和 $CuSO_4 \cdot H_2O$；到 200 ℃ 时形成无水 $CuSO_4$。相对密度为 3.606。650 ℃ 分解为氧化铜和氧化硫。其水溶液呈弱酸性。大白鼠经口服毒性（LD_{50}）为 0.333 g/kg。

2. 生产方法

（1）废铜屑法

废铜屑焙烧成氧化铜，再与稀酸反应生成硫酸铜。

$$2Cu + O_2 =\!=\!= 2CuO，$$

$$CuO + H_2SO_4（稀） =\!=\!= CuSO_4 + H_2O。$$

（2）硫铁矿渣法

硫铁矿渣中含有的铜以各种化合物的状态存在，其中 $CuSO_4$、$CuSO_3$、Cu_2O、Cu_2S、CuS、$CuFeS_2$。硫酸铜和亚硫酸铜容易用水浸出，而氧化铜可用稀酸浸出，矿渣中有 20% 的铜以硫化物形态存在。既不溶于水也不溶于酸，但加热时则与三价铁的硫酸盐或氯化物相互作用而进入溶液：

$$CuS + Fe_2(SO_4)_3 =\!=\!= CuSO_4 + 2FeSO_4 + S，$$

$$Cu_2S + 2Fe_2(SO_4)_3 =\!=\!= 2CuSO_4 + 4FeSO_4 + S。$$

通空气使 Fe（Ⅱ）氧化为 Fe（Ⅲ），再用石灰处理可除去硫酸铜溶液中铁：

$$Fe_2(SO_4)_3 + 3CaCO_3 + 3H_2O =\!=\!= Fe(OH_3)\downarrow + 3CaSO_4\downarrow + 3CO_2\uparrow，$$

$$2CuFeS_2 + 7Cl_2 =\!=\!= 2CuCl_2 + 2FeCl_3 + 2S_2Cl_2。$$

烧渣浸取铜：在用 1% 的硫酸溶液以固液比为 1：3 条件下冷浸烧渣 1 h 后，则

60％～80％的铜转入溶液中，经过 4～6 次浸取可得到 15～18 g/L 铜溶液，溶液中杂有铁化合物 5～6 g/L，在通空气或氯气氧化后，可加入石灰石从溶液中除去；净化后的溶液蒸发至铜浓度为 80～85 g/L，可结晶制取铜矾。

（3）废电解液法

某些镀铜电解液，一般含铜 50～60 g/L，可以用来制备硫酸铜，以满足市场需要。该法一般是先除去废电镀液中各种可溶杂质，再加入 Na_2CO_3 形成碱式碳酸铜，再与硫酸反应而得。

$$2Cu^{2+} + CO_3^{2-} + 2H_2O = Cu_2(OH)_2CO_3 \downarrow + 2H^+,$$
$$Cu_2(OH)_2(CO_3) + 2H_2SO_4 = 2CuSO_4 + CO_2 + 3H_2O。$$

将电镀废液放入中和槽内，视含量多少加碳酸钠中和至 $Cu_2(OH)_2CO_3$ 沉淀析出，并过量使沉淀完全，静置，抽滤，用水洗涤滤饼。再加硫酸，使滤饼刚好溶解（反应放出大量的热和 CO_2 气体，应缓慢加入 H_2SO_4）。冷却，结晶，即得硫酸铜产品。

（4）低温氧化法

将紫铜置于硫酸和硫酸铜的混合液中，利用空气中的氧作为氧化剂，使金属铜不断溶解，经后处理得硫酸铜。

$$Cu + CuSO_4 = Cu_2SO_4,$$
$$2Cu_2SO_4 + O_2 = 2CuO + 2CuSO_4,$$
$$CuO + H_2SO_4 = CuSO_4 + H_2O。$$

（5）光谱纯硫酸铜制法

以电解铜为原料，经硝酸浸洗后，与高纯硫酸加热，经浓缩，得到的硫酸铜再用电导水重结晶一次得光谱级硫酸铜。

$$Cu + 2H_2SO_4 = CuSO_4 + SO_2 \uparrow + 2H_2O。$$

3. 生产工艺

（1）废铜屑法

废铜屑于焙烧炉中，在 600～700 ℃ 焙烧 5～12 h，杂质氧化成金属氧化物渣，硫化亚铜与焙烧熔融时产生的氧化亚铜发生反应。在铜熔融液沸腾期间加 1.0％～1.5％的硫，所产生的二氧化硫溶于铜中；熔融铜呈细流状放入粒化池的水中固化成铜粒，同时伴随二氧化硫的逸出，再将铜粒装入浸溶塔中，由塔顶喷淋硫酸铜母液的混合液，使铜氧化和溶解。该过程属于放热反应。喷淋液的组成是 20％～30％的 $CuSO_4 \cdot 5H_2O$ 和 12％～19％的 H_2SO_4，温度控制在 55～60 ℃；从浸容器中放出的溶液组分为 42％～49％的 $CuSO_4 \cdot 5H_2O$ 和 4％～6％的 H_2SO_4，温度 74～76 ℃。然后将此接近饱和的硫酸铜溶液送入结晶器，离心分离，结晶物用 100 ℃ 左右的空气干燥，母液返回浸容器循环使用。

（2）低温氧化法

在反应器中，加入水、硫酸和硫酸铜，其中硫酸含量为 25％～35％，硫酸铜含量为 200 g/L 左右。将压缩空气管置于反应器中间靠底部。将紫铜围绕压缩空气管周围均匀放置，让混合液全部覆盖住金属紫铜，通入蒸汽加热，并向反应器中通入压缩空气，反应温度维持 80～85 ℃，反应时间约 12 h，当溶液中硫酸铜质量浓度达到 500～660 g/L 时，关闭压缩空气，让溶液保温自然沉降 0.5 h，吸滤上清液至另一搪瓷反应釜中，开动搅拌，并向夹套中通水冷却，至室温时关闭冷却水，析晶，放料离心，滤饼用纯水洗涤两次，离心甩干后出料得结晶硫酸铜。滤液、洗液加入反应器中，补加硫酸至 25%～35% 重复使用。

（3）光谱纯硫酸铜制备

将 2000 g 99.9% 的电解铜切割成小片或块状，用 10% 的硝酸浸洗一下，以除去表面的杂质，然后用电导水洗尽残酸。将小铜片（块）轻轻地放入烧瓶中，移置通风橱内，加入 1250 mL 高纯硫酸，加热使其反应（加热温度视当时反应情况而定），当反应完成后，从剩余的铜中吸滤，浓缩，浓缩到此溶液上层形成薄膜时，冷却。第 2 天滤出结晶，并用少量电导水洗涤。将 $CuSO_4$ 结晶溶于热的电导水中（每 100 g $CuSO_4 \cdot 5H_2O$ 用 1200 mL 电导水进行溶解），过滤，蒸发滤液，结晶，吸干或甩干，在烘箱中低温干燥。得光谱纯硫酸铜。

4. 产品标准

指标名称	FCC（IV）	日本食品添加物公定书
含量	98.0%～102.0%	98.0%～104.5%
硫化氢不沉淀物	≤0.3%	—
砷	≤0.0003%（以 As 计）	≤0.0004%（以 As_2O_3 计）
铅（以 Pb 计）	≤0.001%	≤0.001%
铁	≤0.01%	—
溶液澄清度和酸度	—	合格
碱金属和碱土金属	—	≤0.03%

5. 产品用途

微量元素肥料添加剂。在农业上，用作种子处理和根外追肥，也用作基肥。另外，还用作食品铜强化剂。

6. 参考文献

[1] 翟忠标，李俊，李小英，等. 用富铜渣制备硫酸铜的试验研究 [J]. 云南冶金，2016，45（6）：44-49.

[2] 吴红林，黄成雄，刘俊. 锌冶炼铜渣生产硫酸铜试验研究 [J]. 世界有色金属，2017（12）：7-8.

5.16　氯化锌

氯化锌（Zinc chloride）又称锌氯粉（Butter of Zinc）。分子式 $ZnCl_2$，相对分子质量 136.28。

1. 产品性能

白色粉末，极易吸潮。熔点 283 ℃，沸点 732 ℃。400 ℃ 熔融 $ZnCl_2$ 导电率 0.026 S/cm。能自空气中吸收水分而溶化。易溶于水，极易溶于甲醇、乙醇、甘油、丙酮、乙醚等含氧有机溶剂，易溶于吡啶、苯胺等含氮溶剂，不溶于液氨。氯化锌毒性很强，应密闭贮存。

2. 生产方法

（1）盐酸法

锌或氧化锌与盐酸反应，生成氯化锌。

$$Zn+2HCl\longrightarrow ZnCl_2+H_2\uparrow,$$
$$ZnO+2HCl\longrightarrow ZnCl_2+H_2O。$$

（2）菱锌矿法

菱锌矿主要含有碳酸锌，伴生元素及杂质有 Pb、Fe、Mg、Ca、Co、Cd 等。用盐酸浸取后，通过沉淀分去 $PbCl_2$，氧化后调 pH 除去铁，再脱钙、镁，用锌粉置换除去其余杂质得到氯化锌。

$$ZnCO_3+2HCl\longrightarrow ZnCl_2+H_2O+CO_2,$$
$$PbO+2HCl\longrightarrow PbCl_2\downarrow+H_2O。$$

3. 工艺流程

（1）盐酸法

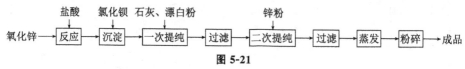

图 5-21

（2）菱锌矿法

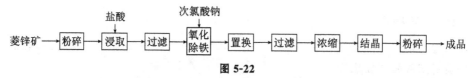

图 5-22

4. 生产配方（kg/t）

氧化锌（98%）	614
盐酸（31%）	1745
锌粉（96%）	25

5. 生产工艺

（1）盐酸法

将 122.8 kg 98% 的氧化锌和 349 kg 31% 的盐酸加入搪瓷反应釜中。反应剧烈，但因后期反应缓慢，所以总的反应时间仍在 10 h 以上。当溶液无氢气鼓泡，pH 达 3.5~4.0 时，则反应基本完成。然后将反应液沉淀，沉淀物返回反应器。如果原料中含有铅化物、二氧化硅等杂质，在反应时会生成沉淀，则应除去。一次提纯主要是除铁，一般用氧化剂，如氯气、氯酸钾、漂白粉等，常用漂白粉。溶液中未反应完的酸用石灰中和，可使铁沉淀出来；如果溶液中有硫酸根离子，可同时加入氯化钡除去。然后使溶液澄清，将清液倾析出来，或通过过滤。再加 5 kg 锌粉进行置换，使铜、镍、镉等金属离子沉淀出来。二次提纯后，过滤的滤液送去蒸发，采用石墨坡板蒸发器，直接用火加热，石墨坡板温度为 800～1300 ℃，45％的稀氯化锌溶液从高处向低处同火向并流，出口处含量达 98％以上，并析出结晶，经粉碎即得成品。

（2）菱锌矿法

菱锌矿经研磨后，用 V（水）：V（盐酸）＝1：1 的工业盐酸浸取。先加入 1000 kg 盐酸，加热至 50～70 ℃，搅拌下，缓慢加入 1000 kg 菱矿粉，加热升温至 95 ℃ 左右，再加入 1000 kg 左右 V（水）：V（盐酸）＝1：1 盐酸（具体用量根据锌含量计算）。加毕搅拌反应 3 h，冷却，待料液 pH 上升到 4.5～5.0 时过滤，滤饼用冷水洗涤 3 次。

滤液中的铁以二价铁的形式存在，在 pH4.5～5.0 下，加入氧化剂如 $KClO_4$ 或 $KMnO_4$，充分搅拌 15 min，并将料液加热至 70～80 ℃，继续搅拌 0.5 h，让氢氧化铁凝聚沉降，冷却至室温后过滤。除铁后的滤液加入脱钙、脱镁剂，再加入锌粉置换铜、镍、铅。然后加盐酸调 pH 至 0.5，过滤，滤液浓缩、结晶，粉碎后得成品。

6. 化学试剂制法

（1）制法一

将氧化锌溶于 5 倍盐酸 V（水）：V（盐酸）＝1：1 中，通入氯气至饱和。过滤，滤液用 2％的盐酸酸化后，蒸发至溶液相对密度为 1.25～1.30。将溶液于 300～350 ℃ 加热至完全透明为止。冷却，粉碎后立即装瓶。

（2）制法二

将用盐酸清洗过的 400 g 锌块置于 1 L 水中。在通风下加入 1 L 相对密度为 1.19 的盐酸。当氢气逸出减慢时，在水浴上加热至停止产生气泡，放置过夜。倾出上部清液，通入氯气 10～15 min，加入 20～25 g 碳酸锌，于水浴上加热 1 h 并时时搅拌。静置后以玻璃纱芯漏斗过滤。滤液在水浴上蒸发浓缩至原有体积的 1/3，再置煤气喷灯上灼烧至全干（盐的温度为 230 ℃）。加入 1 mL 浓盐酸，在 400 ℃ 下加热熔融，如熔融物带颜色，须稍冷却后加入 1～2 滴 30％的过氧化氢或浓硝酸及 2～3 滴的浓盐酸，继续加热熔融至无气泡为止。将熔体倾入搪瓷盘内，冷却、砸碎、立即装瓶。产量 650 g。其中化学反应如下：

$$Zn + 2HCl \Longrightarrow ZnCl_2 + H_2 \uparrow 。$$

7. 产品标准

外观	电池用	一级品	二级品
		白色粉末或棒状、块状	
氯化锌（$ZnCl_2$）	≥98％	≥98％	≤95％
重金属（以 Pb 计）	≤0.0005％	≤0.001％	≤0.002％
铁（Fe）	≤0.0005％	≤0.001％	≤0.001％
硫酸根（SO_4^{2-}）	≤0.005％	≤0.005％	≤0.01％
钡（Ba）	≤0.1％	≤0.1％	≤0.15％
酸不溶物	≤0.1％	0.1％	≤0.2％
碱式盐（以 ZnO 计）	1.8％～2.5％	≤1.4％～2.5％	1.4％～2.5％

8. 产品用途

微量元素肥料之一。在农业上用作锌肥，用于土壤补锌。

广泛用于电池工业、电镀工业，以及医药、农药、染料的合成，还用作木材防腐剂、石油净化剂、氢化裂解催化剂、染织工业助剂及载热体。

9. 安全与贮运

氯化锌烟尘在高浓度时毒性极大。应防潮、密封保存。搬运时要防止溅入眼睛、触及皮肤，如触及皮肤应用水冲洗，防止腐蚀皮肤。不可与食品共贮混运。

10. 参考文献

[1] 李晓乐，徐素鹏，汤长青，等. 铅锌烟灰为原料制备氯化锌和电铅工艺研究 [J]. 无机盐工业，2017，49（10）：53-56.

[2] 汤长青，李晓乐，许银霞，等. 锌灰酸浸净化制氯化锌新工艺研究 [J]. 无机盐工业，2015，47（3）：49-51.

5.17 氯化钾

氯化钾（Potassium chloride）分子式 KCl，相对分子质量 74.55。

1. 产品性能

外观为白色或蓝白色细小结晶体，类似于食盐，味极咸，无臭无毒。相对密度 1.984，熔点 770 ℃，加热到 1500 ℃ 时升华。易溶于水、醚、甘油及碱类，微溶于乙醇，但不溶于无水乙醇。有吸湿性，易结块。在水中的溶解度随温度的升高而迅速地增加，与钠盐常起复分解作用而生成新的钾盐。

2. 工艺流程

（1）分解洗涤法

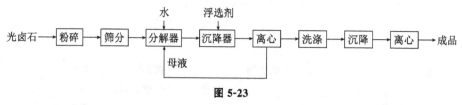

图 5-23

（2）兑卤法

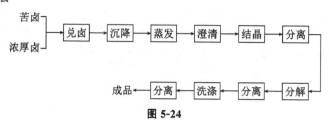

图 5-24

3. 生产工艺

(1) 分解洗涤法的生产工艺

将盐湖光卤石 [纯度75％以上，w（氯化钠）≤10％，w（硫酸钙）≤0.7％，w（硫酸镁）＝0.1％，w（水不溶物）≤0.5％] 经双辊玻璃碎裂机破碎后，加入分解器中，在搅拌下，以水、浮选剂、精钾母液和少量粗钾母液进行分解。然后将粗钾料浆用泵送入沉降器中沉降后，清液由导管送入母液槽中，沉降料浆由沉降器底部放出，离心分离，脱去母液，即得粗氯化钾。分离后的母液送入母液槽，与粗氯化钾母液合并，粗氯化钾在洗涤器中经室温下搅拌后，粗氯化钾中氯化钠大部分溶解于水。然后将溶液泵入精钾沉降器中，沉降分离，母液（粗氯化钾母液）送入母液槽中。料浆经离心脱水，干燥，即得成品。生产中的粗氯化钾母液大部分用泵送至盐田，制取再生蓝光卤石和六水氯化镁，小部分粗氯化钾母液送回分解器中。精氯化钾母液用泵送回分解器中，循环使用，在分解器沉积的废盐洗涤后可作工业用盐。

(2) 兑卤法生产工艺

原料是盐田苦卤和浓厚卤。经兑卤、蒸发澄清、结晶、分解、洗涤、脱水等工序制成氯化钾。①兑卤：将苦卤（约32％）和浓厚卤（析出光卤石后的母液，35％～36％）及循环料液在兑卤槽中按比例掺兑。兑卤体积比控制在 V（浓厚卤）：V（苦卤）＝2：8～3：7。析出的粗盐经洗涤后为精盐，纯度在95％以上，可作工业用盐。②加热蒸发器蒸发：混合卤经预热升温后，先后进入二效蒸发器、一效蒸发器蒸发，其终止沸点一般控制在126～128 ℃（常压时）。③保温澄清：将蒸发浓缩液在保温沉降器中澄清（温度由128 ℃左右降到100 ℃左右），浆状中氯化钠与硫酸镁混合盐沉于底部，用盐浆泵吸出，以洗涤兑卤法回收其中的氯化钾。余下的混合盐可用来生产芒硝和硫酸镁。多雨地区还将它直接用作农肥。④冷却结晶：将沉降清液送入真空结晶器和液膜冷却器沉降，溢流出的浓厚卤返回作兑卤用，循环多出来的浓厚卤再去提溴，沉降料浆经离心分离，得光卤石。一般含氯化钾20％～25％、氯化镁30％～33％、氯化钠6％～10％、硫酸镁2％左右。⑤分解洗涤：以完全分解两次加水、两次洗涤的方法为好。首先加水左右将半光卤石恰好全部分解，经分离得粗钾，再加水洗去粗钾中残留的氯化钠等杂质。经分离脱水，即得成品。分解光卤石粗钾加水量约等于光卤石重量的45％，洗涤温度最好控制在10 ℃以下。

4. 生产配方 (kg/t)

原料	分解洗涤法	兑卤法
光卤石（KCl>12％）	9700～12 300	86.4
苦卤/m³	—	6650
电能/(kW/h)	—	约900

5. 产品标准

指标名称	优级品	一级品	二级品
氯化钾	≥93.00％	≥90.00％	≥87.00％
氯化钠	≤2.00％	≤3.80％	≤5.00％

| 镁离子 | ≤0.35% | ≤0.45% | — |
| 硫酸根 | ≤1.00% | ≤1.50% | ≤2.50% |

6. 质量检验

（1）定性试验

①试剂：硝酸、硝酸银（0.1 mol/L 溶液）、氨水、高氯酸（100%的溶液）、氢氧化钠（1 mol/L 溶液）。

②测定操作：外观应为白色或暗白色的细小结晶；样品水溶液用硝酸酸化加入硝酸银溶液，即产生白色凝状沉淀，此沉淀能溶于氨水（氯化物）。样品用少量水溶解，加入高氯酸溶液，即产生白色凝状沉淀，沉淀不溶于氢氧化钠或浓氨溶液中（钾盐）。

（2）水不溶物的测定

①测定操作：称取 25 g 样品（称准至 0.001 g）置于 400 mL 烧杯中，加入 200 mL 水，加热近沸，不断以玻璃棒搅拌，至完全溶解后。静置 10 min，待残渣下沉后过滤［滤纸用热水洗涤数次并在（105±2）℃烘至恒重］。以热水用倾泻法洗涤至洗液不含氯离子（以硝酸银试液检查）。最后将沉淀全部移入滤纸上，收集滤液及洗液于 500 mL 容量瓶中，冷却后，加水至刻度，摇匀，得供分析其他项目用的溶液甲。将带有不溶物残渣的滤纸折叠后，放入原盛该滤纸——同恒重的称量瓶中，于（105±2）℃，烘至恒重（两次质量之差不超过 0.001 g）。

②计算：

$$w(水不溶物) = \frac{m_1}{m_2} \times 100\%$$

式中，m_1 为水不溶物质量，g；m_2 为样品质量，g。

（3）钾离子的测定

①原理：在乙酸溶液中加入四苯硼钠溶液使与钾离子生成白色四苯硼钾沉淀，过滤后洗涤，干燥至恒重。

②试剂：无水乙醇；甲基红指示剂（0.1%的乙醇溶液）；乙酸（10%的溶液）；四苯硼钠（0.1 mol/L 乙醇溶液，称取 3.4 g 四苯硼钠溶于 100 mL 无水乙醇中过滤后备用）；四苯硼钾 5%的乙醇饱和溶液（取 1 g 四苯硼钾或试验后的四苯硼钾，加 500 mL 乙醇、950 mL 水充分振摇后，过滤备用）。

③测定操作：称取 5.0～5.5 g 样品（称准至 0.0002 g）溶于水，移入 500 mL 容量瓶中稀释至刻度，摇匀，用干滤纸，干漏斗，过滤于干烧杯中，弃去最初滤液约 20 mL，准确吸取 50 mL 澄清液置于 250 mL 容量瓶中，用水稀释至刻度，摇匀得溶液乙。再准确吸取 20 mL 溶液乙移入 100 mL 烧杯中，加 40 mL 水，一滴甲基红指示剂和一滴 10%的乙醇（调至溶液呈红色），加热到 40 ℃取下，在不断搅拌下逐滴加入 8.5 mL 0.1 mol/L 四苯硼钠乙醇溶液使之沉淀，静置 10 min，立即用已在 120 ℃烘至恒重的 4 号玻璃坩埚过滤，用四苯硼钾饱和溶液将沉淀全部转移入坩埚内，并洗涤数次（5～6 次），抽干后，取下坩埚，用 2 mL 无水乙醇沿坩埚壁冲洗一次，再抽干，把坩埚带沉淀放在烘箱中 120 ℃烘至恒重。

④计算：

$$总钾量（以 K 计，\%）=\frac{G_1 \times 0.10911}{G_2 \times \dfrac{50}{500} \times \dfrac{20}{250}} \times 100$$

$$总钾量（以 KCl 计）=\frac{G_1 \times 0.20805}{G_2 \times \dfrac{50}{500} \times \dfrac{20}{250}} \times 100$$

式中，G_1 为四苯硼钾沉淀质量，g；G_2 为样品质量，g；0.10911 为 KB$(C_6H_5)_4$ 换自成 K 的系数。0.20805 为 KB$(C_6H_5)_4$ 换算成 KCl 的系数。

⑤说明：沉淀时所用烧杯必须充分洗净，否则沉淀易黏附在烧杯壁上；洗涤标准用四苯硼钠水溶液，但四苯硼钠水溶液不能久贮，夏季 2～3 d 即产生混浊，现改用乙醇溶液，可放置二周未混浊，并有利于沉淀的洗涤；最后用无水乙醇洗涤是为了除去残存的四苯硼钾洗液提高检验结果的准确性。

（4）硫酸根测定

①硫酸钡质量法原理：在盐酸溶液中，加入氯化钡溶液，使与硫酸盐生成白色硫酸钡沉淀、过滤、洗涤、灼烧至恒重。

②试剂：盐酸（2 mol/L 溶液）；甲基红指示剂（0.2% 的溶液）；氯化钡 0.02 mol/L 溶液（称取 2.4 g 氯化钡溶于 500 mL 水中，在室温下放置 24 h 以上，使用前过滤）；硝酸根（0.1 mol/L 溶液）。

③测定操作：准确吸取 100 mL（样品中硫酸根含量高于 1% 时取 50 mL）溶液甲于 300 mL 烧杯中，加水至约 150 mL，加 2 滴甲基红指示剂，滴加 2 mol/L 盐酸至溶液则呈红色，加热近沸，迅速加入 40 mL 0.02 mol/L 氯化钡热溶液，剧烈搅拌 2～3 min，静置澄清（约 1 h），再加入少许氯化钡溶液，检查是否沉淀完全。用预先在 120 ℃ 烘至恒重的 4 号玻璃坩埚抽滤，先将上层清液倾入坩埚，用水将杯内沉淀清洗数次到氯离子基本洗净，然后将杯内沉淀移入坩埚，继续洗涤坩埚及沉淀至洗液不含氯离子（用硝酸银试液检查），以少量水冲洗坩埚外壁后，于 120 ℃ 干燥至恒重。

④计算：

$$w(\text{SO}_4^{2-})=\frac{G_1 \times 0.04116}{G_2 \times \dfrac{100}{500}} \times 100$$

式中，G_1 为沉淀质量，g；G_2 为样品质量，g；0.04116 为 BaSO$_4$ 换算为 SO$_4^{2-}$ 系数。

⑤说明：坩埚的处理方法为将使用过的坩埚浸入热的 10% 的 EDTA 溶液（每 100 mL 溶液加入 10 mL 氨水）中，稍后用水煮沸片刻，取出抽洗数次，烘干备用。

（5）氯的测定

①原理：在中性溶液中，以铬酸钾作指示剂，用硝酸银标准溶液滴定氯离子。

②试剂：硝酸银（0.1 mol/L 标准溶液）；铬酸钾（10% 的溶液）。

③测定操作：准确吸取 100 mL 溶液乙于 150 mL 锥形瓶中加入 3～4 滴 10% 的铬酸钾溶液，在充分振摇下用 0.1 mol/L 硝酸银标准溶液滴定，直到出现稳定的淡橘红色悬浊液为终点。

④计算

$$w(Cl^-) = \frac{V \times N \times 0.03545}{G \times \frac{50}{500} \times \frac{100}{250}} \times 100$$

式中，V 为滴定耗用硝酸银标准溶液体积，mL；N 为硝酸银标准溶液当量浓度，mol/L；G 为样品质量，g；

（6）水分测定

①测定操作：于已恒重的扁形称量瓶中，称取 10 g 样品（准确至 0.001 g，在（105±2）℃下干燥至恒重。

②计算

$$w(水分) = \frac{m_1}{m_2} \times 100\%$$

式中，m_1 为干燥质量，g；m_2 为样品质量，g；

7. 产品用途

农业上用作一种钾肥，用作基肥或追肥，也用于无土栽培营养液添加剂。氯化钾主要用于无机工业，是制造各种钾盐的基本原料。医药工业用作利尿剂及防治缺钾症的药物；染料工业用于生产 G 盐，活性染料等。此外，还用于制造枪口或炮口发出火焰的消焰剂、钢铁热处理剂，以及用于照相、电镀及制造烛芯等。

8. 参考文献

[1] 陈建，马鸿文，张盼，等. 氯化钙助剂分解钾长石制备氯化钾研究评述 [J]. 化工进展，2016，35（12）：3954-3963.

[2] 湛留意. 国外某固体钾石盐矿生产氯化钾工艺评述 [J]. 现代矿业，2017，33（7）：203-206.

5.18 碳酸钾

碳酸钾（Potassium carbonate）俗称钾碱。分子式 K_2CO_3，相对分子质量 138.21。

1. 产品性能

白色粉末或颗粒状结晶，单斜晶系。相对密度（d_4^{19}）2.428，熔点 891 ℃。在湿空气中潮解，极易溶于水而呈碱性反应，难溶于乙醇和乙醚。冷却饱和水溶液，有玻璃状单斜晶体水合物 $2K_2CO_3 \cdot 3H_2O$ 结晶析出，在 100 ℃ 即失去结晶水。在空气中吸收 CO_2 变成碳酸氢钾，有一水、二水及三水合物 3 种水合物。与氯气作用生成氯化钾，但比碳酸钠反应要困难些。

2. 生产方法

（1）草木灰法

草木灰是碳酸钾、硫酸钾、氯化钾的混合物。用浸取、蒸发、结晶的方法加以分离。

（2）路布兰法

用硫酸钾经拌料、还原、焙烧、浸取、碳化、蒸发、结晶、煅烧而得。

（3）电解法

将氯化钾电解，先得氢氧化钾，然后以 CO_2 碳化，得碳酸氢钾后，再经煅烧而得。

（4）离子交换法

用阳离子交换树脂与氯化钾交换，再用碳酸氢铵洗脱成碳酸氢钾。然后煅烧而得。其反应如下：

$$R—Na+KCl \longrightarrow R—K+NaCl,$$
$$R—K+NH_4HCO_3 \longrightarrow R—NH_4+KHCO_3,$$
$$R—NH_4+KCl \longrightarrow R—K+NH_4Cl。$$

（5）复盐法

用碳酸镁将水溶液中的氯化钾制成水溶性复盐（$KHCO_3 \cdot MgCO_3 \cdot H_2O$），然后再分解复盐而得。

（6）有机胺法

先将有机胺碳化，再与氯化钾反应，所得碳酸氢钾经煅烧后，即得成品。

这里介绍离子交换法的生产方法。

3. 生产配方（kg/t）

氯化钾	1200
离子交换树脂	10
碳酸氢铵	2000

4. 生产设备

离子交换柱	预热器
蒸发器（3台）	碳化炉

5. 生产工艺

①将氯化钾配成 250 g/L 的溶液，加入少量碳酸钾以除去钙离子、镁离子。碳酸氢铵用水配成 200 g/L 的溶液。将氯化钾溶液逆流通入离子交换器，使树脂变为钾型。然后甩软水洗掉树脂间隙中残留的氯离子。洗净后，将碳酸氢铵溶液顺流通过树脂交换柱，使树脂变为"铵"型。得碳酸氢钾和碳酸氢铵混合液。

②将混合液经预热器送入第一蒸发器，使碳酸氢铵分解。溶液浓缩至 40％ 左右（以 K_2CO_3 计），再经第二蒸发器，蒸发至 59％ 左右。此时大部分碳酸氢钾分解为碳酸钾。浓缩液放入冷却器中冷却，将析出的氯化钾结晶过滤除去。再经第三蒸发器，蒸发至 54％，过滤除去"钾钠复盐"。

③最终的浓缩液送至碳化塔中进行碳化，使碳酸钾成为碳酸氢钾，经结晶、分离、水洗后，在煅烧炉中煅烧，即得成品。

在②、③步骤间，可将氯化钾溶液送入交换柱，使"铵"型树脂再生为"钾"

型，供循环使用。

6. 产品标准

	一级	二级	三级
碳酸钾（K_2CO_3）	≥98.5%	≥96.0%	≥93.0%
氯化钾（KCl）	≤0.20%	≤0.50%	≤1.5%
硫化合物（以 K_2SO_4 计）	≤0.15%	≤0.25%	≤0.50%
磷（P）	≤0.05%	≤0.10%	—
铁（Fe）	≤0.004%	≤0.02%	≤0.05%
水不溶物	≤0.05%	≤0.10%	≤0.50%
灼烧失量	≤1.00%	≤1.00%	≤1.00%

7. 说明

以上指标除灼烧失量外，均系以 270～300 ℃ 烘干的干样试验。灼烧失量指标仅适用于产品出厂时检验用。因成品在贮运过程中，往往因吸收水或二氧化碳而增加灼热失量。用户在验收重量时．可扣除增加的灼烧失量。

8. 化学试剂制法

把工业碳酸钾投入陶缸中，加入等量洁净蒸馏水。搅拌，加热溶解。再加入 0.1% 左右的活性炭，搅拌片刻。加入按原料杂质分析所确定的草酸钾量，搅拌，加热至沸，趁热过滤。把所得滤液置于浓缩锅中，蒸发至表面层薄膜为止。让浓缩液冷却结晶。结晶完全后，取出结晶置于离心机中甩干。再将甩干后的结晶置于银釜内，加热至脱水完毕，冷却后立即包装密封。

9. 产品用途

在农业上用作钾肥。用于生产光学玻璃、电焊条和染料工业的原料，清除工业气体中的 H_2S 和 CO_2，与纯碱混合可作灭火剂，在丙酮及酒精生产中作辅料。在油墨、炸药、电镀、制革、陶瓷和建材生产中都有广泛用途。

10. 参考文献

[1] 王国平，王存涵，胡夏明，等. 离子交换法生产碳酸钾的低浓度氯化铵循环增浓技术 [J]. 无机盐工业，2017，49（7）：42-45.

[2] 胡柏松，张帆，赵景利. 碳酸钾生产中除氨新工艺实验研究 [J]. 无机盐工业，2013，45（8）：21-23.

5.19　硼酸

硼酸（Boric acid）分子式 H_3BO_3，相对分子质量 61.83。硼酸实际上是氧化硼的水合物（$B_2O_3 \cdot 3H_2O$）。

1. 产品性能

白色粉末状结晶或鳞片状带光泽结晶。有滑腻手感，无臭味。相对密度 1.435，溶于水、乙醇、醚鳌、甘油及香精油中。水溶液呈弱酸性，加热至 70～100 ℃ 时逐渐脱水成偏硼酸。150～160 ℃ 时成焦硼酸，300 ℃ 时成硼酸酐（B_2O_3）。本品有毒！人误服会影响神经中枢。

2. 生产方法

（1）硫酸硼砂法

利用工业硼砂与硫酸作用制得。

$$Na_2B_4O_7 \cdot 10H_2O + H_2SO_4 \longrightarrow 4H_3BO_3 + Na_2SO_4 + 5H_2O。$$

（2）碳铵法

将硼砂粉与碳酸氢铵溶液混合，经加热后分解得到含硼酸铵的料液，再经脱氨即得硼酸。

这里主要介绍硫酸硼砂法的工业生产方法。

3. 生产配方（kg/t）

硼砂	18000
硫酸（92.5%）	520

4. 生产设备

溶解罐	过滤机
酸解罐	结晶器
干燥器	

5. 工艺流程

图 5-25

6. 生产工艺

①取工业硼砂 800 kg，加水溶解成 30%～32% 的溶液，滤去杂质，然后放入反应锅内。再缓慢加入硫酸约 225 kg，控制温度在 107 ℃ 下进行反应，反应后加水使溶液含量变为 30%，pH 至 3～4。

②反应完成后，将反应物放入结晶池冷却至 33 ℃（此温度必须严格控制，以免硫酸钠同时析出），然后取出结晶，离心脱水后再烘干，即得成品。在含硫酸钠的母液中分层结晶后回收部分硼酸。

7. 实验室制法

（1）制法一

将 100 g 经重结晶精制的硼砂溶于 250 mL 沸水中，加入 150 mL 25％的盐酸放置过夜。在玻璃棉上吸滤，用少量水洗涤。再用 3.5 倍的沸水重结晶数次，至所得结晶在氧化焰上呈纯粹的绿色。再用冷水溶解（1：25），重结晶以除去氯离子。将所得结晶夹在滤纸中间干燥，再放到装有浓硫酸的真空干燥器中干燥，得成品。

（2）制法二

将硼酸反复进行重结晶。直到取少量硼酸，在坩埚里熔融成无色玻璃状。如果为灰色，说明含有机物。可将硼酸和硝酸铵混合熔融成均匀溶体，再使其固化为三氧化二硼，然后加水煮沸溶解，蒸发结晶，即得成品。

8. 产品标准

	一级品	二级品
硼酸（H_3BO_3）	≤99.0％	≤96.0％
水不溶物	≤0.05％	≤0.15％
硫酸盐	≤0.10％	≤0.40％
氯化物	≤0.02％	≤0.05％
铁（Fe）	≤0.002％	≤0.005％

9. 产品用途

在农业上用作微量元素肥料。用于玻璃、搪瓷、电镀、医药、冶金、皮革、化妆品等工业，还用于照相、染料、人造宝石等方面，并用作食物防腐剂和消毒剂。

10. 参考文献

[1] 杨鑫，徐徽，陈白珍，等. 盐湖卤水硫酸法提取硼酸的工艺研究 [J]. 湖南师范大学自然科学学报，2008（1）：72-77.

[2] 李杰，刘艳丽，刘素兰，等. 低品位硼镁矿制备硼酸及回收硫酸镁的研究 [J]. 矿产综合利用，2009（1）：3-7.

5.20 硼酸锌

硼酸锌的化合物其组成有多种，它们的分子通式为 $xZnO \cdot yB_2O_3 \cdot zH_2O$。目前开发的主要品种的分子式为 $2ZnO \cdot 3B_2O_3 \cdot 3.5H_2O$，其中含 ZnO 37.45％，$B_2O_3$ 48.05％。

1. 产品性能

硼酸锌为白色细微粉末，密度为 2.8 g/cm³，熔点为 980 ℃。吸油量是 45 g/100 g。不易吸潮，易分散。硼酸锌为膨胀型阻燃颜料，具有无毒防锈、防霉、防污特性。当今已发展成为具有多种性能的化工材料。

2. 生产方法

硫酸锌或碳酸锌（氧化锌）与硼砂反应生成硼酸锌。

$$2ZnSO_4 + 2Na_2B_4O_7 + 6.5H_2O \longrightarrow 2ZnO \cdot 3B_2O_3 \cdot 3.5H_2O + 2Na_2SO_4 + 2H_3BO_3,$$

$$1.5ZnSO_4 + 1.5Na_2B_4O_7 + 0.5ZnO + 3.5H_2O \longrightarrow 2ZnO \cdot 3B_2O_3 \cdot 3.5H_2O + 1.5Na_2SO_4,$$

$$2ZnSO_4 + 1.5Na_2B_4O_7 + NaOH + 3H_2O \longrightarrow 2ZnO \cdot 3B_2O_3 \cdot 3.5H_2O + 2Na_2SO_4,$$

$$2ZnCl_2 + 2Na_2B_4O_7 + 6.5H_2O \longrightarrow 2ZnO \cdot 3B_2O_3 \cdot 3.5H_2O + 4NaCl + 2H_3BO_3.$$

碱式碳酸锌与硼酸的饱和溶液作用得到结构为 $ZnO \cdot 2B_2O_3 \cdot 4H_2O$ 的硼酸锌。这里主要介绍硫酸锌、氧化锌、硼砂工艺。

3. 生产原料规格

（1）硫酸锌

硫酸锌（$ZnSO_4 \cdot 7H_2O$）为无色针状结晶或粉状结晶。相对分子质量为 287.54，密度是 1.957 g/cm^3，熔点 100 ℃。易溶于水，微溶于乙醇和甘油。干燥空气中逐渐风化。39 ℃ 时，失去 1 个结晶水；在 280 ℃ 时，则脱水为无水物。加热至 767 ℃ 时，则分解为 ZnO 和 SO_3。其二级产品标准如下：

	二级
硫酸锌（$ZnSO_4 \cdot 7H_2O$）	≥98%
游离酸（H_2SO_4）	≤0.10%
水不溶物	≤0.05%
氯化物（Cl^-）	≤0.2%
铁（Fe）	≤0.01%
重金属（Pb）	≤0.05%

（2）氧化锌

氧化锌（ZnO），白色粉末，无臭、无味、无砂性。受热变成黄色，冷却后又恢复白色。相对密度 5.606，熔点 1975 ℃。遮盖力比铅白小。不溶于水和乙醇，溶于酸、碱、氯化铵和氨水中。一级品产品标准如下：

氧化锌	≥99.5%
氧化铅	≤0.06%
盐酸不溶物	≤0.08%
灼烧减量	≤0.20%
200 目筛余量	≤0.10%
遮盖力/(g/m²)	≤100
吸油量/(g/100 g)	≤20

4. 工艺流程

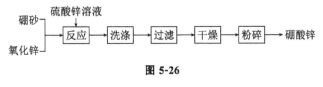

图 5-26

5. 生产工艺

将硫酸锌配制成规定的浓度，按所需的量由计量高位槽加入反应釜中，然后投入规定的硼砂及氧化锌，进行升温加热反应。随时记录反应温度、控制一定的固液比，直到中途抽样检验控制分析合格才终止反应。固体物料经压滤、漂洗、干燥、粉碎，即得成品。在生产过程中产生的含锌废水采用碱中和、结晶浓缩等方法进行处理。

6. 产品标准

外观	白色细微粉末
密度/(g/cm³)	2.8
折光率	1.58
吸油量（g/100 g）	45
细度（平均粒度）/μm	2~10
熔点/℃	980

7. 产品用途

在农业上用作微量元素肥料。也用于无土栽培营养液添加剂。硼酸锌广泛应用到高分子材料上。在化工、钢铁、煤炭等行业中主要用于制作各种耐燃胶带（管）、耐燃电缆等。本品是一种廉价阻燃剂，可作为锑白代用品，对卤化聚合物有良好的阻燃性，在不饱和聚酯中可以完全代替三氧化二锑（锑白），在软质聚氯乙烯树脂中可部分代替三氧化二锑以降低成本。可适于高温加工的需要。与含卤阻燃剂并用也有良好的协同效应。本品适用于不饱和聚酯、聚氯乙烯、环氧树脂、聚烯烃、聚碳酸酯、聚氨酯、ABS 树脂等塑料的阻燃。也适用于纤维织物、木材涂料的阻燃添加剂。此外，还用于医药、杀菌剂、陶瓷釉彩；同时硼酸锌又是一种良好的无毒防锈颜料。

8. 参考文献

[1] 李明. 硼酸锌的应用研究进展 [J]. 精细与专用化学品，2016，24（12）：49-51.
[2] 张亨. 硼酸锌的合成研究进展 [J]. 上海塑料，2012（4）：6-9.

5.21 氰氨化钙

氰氨化钙（Calcium cyanamide）又称氰氨钙、石灰氮。分子式 $CaCN_2$，相对分子质量 80.10。

1. 产品性能

纯品为无色六方晶体，工业品为深灰色粉末，有电石或氨气味。熔点 1300 ℃，在大于 1150 ℃ 时升华。在潮气存在下，水解成氢氧化钙和 $Ca（HCN_2）_2$，该盐在土壤中转变成脲。氰氨化钙有毒，对人体皮肤、口腔、消化系统有刺激性！

2. 生产方法

电石粉在氮化炉中与氮气反应，生成氰氨化钙。

$$CaC_2 + N_2 \xrightarrow{\triangle} CaCN_2 + C_。$$

3. 工艺流程

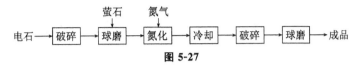

图 5-27

4. 生产配方（kg/t）

电石（发气量 280 L/kg）	888
氮气（99.8%）	640
萤石（CaF_2，90%）	18

5. 生产工艺

将电石送入颚式破碎机中破碎后，提升入电石料仓。将电石和萤石（用量为电石量的 2%~3%）同时送入管式磨碎机中球磨。将磨碎的电石送入氮化炉中，加热至 1000 ℃ 左右时，向炉内通入纯净的氮气，反应 42~48 h，生成氰氨化钙熔块，冷却后用颚式破碎机破碎，再用管式磨碎机磨细，得成品氰氨化钙。

6. 产品标准

总氮含量（一级品）	≥18%
剩余碳化钙	≤2%
细度（过 30 目筛）/目	≤2.5

7. 产品用途

氰氨化钙主要用作肥料，是一种碱性肥料，宜用于酸性土壤，也是高效低毒多菌灵农药的生产原料；也可用作除草剂、杀菌剂、杀虫剂（防止血吸虫病的蔓延，预防根腐病、锈病、白霉病，可杀死蚁、钉螺、蚂蟥等）；还可用作棉花落叶剂。氰氨化钙还是有机合成工业、塑料工业的基本原料。

8. 参考文献

[1] 刘思超，唐利忠，石泉，等. 氰氨化钙在农业生产中的应用研究进展 [J]. 中国土壤与肥料，2017（5）：1-6.

[2] 洪草源. 优化工艺条件稳定石灰氮生产 [J]. 福建化工，2005（2）：28-30.

[3] 周安照. 改进生产工艺提高石灰氮的含氮量 [J]. 化工生产与技术，2008（1）：56-58.

第六章 其他农用化学品

6.1 白蚁防除剂

1. 产品性能

该复配型白蚁防除剂具有很好的渗透性和防治白蚁的效果。

2. 生产配方（质量，份）

（1）配方一

4，5，6，7，8，8-六氯-3α，4，7，7	
α-四氯-4，7-亚甲桥茚	5.0
聚氧乙烯烷基醚	0.4～0.6
十二烷基苯磺酸钙	0.6～0.4
润滑油	4.0

（2）配方二

氯丹	40.0
乳化剂 OP	10.0
木材防腐剂	6.0
十二烷基磺酸铵	20.0
甲氧基聚乙二醇	21.0
十二碳烷醇	3.0

3. 工艺流程

（1）生产配方一的工艺流程

将各物料按配方量混合分散均匀，得白蚁防除剂。

（2）生产配方二的工艺流程

将各物料混合分散均匀。使用时用 20 倍水稀释，施于电线和水管通道的缝隙中，可防治白蚁。

4. 参考文献

[1] 刘自力，曹杨，王俊华，等. 白蚁危害及其防治剂研究进展 [J]. 华中昆虫研究，2013（9）：76-81.

[2] 夏传国，戴自荣. 我国白蚁的危害及白蚁防治剂的应用状况 [J]. 农药科学与管理，2001（S1）：16-17.

6.2　二氧化碳增补剂

覆盖栽培（如大棚栽培、室内栽培）通常需要人工补充二氧化碳，供植物呼吸成长。使用钢瓶、干冰和燃烧法都有其缺陷。本剂以碳酸钙与硫酸铵反应产生二氧化碳，同时产生的游离氨具有氮肥效用。使用方便，产气量大，供给期长，特别适宜于用作弥补作物发芽后 20～40 d 大量需要二氧化碳期间。

1. 生产配方（质量，份）

轻质碳酸钙	120
硫酸铵	160
硫黄	115

2. 生产方法

将碳酸钙、硫酸铵和硫黄的干燥粉末，按配方量混合，通过挤出式造粒机进行无水造粒，包装。半成品和成品在贮存过程中，必须严格保持干燥、不吸湿。

3. 产品用途

按 10 g/m² 的量，每 2 m² 设点将本剂与土壤混合，可持续 30～40 d 内持续放出二氧化碳气体。

6.3　水稻雄花杀灭剂

1. 产品性能

水稻为雌雄同花，自花授粉。若采用杂交法改良品种，则需先将母本水稻上的雄花杀灭，以使选作父本的水稻上的雄花有更大可能对母本水稻上的雌花授粉，该剂正是为杂交育种中杀灭母本水稻上的雄花之用。

2. 生产配方（质量，份）

盐酸（35%）	10.0
稻脚青原粉	3.0
平平加	4.0
水	35

3. 生产工艺

在搅拌下先将盐酸加入水中，然后，将平平加和稻脚青原粉加入盐酸水溶液中，搅拌均匀，得乳状的水稻雄花杀灭剂。

4．产品用途

用于水稻杂交育种中杀灭母本雄花。使用时用水将原剂稀释 250 倍。喷药前，应将作为父本的水稻用塑料薄膜盖住，喷药后，即可移开薄膜。

5．参考文献

[1] 严爱龙．"水稻雄花杀灭剂"的配制和使用方法 [J]. 农家之友，1995（6）：6.

6.4　哒嗪酮酸钾

哒嗪酮酸钾（Fenridazon）化学名称为 1-对氯苯基-1，4-二氢-4-氧-6-甲基-3-哒嗪羧酸钾 [1-(4-Chlorophenyl)-1，4-dihydro-4-oxo-6-methyl pyridazone-3-carboxylicacid]。分子式 $C_{12}H_9ClN_2O_3$，相对分子质量 264.65。结构式：

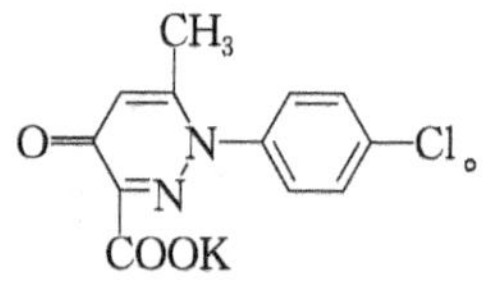

1．产品性能

哒嗪酮酸纯品为白色固体，熔点 229～230 ℃，其钾盐溶于水，该品为化学杂交剂。

2．生产方法

丙二酸亚异丙基酸与双乙烯酮加成，加成物在对甲苯磺酸存在下环化，得 3-羧基-4-羟基-6-甲基-2-吡喃酮，所得产物进一步加热脱羧得 4-羟基-6-甲基-2-吡喃酮，然后在碱性条件下，4-羟基-6-甲基-2-吡喃酮与对氯苯胺重氮盐经偶合、重排、酸化、成盐，得哒嗪酮酸钾。

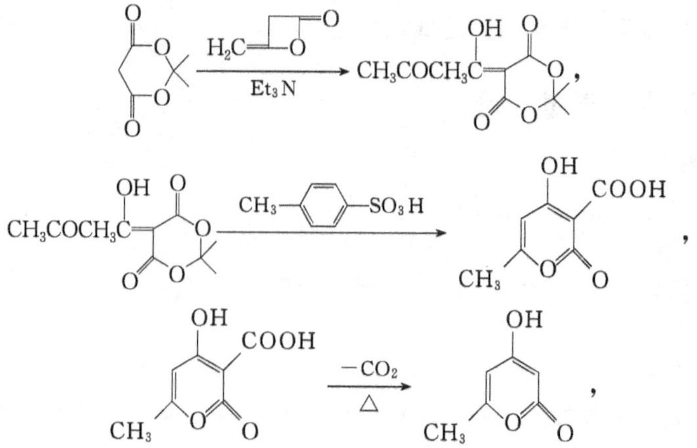

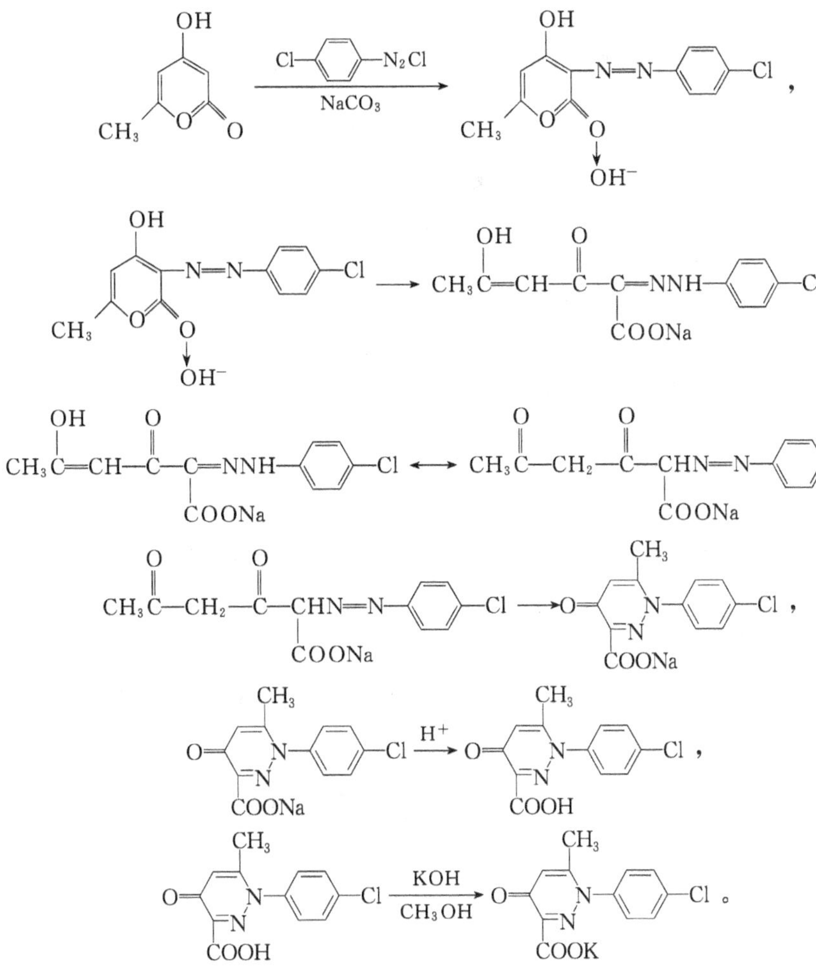

3. 工艺流程

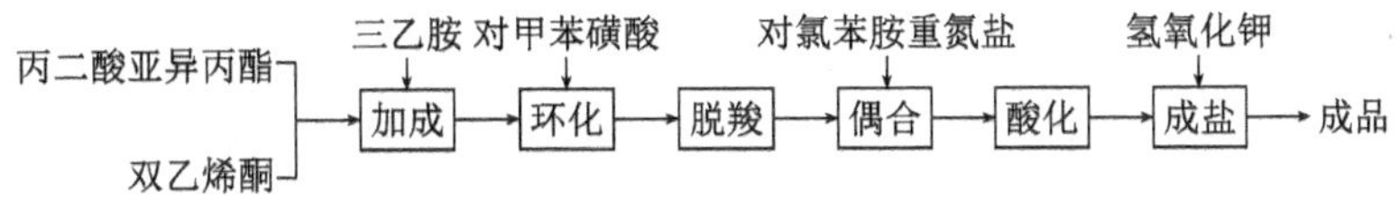

图 6-1

4. 生产工艺

（1）加成

在搅拌及温度低于0℃下，于72.0 g丙二酸亚异丙基酸和250 mL二氯甲烷中，滴加50 g三乙胺，再于温度低于5℃下，滴加50.5 g双乙烯酮，加毕，缓慢加温至室温，继续搅拌2 h，用稀酸洗涤反应物，油层经无水硫酸镁干燥后，在旋转蒸发器上脱溶后得黄色固体，经二氯甲烷重结晶，得针状结晶（1-羟基-3-氧-亚丁基）丙二酸亚异丙酯94 g，收率82%，熔点69～71℃。

（2）环化脱羧

将45.6 g（1-羟基-3-氧-亚丁基）丙二酸亚异丙酯、1.92 g对甲苯磺酸及70 mL甲苯加热回流2 h。脱溶后的残留物在苯中重结晶，得片状晶体，3-羧基-4-

羟基-6-甲基-2-吡喃酮，熔点 125～127 ℃，收率 80％。

将 34.2 g 上述环化产物在 150～155 ℃ 下，加热 2 h，然后用甲醇重结晶，得 20.5 g 4-羟基-6-甲基-2-吡喃酮，熔点 188～189 ℃，收率 82％。

（3）偶合、重排、酸化

将由 12.8 g 对氯苯胺、7.6 g 亚硝酸钠、40 mL 浓盐酸及 25 mL 水制得的重氮盐溶液，在搅拌及温度低于 5 ℃ 下，滴加到预先由 12.6 g 4-羟基-6-甲基-2-吡喃酮、500 mL 水、55 g 无水碳酸钠制成的溶液中，进行偶合反应，加毕继续搅拌约 2 h。将反应物回流约 10 h，进行重排反应，待大部固体消失，用 NaOH 液调 pH 至 6～7，继续回流至固体完全消失。加入活性炭，煮沸后过滤。滤液用稀盐酸酸化 pH 至 2，析出固体。将固物干燥后在三氯甲烷中重结晶，得哒嗪酮酸，熔点 229～230 ℃，收率 80％。

（4）成盐

将 16.8 g KOH 溶于 1500 mL 甲醇中，加入 132.5 g 哒嗪酮酸，待其完全溶解后（若有少量不溶物，滤去）在旋转蒸发器上脱甲醇至干，得哒嗪酮酸钾。

5. 产品用途

用作小麦制种的化学杂交剂。

6. 参考文献

[1] 陈万义，花冬梅. 化学杂交剂哒嗪酮酸钾的合成 [J]. 农药，1997（6）：10-12.

6.5　吸水保水剂

保水剂使用的是高吸水性树脂，它是一种吸水能力特别强的功能高分子材料。无毒无害，反复释水、吸水，因此农业上人们把它比喻为"微型水库"。该保水剂是丙烯酸热聚合制得的，其吸水量可达自身重量的 300 倍以上，几乎自身吸水量的 90％可被农作物吸收利用且可反复使用。用于农作物抗旱，特别适用于干旱地区植树造林、播种等；用于宾馆、家庭等种植花卉，减少浇水次数，还用作吸水剂、调湿剂等。

1. 生产配方（质量，份）

	一	二
丙烯酸	49	50
氢氧化钠（45％的水溶液）	32.0	27.5
氨水（25％）	19.6	19.6
过硫酸钾	0.27	0.272
水/L	35.2	39.7

2. 生产方法

在夹层反应锅中，加入水和丙烯酸，全溶后，加入氨水和氢氧化钠水溶液，搅拌混合均匀，加入过硫酸钾混合均匀，加热至 50 ℃，聚合反应开始，随着聚合反应的进行，反应体系温度上升。此时应通冷水使反应温度保持在 90 ℃ 以下，大约 30 min 聚合反应完成，再于 50～60 ℃ 干燥后，得含水率小于 5％的块状白色物质，经粉碎，即得粉末状膨润性吸水保水剂。

3. 产品标准

	配方一	配方二
吸水后外观形态	膨润的胶状物	
吸水量/(g/100 g)	450	480
吸水后的触感（硬度）	柔软	一般

4. 产品用途

用于农作物抗旱，特别适用于干旱地区植树造林、播种等；用于宾馆、家庭等种植花卉，减少浇水次数；还可用作吸水剂、调湿剂等。此保水剂可穴施或条施，以保持土壤水分。施加量约为土壤量的 0.3％。

5. 参考文献

[1] 冯启明，王维清，李瑾丽. 膨润土/丙烯酸聚合物吸水保水剂合成及性能研究 [J]. 非金属矿，2009，32（6）：6-9.
[2] 温国华，孙国强，塔娜，等. 含氮吸水保水剂的合成与性能研究 [J]. 胶体与聚合物，2006（2）：18-19.

6.6　土壤消毒剂

这种土壤消毒剂主要用于消除栖息和生存于土壤中的病虫害，以使作物（特别是幼苗）免受病虫害的侵袭。该剂对作物无药害、配制简单、贮存稳定性好。

1. 生产配方（质量，份）

	一	二	三
氯化苦	7.0	7.0	8.0
溴甲烷	3.0	3.0	—
二氯丙烯	—	—	2.0
聚甲基丙烯酸甲酯	1.6	2.4	1.0
煤油	8.4	7.6	—
二甲苯	0.8	1.0	9.0

2. 生产方法

按配方量将氯化苦、溴甲烷等溶散于溶剂（煤油和二甲苯）中即得。

3. 产品用途

用于消除栖息和生存于土壤中的病虫害，以使作物（特别是幼苗）免受病虫害的侵袭。用土壤消毒注入机以 4 L/100 m 的量（0.6 m/s 的速度）注入土壤中。

4. 参考文献

[1] 余露. 目前国家主要推荐的几种土壤消毒剂 ［J］. 农药市场信息，2013
　　(18)：35.

[2] 冯国明. 五种常用土壤消毒剂及其应用 ［J］. 福建农业，2010 (12)：19.

[3] 翟建华，曹晓妹，王蓓，等. 蔬菜大棚常用土壤消毒剂 ［J］. 北方园艺，2009
　　(1)：126-129.

6.7　昆虫胶粘网

这种昆虫胶粘网可以重复使用，用于胶粘苍蝇、飞蛾等害虫。

1. 生产配方（质量，份）

丙烯酸异辛酯	970
丙烯酸	30
C_{12}-烷基苯磺酸钠	20
过二硫酸铵	2
C_{12}-脂肪醇聚氧乙烯醚	20
水	适量

2. 生产方法

将各单体及助剂置入乳液聚合罐中聚合得到乳液聚合物。然后用该乳液浸泡聚乙烯网，则得具有重复可黏性的昆虫胶粘网。

3. 产品用途

用于粘捕飞虫。

6.8　海涛林

海涛林（Hetolin）化学名称 1-［β，β，β-三（对氯苯基）丙酰]-4-甲基呱嗪，化学式为 $C_{26}H_{25}Cl_3N_2O$，相对分子质量 487.9，结构式：

1．产品性能

熔点 213～215 ℃，作兽用驱虫药时常用其盐酸盐，盐酸盐的熔点为 267～269 ℃，易溶于热水和乙醇。

2．生产配方（kg/t）

氯苯	250.0
氰乙酸	41.2
对氯三氯甲苯	80.0
无水三氯化铝	51.0
无水氯化锌	16.9
乙酸	87.2
乙酐	48.4
浓硫酸	136.0
五氯化磷	48.6
N-甲基哌嗪	18.4
甲苯（可回收）	508.6
丙酮（可回收）	220.4

3．工艺流程

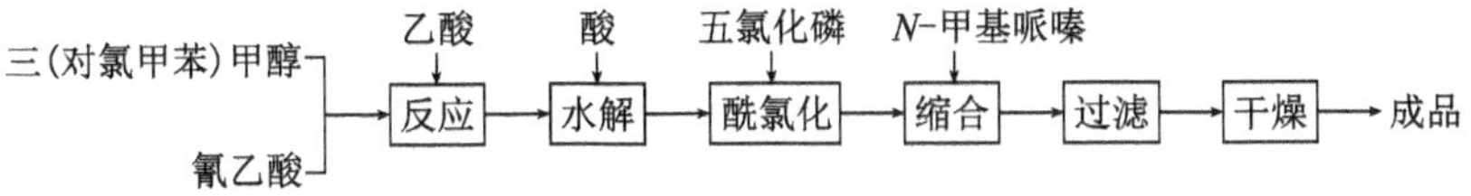

三(对氯甲苯)甲醇、氰乙酸 → 反应（乙酸）→ 水解（酸）→ 酰氯化（五氯化磷）→ 缩合（N-甲基哌嗪）→ 过滤 → 干燥 → 成品

图 6-2

4．生产方法

以三（对氯苯基）甲醇（**A**）为原料，与氰乙酸加成得 β，β，β-三（对氯苯基）丙腈（**B**），经浓硫酸水解得 β，β，β-三（对氯苯基）丙酸（**C**），再用五氯化磷酰氯化，得到 β，β，β-三（对氯苯基）丙酰氯（**D**），最后 D 与 N-甲基哌嗪缩合，得海涛林。

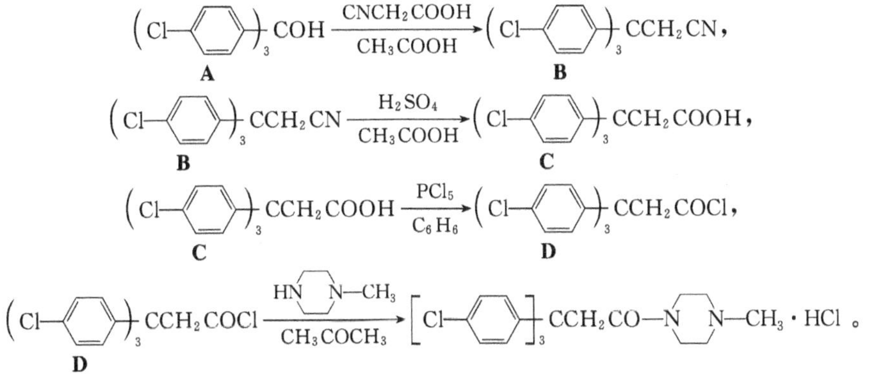

$$(Cl-C_6H_4)_3COH \xrightarrow[CH_3COOH]{CNCH_2COOH} (Cl-C_6H_4)_3CCH_2CN,$$
A　　　　　　　　　　　　　　　**B**

$$(Cl-C_6H_4)_3CCH_2CN \xrightarrow[CH_3COOH]{H_2SO_4} (Cl-C_6H_4)_3CCH_2COOH,$$
B　　　　　　　　　　　　　　　　**C**

$$(Cl-C_6H_4)_3CCH_2COOH \xrightarrow[C_6H_6]{PCl_5} (Cl-C_6H_4)_3CCH_2COCl,$$
C　　　　　　　　　　　　　　　　**D**

$$(Cl-C_6H_4)_3CCH_2COCl \xrightarrow[CH_3COCH_3]{HN\text{—}N\text{—}CH_3} [Cl-C_6H_4]_3CCH_2CO\text{—}N\text{—}N\text{—}CH_3 \cdot HCl 。$$
D

上述反应过程从 **A** 制得 **B** 不经分离直接制得 **C**。原料 **A** 由对氯三氯甲苯经弗里德尔-克拉夫茨反应制得：

$$Cl-\!\!\!\bigcirc\!\!\!-CCl_3 \xrightarrow[AlCl_3 \cdot HCl]{\overset{Cl}{\bigcirc}} \left(Cl-\!\!\!\bigcirc\!\!\!-\right)_3 COH。$$

5. 生产工艺

①三（对氯苯基）甲醇的制备。于 5 L 三颈瓶内，加入 2.5 kg 氯苯和 510 g 无水三氯化铝，加热至 55～60 ℃，在搅拌下滴加 800 g 对氯三氯甲苯，在 2～3 h 内加完。然后，继续反应 4～5 h。反应完毕，将反应液冷冻过夜。翌日过滤，取滤饼溶于 5% 的盐酸中，于 5 ℃ 水解 1～2 h。水解完毕，过滤，滤得固体经干燥，即得三（对氯苯甲）甲醇（**A**）884 g，收率 70%，熔点 97～98 ℃。

②三（对氯苯基）丙酸的制备。于三颈瓶内加入 884 g 三（对氯苯基）甲醇、412 g 氰乙酸、872 g 乙酸和 169 g 无水氯化锌，加热至 130 ℃，搅拌回流 4 h。回流完毕，冷却，加入 1360 mL 浓硫酸及 484 mL 乙酐，再加热至 130 ℃，搅拌反应 15 h。反应毕，冷却，将反应液倾入水中，过滤，滤得固体水洗，干燥，得 **C** 的粗品 967 g。然后，将粗品再用 5086 mL 苯重结晶和 3 g 活性炭脱色，经处理得三（对氯苯基）丙酸（**C**）的精品 787 g，收率 80%，熔点 185～186 ℃。

③三（对氯苯基）丙酸氯的制备。于 500 mL 圆底烧瓶内，加入 81 g **C** 和 500 mL 无水苯，加热至 95 ℃，使固体全溶后，冷却至室温，加入 50 g 五氯化磷，待反应稳定，回流 0.5 h。回流完毕，待残留液自然冷却结晶，经处理后得三（对氯苯基）丙酰氯（**D**）95 g，收率 95%，熔点 108～112 ℃。

④海涛林的制备。于 500 mL 三颈瓶内，加入 100.4 g **D** 和 180 mL 丙酮，在搅拌下，滴加 20 g N-甲基哌嗪和 60 mL 丙酮的溶液。然后，于 50 ℃，搅拌反应 1 h。反应完毕，待反应液冷却，过滤，滤得固体用丙酮淋洗，经干燥得海涛林粗品 91 g。在粗品中加入 800 mL 乙醇和 1 g 活性炭，加热回流 0.5 h，过滤，将滤液浓缩至黏稠状，冷却，析出固体。经过滤，干燥等处理后得海涛林精品 80 g，收率 76%，熔点 271～274 ℃，含量 98% 以上。

6. 产品用途

本品为治疗牛、羊矛形腔吸虫病的高效药物，具有作用强、驱虫率高（96% 以上）、毒性低、适口性好等特点，国外畜牧业应用广泛。

7. 参考文献

[1] 苑本伦，刘启发，肖忠惠，等. 兽用驱虫药海涛林合成工艺研究 [J]. 医药工业，1983（9）：2-4.

6.9 蚕室消毒剂

将本剂喷洒蚕室及养蚕用具，可有效防止白僵菌、黄绿色曲霉的繁殖，还可预防病毒、霉菌和杂菌引起的蚕病。该剂对蚕无刺激性。

1. 生产配方（质量，份）

消石灰	10.0
戊二醛	0.5
新洁尔灭	1.0
水	加至 1000 L

2. 生产方法

按配方量将各物料混合均匀即得。

3. 产品用途

直接喷洒于养蚕室及用具，可有效防止白僵菌、黄绿色曲霉的繁殖，还可预防病毒、霉菌和杂菌引起的蚕病。

4. 参考文献

[1] 鲁兴萌，金伟. 蚕室蚕具消毒剂的实验室评价 [J]. 蚕桑通报，1996（4）：6-8.

[2] 郜秀荣，尹家凤，吴芳生. 蚕室蚕具消毒剂"达立净"的研究 [J]. 河北林学院学报，1995（4）：320-325.

6.10　利果剂

该剂在结果期间喷洒，能有效防止临近成熟的果子落果，同时，该剂还有一定的增加果重的效果。

1. 生产配方（质量，份）

（1）生产配方一

2-（2，4-二氯苯氧基）丙酸乙酯	160
十二烷基苯磺酸钙	16
丙烯酸聚氧乙烯醇酯	16
混合二甲苯	24
水	800

（2）生产配方二

2-（2，4-二氯苯氧基）丙酸	200
高级醇磺酸酯	20
木质磺酸盐	30
白炭粉	50
黏土	700

2. 生产方法

（1）生产配方一的生产方法

将 2-(2，4-二氯苯氧基）丙酸乙酯与二甲苯混合后，加入溶有其余物料的热水溶液中,混合乳化,得利果剂。

(2) 生产配方二的生产方法

将配方中各物料按配方量粉碎混合得粉剂,使用时用水稀释。

3. 产品用途

能有效地防止临近成熟的果子落果,同时,该剂还有一定的增加果重的效果。用水稀释质量浓度至 30 μg/L 喷洒,在结果期,喷洒 1~3 次。

4. 参考文献

[1] 李兆龙. 几种防止落果的新药 [J]. 北方果树,1989 (2):49-50.

6.11 花木无土栽培液

这种无土栽培营养液适用于花木栽培,也可用于蔬菜栽培。其中含有植物生长必需的氮、磷、钾和微量元素肥料。

1. 生产配方 (质量,份)

硝酸钾	542
硝酸钙	96
硫酸镁	135
过磷酸钙	135
硫酸铁	14
硫酸锰	2
硫酸	73
硼砂	1.7
硫酸锌	0.8
硫酸铜	0.6
水	加至 1000 L

2. 生产方法

将各物料按配方量溶于水中,搅拌均匀,得到营养液。

3. 产品用途

使用时,一般要求营养液总浓度不得超过 0.4%,但不同的花木稍有不同:杜鹃、仙人掌、秋海棠以 0.1% 为宜;水仙、郁金香、百合、风信子以 0.15%~0.20% 为宜;大丽菊、唐菖蒲以 0.2% 为宜;一品红、天竺葵以 0.2%~0.3% 为宜;菊花、水芋、天冬草以 0.3% 为宜。可通过增减水的量而获得所需的总浓度。pH 调整至 5.5~6.5,通过调整硫酸的用量来控制。

4. 参考文献

[1] 吴家宜. 无土栽培和无土栽培液 [J]. 科技潮,1998 (2):127.

6.12　氯化胆碱

氯化胆碱（Choline chloride）又称氯化胆脂、氯化胆素。化学名称（2-羟乙基）三甲基氯化铵 [(2-Hydroxyethyl) trimethylammonium chloride; Biocolina; Hepacholine]。分子式 $C_5H_{14}ClNO$，相对分子质量 139.63，结构式：

$$\left[HOCH_2CH_2 \overset{CH_3}{\underset{CH_3}{\overset{|}{-\overset{\oplus}{N}-}}} CH_3 \right] \overset{\ominus}{Cl}。$$

1. 产品性能

白色吸湿性结晶，有碱苦味，鱼腥臭，吸湿性强。不溶于苯、氯仿和乙醚，易溶于水、乙醇、甲醇，水溶液呈中性，碱性溶液中不稳定。50%的氯化胆碱粉剂为白色或黄褐色干燥的流动性粉末或颗粒，具有吸湿性，有特异性臭味。70%的氯化胆碱水溶液可与甲醇、乙醇任意混溶，但几乎不溶于乙醚、氯仿或苯，具有吸湿性，吸收二氧化碳放出氨臭味。

2. 生产方法

由三甲胺盐酸盐溶液与环氧乙烷反应制得，或由氯乙醇与三甲胺反应制得。

$$(CH_3)_3N \cdot HCl + CH_2\overset{}{\underset{O}{\diagup\diagdown}}CH_2 \longrightarrow (CH_3)_3\overset{\oplus}{N}-CH_2-CH_2-OH\overset{\ominus}{Cl},$$

或

$$(CH_3)_3N + ClCH_2CH_2OH \longrightarrow (CH_3)_3\overset{\oplus}{N}-CH_2-CH_2-OH\overset{\ominus}{Cl}。$$

3. 工艺流程

图 6-3

4. 生产配方（质量，份）

三甲胺盐酸盐（70%）	138
环氧乙烷	45

5. 生产设备

反应釜	汽提塔
输送泵	贮液器

6. 生产工艺

将70%的三甲胺盐酸盐和环氧乙烷按 m（三甲胺盐酸盐）：m（环氧乙烷）＝138：45 的比例分别用泵连续送入带搅拌的反应釜中，于 50～70 ℃ 下搅拌反应。反应物在反应器中反应时间为 1.0～1.5 h。生成物连续引出反应器后进入汽提塔。反应器内的液面应保持稳定，使反应连续进行。反应过程中 pH 由低向高变化，反应开始物料的 pH 约为 7，反应终了时物料的 pH 约为 12。氯化胆碱粗产品引入汽提塔后，由塔底吹入的氮气，除去剩余的三甲胺和环氧乙烷，并使反应副产物氯乙醇与三甲胺和水作用。最后得到 60％～80％的氯化胆碱。

另可将 78 kg 30％的三甲胺溶液加进 32 kg 无水氯乙醇中，于 50 ℃ 下，反应 14 h，制得含量约为 80％的氯化胆碱。

7. 实验室制法

在反应烧瓶中加入 30％的三甲胺，加热，于 50 ℃ 加无水氯乙醇，继续反应 10 h。反应完毕，常压下加热至 132 ℃ 进行浓缩，制得 75％的氯化胆碱溶液。

8. 产品标准

（1）50％的粉剂

外观	白色或黄褐色粉末或颗粒
水分含量	≤4.0％
含量	≥50％
细度（过 20 目筛残余量）	≤5％

（2）70％的水溶液

含量	≥70％
重金属（以 Pb 计）	≤0.002％
氯乙醇（以 Cl⁻ 计）	≤0.2％
灼烧残渣	≤0.2％
乙二醇	≤0.5％
pH	6.5～8.0
三甲胺	合格

（3）无水物

外观	无色至白色晶体或结晶性粉末
水分	≤0.5％
含量	≥98.0％
灼烧残渣	≤0.05％
重金属（以铅计）	≤0.002％
砷（以 As 计）	≤0.0003％

9. 质量检验

（1）含量测定

精确称取 300 mg 的试样置于 250 mL 锥形瓶中，加 50 mL 冰醋酸，在蒸汽浴上加热至完全溶解。冷却后加 1 mL 乙酸汞试液（取乙酸汞 6 g，溶于冰醋酸中，并定容至 100 mL 即得）和 2 滴龙胆紫试剂，用 0.1 mol/L 高氯酸的冰醋酸溶液滴定至绿色终点。同时进行空白试验并做必要校正。1 mL 0.1 mol/L 的高氯酸相当于

13.96 mg 氯化胆碱。

(2) 重金属的测定

将 1 g 试样加入 25 mL 水中配制成溶液，放入 50 mL 比色管中，用稀乙酸试液（取冰醋酸 60 mL，用水稀释至 1000 mL 即可）或氨试液（取含量为 28% 的氨水 400 mL，用水稀释至 1000 mL 即可）调节 pH 至 3.0～4.0，用水稀释至 40 mL，混匀。

另吸取铅标准液（取硝酸铅 159.8 mg，溶于 10 mL 浓度为 10% 的稀硝酸）2.0 mL（相当于 20μg 铅），放入 50 mL 比色管中。加水至 25 mL，用稀乙酸试液（同上）或氨试液（同上）调节 pH 为 3.0～4.0（用精密 pH 试纸），用水稀释至 40 mL，混匀。

将两支试管中各加入刚制备的硫化氢试剂（将硫化氢通入冷水中使之成饱和溶液）10 mL，混匀，静止 5 min，一起放在白色背景上，自上面透视。试样管中的显色应比标准液试管的显色深，即为合格。

10. 产品用途

氯化胆碱用作畜禽生长促进剂，以饲料添加剂的方式使用。药用级氯化胆碱为肝胆疾病辅助药。用于治疗肝炎、肝硬化、肝脂肪浸润、肝中毒等。还可作营养增补剂以及治疗恶性贫血。

11. 安全与贮运

①原料中的三甲胺和环氧乙烷均有毒且易燃，生产设备要密封，严防泄漏。场地要通风良好，操作人员应穿戴防护用具。

②产品的粉剂用袋包装，液体用桶包装。

12. 参考文献

[1] 蒋丽容，郎春燕，陈小平. 氯化胆碱合成工艺及催化剂研究进展 [J]. 化工进展，2013，32 (S1)：187-191.

[2] 崔玉民，杨高文. 氯化胆碱合成工艺的研究 [J]. 化学反应工程与工艺，2003 (2)：155-159.

[3] 朱亚伟，周斌. 氯化胆碱合成新工艺 [J]. 化工生产与技术，2003，10 (5)：15-16.

6.13　鱼用饲料添加剂

这种鱼用饲料添加剂可使鱼最大限度地生长，提高饲料利用率。

1. 生产配方（质量，份）

(1) 生产配方一

磷酸氢钾	23.98
乳酸钙	32.70

二水合磷酸氢钙	13.58
七水合硫酸镁	13.90
七水合硫酸锌	0.30
二水合硫酸氢钠	8.72
一水合硫酸锰	0.08
六水合氯化钴	0.10
氯化钠	14.35
柠檬酸铁	2.97
六水合氯化铝	0.015
氯化亚铜	0.01
碘化钾	0.015

（2）生产配方二（质量，mg）

维生素 B_1	5
维生素 C	100
维生素 B_{12}	0.01
维生素 B_6	4
维生素 E	40
醋酸维生素 A/IU	200
Manadione（商品名）	4
维生素 D_3/IU	1000
生物素	0.6
叶酸	1.5
肌醇	200
氯化胆碱	400
对氨基苯甲酸	5
饲料	100 000

2. 生产配方二的生产方法

将各物料按配方量混合均匀即得。

3. 产品用途

（1）生产配方一所得产品的用途

按配方量混合均匀后以总量 2%～4% 的含量添加入鱼饲料中。

（2）产品用途

每 1000 kg 饲料中加入上述维生素添加剂 2～4 kg。

4. 参考文献

［1］李明锋，汪澄洲. 鱼用饲料添加剂［J］. 内陆水产，1994（Z1）：28.

［2］夏阳. 鱼用饲料添加剂的配制［J］. 乡村科技，2010（1）：25.

6.14　非洲鲫鱼饲料

非洲鲫鱼已在我国大部分地区放养。这里提供几类饲料配方，供参考。

1. 生产配方（质量，份）

（1）生产配方一

米	37
干酒糟	10
棉籽粉	20
褐色鱼粉	5
花生粉	5
大豆粉	4
肉粉	5
水解羽毛粉	3
维生素预混合添加剂	2
矿物质预混合添加剂	4

（2）生产配方二

血粉	8
磷酸氢二钙	2
棉籽饼	82
小麦	8

（3）生产配方三

花生饼	18
碎米谷	65
粗麦粉	12
鱼粉	4

2. 产品用途

用作非洲鲫鱼的饲料。

3. 参考文献

[1] 潘庆. 罗非鱼的营养与饲料 [J]. 饲料与畜牧，2016（1）：2-3.

[2] 胡晓海，王春波. 罗非鱼的营养需要及新饲养技术 [J]. 国外畜牧科技，1995（6）：22-23.

6.15　奶牛饲料添加剂

该添加剂可以提高奶牛的日产奶量，同时提高牛奶质量。

1. 生产配方（质量，g）

维生素 E	15
维生素 A/IU	10
维生素 D_{3n}/IU	2
铁（硫酸亚铁）	60
锰（硫酸锰）	40
铜	10
钴	2.3
锌	40
碘	1

2. 生产方法

按配方量将各物料混合均匀即得。

3. 产品用途

用作奶牛饲料添加剂，每吨奶牛饲料中添加 1 kg 饲料添加剂。

4. 参考文献

[1] 栗晓霞. 三种奶牛饲料的营养与调制 [J]. 科学种养，2015（12）：48-49.

[2] 李新宇. 奶牛饲料中添加预混料对奶牛生产性能的影响 [J]. 中国畜牧杂志，2008（20）：59-60.

6.16　鸭饲料添加剂

这种饲料添加剂同时含有维生素和无机矿物质，适用于添加在鸭、鹅等的饲料中。

1. 生产配方（质量，g）

维生素 A/IU	15
维生素 B_1	15 000
维生素 B_2	20
维生素 D_3	4
维生素 E/IU	25
维生素 K/IU	1
烟酸	70
泛酸钙	8
叶酸	3
吡哆醇	2
生物素	100 000
氯化胆碱	500

蛋氨酸	1500
赖氨酸	1000
杆菌肽化锌	20
球虫抑制剂	25
碘	1.7
锰	65
锌	80
铜	10
铁	25

2. 产品用途

每吨鸭饲料中加入 5 kg 该饲料添加剂。

3. 参考文献

[1] 张复生. 不同饲料添加剂对樱桃谷鸭饲用效果的研究 [D]. 长沙：湖南农业大学，2009.

[2] 王元荪. 一种蛋鸭饲料及其制备方法 [J]. 家禽科学，2017（5）：56.

6.17 鸡饲料矿物质添加剂

鸡饲料添加剂主要有矿物质添加剂、维生素添加剂、中草药添加剂等。这里介绍几例矿物质添加剂。

1. 生产配方（质量，份）

（1）生产配方一

磷酸氢钙	25.00
硫酸铜	0.07
硫酸亚铁	0.03
硫酸锌	0.37
硫酸锰	0.85
碳酸钙	73.40
氯化钴	0.006
碘化钾	0.04

（2）生产配方二

贝壳粉	97.76
硫酸铝	0.12
硫酸铜	0.06
硫酸亚铁	0.25
硫酸镁	0.29
硫酸锌	0.30

硫酸锰	1.05
碘化钾	0.05
硼酸（$\mu g/g$）	25

（3）生产配方三

碳酸钙	16.4
贝壳粉	62.895
磷酸钙	16.8
硫酸锰	1.0
硫酸镁	1.0
硫酸亚铁	0.8
硫酸锌	0.8
硫酸铝	0.12
碘化钾	0.025
硫酸铜	0.16
硫酸钴/（$\mu g/g$）	80
亚硒酸钠/（$\mu g/g$）	10

（4）生产配方四

碳酸锰	38.1
硫酸铜	3.14
碳酸锌	16.08
硫酸铁	13.38
碘酸钙	0.16
碳酸钙	129.14

（5）生产配方五

硫酸镁	300
一水合硫酸锰（$MnSO_4 \cdot H_2O$）	25
柠檬酸铁［$Fe（C_6H_5O_7）\cdot 6H_2O$］	20
氯化钠	400
硫酸铜	1
碳酸锌	13
钼酸钠（$Na_2MoO_4 \cdot 2H_2O$）	0.55
硒酸钠	0.0219
碘酸钾	1
磷酸氢钠	700
磷酸钙	1000
磷酸氢钙	2840

（6）生产配方六

磷酸氢钙（$CaHPO_4 \cdot 2H_2O$）	150
七水合硫酸镁（$MgSO_4 \cdot 7H_2O$）	204
柠檬酸铁［$Fe（C_6H_5O_7）\cdot 6H_2O$］	55
硫酸锰	10
氯化钠	335

氯化锌	0.5
五水硫酸铜（$CuSO_4 \cdot 5H_2O$）	0.6
磷酸氢钾	645
碳酸钙	600
碘化钾	1.6

（7）生产配方七

葡萄糖	256
五水硫酸铜（$CuSO_4 \cdot 5H_2O$）	2
柠檬酸铁 [Fe（$C_6H_5O_7$）$\cdot 6H_2O$]	40
硫酸镁	244
磷酸氢钠	730
碘化钾	4
碳酸锌	2
硫酸锰（$MnSO_4 \cdot H_2O$）	42
氯化钠	880
碳酸钙	1500
磷酸钙	1400
磷酸氢钾	900

（8）生产配方八

贝壳粉	74.82
氯化钴	0.12
硫酸亚铁	10.0
碘/($\mu g/g$)	17.50
硫酸锌	8.0
硫酸铜（$CuSO_4 \cdot 5H_2O$）	0.8
碳酸锰	6.15
亚硒酸钠/($\mu g/g$)	15

2. 生产方法

（1）生产配方一的生产方法

将各物料按配方量混匀即得。

（2）生产配方四的生产方法

将各物料按配方量混合均匀，得鸡饲料用矿物质添加剂。

（3）生产配方五的生产方法

将各物料按配方量混匀，即得鸡饲料用矿物质添加剂。

（4）生产配方六的生产方法

将各物料按配方量粉碎后混匀，得到鸡饲料用矿物质添加剂。

（5）生产配方八的生产方法

各物料按配方量干燥粉碎后混合均匀，得到鸡饲料矿物质添加剂。

3. 产品用途

（1）生产配方一所得产品用途

用作鸡饲料矿物质添加剂，用量占饲料的 2%～3%。

（2）生产配方二所得产品用途

该配方为鸡饲料矿物质添加剂，添加量占饲料量的 2%。

（3）生产配方三所得产品用途

用作鸡饲料矿物质添加剂，添加量占饲料量的 2%。

（4）生产配方八所得产品用途

用作鸡饲料矿物质添加剂。添加于复配鸡饲料中，添加量占饲料量的 0.2%。

4. 参考文献

[1] 高占国，翟自涛. 矿物质饲料在养鸡业中的作用 [J]. 畜牧与饲料科学，2008 (3)：7.

[2] 张世凤. 矿物质饲料添加剂的开发利用 [J]. 河南畜牧兽医，1997 (2)：34-35.

6.18 产蛋鸡饲料用矿物质添加剂

1. 生产配方（质量，份）

（1）生产配方一

硫酸锌	96.33
亚硒酸钠	0.12
硫酸铜（$CuSO_4 \cdot 5H_2O$）	4.29
碘化钾	0.27
硫酸锰	35.60
载体（小麦粉）	863.40

（2）生产配方二

硫酸铁	7.61
碳酸锰	19.05
硫酸铜	1.96
碘酸钙	0.08
碳酸钙	62.37
碳酸锌	8.93

（3）生产配方三

硫酸铁	7.61
碳酸锰	30.63
硫酸铜	1.96
碘酸钙	0.08

碳酸钙	59.90
碳酸锌	9.82

2. 生产方法

（1）生产配方一的生产方法

将物料按配方量粉碎后混匀，即得。

（2）生产配方二的生产方法

各物料按配方量粉碎后混匀，得产蛋鸡用矿物质添加剂，也用于种鸡饲料添加剂。

（3）生产配方三的生产方法

将各物料按配方量粉碎后，混匀即得。

3. 产品用途

用于产蛋鸡（或种鸡）饲料的配制（用作矿物质添加剂）。

4. 参考文献

[1] 薛剑，张季. 浅谈通过矿物质营养调控提高蛋壳质量 [J]. 黑龙江畜牧兽医，2006（11）：50-51.

[2] 娜日娜，韩晓华，索力墨，等. 蛋鸡饲料配方的研究与设计 [J]. 饲料与畜牧，2013（10）：13-15.

6.19　蛋鸡饲料添加剂

该添加剂又称促卵素1号，作为蛋鸡喂养的饲料添加剂，可提高产蛋率，增加经济效益。

1. 生产配方（质量，份）

土霉素钙	500
复合维生素（蛋鸡用）	50
赖氨酸	1500
蛋氨酸	300
酵母粉	200
炒山楂	100
炒神曲	150
炒乌钱子	150
碘化钾	5

2. 生产方法

将各物料按配方量混合即得。

3. 产品用途

用作蛋鸡喂养的饲料添加剂。

4. 参考文献

[1] 刘树垣，张树贤，方秀云，等. 蛋鸡饲料添加剂筛选试验 [J]. 辽宁畜牧兽医，1997 (3)：7.

6.20　鸡用复合维生素添加剂

1. 生产配方

（1）生产配方一（质量，g）

	一	二
维生素 A/IU	3 330 000	1 500 000
维生素 D_3/IU	667 000	200 000
维生素 E/IU	3334	500
维生素 B_1	0.334	0.2
维生素 B_2	1.334	0.4
维生素 B_3	—	1
维生素 B_4	—	70
维生素 B_5	—	2
维生素 B_6	1.0	0.6
维生素 B_{12}	4000	3000
维生素 K	0.667	0.2
维生素 C	—	5
锰	16.667	5.000
泛酸钙	2	—
烟酸	1	—
氯化胆碱	166.7	—
叶酸	0.167	—
生物素	0.34	—
锌	16.67	1.35
铁	16.67	2
钴	—	0.2
碘	0.134	0.2
铜	1.334	0.25
抗氧化剂	—	12.5
载体（玉米粉）	加至 1000	加至 1000

（2）生产配方二

维生素 A/百万 IU	3.33
维生素 D/百万 IU	6.67
维生素 E/kIU	6.67
维生素 B_1	0.667
维生素 B_2	2
维生素 B_6	1.334
维生素 B_{12}	7 000
维生素 K	0.667
烟酸	10.0
泛酸钙	4.0
生物素	34 000
叶酸	0.40
氯化胆碱	220.0
铁	26.667
锰	20.0
锌	16.667
铜	1.334
钴	34 000
碘	0.20
基料	加至 1000

（3）生产配方三

维生素 A/百万 IU	1
维生素 D/百万 IU	0.1
维生素 E/kIU	1
维生素 B_2	0.40
维生素 B_3	1.0
维生素 B_4	70.0
维生素 B_5	2.50
维生素 B_{12}	3 000
维生素 C	5.0
维生素 K	0.2
抗球虫剂	12.5
抗生素	1.5
抗氧化剂	12.5
铁	2.0
锰	5.0
锌	0.9
钴	0.2
碘	0.2
精饲料	加至 1000

（4）生产配方四

	一	二
维生素 A	1	1
维生素 D	0.1	0.1
维生素 E	0.5	0.5
维生素 K	0.2	—
维生素 B_2	0.40	0.30
维生素 B_3	1.0	1.0
维生素 B_4	70.0	70.0
维生素 B_5	2.0	2.5
维生素 B_{12}	3000	3000
维生素 C	—	5.0
抗氧化剂	12.5	12.5
铁	2.0	2.0
锰	5.0	2.0
铜	0.25	0.25
钴	0.20	0.20
锌	1.35	0.9
碘	0.20	0.20
抗菌素	1.0	—
抗球虫剂	12.5	—
基料	加至 1000	加至 1000

（5）生产配方五

维生素 A/百万 IU	2.667
维生素 D/百万 IU	0.533
维生素 E/kIU	1.334
维生素 B_1	0.334
维生素 B_2	1.334
维生素 B_6	1.00
维生素 B_{12}	4000
维生素 K	0.667
泛酸钙	4.00
氯化胆碱	166.7
叶酸	0.167
烟酸	6.667
生物素	34 000
铁	13.334
锌	13.334
锰	16.667
铜	1.0
钴	34 000
碘	0.167
基料（精饲料）	加至 1000

（6）生产配方六

原料	一	二
维生素 A/IU	4 000 000	3.334
维生素 D/IU	8 000 000	0.667
维生素 E/IU	6670	6670
维生素 B_1	0.667	0.667
维生素 B_2	2.0	2.0
维生素 B_6	1.334	1.0
维生素 B_{12}	7000	4000
维生素 K	0.667	0.667
烟酸	11.667	10.0
氯化胆碱	220.0	166.67
泛酸钙	4.00	4.00
叶酸	0.40	0.167
生物素	34 000	34 000
锌	16.667	13.334
铁	26.667	16.667
锰	23.334	16.667
铜	1.667	1.334
钴	0.034	0.167
碘	0.22	0.167
基料	加至 1000	加至 1000

（7）生产配方七

维生素 A/百万 IU	3334 000
维生素 D/百万 IU	667 000
维生素 E/万 IU	5000
维生素 K	0.667
维生素 B_1	0.334
维生素 B_2	2.0
维生素 B_6	1.334
维生素 B_{12}	4000
叶酸	0.334
烟酸	10.0
泛酸钙	4.0
氯化胆碱	166.67
生物素	0.05
铁	26.667
锰	20.0
锌	20.0
铜	1.334
碘	0.134
填料（精饲料）	至 1000

2. 生产方法

（1）生产配方一的生产方法

按配方量混匀即得。

（2）生产配方二的生产方法

将各物料按配方量混匀，加入基料至规定量即得幼雏、中雏鸡用维生素微量元素添加剂。

3. 产品用途

（1）生产配方一所得产品用途

用于配制蛋鸡饲料，添加量为饲料的 0.1%～0.3%。

（2）生产配方二所得产品用途

用于配制幼雏、中雏饲料配制，用量为饲料量的 0.3%。

（3）生产配方三所得产品用途

用于 1～30 d 龄的肉仔鸡的饲料添加剂，添加量为饲料量的 0.1%～0.3%。

（4）生产配方四所得产品用途

一为 1～60 d 龄产蛋鸡的维生素添加剂；二为 31～70 d 龄肉用仔鸡的维生素添加剂。用于饲料配制中，用量为饲料量的 0.1%～0.3%。

（5）生产配方五所得产品用途

产品用途用于大雏的饲料添加配制，用量为饲料量的 0.3%。

（6）生产配方六所得产品用途

一为肉鸡前期用饲料添加剂；二为肉鸡后期用饲料添加剂，两者均为饲料量的 0.3%。

（7）生产配方七所得产品用途

用于种鸡饲料的混配，用量为饲料量的 0.3%。

4. 参考文献

[1] 姚永胜. 多种维生素添加剂对笼养种鸡的影响 [J]. 黑龙江畜牧兽医，1983 (5)：9-10.

6.21　猪用维生素预混剂

这种猪用维生素预混剂，是国外某公司的生产配方。供国内参考。

1. 生产配方（质量，g）

烟酸	75
泛酸钙	25
维生素 A/百万 IU	40
维生素 B_1	5
维生素 B_2	20

维生素 B_6	10
维生素 B_{12}	100 000
维生素 D_3/百万 IU	5
维生素 E	60

2. 生产方法

将各物料按配比混合均匀，磨细，即得猪用维生素预混添加剂。

3. 产品用途

猪用维生素预混添加剂根据生猪生长的不同时期，确定饲料中维生素预混剂的用量。50 kg 以上生猪 175 g/t 饲料；50 kg 以下生猪 200 g/t 饲料；母猪 300 g/t 饲料。

4. 参考文献

[1] 廖泳贤，张益书，陈宇. 猪用维生素配套添加剂预混料的研制 [J]. 饲料研究，1986，(8)：22.

6.22 瘦肉型猪配合饲料

当前推广饲养瘦肉型猪，对人们食用有益。为满足人们生活需要，应大力发展瘦肉型猪，由中国农科院畜牧研究所推荐了一种饲料新配方。

1. 生产配方（kg/t）

猪重量/kg	20～40	40～60	60～90
玉米	55	60	55
大麦	23	24	32
麸皮	5	5	5
鱼粉	7	6	3
槐树叶	5	5	5
豆饼	5	—	—
骨粉	1.5	1	0.5

2. 生产方法

将玉米、大麦、麸皮、槐树叶等按配方量混合打磨成粉，然后加鱼粉、骨粉、食盐等混合均匀即得。

3. 产品用途

瘦肉型猪配合饲料与粗饲料按 m（瘦肉型猪配合饲料）：m（粗饲料）＝1.0：(1.5～2.0) 的比例混合，配合饲养，并供应充足的清洁水。夏天每天洗槽换水，冬季 2～3 d 洗槽换水，保证猪舍的清洁卫生。

4. 参考文献

[1] 徐仲仁，余崇达，杨景培. 瘦肉型猪配合饲料优化配方研究 [J]. 广东畜牧兽医科技，1995（4）：6-8.

[2] 陶克容. 农户怎样配制瘦肉型猪配合饲料 [J]. 饲料研究，1993（5）：38-39.

6.23 梨保鲜剂

1. 生产配方（kg/t）

高锰酸钾	48.5
肉豆蔻酸	9.1
活性氧化铝	42.4

2. 生产方法

将各组分粉碎后按配方比例混合均匀即可。

3. 产品用途

用作梨保鲜剂。将 10 kg 鲜梨装入聚乙烯袋中，放入 100 g 保鲜剂，密封，在 30 ℃ 时可保鲜 20 d。

4. 参考文献

[1] 吴利华，董冬梅. 保鲜剂和保鲜膜对早酥梨保鲜效果的影响 [J]. 甘肃农业科技，2010（6）：17-19.

6.24 果蔬液体保鲜剂

1. 生产配方（质量，份）

聚烯烃树脂	16.0
石蜡	5.3
油酸	3.7
吗啉	2.6
水	72.4

2. 生产方法

将聚烯烃树脂和石蜡加热混溶，然后加入适量油酸和吗啉搅拌混匀，最后加水稀释，即得本剂。

3. 产品用途

用作水果和蔬菜保鲜剂。将本剂喷洒在水果和蔬菜上，可使水果保鲜 20 d，蔬菜保鲜 10 d。

4. 参考文献

[1] 龙成梅，杨鼎，杨卫. 果蔬保鲜剂的研究进展 [J]. 广州化工，2014，42（23）：44-45.

[2] 黄刚林. 常用果蔬保鲜剂及作用 [J]. 农家顾问，2015（1）：57-58.

6.25　香蕉保鲜剂

1. 生产配方

七水合硫酸亚铁	13.80
左旋抗坏血酸	0.25
水	50.00

2. 生产方法

将硫酸亚铁溶于水中，再加入左旋抗坏血酸，搅拌均匀即得。

3. 产品用途

用作香蕉保鲜剂。将本剂喷洒在香蕉上，或者将香蕉放在本剂中浸泡片刻，晾干后放入聚乙烯袋中密封保存。

4. 参考文献

[1] 陈久林. 香蕉保鲜剂的制作 [J]. 化学教学，1996（8）：48.

6.26　葡萄防腐保鲜片

1. 生产配方 （kg/t）

（1）生产配方一

焦亚硫酸钾（钠）	97
硬脂酸	1
硬脂酸钙	1
淀粉	1

（2）生产配方二

过氧化钙	20.0
谷氨酸	0.1
硅酸钙	79.9

2. 生产方法

（1）生产配方一

按配方比例使各组分混合均一，然后压制成片（每片约 0.5 g）。

（2）生产方法二

同生产配方一。

3. 产品用途

用作葡萄保鲜剂。将葡萄 10 kg，装入纸箱或聚乙烯塑料袋中，将 50 片本剂放于葡萄的顶部，在温度为 1 ℃ 左右，相对湿度（90±3)％条件下贮存，可保鲜 7 个月左右。

6.27　果蔬涂覆保鲜剂

1. 生产配方

（1）生产配方一

棉籽油	100
山梨糖醇酐单硬脂酸酯	1
阿拉伯胶	1
水	200

（2）生产配方二

豆油	75
聚氧乙烯山梨糖醇酐单油酸酯	0.5
酪素钠	0.4
琼脂	0.05
水	100

（3）生产配方三

椰子油	10
蜂蜡	60
蔗糖月桂酸酯	0.25
卵磷脂	0.5
清蛋白	0.4
水	35

2. 生产方法

（1）生产配方一的生产方法

将阿拉伯胶用少量温水浸泡 2 h，加热使之溶解，然后再加入山梨糖醇酐单硬脂酸酯，搅拌使之溶解，将所得水溶液和棉籽油用均化器分散乳化，即得保鲜剂乳液。用压热器在 120 ℃ 下进行 20 min 灭菌处理，得成品。

（2）生产方法二的生产方法

将琼脂用温水浸泡 2 h，加热使之溶解，再加入聚氧乙烯山梨糖醇酐单油酸酯和酪素钠，并使之溶解。将所得水溶液和豆油用均化器分散乳化，即得保鲜剂乳液，经灭菌处理，得成品。

（3）生产方法三的生产方法

将清蛋白、蔗糖月桂酸酯、卵磷脂，按配方量和水配成水溶液，得水溶液 A。将蜂蜡加热熔化，并和椰子油混合均匀，得溶液 B。将溶液 A 和溶液 B 用均化器进行分散乳化，即得保鲜剂乳化液。保鲜剂乳化液经灭菌处理，得成品。

3. 产品用途

用作果蔬保鲜剂。将本剂用水稀释 1～3 倍，用浸渍法、刷涂法或喷涂法，涂覆各种果蔬产品（如蜜橘、芦笋等），可达到保鲜的目的。

4. 参考文献

[1] 高海生. 果蔬涂覆保鲜剂的研究与应用 [J]. 商品储运与养护，1996（1）：31-34.

6.28　切花保鲜剂

1. 生产配方（质量，份）

（1）生产配方一

2-吡啶巯基-1-氧化物（钠盐）	0.1
枸橼酸（或苹果酸）	1.0
蔗糖	20.0

（2）生产配方二

2-吡啶巯基-1-氧化物（钠盐）	0.25
琥珀酸	0.50
蔗糖	20.0

（3）生产配方三

2-吡啶巯基-1-氧化物（钠盐）	0.1
酒石酸	1.0
果糖	20.0

（4）生产配方四

8-羟基喹啉	0.2
枸橼酸	1.0
蔗糖	20.0

（5）生产配方五

8-羟基喹啉硫酸盐	0.3
矮壮素	0.05
蔗糖	10
水	1000

2. 生产方法

将各组分按配方量加入水中，搅拌均匀即得。

3. 产品用途

（1）生产配方三所得的产品用途

用作切花保鲜剂。将所得粉剂加水配成 20% 左右的水溶液，将切花插入，即可达到保鲜目的。适用于蔷薇、月季、紫丁香、紫罗兰、郁金香、金盏花、金鱼草等多种花卉。

（2）生产配方五所得产品用途

用作切花保鲜剂。将切花插入本剂，可延长切花寿命，达到保鲜的目的。

4. 参考文献

［1］于雪莹，杨轶华. 鲜切花保鲜剂研究概述［J］. 国土与自然资源研究，2003
（2）：95-96.

［2］何素芬，刘军. 一种鲜切花保鲜剂及其使用方法［J］. 现代园艺，2015，
（24）：67.

6.29　气调型果蔬保鲜剂

这种保鲜剂由过氧化物、还原性物质和载体组成，通过调节包装袋内的氧气和二氧化碳气体浓度，来达到保鲜的目的。具有制作简单、使用方便、保鲜效果好的特点。

1. 生产配方（质量，份）

七水硫酸亚铁（10 目以上）	4.0
白炭黑（干法，100 目以下）	0.4
过氧化钙	6.0
氢氧化钙（80 目以下）	6.0

2. 生产方法

将各物料按配方量投入混合机中，最好在氮气保护下，20～25 ℃ 混合 30 min，然后出料，用纸袋或透气量 500 mL/(m² · h) 的聚乙烯薄膜袋包装（每袋 10 g）。

3. 产品用途

既可用于水果和蔬菜的密封保鲜。每袋 10 g 能保鲜 300～1000 g 的水果、蔬菜。

6.30　氧化型速效保鲜剂

这种速效保鲜剂，含有过氧化物（氧化剂）、氧化促进剂和载体。用于水果和蔬

菜的保鲜存放。果蔬在采摘后，其呼吸和水分的蒸发仍在进行，呼吸成分中仍有催熟剂在发挥催熟作用，致使果蔬（尽管是提前采摘，但仍然较快地）产生熟化、软化，最后腐变。这种保鲜剂主要通过氧化吸收成分中的催熟剂，达到减缓熟化、软化和保鲜的作用。

1. 生产配方（质量，份）

	一	二	三
高锰酸钾	1.2	—	—
过氧化钙	—	3.2	0.8
硬脂	0.8	—	0.9
苹果酸	—	0.12	—
活性氧化铝	2.8	—	—
钠型 A 沸石	—	2.8	—
活性炭	—	—	2.4

2. 生产方法

分别将各配方的物料按配方量混合均匀，即得氧化型保鲜剂。以 10 g 每袋分装于透气性小的袋中备用。

3. 产品用途

用于青菜、水果、肉类、鱼贝等生鲜食物及各种熟食的保鲜。每袋 10 g 可保鲜 300~500 g 新鲜水果或蔬菜。如取 10 g 保鲜剂 1 袋装，将其同采摘的葡萄一同装入聚乙烯袋中，密封，于平均气温 28 ℃ 下贮存 14 d，脱粒率仅 2%，食味好，而对照组（无保鲜剂）的脱粒率为 75%，且食味变差。

6.31 果蔬保鲜涂层

由廉价的多糖、防腐剂、卵磷脂和乳化剂混合制得的果蔬保鲜食用涂层。涂覆于水果上，可防止气体、水分及香味挥发物的损失，从而延长保鲜期。美国申请专利 US 679849（1991）。

1. 生产配方（kg/t）

羧甲基纤维素	0.200
苯甲酸钠	0.016
卵磷脂	0.100
柠檬酸	微量
吐温-80	0.200
水	9.480

2. 生产方法

将羧甲基纤维素及其余物料按配方量溶解于温水中，搅拌均匀即得。

3. 产品用途

涂覆于水果或蔬菜上，形成保护膜。

4. 参考文献

[1] 张希斌. 可食性明胶抑菌保鲜涂层的研究 [D]. 泰安：山东农业大学，2010.

6.32　喹乙醇

喹乙醇又称快育灵、喹酰胺醇、倍育诺。化学名称 2-[N-2-羟基-乙基]-氨基甲酰-3-甲基-喹噁啉-1，4-二氧化物。分子式 $C_{12}H_{13}O_4N_3$，结构式：

。

1. 产品性能

黄色微细结晶性粉末，微溶于水，不溶于普通有机溶剂。熔点 290 ℃（分解），避光可保存 5 年。一种优良的畜用生长促进剂，具有促进仔猪生长和提高饲料转化率作用，对育肥猪的效果也特别明显。

2. 生产配方（质量，份）

邻硝基苯胺	138
双乙烯酮	84
乙醇胺	73
次氯酸钠	89

3. 生产方法

首先将邻硝基苯胺与次氯酸钠反应，氧化成环得苯氧二氮茂-N-氧化物，然后该氧化物与双乙烯酮、乙醇胺缩合得喹乙醇。

4. 产品用途

5～10 kg 乳猪，以 50 $\mu g/g$ 本品喂饲，日平均增重 20%～40%；42.2 kg 育肥牛，以 50 $\mu g/g$ 本品喂饲，日平均增重 11%；以 25 $\mu g/g$ 喂饲雏鸡，日平均增重量 2.9%。

5. 产品用途

仔猪：每吨饲料中加入 1～2 kg 5% 的预混剂（饲料中含量 50～100 $\mu g/g$）；增肥猪：每吨饲料中加入 0.2～1.0 kg 5% 的预混剂（饲料中含量 10 μ～10 $\mu g/g$）。牛的

用量为 $50\sim75\ \mu g/g$，鸡的用量为 $25\ \mu g/g$。

6. 参考文献

[1] 王仁华，练小华，谢益根. 饲料中喹乙醇的应用效果研究 [J]. 饲料与畜牧，2017（2）：56-57.

[2] 王沥东，冯万里，陈晓远，等. 悬浮结晶法冷冻处理喹乙醇生产废液 [J]. 化工环保，2017，37（4）：449-453.

6.33　硝呋烯腙

硝呋烯腙（Difurazone）分子式 $C_{14}H_{12}N_6O_6$，相对分子质量 360.3，结构式：

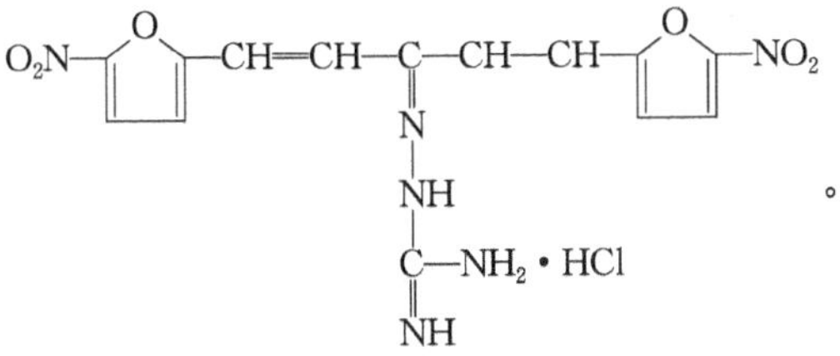

1. 产品性能

硝呋烯腙为橙黄色或棕红色结晶粉末，几乎不溶于水、乙醚，溶于乙醇、二甲基亚砜、二甲基甲酰胺、吡啶及其他有机溶剂。其理化性质稳定，熔点为 285 ℃（分解），常温下可保存 3 年，长期贮存不吸潮、不变质。其理化性质较稳定，水中溶解度小，在空气中较稳定，不吸湿也不易变质。是畜、禽生长促进剂，具有促进生长、提高饲料转化率的作用。

2. 生产配方（质量，份）

5-硝基糠醛	282
丙酮	87
碳酸氨基胍	74
氯化锌	催化量

3. 生产方法

在氯化锌催化下，5-硝基糠醛首先与丙酮缩合，然后与碳酸氨基胍缩合得到硝呋烯腙，收率约为 51%。

4. 产品标准

含量	≥98%
熔点/℃	280
硫酸根	≤0.038%
重金属（Pb 计）/(μg/g)	≤20
灼烧残渣	≤0.1%

5. 产品用途

硝呋烯腙为畜禽生长促进剂，具有促进生长、提高饲料转化率的作用。经过许多国家多年应用，证明有良好效果。以本品 20 μg/g 拌饲，从断奶开始直到上市，可增重 7%，提高饲料转化率 5%，对猪的健康、胴体质量、肉质、味道均无影响。本品对羔羊、肉鸡也有促进生长的作用。口服毒性（LD$_{50}$）：大鼠＞10 g/kg，小鼠为 6.4 g/kg 以上。本品不被胃肠道吸收，在组织中极少残留。

6. 参考文献

[1] 谭美英，易建希，武深树，等. 饲料中硝呋烯腙的测定：高效液相色谱法 [J]. 饲料工业，2012，33（9）：50-52.

[2] 潘凤鸣，孙加. 硝呋烯腙的标准品制备与含量测定 [J]. 化学世界，2005（1）：58-59.

[3] 张红宇，柳恒，唐清富，等. 硝呋烯腙的合成 [J]. 应用化工，2001（3）：34-35.

6.34　甲硝咪唑

二甲硝咪唑（Dimetridazole）也称地美硝唑、达美素。化学名称 1，2-二甲基-5-硝基咪唑（1，2-Dimethyl-5-nitro-1H-imidazole），分子式 C$_5$H$_7$N$_3$O$_2$。相对分子质量 141.13，结构式：

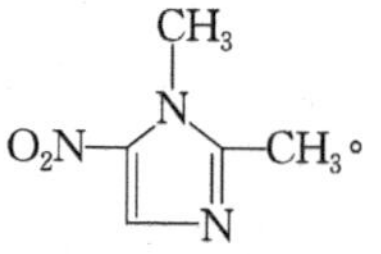

1. 产品性能

浅黄色针状结晶或结晶性粉末，无味，熔点 138～139 ℃。不溶于水、乙醚，溶于乙醇、氯仿、稀酸和稀碱溶液。甲硝咪唑盐酸盐溶于水、乙醇，微溶于丙酮。

2. 生产方法

由乙二醛与乙醛和氨进行环合成反应，制得 2-甲基咪唑，2-甲基咪唑经硝化反应，制得 2-甲基-5-硝基咪唑，然后在碱性条件下，2-甲基-5-硝基咪唑与硫酸二甲酯进行甲基化反应，制得甲硝咪唑。

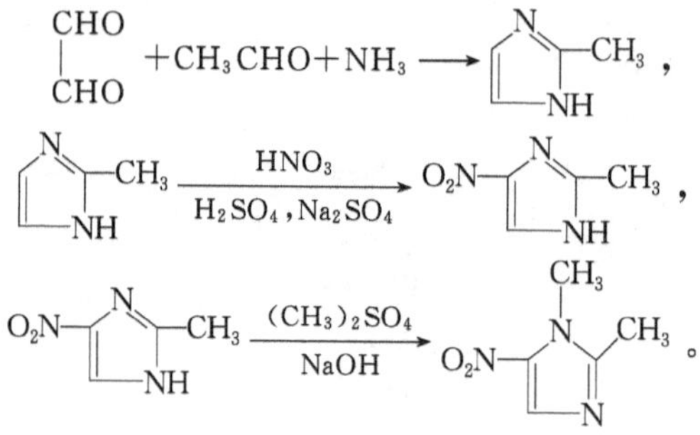

3. 生产流程

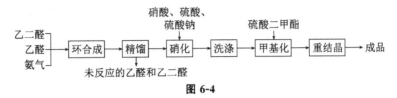

图 6-4

4. 生产配方（kg/t）

乙醛（98%）	310
乙二醛（工业级）	450
氨气（工业级）	270
硝酸（98%）	450
硫酸（98%）	120
硫酸二甲酯（98.5%）	880
硫酸钠（99%）	50
氢氧化钠（99%）	50

5. 生产设备

不锈钢压力釜	硝化釜
重结晶罐	

6. 生产工艺

在不锈钢压力釜中加入乙二醛和乙醛，夹套内通水蒸气，加热升温至 180 ℃。向压力釜内通入氨气，维持釜内压力为 6 MPa，进行环合成反应。反应完成后，将物料送入精馏塔，加热蒸去未参加反应的乙醛和乙二醛，回收后循环使用。剩余物料转入硝化釜，夹套内通冷冻盐水，降温至 5 ℃ 以下，加入浓硝酸、硫酸及硫酸钠混合液，维持反应温度为（5±2）℃，进行硝化反应。反应约 10 h 结束。静置，分层后除去废酸液，将有机相用稀碱溶液洗涤一次，再用水洗涤两次，然后加入油水分离器进行分离。将有机层送入甲基化反应釜，分别加入硫酸二甲酯和氢氧化钠，夹套内通水蒸气，加热升温至（130±5）℃，保温反应 6 h，甲基化反应完成。减压蒸馏，除去未反应的硫酸二甲酯。剩余物料用水洗涤，用油水分离器分离，除去水层。将有机层送入重结晶罐中，用乙醇进行重结晶，重结晶两次，即得成品。

7. 质量指标

外观	淡黄色针状结晶或结晶性粉末
含量	≥98%
熔点/℃	137.0～138.5

8. 产品用途

甲硝咪唑对多种细菌具有显著的抑制作用。主要用于治疗火鸡黑头病和猪赤痢，并可防止鸡、猪的多种疾病。本品还可作饲料添加剂；作生长促进剂，可刺激猪、鸡的生长。作饲料添加剂时，可在饲料加工过程中，按比例加入混匀，也可拌入饲料，或者添加于饮水中供畜禽饮食用；作生长促进剂时的剂量，猪饲料 50 g/t，鸡饲料 125～200 g/t。

9. 安全与贮运

①原料乙醛为易燃有毒液体。对眼、皮肤和呼吸器官有刺激作用。轻度中毒可引起气喘、咳嗽和头痛等症状，重度中毒会导致肺炎及脑膜炎。长期接触，可引起红细胞降低、血压升高。乙二醛中等毒性，强烈刺激皮肤、黏膜。硝化反应使用的混酸具有强烈的腐蚀性，严防溅及皮肤。

②生产设备要密闭，操作人员必须穿戴防护用具。

③产品用衬有塑料袋的纸桶包装，按有毒化学品要求贮运。

10. 参考文献

[1] 郭礼强，张金玲，李凯，等. HPLC-MS/MS 法测定饲料中甲硝唑和二甲硝咪唑含量 [J]. 中国兽药杂志，2017，51（1）：52-56.

[2] 刘永琼，余红霞，邹军，等. 二甲硝咪唑盐的合成研究 [J]. 中国兽药杂志，2001（4）：23-25.

6.35 *DL*-蛋氨酸

DL-蛋氨酸（*DL*-Methionine）又称甲硫基丁氨酸。分子式 $C_5H_{11}NO_2S$，相对分子质量 149.2，结构式：

$$CH_3SCH_2CH_2CHCOOH \atop NH_2$$

。

1. 产品性能

白色片状结晶或粉末，有特殊臭味，微甜，熔点 281 ℃（分解）。溶于水、稀酸、稀碱，极难溶于有机溶剂。*DL*-蛋氨酸是饲料营养强化剂。畜禽缺乏蛋氨酸，会引起发育不良、体重减轻、肝肾功能减弱、肌肉萎缩、皮毛变质等。

2. 生产配方（质量，份）

丙烯	530
甲硫醇	515
氰化钠	460
硫酸	490
氨	150
碳酸钠	500

3. 生产方法

丙烯用空气氧化为丙烯醛。丙烯醛与甲硫醇在甲酸及乙酸铜存在下缩合生成 3-

甲硫基丙醛，然后 3-甲硫基丙醛与氰化钠和碳酸钠溶液混合，加热至 90 ℃ 缩合，生成甲硫乙基乙内酰脲。不需分离和提纯，直接与 28% 的氢氧化钠溶液加热至 180 ℃，水解生成蛋氨酸钠，再用盐酸中和得成品。

4. 产品标准

外观	白色结晶或结晶性粉末，有特殊臭味
含量（干品）	≥98.5%
干燥失重	≤0.5%
灼烧残渣	≤0.5%
重金属（以 Pb 计）	≤0.002%
砷（以 As 计）	≤0.0002%
氯化物	≤0.2%
硫化物	≤0.3%

5. 产品用途

在饲料中一般添加量为饲料量的 0.05%～0.20%。饲料中添加 1 kg 蛋氨酸，相当于 50 kg 鱼粉的营养价值。以往仅添加于养鸡专用饲料，现已添加到猪饲料中。

6. 参考文献

[1] 高文亮，李林凤，张静静，等. 蛋氨酸生产工艺及核心制备技术研究进展 [J]. 化工进展，2012，31（4）：866-872，888.

[2] 党万利，金利群，郑裕国，等. 蛋氨酸生产工艺研究进展 [J]. 食品与发酵工业，2012，38（4）：152-158.

6.36　L-胱氨酸

L-胱氨酸（L-cystine）又称双硫代氨基丙酸、双硫丙氨酸、L-膀胱氨基酸。分子式 $C_6H_{12}N_2O_4S_2$，相对分子质量 240.3，结构式：

$$\text{HO} - \underset{\underset{NH_2}{|}}{\overset{\overset{O}{\parallel}}{C}} - CH - CH_2 - S - S - CH_2 - \underset{\underset{NH_2}{|}}{CH} - \overset{\overset{O}{\parallel}}{C} - OH。$$

1. 产品性能

白色片状结晶，几乎无味。比旋光度 $[\alpha]_D^{25}$ 为 -223.4（1%，20 ℃，1 mol/L HCl）。熔点 258～261 ℃（分解）。溶于稀酸和碱性溶液，几乎不溶于水和醇，不溶于醚、苯和氯仿。

2. 生产方法

人发或猪毛用盐酸水解，再用碱中和，得粗品。粗品经活性炭脱色并精制得成品。

3. 生产流程

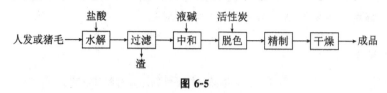

图 6-5

4. 生产配方（kg/t）

猪毛或人发	222 300
盐酸（30%）	64 000
氢氧化钠（30%）	60 000
活性炭（糖用级）	2670

5. 生产设备

水解釜	贮槽
过滤器	中和锅
脱色釜	精制釜
盛液锅	干燥器

6. 生产工艺

在水解釜中投入 400 kg 洗清的猪毛（或人发）、800 kg 30% 的盐酸，间断搅拌，使温度平稳上升，在 1.0～1.5 h 内升温至 110 ℃ 左右（即罐温）。以后继续维持罐压 14.7 kPa（气压 490 kPa），水解 8～12 h，水解时间可以从水解罐内溶液温度达 100 ℃ 时起计。

水解完全后，停止回流（回收的盐酸可重用），立即趁热过滤。将滤液移到中和锅中，滤饼用 V（盐酸）∶V（水）＝1∶1 的盐酸冲洗 2～3 次，冲洗液一并倒入中和锅内。

将滤液趁热在搅拌下加入 30%～40% 的氢氧化钠溶液。当中和至 pH 达 4.0 时，停止加碱液。然后改用乙酸钠饱和溶液中和 pH 至 4.8 左右，停止搅拌。静置 10～12 h，用涤纶布过滤沉淀物，甩干或吊干（抽滤液可供回收谷氨酸），即得粗品。中和时温度应保持在 50 ℃ 左右，在 0.5 h 内完成。

取胱氨酸粗品，加入粗品量 13%～14% 的工业盐酸（含量为 30%），搅拌 30 min 左右，每 100 kg 粗品加 4～5 kg 活性炭粉，加热到 90～98 ℃，在此温度下恒温搅拌 2～3 h。然后过滤脱色液（回收活性炭粉，再生后可重用），滤液加热至 80%～85%，在搅拌下加入 30% 的氢氧化钠溶液。调节 pH 至 4.8 时，停止加碱液，静置，使结晶沉淀完全。虹吸上清液，底部沉淀滤干后可离心甩干，即得灰白色的提纯胱氨酸粗品。

粗品，加入 5 倍量 V（盐酸）∶V（水）＝1∶12 的盐酸。加热到 40 ℃ 时，加入 5% 的骨炭粉（按粗品量加），升温到 60 ℃，搅拌 1 h 保温。然后趁热过滤，滤液应无色透明，如仍带色，再进行脱色处理。

将滤液移入精制锅中，搅拌下加入 10% 的氨水调节溶液 pH 至 4.8，静置 5～6 d，即有胱氨酸精品析出。过滤，用无离子水洗至无氯离子，真空干燥，即得产品。

7. 说明

（1）水解终点

毛发角蛋白是由胱氨酸、精氨酸等十几种氨基酸构成的。经酸水解后利用等电点沉淀法提取胱氨酸，收率基本稳定在 3%～4%，最高平均收率 7%～8%。要提高从毛发中提取胱氨酸的产量，主要取决于毛发的水解程度。如果酸浓度高，水解速度也加快，反之水解速度慢。另外，水解时间也很关键，时间短，水解不彻底；时间长，则氨基酸被破坏，因此正确判断水解终点，控制水解时间很重要。终点检查方法：取水解进行 10 h 以上的水解液 2 mL 放在一支试管中，然后加 2 mL 10% 的氢氧化钠溶液，再滴加硫酸铜溶液 3～4 滴。摇匀后，如仍有明显天蓝色即表明水解已完全，如颜色变化则表明水解不完全，应继续水解。

（2）酸度的控制

在操作过程中，调节 pH 时最好用酸度计检查，特别是调节 pH 至 4.8 左右时（胱氨酸等电点为 5.05），一定要调节好，不然会产生结晶不易析出的现象。

（3）温度的控制

温度对于水解很重要，温度低，反应时间长，温度高，虽可加快水解，但对胱氨酸有破坏作用。生产中，水解温度多控制在 110 ℃ 左右，中和和脱色温度控制在 70～80 ℃，以防其他氨基酸析出。

8. 产品标准

含量	≥99%
铁（Fe^{3+}）	≤0.001%
比旋度 $[\alpha]_D^{25}$	-213～-195
干燥失重	≤1.0%
灼烧残渣	≤0.25%
澄清度	合格
重金属	≤0.001%
氯化物	≤0.05%

9. 产品用途

用作饲料添加剂。

10. 安全措施

①水解反应釜应密闭，并装回流装置。操作人员应穿戴劳保用具。严格控制好生产过程中的温度和 pH，确保产品质量和提高收率。

②内衬塑料袋纸桶包装，密封贮存于阴凉、干燥处。按普通化学品规定贮运。

11. 参考文献

[1] 刘忠，杨文博，白钢，等. 微生物酶法合成 L-半胱氨酸和 L-胱氨酸 [J]. 微生物学通报，2003，30（6）：16-17.

[2] 李存法，何金环. L-胱氨酸制备工艺的改进 [J]. 实验室科学，2006（1）：53-55.

[3] 张亚莉，哈婧，郭光美，等. 化学发光法分析胱氨酸 [J]. 分析试验室，2017，36（7）：808-810.

[4] 鲁伟. DL-胱氨酸的制备与探讨 [J]. 氨基酸和生物资源，2010，32（3）：49-51.

参考文献

［1］李玲，肖浪涛. 植物生长调节剂应用手册［M］. 北京：化学工业出版社，2013.

［2］张宗俭，李斌. 世界农药大全：植物生长调节剂卷［M］. 北京：化学工业出版社，2011.

［3］孙家隆，齐军由. 现代农药应用技术丛书：杀菌剂卷［M］. 北京：化学工业出版社，2014.

［4］马克比恩. 农药手册（原著第16版）［M］. 胡笑形，译. 北京：化学工业出版社，2015.

［5］宋宝安. 新杂环农药：杀菌剂［M］. 北京：化学工业出版社，2009.

［6］孙家隆，周凤艳. 现代农药应用技术丛书：除草剂卷［M］. 北京：化学工业出版社，2014.

［7］孙家隆. 现代农药合成技术［M］. 北京：化学工业出版社，2011.

［8］宋小平，韩长日. 农用化学品制造技术［M］. 北京：科学技术文献出版社，2012.

［9］刘长令. 世界农药大全：杀虫剂卷［M］. 北京：化学工业出版社，2012.

［10］鲁传涛，张玉聚，王恒亮，等. 除草剂原理与应用原色图鉴［M］. 北京：中国农业科学技术出版社，2014.

［11］宋小平，韩长日. 农药制造技术［M］. 北京：科学技术文献出版社，2001.

［12］李希平，任翠珠. 杀虫剂［M］. 北京：化学工业出版社，1993.

［13］沈岳清，马永文. 植物生长调节剂与保鲜剂［M］. 北京：化学工业出版社，1990.

［14］宋宝安，吴剑. 除草剂［M］. 北京：化学工业出版社，2011.

［15］杨华铮，邹小毛. 现代农药化学［M］. 北京：化学工业出版社，2013.

［16］刘长令，柴宝山. 新农药创制与合成［M］. 北京：化学工业出版社，2013.

［17］陈福良. 农药新剂型加工与应用［M］. 北京：化学工业出版社，2015.

［18］欧善生，张慎举. 生物农药与肥料［M］. 北京：化学工业出版社，2011.

［19］农业部农药检定所. FAO/WHO农药产品标准手册［M］. 北京：化学工业出版社，2015.

［20］孙家隆，金静. 现代农药应用技术丛书：植物生长调节剂与杀鼠剂卷［M］. 北京：化学工业出版社，2014.

［21］唐锡龄，王小宝. 化肥生产工艺［M］. 北京：化学工业出版社，2009.

［22］郑桂玲，孙家隆. 现代农药应用技术丛书：杀虫剂卷［M］. 北京：化学工业出版社，2014.

［23］邓彩萍. 微生物杀虫剂的研发与应用［M］. 北京：中国农业科学技术出版社，2012.

［24］徐汉虹. 杀虫植物与植物性杀虫剂 ［M］. 北京：中国农业出版社，2004.

［25］农药标准汇编编写组. 农药标准汇编：农药产品杀虫剂卷 ［M］. 2 版. 北京：中国标准出版社，2016.

［26］孙家隆. 新编农药品种手册 ［M］. 北京：化学工业出版社，2015.

［27］化学工业出版社组织. 农用化学品 ［M］. 北京：化学工业出版社，1999.

［28］陈三斌. 农用化工产品手册 ［M］. 北京：金盾出版社，2008.

［29］陈万义. 农药生产与合成 ［M］. 北京：化学工业出版社，2000.

［30］章思规. 精细有机化学品技术手册 ［M］. 北京：科学出版社，1992.

［31］司宗兴. 农药制备化学 ［M］. 北京：北京农业大学出版社，1989.

［32］李博文，刘文菊. 微生物肥料研发与应用 ［M］. 北京：中国农业出版社，2016.

［33］董树清，郗向前. 化肥生产工艺 ［M］. 北京：化学工业出版社，2015.

［34］崔德杰，杜志勇. 新型肥料及其应用技术 ［M］. 北京：化学工业出版社，2017.

［35］康卓. 农药商品信息手册 ［M］. 北京：化学工业出版社，2017.